土木工程疑难释义丛书

土木工程造价疑难释义

附 解 题 指 导

王艳艳 主编

U0229939

中国建筑工业出版社

图书在版编目（CIP）数据

土木工程造价疑难释义：附解题指导/王艳艳主编. —北京：
中国建筑工业出版社，2014.10
（土木工程疑难释义丛书）
ISBN 978-7-112-17205-4

Ⅰ.①土… Ⅱ.①王… Ⅲ.①土木工程-建筑造价管理-问题解
答 Ⅳ.①TU723.3-44

中国版本图书馆 CIP 数据核字（2014）第 196024 号

　　本书为"土木工程疑难释义丛书"之一。全书分为疑难释义和解题指导两部分。疑难释义部分针对学生学习和工程实践过程中可能遇到的问题根据造价领域国家最新颁布的规范、示范文本、文件等内容进行了详细的解答，解题指导着眼于实际工程以提高学生和工程技术人员解决实际问题的能力。全书内容分为：工程造价概论、建设工程造价构成、工程造价计价的定额依据、工程量清单计价、建设项目决策和设计阶段的工程造价管理、建设项目招投标阶段的工程造价管理、建设项目施工阶段的工程造价管理、建设项目的竣工结算与竣工决算。

　　本书注重实务，案例丰富。可作为高等院校土木工程、工程造价、工程管理专业的教学辅导书，也可作为工程一线技术人员解决实际造价问题的参考书。

＊　　＊　　＊

责任编辑：赵晓菲　郭　栋
责任设计：张　虹
责任校对：姜小莲　赵　颖

土木工程疑难释义丛书
土木工程造价疑难释义
附 解 题 指 导
王艳艳　主编

＊

中国建筑工业出版社出版、发行（北京西郊百万庄）
各地新华书店、建筑书店经销
北京红光制版公司制版
北京市密东印刷有限公司印刷

＊

开本：787×1092毫米　1/16　印张：24¼　字数：586千字
2014年12月第一版　　2014年12月第一次印刷
定价：**50.00**元
ISBN 978-7-112-17205-4
（25903）

前　　言

　　土木工程造价涵盖内容较广，在工程造价的不同阶段需要编制不同的造价文件，在《建设工程工程量清单计价规范》（GB 50500—2013）、《房屋建筑与装饰工程工程量计算规范》（GB 50854—2013）、《建设工程施工合同示范文本》（GF-2013-0201）、《建筑安装工程费用项目组成》（建标〔2013〕44 号）以及自 2014 年 2 月 1 日起施行的《建筑工程施工发包与承包计价管理办法》等新颁布的规范和文件的背景下，解决好学习和实际工作中的疑难问题更为必要。

　　作为工程造价人员，首先需要的是理论掌握准确、概念清晰，然后是算量快速准确。本书分为疑难释义和解题指导两部分。重点放在了工程量清单及报价的内容上。疑难释义部分对于理论结合工程实践可能遇到的问题展开讨论，解题指导中选择代表性的例题并结合造价师、监理师、一级建造师、咨询师考试的历年真题进行解析，以求达到提高造价人员分析解决实际问题的能力的目的。本书既可作为高等学校《工程造价管理》、《工程计量与计价》等课程的教学参考书和学生的辅助教材，也可供工程造价、土木工程、工程管理技术人员的学习参考。

　　本书主要由山东建筑大学王艳艳主编，山东建筑大学黄伟典、周广强任副主编，山东建筑大学陈起俊教授主审，山东建筑大学解本政、宋红玉、周景阳、张晓丽、万克淑、王大磊、研究生王秀云、王涛、刘柏利、姜春秀参与了部分章节的编写和讨论，参与本书编写和讨论的还有来自工程一线的造价师和工程师们，山东电力工程咨询院有限公司刘学峰，山东天伟工程咨询有限公司总经理姜伟、造价师魏玉峰，山东鲁王建工集团王洪波，山东中正信工程咨询公司造价师郑波，山东鲁能亘富开发有限公司李大伟，山东立信工程造价咨询事务所有限公司王洋洋，枣庄市中区留庄煤业有限公司王莹、山东绿叶制药集团有限公司兰廷永，威海经济技术开发区财政局刘岩，国网山东省电力公司的尹东，他们的建议和观点给本书的编写提供了很大的帮助。特别要感谢重庆大学任宏教授、山东建筑大学陈起俊教授在本书的编写过程中给予的鼓励、支持和帮助。

　　本书编写过程中参考了许多执业资格考试辅导书籍、历年执业资格考试真题和大量的研究文献，在这里一并表示深深地感谢。由于作者的水平有限，书中不妥之处在所难免，敬请广大读者来信讨论（邮箱是 yfw2006@126.com），以便提升疑难问题的广度和疑难解答的准确性和实用性。

目　　录

第二部分　解 题 指 导

第 一 部 分

疑 难 释 义

第1章 工程造价概论

1.1 工程造价、工程投资、建安工程费用和工程成本的区别？

工程造价通常是指工程的建造价格。由于所占的角度不同，工程造价有两种含义。

第一种含义：从投资者（业主）的角度分析，工程造价是指建设一项工程预期开支或实际开支的全部固定资产投资费用。投资者为了获得投资项目的预期效益，就需要对项目进行策划、决策及实施，直至竣工验收等一系列投资管理活动。在上述活动中所花费的全部费用，就构成了工程造价。从这个意义上讲，建设工程造价就是建设工程项目固定资产的总投资。

第二种含义：从市场交易的角度分析，工程造价是指为建成一项工程，预计或实际在土地市场、设备市场、技术劳务市场以及工程承发包市场等交易活动中所形成的建筑安装工程价格和建设工程总价格。显然，工程造价的第二种含义是指以建设工程这种特定的商品形式作为交易对象，通过招标投标或其他方式，在进行多次预估的基础上，最终由市场形成的价格。

这两种含义是站在不同的角度上，对于不同的主体而言，工程造价包含的内容有所差异。从第一种含义可以看出：如果从投资者（业主）的角度，工程造价与工程投资同义。从第二种含义可以看出：如果从市场交易的角度，工程造价等同于建筑安装工程价格（建安工程费），这个价格是在招投标过程中形成的。

那么如果从工程项目的角度出发，工程投资与建安工程费用又是什么关系呢？首先，找到工程投资的组成。工程投资包括设备及工器具购置费、建筑安装工程费、工程建设其他费用、预备费、建设期利息、固定资产投资方向调节税（暂停征收）六部分，建安工程费用是工程项目建设投资的一部分。

工程成本是指承包人为实施合同工程并达到质量标准，必须消耗或使用的人工、材料、工程设备、施工机械台班及其管理等方面发生的费用。所以工程成本一般就是从承包人的角度完成项目所花的费用，不包括其利润、税金、规费。承包人从发包人处结算到的费用即是建安工程费，根据《建筑安装工程费用项目组成》（建标〔2013〕44 号），建安工程费包括人工费、材料费、施工机具使用费、企业管理费、规费、利润和税金。工程成本仅包含前四部分，所以工程成本是建安工程费用的重要组成部分。

1.2 静态投资、动态投资、建设项目总投资和固定资产投资的区别？

静态投资是以某一基准年、月的建设要素的价格为依据所计算出的建设项目投资的瞬时值。静态投资包括：设备及工器具购置费、建筑安装工程费、工程建设其他费用、基本预备费，以及因工程量误差而引起的工程造价的增减等。

动态投资是指在建设期内，因建设期利息和国家新批准的税费、汇率、利率变动以及建设期价格变动引起的建设投资增加额；包括建设期贷款利息、投资方向调节税（2000年暂停征收，但并未取消）、涨价预备费等。

建设项目总投资是指投资主体为获取预期收益，在选定的建设项目上所需投入的全部资金。建设项目总投资是静态投资和动态投资及铺底流动资金之和。建设项目按用途可分为生产性建设项目和非生产性建设项目。生产性建设项目总投资包括固定资产投资和流动资产投资两部分；非生产性建设项目总投资只包括固定资产投资。

固定资产投资是投资主体为达到预期收益的资金垫付行为。我国的固定资产投资包括基本建设投资、更新改造投资、房地产开发投资和其他固定资产投资四种。建设项目的固定资产投资就是工程造价，二者在量上是等同的。

1.3 全过程造价管理、全生命周期造价管理、全面造价管理的关系？

1. 中国工程造价管理界推出的全过程造价管理的思想和方法

20 世纪 80 年代中期开始，我国建设项目工程造价管理界就有一批人先后提出了应该对建设项目进行全过程造价管理的思想。1988 年，前国家计划委员会印发了《关于控制建设工程造价的若干规定》（计标〔1988〕30 号）的通知，提出了"为了有效地控制工程造价，必须建立健全投资主管单位、建设、设计、施工等各有关单位的全过程造价控制责任制"的管理思想和模式。

2. 英国工程造价管理界提出的"全生命周期造价管理"的理论与方法

从 1974～1977 年间，是全生命周期工程造价管理理论概念和思想的萌芽时期。最初的文献是英国人 A. Gordon，于 1974 年 6 月在英国皇家特许测量师协会（RICS）《建筑与工料测量》季刊上发表的"3L 概念的经济学"一文，以及 1977 年由美国建筑师协会发表的《全生命周期造价分析—建筑师指南》一书，给出了初步的概念和思想，指出了开展研究的方向和分析方法。从 1977 年到 80 年代后期，英国皇家特许测量师协会不仅投入了很大的力量去推动全生命周期工程造价管理的发展，而且还与英国皇家特许建筑师协会（RIBA）合作，直接组织了对全生命周期造价管理的广泛而深入的研究和全面的推广。他们在各种测量师、建筑师协会和专业刊物上刊登了大量有关全生命周期工程造价管理方面的研究论文，O. Orshan 在《全生命周期造价：比较建筑方案的工具》一文首次提出在建筑设计中全面考虑建造成本和运营维护成本的思想。这方面较重要的著作有 P. E. Dellasola 等人的《设计中的全生命周期造价管理》和 J. Bull 的《建筑全生命周期造价管理》。同时，RICS 和 RIBA 组织出版了《建筑全生命周期造价管理指南》等方法指南和手册。这些代表性文献给出了建设项目全生命周期造价管理的概念、原理和方法。自 20 世纪 80 年代后期开始全生命周期工程造价管理理论与方法进入全面丰富与创新发展的完善时期，先后出现了造价管理的模型化和数字化，应用计算机管理支持系统和仿真系统，创新思考追求和满足全社会福利最大化的思想和方法。

3. 美国工程造价管理界推出的"全面造价管理"的理论和方法

工程项目全面造价管理（Total Cost Management for Engineering Project—TCMEP）的思想产生于 20 世纪 90 年代中期。根据国际全面造价管理促进协会前主席 R. E. 先生于 1992 年 10 月所发表的"全面造价管理——美国造价工程师协会的发展展望"一文的说法，国际全面造价管理促进协会的全面造价管理的思想是他于 1991 年 5 月在美国休斯敦海湾海岸召开的春季研讨会上所发表的论文"90 年代项目管理的发展趋势"中提出的。他对全面造价管理的定义是：全面造价管理就是有效地使用专业知识和专门技术去计划和控制资源、造价、盈利和风险。这一定义在美国工程造价师协会会议上通过后就成了美国工程造价师协会最初对于全面造价管理的官方定义了。随后对此定义进行了如下的补充和说明：简单地说，全面造价管理是一种用于管理任何企业、作业、设施、项目、产品或服务的全生命周期造价管理的系统方法，使通过在整个造价管理过程中以造价工程和造价原理的科学原理、已获验证的技术方法和最新的作业技术作支持而得以实现的。

三者的内涵和关系是：

全过程工程造价管理模式指从项目决策阶段开始到竣工验收交付使用为止的各阶段的工程造价进行合理确定和有效控制，包括投资估算、初步设计概算、施工图预算、招标合同价、竣工结算、竣工决算六个阶段。它的指导方针：一是"造价本身要合理"，指在工程造价确定方面努力实现科学合理；二是"实际造价不超概算"，指要开展科学的工程造价控制。

全生命周期造价管理从建设项目全生命周期出发去考虑费用问题，运用多学科知识，采用综合集成方法，重视投资成本、效益分析与评价，运用工程经济学、数学模型方法，强调对工程项目建设前期、建设期、使用维护期等各阶段总费用最小的一种管理理论和方法。

工程项目全面造价管理由工程项目全过程造价管理、工程项目全要素造价管理、工程项目全风险造价管理、工程项目全团队造价管理四个方面构成。

由三者的内涵可以看出，工程项目全面造价管理的范围最为广泛，需要四种工程造价管理技术方法，既可单独使用又必须构成一个整体。全过程工程造价管理是全生命周期造价管理的组成部分，但是在内涵方面存在很大不同，因为全生命周期造价管理不单一注重初始建造成本，更强调决策设计阶段对后期运营费用的节约，以其达到总成本费用的最优化。

1.4 建设项目、单项工程、单位工程、分部分项工程的区别？

建设项目的划分如图 1-1 所示。

建设项目一般是指经批准按照同一个总体设计、同一个设计任务书的范围进行施工而建设的各个单项工程实体之和。作为一个建设项目，在行政上有独立组织形式的单位，经济上是实行独立核算、统一管理的法人组织。一个建设项目，可以是一个独立工程，也可以包括几个或若干个单项工程。在一个设计任务书的范围内，按规定分期进行建设的项目，仍算做一个建设项目，如一座钢铁厂、一所学校、一所医院等均为一个建设项目。

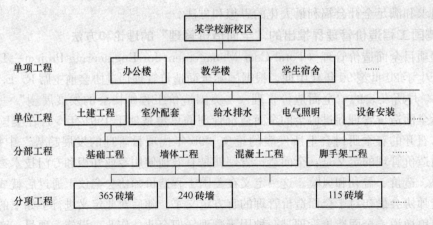

图 1-1　建设项目的划分

　　单项工程又称工程项目，是建设项目的组成部分。一个建设项目可以是一个单项工程，也可能包括几个单项工程。单项工程一般是指具有独立的设计文件和施工条件，建成后能够独立发挥生产能力或使用效益的工程。生产性建设项目中的单项工程，一般是指各个生产车间、办公楼、仓库等；非生产性建设项目中，如学校的教学楼、图书馆、学生宿舍、餐厅等都是单项工程。

　　单位工程是单项工程的组成部分。一般是指在单项工程中具有单独设计文件，具有独立施工条件而又可以单独作为一个施工对象的工程。单位工程建成后一般不能单独发挥生产能力或效益。一个单项工程，可以分为若干个单位工程，如生产车间可以分为厂房土建工程、工业管道、电气、通风、设备、自动仪表等工程；民用建筑中的一幢房屋可分为土建、给水排水、电气照明、暖气及煤气等单位工程。

　　分部工程是单位工程的组成部分。一般是按建筑物的主要结构、主要部位以及安装工程的种类划分的。如土建工程划分为：土石方工程、打桩工程、基础工程、砌筑工程、混凝土及钢筋混凝土工程、木结构工程、金属结构工程、楼地面工程、屋面工程、装饰工程、脚手架工程等；安装工程也可分为：管道安装工程、设备安装工程、电气安装工程等。

　　分项工程是分部工程的组成部分。分项工程指的是通过较为简单的施工过程就能生产出来，且可以用适当的计量单位进行计量、描述的建筑或设备安装工程各种基本构造要素。一般是按照所用工种、材料、机械、施工方法和结构构件规格等不同的因素，将分部工程划分成若干个分项工程，如土石方工程中的挖土方、回填土、余土外运等分项工程。

1.5　不同建设阶段应编制何种造价文件及其编制方、编制依据？

1. 决策阶段由投资方编制投资估算

　　在编制项目建议书、进行可行性研究阶段，根据投资估算指标、类似工程的造价资料、现行的设备及材料价格并结合工程的实际情况，对拟建工程项目的投资需要量进行测算称之为投资估算。投资估算是可行性研究报告的重要组成部分，是判断项目可行性、进行项目决策、筹资、控制工程造价的重要依据之一。

编制依据为估算指标。目前，大部分省市或部委都编制有投资估算指标，供编制投资估算使用。投资估算由项目业主或业主委托的咨询机构编制，经批准的投资估算是工程建设项目造价的目标限额，是编制概预算的基础。

2. 设计阶段设计方编制设计概算

在初步设计、技术设计阶段，根据设计的总体布置，采用概算定额或概算指标，编制所预计和核定的工程建设项目的工程造价称之为设计概算。设计概算是设计文件的重要组成部分。工程建设项目初步设计、技术简单项目的设计方案均应有设计概算；技术设计阶段，随着对初步设计的深化，建设规模、结构性质、设备类型等方面可能要进行必要的修改和变动，因此，初步设计概算需要作必要的修正和调整。但一般情况下，修正概算造价不能超过概算造价。

设计概算由设计单位编制，经批准的设计总概算是确定工程建设项目总造价、编制固定资产投资计划、签订工程建设项目承包合同和贷款合同的依据，是控制拟建项目实际投资的最高限额。

3. 设计完成后投资方组织编制施工图预算

在施工图设计阶段，根据施工图纸、各种计价依据和有关规定所确定的工程建设项目的工程造价称之为施工图预算。施工图预算是施工图设计文件的重要组成部分。

施工图预算由设计单位编制，经审查批准的施工图预算，是签订建筑安装工程承包合同、办理建筑安装工程价款结算的依据，它比概算造价或修正概算造价更为详尽和准确，但不能超过设计概算造价。

4. 招投标阶段发包方组织编制招标控制价或标底

业主为控制工程建设项目的投资，根据招标文件、各种计价依据和资料以及有关规定所计算的，用于测评各投标单位工程报价的工程造价称之为标底。在采用工程量清单计价模式的国有资金投资项目还需编制招标控制价，工程量清单和招标控制价是招标文件的组成部分，是公开的，由招标人或招标人委托的具有工程造价资质的咨询公司来编制。

在工程项目招标投标工作中，标底价格在评标定标过程中作为参考。标底由业主或招标代理机构编制，在开标前是绝对保密的。

5. 招投标阶段投标方编制投标报价

投标人根据业主招标文件的工程量清单、企业定额以及有关规定，所计算的拟建工程建设项目的工程造价称之为投标报价。投标报价是投标文件的重要组成部分。

6. 招标完成后承发包双方签订合同价

工程招投标阶段，在签订总承包合同、建筑安装工程施工承包合同、设备材料采购合同时，由发包方和承包方根据《建设工程施工合同示范文本》等有关规定，经协商一致确定的作为双方结算基础的工程造价称之为合同价格。合同价属于市场价格的性质，它是由承发包双方根据市场行情共同议定和认可的成交价格，但并不等同于最终结算的实际工程造价。

7. 工程竣工验收后承发包双方确定结算价

在合同实施阶段，承包商按照合同规定内容全部完成所承包的工程，符合合同要求并经验收质量合格，同时考虑实际发生的工程量增减、设备材料价差等影响工程造价的因素，按规定的调价范围和调价方法对合同价进行必要的修正和调整，确定工程建设项目的工程价款称之为结算价。这个阶段是承包方负责把完成的全部工程内容包括签证变更等编制完成的工程结算报送给发包方，由发包方或发包方委托的咨询机构与承包方进行结算核对，双方都认可的价格经签字盖章后即为工程结算价格，结算价是该单项工程的实际造价。

8. 工程全部完工后投资方编制竣工决算价

在竣工验收阶段，根据工程建设项目实施过程中实际发生的全部费用，由项目业主编制竣工决算，反映工程的实际造价和建成交付使用的资产情况，作为财产交接、考核交付使用财产和登记新增财产价值的依据，是工程建设项目的最终实际造价。

以上说明，工程造价的计价过程是一个由粗到细、由浅入深、由粗略到精确，多次计价后最后达到实际造价的过程。各计价过程之间是相互关联、相互补充、相互制约的关系。

1.6　何谓全过程跟踪审计？

建设项目全过程审计是指由审计机构和审计人员依据国家方针政策、法律法规和相关规定，运用现代审计理论和方法，对建设项目全过程管理及技术经济活动以及与之相联系的各项工作的真实性、合法性和效益性进行连续、全面、系统的审计监督和评价工作，主要是从建设项目决策、勘察设计、招投标、施工、竣工结（决）算等全过程的技术经济活动及参与单位的相关经济行为进行真实性、合法性、有效性的监督和评价，并提出审计意见或咨询意见。

项目可行性研究及设计阶段。建设项目可研及设计阶段（含初步设计）对投资影响最大，比重占到了75％以上。在此阶段重点审查前期费用及工程项目编制是否齐全，有无漏项，各项价格的确定是否符合实际情况，以确保概算编制成果的准确性。严格控制施工图设计的不合理变更，确保总投资限额不被突破。

项目招投标阶段。招投标程序的审查，招标方式的确定是否经过主管部门审批、备案，招投标过程是否符合法律规章的规定。审查工程量清单的编制是否真实、完整，工程量清单的准确与否，会直接影响到各投标人的报价及中标价格的准确性。审查各建设项目相关单位签订的合同条款是否合规、公允，与招标文件和投标承诺是否一致。

施工阶段。审查各项合同的执行情况，审查该项目的中标单位及各供应商是否认真履行合同条款。审查工程设计变更、施工现场洽商、签证等手续是否合理、合规、及时、完整、真实。审查各项费用的计取是否符合有关规定，设备材料价格是否与实际收费情况相符合，有无人为串标抬高中标价格及转移专项资金的违法违规问题。

工程竣工决算阶段。竣工决算是由建设单位编制，反映建设项目实际造价和投资成果的文件，其内容包括从项目策划到竣工投产全过程的全部实际费用。因此，决算审计的真实性、完整性、合法性是评价建设项目最终执行好坏的依据。审核竣工决算报表是否依据项目批文、合同、设计文件和历年财务资料所编制；审核各种资金渠道投入的实际金额及其合法性；审核项目是否按照程序做好前期工作；审核建设项目工程结算是否真实、合理，有无多计或少计工程价款问题等。

1.7 何谓工程造价鉴定？

根据《建设工程工程量清单计价规范》（GB 50500—2013）术语解释：工程造价鉴定是工程造价咨询人接受人民法院、仲裁机关的委托，对施工合同纠纷案件中的工程造价争议，运用专门知识进行鉴别、判断和评定，并提供鉴定意见的活动，也称工程造价司法鉴定。具体地是指依法取得有关工程造价司法鉴定资格的鉴定机构和鉴定人（这里一般是指工程造价咨询人）受人民法院、仲裁机关委托，依据国家的法律、法规以及中央和省、自治区及直辖市等地方政府颁布的工程造价规范、定额、标准，根据某一特定建设项目的施工合同、施工图纸、工程联系单、工程签证、变更及竣工资料对施工合同纠纷案件中的工程造价争议进行的鉴别和评定，并提供鉴定结论的活动。

在诉讼、仲裁中，原则上应当由当事人申请工程造价鉴定，只有在特殊情况下，才能由人民法院启动。因为申请工程造价鉴定是当事人的一项诉讼权利，是否行使应当由当事人来决定，如果负有举证责任的当事人没有申请工程造价鉴定，那么该当事人应当承担举证不能的后果。只有在民事诉讼《证据规则》中规定的人民法院需要依职权调查的特定情况下，才能由人民法院启动工程造价鉴定程序。同理，在仲裁中仲裁员也应当向负有举证责任的当事人释明其可以申请工程造价鉴定，是否启动由当事人来决定。

工程造价司法鉴定的范围。对于建设工程施工合同纠纷案件所涉及工程造价的准确数额，除双方已经确定认可外，一般需要工程造价司法鉴定。根据《最高人民法院关于审理建设工程施工合同纠纷案件适用法律问题的解释》第22条规定：当事人约定按照固定价结算工程价款，一方当事人请求对建设工程造价进行鉴定的，不予支持。该规定表明，在固定价合同中对工程总造价无需鉴定；第23条规定：当事人对部分案件事实有争议的，仅对有争议的事实进行鉴定。因此，是否需要全面鉴定，要看工程造价是否全部未确定，如全部未确定，则需要全面鉴定；如部分未确定，则仅对不确定的部分进行鉴定。

区别工程造价司法鉴定与工程造价审核。工程造价审计就是工程造价审核，是工程造价咨询单位咨询业务的一部分，是受业主委托对其工程项目的概算、预算及结算等，依据现行国家政策法规、计价依据及相关工程技术资料对送审造价的工程量、单价及取费等进行逐项审核的一种活动。而工程造价司法鉴定是由法院委托鉴定机构进行鉴定，其所作出的鉴定报告，经法院审查和采纳后将以司法鉴定的证据作为定案的依据，判决生效后，即产生强制性，司法鉴定的结果可能不符合原被告的意愿，这一点是不同于工程审计的，鉴定报告不需要原被告的签字，但在开庭时鉴定人须解答当事人的质询和书面向法院答复当事人的异议。

工程造价司法鉴定通常按以下流程进行：接收造价鉴定委托书→复函接受委托→接收鉴定资料→拟订鉴定方案→鉴定资料质证→确定鉴定方案→现场勘察→计量计价→审核→复核→报送鉴定人员及鉴定机构签名盖章的造价鉴定报告→答复当事人的疑问→出具修正后的造价鉴定报告。

为规范工程造价咨询企业及其咨询人员的建设工程造价鉴定活动，严格鉴定程序，提高工程造价鉴定成果质量，中国建设工程造价管理协会在2012年12月1日颁布施行了《建设工程造价鉴定规程》（CECA GC8—2012）。

1.8 成为注册造价工程师有什么条件？

根据自 2007 年 3 月 1 日起施行的《注册造价工程师管理办法》（中华人民共和国建设部令第 150 号）的相关规定。注册造价工程师，是指通过全国造价工程师执业资格统一考试或者资格认定、资格互认，取得中华人民共和国造价工程师执业资格，并注册，取得中华人民共和国造价工程师注册执业证书和执业印章，从事工程造价活动的专业人员。

即成为注册造价工程师须满足两个条件：（1）考试合格；（2）通过注册。

未取得注册证书和执业印章的人员，不得以注册造价工程师的名义从事工程造价活动。取得执业资格的人员，经过注册方能以注册造价工程师的名义执业。注册造价工程师的注册条件为：（1）取得执业资格；（2）受聘于一个工程造价咨询企业或者工程建设领域的建设、勘察设计、施工、招标代理、工程监理、工程造价管理等单位；（3）无不予注册的情形。

不予注册情形包括：不具有完全民事行为能力的；申请在两个或者两个以上单位注册的；未达到造价工程师继续教育合格标准的；前一个注册期内工作业绩达不到规定标准或未办理暂停执业手续而脱离工程造价业务岗位的；受刑事处罚，刑事处罚尚未执行完毕的；因工程造价业务活动受刑事处罚，自刑事处罚执行完毕之日起至申请注册之日止不满 5 年的；因前项规定以外原因受刑事处罚，自处罚决定之日起至申请注册之日止不满 3 年的；被吊销注册证书，自被处罚决定之日起至申请注册之日止不满 3 年的；以欺骗、贿赂等不正当手段获准注册被撤销，自被撤销注册之日起至申请注册之日止不满 3 年的；法律、法规规定不予注册的其他情形。

取得资格证书的人员，可自资格证书签发之日起 1 年内申请初始注册。逾期未申请者，须符合继续教育的要求后方可申请初始注册。初始注册的有效期为 4 年。

1.9 我国注册造价工程师执业资格考试的报考条件及考试内容是什么？

1996 年 8 月，人事部、建设部联合发布了《造价工程师执业资格制度暂行规定》，明确国家在工程造价领域实施造价工程师执业资格制度。造价工程师执业资格考试实行全国统一大纲、统一命题、统一组织的办法。

证书取得：

造价工程师执业资格考试合格者，由省、自治区、直辖市人事部门颁发人事部统一印制、人事部和建设部统一用印的造价工程师执业资格证书，该证书全国范围内有效，并作为造价工程师的凭证。

报考条件：

凡中华人民共和国公民，遵纪守法并具备以下条件之一者，均可申请参加造价工程师执业资格考试：

（1）工程造价专业大专毕业，从事工程造价业务工作满 5 年；工程或工程经济类大专毕业，从事工程造价业务工作满 6 年。

（2）工程造价专业本科毕业，从事工程造价业务工作满4年；工程或工程经济类本科毕业，从事工程造价业务工作满5年。

（3）获上述专业第二学士学位、研究生班毕业和获硕士学位，从事工程造价业务工作满3年。

（4）获上述专业博士学位，从事工程造价业务工作满2年。

在《造价工程师执业资格制度暂行规定》（人发〔1996〕77号）下发之日（1996年8月26日）前，已受聘担任高级专业技术职务并具备下列条件之一者，可免试《工程造价管理基础理论与相关法规》、《建设工程技术与计量》两个科目。

（1）1970年（含1970年，下同）以前工程或工程经济类本科毕业，从事工程造价业务满15年。

（2）1970年以前工程或工程经济类大专毕业，从事工程造价业务满20年。

（3）1970年以前工程或工程经济类中专毕业，从事工程造价业务满25年。

符合报考条件的香港、澳门居民可按规定报名参加造价工程师执业资格考试。

因违反考试纪律，按《专业技术人员资格考试违纪违规行为处理规定》（人事部令2004年第3号）处理，尚在停考期内的考生，不得报名参加造价工程师执业资格考试。

考试科目：

分为四个科目：《建设工程造价管理》、《建设工程计价》、《建设工程技术与计量》（土木建筑工程、安装工程）、《建设工程造价案例分析》。可免试的科目见报名条件。此四个科目分别单独考试、单独计分。参加全部科目考试的人员，须在连续的两个考试年度通过；参加免试部分考试科目的人员，须在一个考试年度内通过应试科目。

1.10 工程造价相关专业的人员可以考取哪些执业资格证书？

工程造价、工程管理相关专业的人员可以考取的执业资格证书有：造价工程师、一级建造师、二级建造师、监理工程师、咨询（投资）工程师、招标师、投资建设项目管理师。具体考试可参考各省市考试信息网。

造价工程师的报考条件参见第1.9节。

建造师分为一级建造师和二级建造师。英文分别译为：Constructor 和 Associate Constructor。一级建造师执业资格实行统一大纲、统一命题、统一组织的考试制度，由人事部、建设部共同组织实施，原则上每年举行一次考试。建设部负责编制一级建造师执业资格考试大纲和组织命题工作，统一规划建造师执业资格的培训等有关工作。二级建造师执业资格实行全国统一大纲，各省、自治区、直辖市命题并组织考试的制度。住房和城乡建设部负责拟订二级建造师执业资格考试大纲，人事部负责审定考试大纲。取得建造师执业资格证书且符合注册条件的人员，经过注册登记后，即获得一级或二级建造师注册证书。注册后的建造师方可受聘执业。建造师执业资格注册有效期满前，要办理再次注册手续。一级注册建造师可在全国范围内以一级注册建造师名义执业。通过二级建造师资格考核认定，或参加全国统考取得二级建造师资格证书并经注册人员，可在全国范围内以二级注册建造师名义执业。

监理工程师是指经全国统一考试合格，取得《监理工程师资格证书》并经注册登记的工程建设监理人员。1992年6月，建设部发布了《监理工程师资格考试和注册试行办法》（建设部第18号令），我国开始实施监理工程师资格考试。1996年8月，建设部、人事部下发了《建设部、人事部关于全国监理工程师执业资格考试工作的通知》（建监〔1996〕462号），从1997年起，全国正式举行监理工程师执业资格考试。考试工作由建设部、人事部共同负责，日常工作委托建设部建筑监理协会承担，具体考务工作委托人事部人事考试中心组织实施。

注册咨询工程师（投资），是指通过考试取得《中华人民共和国注册咨询工程师（投资）执业资格证书》，经注册登记后，在经济建设中从事工程咨询业务的专业技术人员。注册咨询工程师（投资）英文译称：Registered Consulting Engineer。人事部、国家发展和改革委员会共同负责全国注册咨询工程师（投资）执业资格制度的政策制定、组织协调和监督指导，并成立全国注册咨询工程师（投资）执业资格管理委员会，负责注册咨询工程师（投资）执业资格管理工作，该委员会办事机构设在中国工程咨询协会。

招标师职业水平考试实行全国统一大纲、统一命题、统一组织的考试方式。国家发展改革委员会负责拟订考试科目、考试大纲、试题，建立考试试题库，提出考试合格标准建议。具体工作委托中国招标投标协会承担。人事部负责组织专家审定考试科目、考试大纲和试题，会同国家发展和改革委员会确定考试合格标准，并对考试实施等工作进行指导、监督和检查。

投资建设项目管理师，是指通过全国统一考试取得《中华人民共和国投资建设项目管理师职业水平证书》的人员，可受聘承担投资建设项目高层专业管理工作。根据《关于印发投资建设项目管理师职业水平认证制度暂行规定》和《投资建设项目管理师职业水平考试实施办法的通知》（国人部发〔2004〕110号）文件精神，从2005年2月1日起，国家对投资建设项目高层专业管理人员实行职业水平认证制度，纳入全国专业技术人员职业资格证书制度统一规划。

报考条件的限制一般有两个方面：一是相关专业；二是工作年限。

1.11 如何能成为造价员？与预算员的区别？

根据中价协〔2006〕13号文件发布的《全国建设工程造价员管理暂行办法》，建设工程造价员是指通过考试，取得《全国建设工程造价员资格证书》，从事工程造价业务的人员（简称造价员）。《全国建设工程造价员资格证书》是造价员从事工程造价业务的资格证明，《全国建设工程造价员资格证书》由中价协负责监制和管理。造价员资格考试实行全国统一考试大纲、通用专业和考试科目，各管理机构和专委会负责组织命题和考试，由各地建委或是造价协会负责。

报考条件：凡符合下列条件之一者均可申报：

（1）工程造价专业，中专及以上学历；

（2）其他专业，中专及以上学历，工作满一年。

工程造价专业大专及以上应届毕业生申请参加考试，经省造价管理协会审查符合条件的，可以免试《工程造价基础知识》。

考试管理：各专业报考人员必须同时参加两个科目的考试，在一个考试年度内两科成绩同时合格方能取得造价员资格证书。

造价员管理：

（1）造价员应在本人承担的工程造价业务文件上签字、加盖专用章，并承担相应的岗位责任。

（2）造价员资格考试合格者，由各管理机构、专委会颁发由中价协统一印制的《全国建设工程造价员资格证书》及专用章，证书编号规则及专用章样式由中价协统一规定。

（3）各管理机构和各专委会应建立造价员信息管理系统和信用评价体系，并向社会公众开放查询造价员资格、信用记录等信息。

（4）造价员跨地区或行业变动工作，并继续从事建设工程造价工作的，应持调出手续、《全国建设工程造价员资格证书》和专用章，到调入所在地管理机构或专委会申请办理变更手续，换发资格证书和专用章。

（5）造价员可以从事与本人取得的《全国建设工程造价员资格证书》专业相符合的建设工程造价工作。

（6）造价员不得同时受聘在两个或两个以上单位。

继续教育：造价员每二年参加继续教育的时间原则上不得少于 30 小时，各管理机构和各专委会可根据需要进行调整。

造价员与预算员的区别：造价员现在归口中国造价协会管理，全国组织统一考试，并且具有可以在招投标文件、结算文件上签字的权力。造价员在 2006 年《全国建设工程造价员管理暂行办法》发布之前也称为预算员，是由各省市定额站负责考试、管理。目前统一改称造价员，造价员的就业领域可以是业主、审计、施工方。而预算员一般就职于施工单位，预算员证书一般是指在施工单位的上岗证书，与造价员证书有很大区别，管理部门一般是当地建管局或相应政府部门。

1.12 在英联邦国家的工料测量师的主要任务和作用是什么？

1. 在立约前阶段的任务

（1）工程建设开始阶段，工料测量师要和建筑师、工程师共同研究提出"初步投资建议"，对拟建项目做出初步的经济评价，并和业主讨论在工程建设过程中工料测量师的服务内容、收费标准；同时着手一般准备工作和今后行动计划。

（2）可行性研究阶段，工料测量师根据建筑师和工程师提供的建设工程的规模、场址、技术协作条件，对各种拟建方案制定初步估算，有的还要为业主估算竣工后的经营费用和维护保养费，从而向业主提交估价和建议，以便业主决定项目执行方案，确保该方案在功能上、技术上和财务上的可行性。

（3）在方案建议阶段，工料测量师按照不同的设计方案编制估算书，除反映总投资额外，还要提供分部工程的投资额，以便业主能确定拟建项目的布局、设计和施工方案。工料测量师还应为拟建项目获得当局批准而向业主提供必要的报告。

（4）在初步设计阶段，根据建筑师、工程师草拟的图纸，制定建设投资分项初步概算。根据概算及建设程序，制定资金支出初步估算表，以保证投资得到最有效的运用，并可作为确定项目投资限额使用。

（5）在详细设计阶段，根据近似的工料数量及当时的价格，制定更详细的分项概算，并将它们与项目投资限额相比较。

（6）对不同的设计及材料进行成本研究，并向建筑师、工程师或设计人员提出成本建议，协助他们在投资限额范围内设计。

（7）就工程的招标程序、合同安排、合同内容方面提供建议。

（8）制定招标文件、工料清单、合同条款、工料说明书及投标书，供业主招标或供业主与选定的承包人议价。

（9）研究并分析收回的投标，包括进行详尽的技术及数据审核，并向业主提交对各项投标的分析报告。

（10）为总承包单位及指定供货单位或分包单位制定正式合同文件。

2. 在立约后阶段的任务

（1）工程开工后，对工程进度进行估计，并向业主提出中期付款的建议。

（2）工程进行期间，定期制定最终成本估计报告书，反映施工中存在的问题及投资的支付情况。

（3）制定工程变更清单，并与承包人达成费用上增减的协议。

（4）就考虑中的工程变更的大约费用，向建筑师提供建议。

（5）审核及评估承包人提出的索赔，并进行协商。

（6）与工程项目顾问团的其他成员紧密合作，在施工阶段严格控制成本。

（7）办理工程竣工结算，该结算是工程最终成本的详细说明。

（8）回顾分析项目管理和执行情况。

1.13 如何申请成为英国皇家特许测量师学会（RICS）其会员？

RICS（Royal Institution of Chartered Surveyors）英国皇家特许测量师学会，是为全球广泛、一致认可的专业性学会，其专业领域涵盖了土地、物业、建造及环境等 16 个不同的行业。迄今为止，英国皇家特许测量师学会（RICS）有 11 万多会员分布在全球 121 多个国家；拥有 300 多个 RICS 认可的相关大学学位专业课程，每年发表超过 500 多份研究及公共政策评论报告，向会员提供覆盖 16 个专业领域和相关行业的最新发展趋势；英国皇家特许测量师学会（RICS）得到了全球 50 多个地方性协会及联合团体的大力支持。

要成为英国皇家特许测量师学会（RICS）的会员，主要有下列几种不同的申请途径：

（1）拥有 RICS 认可的相关大学学位或等效的专业资格认证，可申请参加为期 24 个月的"专业胜任能力评核（APC）"。评核过程需在督导师的监察下完成。候选人须提交进度报表及自选专业领域的分析报告，并参加"持续专业发展项目（CPD）"的培训（两年内最少 96 小时），并最终通过专家小组的面试。

（2）拥有 RICS 认可的相关大学学位或专业资格后，并有不少于十年的相关工作经验（或通过 RICS 认可的专业协会的特定安排），亦可加盟成为英国皇家特许测量师学会（RICS）的会员。候选人需研习 RICS 的专业操守课程，提交相关的履历，其中包括候选人过去两年内，在专业领域中的个人发展、案例研究及参加"持续专业发展项目（CPD）"的记录等，并最终通过专家小组的面试。

持续专业发展项目（CPD，Continuing Professional Development）：是为会员提供的一项服务，通常是以培训课程、研讨会或经验交流会议的形式存在，旨在帮助会员持续积累专业经验，发展自身技能，加强与其他会员以及同其他专业团体的交流，从而使会员的职业水准始终保持在业内的领先地位。作为英国皇家特许测量师学会（RICS）的会员，每年至少要有20小时的CPD参与记录。

专业胜任能力评核（APC，Assessment of Professional Competence）：是候选人为成为英国皇家特许测量师学会（RICS）的会员而进行的专业培训和面试。其主要目的在于，确定所有候选人都具备了专业测量师的能力。当候选人通过了专业胜任能力评核（APC），而成为英国皇家特许测量师学会（RICS）的会员后，便可拥有全球认可的专业资格，为其客户和雇主提供专业资格、操守和水平的保证。

一般而言，专业胜任能力评核（APC）通常为两年的相关专业培训。其组成部分如下：

（1）专业培训期：至少为期两年的督导及训练，培训期内候选人须将其相关专业履历做详尽记录。

（2）考核面试：候选人完成上述培训期的要求后，可提交相关报告，并通过专家小组的评核面试，从而确认候选人能否正式成为RICS专业会员。通常情况下，候选人可在评核面试后约三个星期得知面试结果。

专业胜任能力评核（APC，Assessment of Professional Competence）面试的大致内容是：候选人在参加"专业胜任能力评核（APC）"面试的前两个月，须提交相关报告，其中包括一份约2000字的个人简历（详列专业经验）以便在面谈中交流；以及三份案例研究（每一份约500字）；若在过去五年内在相关刊物上发表过论文，亦可将此论文替代两份案例研究。交纳了相关费用，提交了相关报告并符合要求的候选人，将被邀请到"专业胜任能力评核（APC）"面试的临时场所（一般设于市内某一饭店会议室内）参加面试。面试通常为60分钟的面对面交流，以确认候选人的专业资历及业务水准。面试由2~3名英国皇家特许测量师学会（RICS）资深会员组成的评核小组共同进行。评核小组将与每名候选人以英文（在特殊安排下可用普通话）进行面试，面试流程大致如下：

（1）小组主席简介评核小组成员，面试流程、目的。

（2）候选人根据所提交的材料，进行自我介绍。

（3）小组成员同候选人交流提交的相关报告、专业资历及职业操守等相关内容，以确认候选人是否具备会员资格。

（4）小组主席、小组成员，以及候选人的总结面谈。

一般情况下，面试现场都会有英国皇家特许测量师学会（RICS）的资深工作人员（或特邀人员）在场作为观察员，以监控整个面试过程是否公平、规范，是否严格地遵照英国皇家特许测量师学会（RICS）的有关规程进行。

其他相关RICS的信息可访问其网站：http://www.rics.org/。

1.14 英国皇家特许建造师学会(CIOB)是一个什么样的组织？

英国皇家特许建造学会（CIOB）是一个主要由从事建筑管理的专业人员组织起来的

社会团体，是一个涉及建设全过程管理的专业学会。该学会成立于1834年，至今已有近180年的历史。在1980年获得皇家的认可。是英国经女王授权的9家获得"英国皇家特许"称号的专业学会之一。目前CIOB在全球超过90多个国家中拥有42000多名会员。

CIOB会员资格共分5个等级，资深会员（FCIOB）：申请人必须为正式会员。需在建筑行业担任要职5年以上，并在行业内、学术界或教育界作出突出贡献，或为提高学会的声望作出贡献；正式会员（MCIOB）：申请人必须拥有CIOB认可的建设领域荣誉学士及以上学位，至少3年以上的专业管理经验，必须通过专业回顾面试。学历或工作经验未能满足条件的申请人，需进行个人评估，评估后由CIOB决定参加面试或者参加入会培训；副会员（ICIOB）：申请人必须拥有CIOB认可的建设领域荣誉学士及以上学位，或者通过个人评估学历等同于CIOB认可学历。如果申请人没有达到学历要求，必须拥有至少2年以上高级技师水平的建筑行业工作经验，需进行个人评估；助理会员（ACIOB）：申请人必须具有专科学历，且必须拥有至少2年以上高级技师水平的建筑行业工作经验，需进行个人评估；学生会员（Student）：该资格仅授予正在接受全日制高等教育学士及以上学位的学生，一旦毕业该资格即失效，需申请更高级别会员资格。

作为专业学会，CIOB的职能包括：制定并维护建筑管理专业标准；建筑管理领域专业人士的代表；不断提高CIOB会员的标准和声誉；提升整个建筑行业的高标准。具体说来，这些职能涵盖：对政府机构提出政策建议、有关建筑管理标准的制定和维护、会员专业资格认证、评估高等学校学位课程并提供专业服务、科研项目、发行各种报告和出版物、信息交流以及组织研讨会等活动。CIOB的目标是：推动专业化、影响建筑业、认可成就、搭建专业平台、提升行业标准。

其他相关CIOB的信息可访问其网站：http：//www.ciob.org.uk/。

1.15 英国建设工程如何计价？

英国是世界上最早出现工程造价咨询行业并成立相关行业协会的国家。英国的工程造价咨询公司在英国被称为工料测量行，成立的条件必须符合政府或相关行业协会的规定，行业协会负责管理工程造价专业人士、编制工程造价计量标准、发布相关造价信息及造价指标。

政府投资工程和私人投资工程采用不同的造价管理方法。政府工程由政府相关部门进行管理，对全过程的造价控制极为严格，遵循政府统一发布的价格指数，通过市场竞争，形成工程造价。对私人投资工程政府进行规范和引导，一般不予干预。社会上还有政府所属代理机构或社会团体组织，如英国皇家特许测量师学会（RICS）等协助政府部门进行行业管理。主要对咨询单位进行业务指导和管理从业人员。

英国没有定额体系，工程计价依据包括统一的工程量计算规则、工程量清单编制规则、工程造价信息。建筑工程标准计算规则和工程造价信息成为工料测量师和估价师计算工程造价的主要依据。工程量清单是进行报价的标准格式文件。

现行的英国皇家测量师学会于1988年发布的《建筑工程工程量计算规则》（SMM7）规定了工程量的计算原则、工程量量度原理和基本单位工程项目划分工程量清单内容等，并将工程量的计算划分为23个部分，是参与工程建设各方共同遵守的计量的基本原则。

英国土木工程师学会（ICE）编制了适用于大型或复杂工程项目的《土木工程工程量计算规则》（CESMM）。

工程量清单是施工招标文件的一部分，包括开办费、分部工程概要、工程量表、暂定金额和主要成本汇总5个部分。工程量表按工种分类列出工程项目的名称、工作内容、工程数量及计量单位。

报价中的关键是工程造价信息的内容。工程造价信息主要包括市场价格信息、价格指数以及已建工程造价资料3个部分。市场价格信息随行就市，由政府相关主管部门定期公布各种建筑材料的市场价格。价格指数也是由相关主管部门定期发布，英国政府各部门均需制定并经财政部门认可的各种建设标准和造价指标，主要有建筑材料价格指数、建筑价格指数、建筑产出价格指数、非住宅建筑的资源成本指数、住宅建筑的资源成本指数等。已建工程造价资料由国家统计部门定期收集整理汇总并出版，英国皇家测量师学会的会员都有责任和义务严格将自己掌握的已建工程造价资料，按固定的格式填报并录入数据库，数据库资料实行全国联网，所有会员共享。

业主对工程的估价一般是通过工料测量师来完成。在估价时，测量师将拟建工程项目资料与以往同类工程项目比较，结合市场行情、指数调整，确定项目单价。而承包商的投标报价则一般是依据自己的经验，根据本企业已完工程数据对分部工程人材机的消耗量进行确定，人工单价主要是依据各劳务分包商的报价，材料单价主要是依据各材料供应商的报价比较确定，根据市场供求自己确定管理费率，报价体现的是当时当地实际的工程造价。

另外，英国有一套完整的建设工程标准合同体系，包括JCT合同（JCT公司）体系、ACA（咨询顾问建筑师协会）合同体系、ICE（土木工程师学会）合同体系、皇家政府合同体系。JCT是英国的主要合同体系之一，主要用于房屋建筑工程。

1.16 美国建设工程如何计价？

美国的工程造价咨询业完全由行业协会管理，如美国土木工程师协会、总承包商协会、建筑标准协会、工程咨询业协会、国际工程造价促进会等。美国联邦政府没有主管建筑业的政府部门，也没有主管工程造价咨询业的专门政府部门。

美国的工程造价管理是一种完全市场化的工程造价管理模式。在没有全国统一的工程量计算规则和计价依据的情况下，一方面，由各级政府部门制定各自管辖的政府投资工程相应的计价标准，另一方面，承包商根据自己的经验进行报价。联邦政府和地方政府没有统一的工程量计算规则和标准，有关工程量计算规则、指标、费用标准等，是由各专业协会、大型咨询公司制定。各地的工程造价咨询机构，根据本地区的特点，制定单位建筑面积的消耗量和基价，作为所管辖项目造价估算的标准。

美国的工程估价体系主要有两部分内容组成，一是美国建筑规范标准协会（CSI）发布的两套工程项目编码；二是估算工程造价的造价信息。

工程项目编码分别为标准格式（Master Format）编码和部位单价格式（Unit Format）编码，这两套工程项目编码广泛应用于建筑工程和一般承包工程中。标准格式编码由美国建筑规范学会（CSI）和加拿大建筑规范学会（CSC）于1963年首次发布。已成为北美地区各国应用最为广泛的项目分解和编码系统。

工程造价信息主要包括：工程造价咨询机构发布的信息；社会中介机构提供或发布的信息；图书销售商编印的供投标报价或估价的资料；估价师在实践中积累的投标报价或估价方法；社会有关部门发布的有关工程价格信息，如房屋建筑造价资料、机械设备造价资料、电气工程造价资料等；政府有关部门保存的工程前期投标报价列表；工程承包商积累的工程造价资料。在美国，工程新闻记录（Engineering News Record，ENR）造价指标是很重要的一种造价信息，编制 ENR 造价指数的目的是为了准确地预测建筑价格，确定工程造价。它是一个加权总指数，由构件钢材、波特兰水泥、木材和普通劳动力这 4 种个体指数组成。ENR 共编制两种造价指数：建筑造价指数和房屋造价指数。

美国的工程造价估算主要由设计部门或专业估价公司来承担，估算时，除了考虑工程项目本身的特征因素外，还对项目进行较为详细的风险分析，以确定适度的预备费。预备费的比例随风险程度的大小确定。人工费由基本工资和附加工资组成。附加工资包括管理费、保险金、劳动保护金、退休金、税金等。材料费和机械使用费均以现行的市场行情或市场租赁价为基础，并在人材机之和的基础上按一定的比例计提管理费和利润。

另外，美国建筑师学会（AIA）的合同条件体系很完善，核心是"通用条件"，采用不同的计价方式时，选用不同的"协议书格式"与"通用条件"结合。AIA 合同条件主要有总价、成本补偿及最高限定价格等计价方式。

1.17　日本建设工程如何计价？

工程积算制度是日本工程造价管理所采用的主要模式。工程造价咨询行业由日本政府建设主管部门和日本建筑积算协会统一进行业务管理和行业指导。工程咨询公司在日本被称为工程积算所，由建筑积算师组成。

日本的工程计价依据体系称为工程积算体系。工程计价主要以《建筑数量积算基准》、《建筑工程积算基准》、工程量清单标准格式及造价信息为依据。

根据《建筑数量积算基准》中规定的计量和计算规则计算工程量，然后按照《建筑工程积算基准》中的《建筑工程标准定额》计算工程费用。类似于我国的定额计价的计算过程。

《建筑工程积算基准》规定了计算工程造价的方法，以及发包时依据工程量清单计算工程费的注意事项。日本政府发包的工程预算价格即以建筑工程积算基准为依据进行计算，并作为投标者中标的依据。建筑工程积算基准包括《建筑工程标准定额》和《建筑工程共通费积算基准》。

日本的工程造价信息多通过期刊或网络发布，《积算资料》、《建设物价》、《土木施工单价》、《建筑施工单价》等定期刊登或发布工程造价信息及相关资料。日本还设有专门机构负责工程造价信息的收集整理和发布。"建设物价调查会"和"经济调查会"也负责调查和发布与工程有关的相关经济数据和指标。经济调查会还负责对政府使用的建筑工程积算基准进行调查，调查有关土木建筑电气设备工程等定额及经费使用情况，报告市场材料价格人工费、印刷费及运输费等。

1.18 什么是工程造价咨询人？

工程造价咨询人根据《建设工程工程量清单计价规范》（GB 50500—2013）中的定义是指取得工程造价咨询资质等级证书，接受委托从事建设工程造价咨询活动的当事人以及取得该当事人资格的合法继承人。

自 2006 年 7 月 1 日起施行的《工程造价咨询企业管理办法》（中华人民共和国建设部令第 149 号）中对工程造价咨询企业及其管理制度作出了明确规定：

资质等级与标准：工程造价咨询企业资质等级分为甲级、乙级。甲级工程造价咨询企业资质标准中对于造价人员的规定是：要求企业出资人中，注册造价工程师人数不低于出资人总人数的 60%，且其出资额不低于企业注册资本总额的 60%；技术负责人已取得造价工程师注册证书，并具有工程或工程经济类高级专业技术职称，且从事工程造价专业工作 15 年以上；专职从事工程造价专业工作的人员（以下简称专职专业人员）不少于 20人，其中，具有工程或者工程经济类中级以上专业技术职称的人员不少于 16 人；取得造价工程师注册证书的人员不少于 10 人，其他人员具有从事工程造价专业工作的经历。乙级工程造价咨询企业资质标准中对于造价人员的规定是：企业出资人中，注册造价工程师人数不低于出资人总人数的 60%，且其出资额不低于注册资本总额的 60%；技术负责人已取得造价工程师注册证书，并具有工程或工程经济类高级专业技术职称，且从事工程造价专业工作 10 年以上；专职专业人员不少于 12 人，其中，具有工程或者工程经济类中级以上专业技术职称的人员不少于 8 人；取得造价工程师注册证书的人员不少于 6 人，其他人员具有从事工程造价专业工作的经历。

工程造价咨询企业依法从事工程造价咨询活动，不受行政区域限制。甲级工程造价咨询企业可以从事各类建设项目的工程造价咨询业务。乙级工程造价咨询企业可以从事工程造价5000 万元人民币以下的各类建设项目的工程造价咨询业务。工程造价咨询业务范围包括：

（1）建设项目建议书及可行性研究投资估算、项目经济评价报告的编制和审核。

（2）建设项目概预算的编制与审核，并配合设计方案比选、优化设计、限额设计等工作进行工程造价分析与控制。

（3）建设项目合同价款的确定（包括招标工程工程量清单和招标控制价、投标报价的编制和审核）；合同价款的签订与调整（包括工程变更、工程洽商和索赔费用的计算）及工程款支付，工程结算及竣工结（决）算报告的编制与审核等。

（4）工程造价经济纠纷的鉴定和仲裁的咨询。

（5）提供工程造价信息服务等。

工程造价咨询企业可以对建设项目的组织实施进行全过程或者若干阶段的管理和服务。

《建设工程工程量清单计价规范》（GB 50500—2013）中规定：造价员编制的工程量清单应有负责审核的造价工程师签字、盖章。受委托编制的工程量清单，应有造价工程师签字、盖章以及招标代理人或工程造价咨询人盖章。除承包人自行编制的投标报价和竣工结算外，受委托编制的招标控制价、投标报价、竣工结算若为造价员编制的应有负责审核的造价工程师签字、盖章以及工程造价咨询人盖章。

第 2 章　建设工程造价构成

2.1　国产设备购置费的构成是什么，如何计算？

设备购置费是指为建设工程购置或自制的达到固定资产标准的设备、工具、器具的费用。所谓固定资产标准，是指使用年限在一年以上，单位价值在国家或各主管部门规定的限额以上。新建项目和扩建项目的新建车间购置或自制的全部设备、工具、器具，不论是否达到固定资产标准，均计入设备、工器具购置费中。设备购置费包括设备原价和设备运杂费，即：

设备购置费＝设备原价＋设备运杂费

上式中，设备原价系指国产标准设备、非标准设备的原价。设备运杂费系指设备原价中未包括的包装和包装材料费、运输费、装卸费、采购费及仓库保管费、供销部门手续费等。

国产标准设备原价。国产标准设备是指按照主管部门颁布的标准图纸和技术要求，由设备生产厂批量生产的，符合国家质量检验标准的设备。国产标准设备原价一般指的是设备制造厂的交货价，即出厂价。

国产非标准设备原价。非标准设备是指国家尚无定型标准，各设备生产厂不可能在工艺过程中采用批量生产，只能按一次订货，并根据具体的设备图纸制造的设备。非标准设备原价有多种不同的计算方法，如成本计算估价法、系列设备插入估价法、分部组合估价法、定额估价法等。

2.2　进口设备的交货方式有哪些？什么是 FOB？什么是 CIF？

进口设备的交货方式可分为内陆交货类、目的地交货类、装运港交货类。

内陆交货类即卖方在出口国内陆的某个地点完成交货任务。在交货地点：卖方及时提交合同规定时货物和有关凭证；并承担交货前的一切费用和风险；买方按时接受货物，交付货款，承担接货后的一切费用和风险，并自行办理出口手续和装运出口。货物的所有权也在交货后，由卖方转移给买方。

目的地交货类即卖方要在进口国的港口或内地交货，包括目的港船上交货价、目的港船边交货价（FOS）、目的港码头交货价（关税已付）及完税后交货价（进口国目的地的指定地点）。它们的特点是：买卖双方承担的责任、费用和风险是以目的地约定交货点为分界线，只有当卖方在交货点将货物置于买方控制下方算交货，方能向买方收取货款。这类交货价对卖方来说承担的风险较大，在国际贸易中卖方一般不愿意采用这类交货方式。

装运港交货类即卖方在出口国装运港完成交货任务。主要有装运港船上交货价

（FOB），习惯称为离岸价；运费在内价（CFR）；运费、保险费在内价（CIF），习惯称为到岸价。它们的特点主要是：卖方按照约定的时间在装运港交货，只要卖方把合同规定的货物装船后提供货运单据便完成交货任务，并可凭单据收回货款。

采用装运港船上交货价（FOB）时卖方的责任是：负责在合同规定的装运港口和规定的期限内，将货物装上买方指定的船只，并及时通知买方；负责货物装船前的一切费用和风险；负责办理出口手续；提供出口国政府或有关方面签发的证件；负责提供有关装运单据。买方的责任是：负责租船或订舱，支付运费，并将船期、船名通知卖方；承担货物装船后的一切费用和风险；负责办理保险及支付保险费，办理在目的港的进口和收货手续；接受卖方提供的有关装运单据，并按合同规定支付货款。

2.3 进口设备抵岸价的构成及与离岸价、到岸价的关系？

进口设备如果采用装运港船上交货价（FOB），其抵岸价构成可概括为：

进口设备抵岸价 = 货价＋国外运费＋国外运输保险费＋银行财务费＋外贸手续费
　　　　　　　　＋进口关税＋增值税＋消费税＋海关监管手续费

（1）进口设备的货价：离岸价(FOB 价)×人民币外汇牌价

（2）国外运费：离岸价×运费率或国外运费＝运量×单位运价

（3）国外运输保险费：(离岸价＋国外运费)/(1－国外保险费率)×国外保险费率(注意：在计算进口设备抵岸价时，再将国外运费和国外运输保险费换算成人民币)

（4）银行财务费：离岸价×人民币外汇牌价×银行财务费率(一般为 4%～5%)

（5）外贸手续费：到岸价(CIF)×人民币外汇牌价×外贸手续费率(一般为 1.5%)

　　　　到岸价 CIF = 离岸价 FOB ＋ 国外运费 ＋ 国外运输保险费

（6）进口关税：到岸价(关税完税价格)×人民币外汇牌价×进口关税率

（7）增值税：组成计税价格×增值税率(17%)

　　　　组成计税价格 = 到岸价×人民币外汇牌价＋进口关税＋消费税

（8）消费税：对部分进口产品(如轿车等)征收。计算公式为：

　　　　[(到岸价×人民币外汇牌价＋关税)/(1－消费税率)]×消费税率

（9）海关监管手续费：到岸价×人民币外汇牌价×海关监管手续费率（注意：全额收取关税的设备，不收取海关监管手续费）

抵岸价与到岸价的内涵不同，到岸价只是抵岸价（CIF）的主要组成部分。下面通过一个小例子看一下：某进口设备按人民币计算，离岸价 830 万元，到岸价 920 万元，银行财务费 4.15 万元，外贸手续费 13.8 万元，增值税 198.72 万元，进口设备检验鉴定费 3 万元，进口关税率 20%。则该进口设备的抵岸价为：

　　　　抵岸价＝到岸价＋银行财务费＋外贸手续费＋关税＋增值税
　　　　　　　＝ 920 ＋ 4.15 ＋ 13.8 ＋ 920×20% ＋ 198.72 ＝ 1320.67 万元

2.4 材料预算单价是否是材料的出厂价？

材料预算单价并不是单指材料的出厂价。它包括材料原价、供销部门手续费、包装费、运杂费、采购及保管费、检验试验费等。

（1）材料原价

材料原价是指材料的出厂价格，进口材料抵岸价或销售部门的批发价和零售价。在确定原价时，凡同一种材料因来源地、交货地、供货单位、生产厂家不同，而有几种价格（原价）时，根据不同来源地供货数量比例，采取加权平均的方法确定其综合原价。

（2）材料运杂费

材料运杂费指材料由采购地或发货点至现场仓库或工地存放地含外埠中转运输过程中所发生的一切费用和过境过桥费。同品中材料有若干来源地，采用加权平均的方法计算。另外，在运杂费中需要考虑为了便于材料运输和保护而发生的包装费。材料包装费用有两种情况：一是包装费已计入材料原价中，此种情况不再计算包装费，如袋装水泥，水泥纸袋已包括在水泥原价中；另一种情况是材料原价中未包含包装费，如需包装时包装费则应计入材料价格中。

（3）运输损耗。在材料的运输中应考虑一定的场外运输损耗费用。这是指材料在运输装卸过程中不可避免的损耗。计算公式如下：

运输损耗＝（材料原价＋运杂费）×相应材料损耗率

（4）采购及保管费。是指材料供应部门在组织采购、供应和保管材料过程中所需的各项费用，包括采购费、仓储费、工地保管费、仓储损耗费等。一般按照材料到库价格以费率取定。计算公式如下：

采购及保管费＝材料运到工地仓库价格×采购及保管费率

或采购及保管费＝（材料原价＋运杂费＋运输损耗费）×采购及保管费率

综上所述，材料基价的一般计算公式为：

材料基价＝（供应价格＋运杂费）×（1＋运输损耗率）×（1＋采购及保管费率）

从以上材料预算价格的组成可以看出，出厂价只是预算价格的一部分，所以在材料定价时应约定好价格包含的内容。

2.5 甲供材料与甲定乙供材料的含义与区别？结算时如何处理？

工程承包方式的多样化，在现实的工程承包方式中，除了包工包料、包工不包料之外，还存在着由发包方（即建设单位）提供如钢材、木材、水泥等主要建筑材料（在建筑行业内称为甲供材料）供承包方在工程中使用，而由承包方提供机械设备、人工及辅助材料，共同完成工程建设，最后在工程结算中扣除甲供材料费用的工程承包方式。

甲供材料简单来说就是由甲方提供的材料。包括甲方购买材料，这是在甲方与承包方签订合同时事先约定的。凡是由甲供材料，进场时由施工方和甲方代表共同取样验收，合格后方能用于工程上。甲供材料一般为大宗材料，比如钢筋、钢板、管材以及水泥等，施工合同里对于甲供材料有详细的清单。

甲定乙供材料一般是甲方通过招标或其他方式按中标或指定材料的品牌和价格，后由乙方购买供应。对于"甲定乙供"的材料定价方式要注意：甲方定的材料价格是材料的出厂价、到工地价还是预算单价，如果仅笼统的定义某个价格，在工程结算时极容易引起争议，比如说：甲方定的钢材价格是 4500 元/t，由施工方负责购买。这里的"4500 元/t"

应界定清楚价格包括的内容。

对于批价单和落地价，一般认为批价单即甲方批准的甲定乙供材料的结算价格，这两种认价模式不是建筑工程的计价规范或标准合同内具有标准解释的用语，它们所含的内容不是约定俗成的，在建筑工程合同执行中不具通用性。如果承包方与发包方签订的合同有此相关的约定，就得遵守合同的规定。如合同中已经对批价单和落地价作了解释说明，那么就得依据合同的约定。如果合同没有对此用语作说明，在结算时极易引起歧义和合同的纠纷。

所以对于甲定乙供材料的价格的约定最稳妥的方法是约定好具体的内容，包括采保费的计算也是经常出现争议的地方。

2.6　工程结算时是否应在税前扣除甲供材？

工程结算时不应在税前扣除甲供材。税金中的营业税的计税基础是按照建安工程费用构成全部工程价款。工程总造价中应包含所有的材料价款，不能因为材料的购买主体发生了变化而改变建筑营业税的计税依据和其经济实质，导致了国家税款的流失。

2.7　工程建设其他费用中的研究试验费与建安工程费中的检验试验费有何区别？

首先应理顺在建设项目建设过程中可能发生哪些试验费，然后辨别各项费用的性质及归属。

（1）科技三项费用。科技三项费用是指国家为支持科技事业发展而设立的新产品试制费、中间试验费和重大科研项目补助费。科技三项费用是国家财政科技拨款的重要组成部分，是实施中央和地方各级重点科技计划项目的重要资金来源。这部分费用由中央和地方财政预算按年度统筹安排，主要用于国家各类科研院所、高等院校及国有企业承担的国家和地方重点科技计划项目。即这部分费用不能包含在建设项目中。

（2）研究试验费。研究试验费是指为建设项目提供和验证设计参数、数据、资料等所进行的必要的试验费用以及设计规定在施工中必须进行试验、验证所需费用。比如"风洞试验"等。包括自行委托其他部门研究试验所需人工费、材料费、试验设备及仪器使用费等，不包括应由勘察设计费或工程费用中开支的项目。这部分费用包含在"工程建设其他费用"的与工程建设有关的费用中。

（3）一般材料的检验试验费。检验试验费是指对建筑材料、构件和建筑安装物进行一般鉴定、检查所发生的费用。包括自设试验室进行试验所耗用的材料和化学药品等费用。不包括新结构、新材料的试验费和建设单位对具有出厂合格证明的材料进行检验（规范另有要求的除外），以及对构件做破坏性试验及其他有特殊要求需检验试验的费用。根据《建筑安装工程费用项目组成》（建标 2013［44 号］文）中的规定：这部分费用包含在"建安工程费用"的"企业管理费"中。

三者包含的内容是不同的，三者支出的范围和归属也是不同的。在实际计价中，要分清楚其实质内容，不可漏计，也不可重复计取，有些施工单位对于钢筋的拉拔试验费、混凝土试块的检测费单独一项计取在建安工程费中，实际是不妥的，因在企业管理费的计取价格中包含了此项费用，不可再重复计取。

2.8 建安工程费中的企业管理费是否包含了建设单位的管理费？

建设单位管理费：是指建设单位在建设项目从立项、筹建、建设、联合试运转、竣工验收、交付使用及后评估等全过程管理所需的费用。建设单位的管理费属于自身项目运作中花费在自身管理过程中的费用。内容包括：建设单位开办费和建设单位经费。

建设单位开办费。建设单位开办费是指新建项目为保证筹建和建设工作正常进行所需办公设施、生活家具、用具、交通工具等购置费用。

建设单位经费。建设单位经费包括工作人员的基本工资、工资性补贴、职工福利费、劳动保护费、劳动保险费、办公费、差旅交通费、工会经费、职工教育费、固定资产使用费、工具用具使用费等。

建安工程费中的企业管理费：是指建筑安装企业组织施工生产和经营管理所需费用。是包括在施工企业的投标报价中的，是建设单位应该支付的一部分资金。内容包括：管理人员工资、办公费、差旅交通费、检验试验费、固定资产使用费、工具用具使用费、劳动保险费、工会经费、职工教育经费、财产保险费、财务费、税金等费用。

从以上二者包含的内容可以看出，建安工程费中的企业管理费只是包含了建筑施工企业的相关费用；而建设单位管理费是指建设单位在项目建设中所花费的费用，这个费用的支出是包含在建设投资中的"工程建设其他费用"中。二者包含的是完全不同的费用。

2.9 建设单位与施工单位临时设施费是否都列入措施费中？

建设单位临时设施费是指为满足施工建设需要而供到场地界区的；未列入工程费用的临时水、电、路、气、通信等其他工程费用和建设单位的现场临时建（构）筑物的搭设、维修、拆除、摊销或建设期间租赁费用，以及施工期间专用公路或桥梁的加工、养护、维修等费用。此项费用列入工程建设其他费用中的与建设项目有关的费用项目。

施工单位临时设施费是施工企业为进行建筑安装施工所必须搭设的生活和生产用的临时建筑物、构造物和其他临时设施费用等，包括临时宿舍、文化福利、公用事业房屋与建筑物、仓库、办公室以及规定范围内的道路、水、电、管线等。此项费用列入"建筑安装工程费"中。

这里应注意的是：建设单位临时设施费是列入"工程建设其他费用"中的与建设项目有关的费用项目；施工单位临时设施费是列入"建筑安装工程费用"中的措施费中。所以在施工单位的工程结算中并不包含为建设单位搭设或拆除临时办公室等临设的费用。如果是施工单位承担的建设单位临设的建设任务可单独计取所花的费用。

2.10 安全文明施工费包括哪些内容，报价时如何考虑？

根据《房屋建筑与装饰工程工程量计算规范》（GB 500854—2013）的内容，安全文明施工费包含环境保护、文明施工、安全施工、临时设施。

环境保护包含范围：现场施工机械设备降低噪声、防扰民措施费用；水泥和其他易飞扬细颗粒建筑材料密闭存放或采取覆盖措施等费用；工程防扬尘洒水费用；土石方、建渣外运车辆冲洗、防洒漏等费用；现场污染源的控制、生活垃圾清理外运、场地排水排污措施的费用；其他环境保护措施费用。

文明施工包含范围："五牌一图"的费用；现场围挡的墙面美化（包括内外粉刷、刷白、标语等）、压顶装饰费用；现场厕所便槽刷白、贴面砖，水泥砂浆地面或地砖费用，建筑物内临时便溺设施费用；其他施工现场临时设施的装饰装修、美化措施费用；现场生活卫生设施费用；符合卫生要求的饮水设备、淋浴、消毒等设施费用；生活用洁净燃料费用；防煤气中毒、防蚊虫叮咬等措施费用；施工现场操作场地的硬化费用；现场绿化费用、治安综合治理费用；现场配备医药保健器材、物品费用和急救人员培训费用；用于现场工人的防暑降温费、电风扇、空调等设备及用电费用；其他文明施工措施费用。

安全施工包含范围：安全资料、特殊作业专项方案的编制，安全施工标志的购置及安全宣传的费用；"三宝"（安全帽、安全带、安全网），"四口"（楼梯口、电梯井口、通道口、预留洞口），"五临边"（阳台围边、楼板围边、屋面围边、槽坑围边、卸料平台两侧），水平防护架、垂直防护架、外架封闭等防护的费用；施工安全用电的费用，包括配电箱三级配电、两级保护装置要求、外电防护措施；起重机、塔吊等起重设备（含井架、门架）及外用电梯的安全防护措施（含警示标志）费用及卸料平台的临边防护、层间安全门、防护棚等设施费用；建筑工地起重机械的检验检测费用；施工机具防护棚及其围栏的安全保护设施费用；施工安全防护通道的费用；工人的安全防护用品、用具购置费用；消防设施与消防器材的配置费用；电气保护、安全照明设施费用；其他安全防护措施费用。

临时设施包含范围：施工现场采用彩色、定型钢板，砖、混凝土砌块等围挡的安砌、维修、拆除费或摊销费；施工现场临时建筑物、构筑物的搭设、维修、拆除或摊销的费用，如临时宿舍、办公室、食堂、厨房、厕所、诊疗所、临时文化福利用房、临时仓库、加工场、搅拌台、临时简易水塔、水池等；施工现场临时设施的搭设、维修、拆除或摊销的费用，如临时供水管道、临时供电管线、小型临时设施等；施工现场规定范围内临时简易道路铺设，临时排水沟、排水设施安砌、维修、拆除的费用；其他临时设施费搭设、维修、拆除或摊销的费用。

安全文明施工费在《建设工程工程量清单计价规范》（GB 50500—2013）中列为措施费，但同时规定安全文明施工费不允许竞争报价，即措施费中的其他项目是可以竞争报价的，但是安全文明施工费不可以竞争报价，应根据工程所在地的相关政策规定执行，在有些省份，比如山东省，把安全文明施工费列入了规费中，即不能参加竞争报价。在《计价规范》中4.5.1条规定了规费的组成，包括：社会保险费、住房公积金、工程排污费。能否允许各省份调整规费的组成内容呢？答案是可以的。计价规范中同时规定"出现第4.5.1条未列的项目，应根据省级政府或省级有关权力部门的规定列项"。

2.11 施工机械使用费中的安拆与运输费和措施费中的大型机械设备进出厂与安拆费有何不同？

施工机械使用费是指施工机械作业所发生的机械使用费以及机械安拆费和场外运输

费。其内容包括折旧费、大修理费、经常修理费、安拆费和场外运输费、机上人工费、燃料动力费、养路费及车船使用税，属于直接费的内容。

机械台班单价＝台班折旧费＋台班大修理费＋台班经常修理费＋台班安拆费和场外运输费＋台班机上人工费＋台班燃料动力费＋台班养路费及车船使用费

大型机械设备进出场及安拆费是指机械整体或分体自停放地运至施工现场或由一个施工地点运至另一个施工地点，所发生的机械进出场运输转移费用，及机械在施工现场进行安装、拆卸所需的人工费、材料费、试运转费和安装所需的辅助设施的费用，属于措施费中的内容。大型机械设备进出场及安拆费＝一次进出场及安拆费×年平均安拆次数/年工作台班。

这里要注意的是施工机械使用费是包含一般小型机械的安拆和场外运输费的，而不包括大型机械如塔吊、挖掘机等大型机械的安拆及进出场费用，大型机械的进出场及安拆需根据施工组织设计及实际情况单独计取在措施费中。而大型机械的使用费是包含在机械台班单价中的，例如：塔吊台班费的组成内容是除了塔吊进出场及安拆费之外的台班折旧费、大修理费、经常修理费、机上人工费、燃料动力费和养路费及车船使用费。

2.12 总承包单位如何对分包工程进行正确税务处理和会计核算呢？

税法明确规定，建筑业工程实行总承包、分包的，以总承包人为扣缴义务人。根据《营业税暂行条例》的规定，建筑业的总承包人将工程分包或者转包给他人，以工程的全部承包额减去付给分包人或者转包人的价款后的余额为营业额。也就是说，存在工程分包的情况下，总承包单位应以全部承包额减去付给分包方价款后的余额计算营业税，分包人应该就其完成的分包额承担相应的纳税义务。

在实际操作中，工程结算时，总承包单位根据工程的全部承包额开具发票给发包单位，发包单位根据发票金额支付总承包单位全部工程价款。分包单位与发包单位之间是没有任何联系的，分包单位只与总承包单位发生联系。总承包单位与分包单位进行工程价款结算时，总承包单位作为扣缴义务人将自行完成工程收入和分包单位完成工程收入进行区分，将分包工程营业税金及附加作为代扣代缴税金单独申报缴纳，并向税务机关提供总包与分包协议等资料。因为总承包单位对分包工程收入的营业税金及附加履行的是代扣代缴义务，分包工程实际纳税人为分包单位，在分包工程完税证明中应注明代扣代缴分包单位税金。总承包单位应将完税证明原件提供给分包单位，总承包单位将完税凭证复印作为代扣代缴分包单位税款的支付凭证进行会计处理。分包单位按照分包工程收入开具发票给总承包单位，因分包工程税金已由总承包单位代扣代缴，分包单位不再对此收入申报缴纳营业税金及附加，但应向税务部门提供完税证明和分包协议。

2.13 企业管理费中的劳动保险是否包括企业管理人员的五险一金？

劳动保险和职工福利费：是指由企业支付的职工退职金、按规定支付给离休干部的经费，集体福利费、夏季防暑降温、冬季取暖补贴、上下班交通补贴等。劳动保险费属于企业管理费中的内容。

五险一金属于规费中的社会保险费。"五险"指的是五种保险，包括养老保险、医疗保险、失业保险、工伤保险、生育保险；"一金"指的是住房公积金。其中养老保险、医疗保险和失业保险，这三种险是由企业和个人共同缴纳的保费。而工伤保险和生育保险是由企业来缴纳，职工个人并不缴纳，企业管理费中的劳动保险并不包括企业管理人员的五险一金。

2.14 企业管理费费率如何确定？

根据《建筑安装工程费用项目组成》（建标〔2013〕44号）中的规定：施工企业投标报价时自主确定管理费费率或工程造价管理机构编制计价定额确定企业管理费费率时可参考以下方法：

(1) 以分部分项工程费为计算基础

$$企业管理费费率(\%) = \frac{生产工人年平均管理费}{年有效施工天数 \times 人工单价} \times 人工费占分部分项工程费比例(\%)$$

(2) 以人工费和机械费合计为计算基础

$$企业管理费费率(\%) = \frac{生产工人年平均管理费}{年有效施工天数 \times (人工单价 + 每一工日机械使用费)} \times 100\%$$

(3) 以人工费为计算基础

$$企业管理费费率(\%) = \frac{生产工人年平均管理费}{年有效施工天数 \times 人工单价} \times 100\%$$

工程造价管理机构在确定计价定额中企业管理费时，应以定额人工费或（定额人工费＋定额机械费）作为计算基数，其费率根据历年工程造价积累的资料，辅以调查数据确定，列入分部分项工程和措施项目中。

2.15 建筑施工企业应该缴纳哪几种税金？

建筑施工企业指专门从事土木工程、建筑工程、线路管道和设备安装工程及装修工程的新建、扩建、改建和拆除等有关活动的企业。它应缴纳下列税金：

1. 营业税

营业税的计税依据是纳税人提供工程服务，向顾客收取的全部价款和价外费用的总和，又称营业额。税率为3%。计算公式：应纳税额＝营业额×税率。

建筑业营业税的营业额为承包建筑、修缮、安装、装饰和其他工程作业取得的营业收入额，建筑安装企业向建设单位收取的工程价款（即工程造价）及工程价款之外收取的各种费用。对于纳税人从事建筑、修缮、装饰工程作业，无论与对方如何结算，其营业额应包括工程所用原材料及其他物资和动力的价款在内。纳税人将建筑工程分包给其他单位的，以其取得的全部价款和价外费用扣除其支付给其他单位的分包款后的余额为营业额。

举个小例子：某市建筑公司承建某县城一商务楼，当年结算工程价款收入为5300万元，其中包括所安装设备的价款500万元及付给分包方的价款300万元，则此收入应缴纳

的营业税为：应缴纳的营业税＝（5300－300）×3%＝150万元

2. 城市维护建设税

计税依据是纳税人实际缴纳的营业税税额。税率分别为7%、5%、1%。计算公式：应纳税额＝营业税税额×税率。不同地区的纳税人实行不同档次的税率。

（1）纳税义务人所在地在城市范围内的，税率为7%；

（2）纳税义务人所在地在县城、建制镇、工矿区范围内的，税率为5%；

（3）纳税义务人所在地不在①②项范围内的，税率为1%。

3. 教育费附加

教育费附加，以各单位和个人实际缴纳的增值税、营业税、消费税的税额为计征依据，教育费附加率为3%，分别与增值税、营业税、消费税同时缴纳。计算公式：应交教育费附加额＝应纳营业税税额×费率。

4. 地方教育附加

地方教育附加征收标准统一为单位和个人（包括外商投资企业、外国企业及外籍个人）实际缴纳的增值税、营业税和消费税税额的2%。

5. 企业所得税

根据自2008年1月1日起施行的《中华人民共和国企业所得税法》，在中华人民共和国境内，企业和其他取得收入的组织为企业所得税的纳税人，应按规定缴纳企业所得税。企业所得税的征税对象是提供工程作业的纳税人取得的工程收入所得和其他所得。税率为25%。基本计算公式：应纳税所得额＝收入总额－准予扣除项目金额。应纳所得税＝应纳税所得额×税率。

6. 房产税

如果企业拥有房产产权的，需缴纳房产税。房产税是在城市、县城、建制镇、工矿区范围内，对拥有房屋产权的内资单位和个人依照房产原值一次减除10%至30%后的余值计算缴纳。具体减除幅度，由省、自治区、直辖市人民政府规定。房产出租的，以房产租金收入为房产税的计税依据。房产税的税率，依照房产余值计算缴纳的，税率为1.2%；依照房产租金收入计算缴纳的，税率为12%。

7. 城镇土地使用税

城镇土地使用税是在城市、县城、建制镇和工矿区范围内，对拥有土地使用权的单位和个人以实际占用的土地面积为计税依据，按规定税额征收的一种税。

8. 车船使用税

如果拥有汽车、自行车等机动车、非机动车交通工具，还需缴纳相应的车船使用税，外商投资企业或外国企业应缴纳车船使用牌照税。车船使用税是对行驶于公共道路的车辆和航行于国内河流、湖泊或领海口岸的船舶，按照种类、吨位和规定的税额征收的一种财产行为税。

9. 印花税

印花税是对在经济活动和经济交往中领受印花税暂行条例所列举的各种凭证所征收的一种兼有行为性质的凭证税。分为从价计税和从量计税两种。

10. 契税

如果企业承受房地产时还需及时缴纳契税。契税是对在中华人民共和国境内转移土地、房屋权属时向承受土地使用权、房屋所有权的单位和个人征收的一种税。契税按土地使用权、房屋所有权转移时的成交价格为计税依据，应纳税额＝房地产成交价格或评估价格×税率。

11. 个人所得税

要按期代扣代缴员工的个人所得税。个人所得税是以个人取得的各项应税所得为对象征收的一种税。按照税法规定，支付所得的单位或者个人为个人所得税的扣缴义务人，代扣代缴个人所得税是扣缴义务人的法定义务。

12. 其他（特殊情形）

2.16 施工单位实际缴纳的建筑安装工程税金如何计算？

《建设工程工程量清单计价规范》（GB 50500—2013）中明确了税金的组成内容，除了"营业税、城市维护建设税及教育费附加"，还包括"地方教育附加"，所以税金的综合税率按纳税人所在地的类型可按"3.48%、3.41%、3.35%"等来计算。

在建安工程费用组成中的税率是一个四种税金综合换算得到的税率，下面推导一下综合税率的组成公式。在计算税金时，往往已知条件是税前造价（人材机之和＋企业管理费＋利润＋规费）。因此，税金的计算往往需要将税前造价先转化为含税营业额，再按相应的公式计算缴纳税金。建筑安装企业营业税税率为3%，城市维护建设税取纳税人所在地区为市区的7%，教育费附加取3%，地方教育附加取2%。

$$含税总造价＝人材机之和＋企业管理费＋利润＋规费＋税金$$
$$应纳营业税＝含税工程总造价×3\%$$
$$应纳城市维护建设税＝应纳营业税×7\%＝含税工程总造价×3\%×7\%$$
$$应纳教育费附加＝应纳营业税×3\%＝含税工程总造价×3\%×3\%$$
$$应纳地方教育附加＝应纳营业税×3\%＝含税工程总造价×3\%×2\%$$
$$四税税金＝含税工程总造价×(3\%＋3\%×7\%＋3\%×3\%＋3\%×2\%)$$
$$＝(税前造价＋税金)×(3\%＋3\%×7\%＋3\%×3\%＋3\%×2\%)$$
$$＝(税前造价＋税前造价×综合税率)×(3\%＋3\%×7\%＋3\%×5\%)$$
$$四税税金＝税前造价×综合税率$$
$$税前造价×综合税率＝(税前造价＋税前造价×综合税率)$$
$$×(3\%＋3\%×7\%＋3\%×5\%)$$

整理上述公式，可得取纳税人所在地区为市区的综合税率公式：

$$综合税率(\%)＝\frac{1}{1－3\%(1＋7\%＋3\%＋2\%)}－1＝3.48\%$$

同样可得到纳税地点在县城、镇的企业综合税率计算公式：

$$综合税率(\%)＝\frac{1}{1－3\%(1＋5\%＋3\%＋2\%)}－1＝3.41\%$$

纳税地点在市区、县城、镇的企业综合税率计算公式：

$$综合税率(\%)＝\frac{1}{1－3\%(1＋1\%＋3\%＋2\%)}－1＝3.35\%$$

举一个小例子，某市公司承建该市住宅楼一栋，工程完工后从甲方结算的总价款为1000万元，那么该企业交纳的营业税、城市维护建设税、教育费附加和地方教育附加分别为多少？

应纳营业税＝1000×3％＝30万元

应纳城市维护建设税＝应纳营业税×7％＝30×7％＝2.1万元

应纳教育费附加＝应纳营业税×3％＝30×3％＝0.9万元

应纳地方教育附加＝应纳营业税×2％＝30×2％＝0.6万元

工程总税金＝30＋2.1＋0.9＋0.6＝33.6万元

不含税总造价＝1000－33.6＝966.4万元

根据综合税率计算工程总税金＝966.4×3.48％＝33.6万元

第二个问题是，税金在2012年前为何在有的省份收取的不一致。比如山东省从2005年1月1日起建筑、装饰、市政、安装、仿古建筑、园林绿化、房屋修缮及市政养护维修工程执行的税率为3.44％，3.38％，3.25％？这主要是因为教育费附加的调整。从2005年1月1日起，征收了地方教育费附加，其征收标准为增值税、营业税和消费税实际缴纳额的1％。也就是说，教育费附加的比例由3％调整为4％，即可得到新的综合费率。

根据财政部《关于统一地方教育附加政策有关问题的通知》（财综〔2010〕98号）的内容要求，全国将统一地方教育附加征收标准。地方教育附加征收标准统一为单位和个人（包括外商投资企业、外国企业及外籍个人）实际缴纳的增值税、营业税和消费税税额的2％。已经财政部审批且征收标准低于2％的省份，应将地方教育附加的征收标准调整为2％。这里就明确了新工程的税金在全国范围内由于统一了地方教育费附加的标准，所以税金在城区的税率不会再低于3.48％。

2.17 市区内的施工企业到农村提供劳务，城市维护建设税如何计取？

国家税务总局网站对此问题的答复如下：根据《中华人民共和国城市维护建设税暂行条例》规定："第四条　城市维护建设税税率如下：纳税人所在地在市区的，税率为7％；纳税人所在地在县城、镇的，税率为5％；纳税人所在地不在市区、县城或镇的，税率为1％。第五条　城市维护建设税的征收、管理、纳税环节、奖罚等事项，比照产品税、增值税、营业税的有关规定办理。"

《中华人民共和国营业税暂行条例》第十四条关于营业税纳税地点规定："纳税人提供应税劳务应当向其机构所在地或者居住地的主管税务机关申报纳税。但是，纳税人提供的建筑业劳务以及国务院财政、税务主管部门规定的其他应税劳务，应当向应税劳务发生地的主管税务机关申报纳税。"

因此，建筑业企业存在到农村提供劳务的情况，其营业税的纳税地点应在劳务发生地，这种情况下，应纳的城建税应与营业税的规定一致，应为经营地1％。

解答来自网址：

http://www.hinatax.gov.cn/n8136506/n8136563/n8136874/n8137351/9306977.html。

2.18 施工企业缴纳营业税时关于营业额的确定的几个问题

自 2009 年 1 月 1 日起施行的修订的《中华人民共和国营业税暂行条例》（中华人民共和国国务院令第 540 号）和《中华人民共和国营业税暂行条例实施细则》（财政部、国家税务总局第 52 号令），对于施工企业营业税政策方面，在施工企业营业税在扣缴义务、计税依据、纳税义务发生时间等方面发生了诸多变化（此题的解释主要参见文献《浅析施工企业营业税缴纳应注意的几个问题》，作者樊春建）。

根据条例的规定，建筑业营业税的纳税地点为应税劳务发生地的主管税务机关，取消了纳税人承包的跨省工程向其机构所在地主管税务机关申报纳税的规定。

条例删除了建筑安装业务实行分包或者转包的，以总承包人为扣缴义务人的规定。即从 2009 年 1 月 1 日开始，建设方与总包方均不再是分包方建筑业营业税的扣缴义务人。分包方应自行于劳务发生地缴纳税款。另外，按照新条例的规定，施工企业将建筑工程分包给其他单位的，其营业额为总价款扣除支付给其他单位分包款后的差额。这里应注意的是：施工企业将工程分包给其他单位的，应当取得分包方开具的符合税法规定的发票或其他合法有效凭证。以此作为营业税差额纳税的凭据。

关于装饰劳务分析。新细则规定：纳税人提供建筑业劳务（不含装饰劳务）的，其营业额应当包括工程所用原材料、设备及其他物资和动力价款在内，但不包括建设方提供的设备的价款，即对于装饰劳务无论是否为包清工的形式，其营业额可以不包括工程所用原材料、设备及其他物资和动力价款在内，对装饰劳务避免了重复征税。虽然细则将建筑装饰劳务的营业额做了例外处理，明确了施工企业提供装饰劳务应当按照向甲方收取的全部价款和价外费用为计税营业额。即业主提供的原材料和设备，可以不计入缴纳营业税的范围。但应注意的是：首先，施工企业可以与甲方协商在进行建筑工程招标时，将装饰工程单独进行招标；其次，与建设单位签订装饰工程合同时，应当在合同中明确约定甲方提供装饰材料及设备，装饰公司或者施工企业仅收取装饰工程劳务费以及装饰工程劳务费总金额。同时合同还应注明，对于甲供装饰材料、设备价款不再与施工企业进行单独结算。

关于设备价款分析。营业额是否包括设备价值主要看设备由谁提供。按照规定，建设单位提供的设备价款不需要缴纳营业税，但施工企业自行采购的设备价款则需要缴纳营业税。

关于混合销售分析。细则规定纳税人提供建筑业劳务的同时销售自产货物的这种混合销售行为，应当分别核算应税劳务的营业额和货物的销售额，其应税劳务的营业额缴纳营业税，货物销售额不缴纳营业税。未分别核算的，由主管税务机关核定其应税劳务的营业额。下面我们通过一个案例来详细地分析这条规定的具体内容。

某建筑公司 A 具备相应的施工资质，于 2012 年 2 月负责为机械制造企业 B 建设大型厂房，A 与 B 签订了工程施工合同，总造价 1 亿元。其中含土建工程款 5000 万元，钢结构安装工程款 1000 万元，钢结构设备款 4000 万元，所需钢结构设备全部为 A 公司自行制造，可单独对外销售设备构件。该部分设备可抵扣进项税额 490 万元。A 建筑公司主营业务应为建筑安装业务，其混合销售应分别处理：

应税劳务应纳营业税＝（10000－4000）×3％＝180 万元

应纳销售货物增值税＝4000÷(1+17％)×17％－490＝91.20万元

根据以上规定及案例分析，施工企业在提供建筑劳务的同时销售自产货物。首先，施工企业具备相应的施工资质，同时应当是自产、自制、自销建筑材料设备的企业；其次，与甲方进行商务谈判时，应明确建筑工程劳务价款及自制加工建筑材料及设备的价款；再者，在签订合同时还应注意：合同名称应该为"工程施工合同"而不应是"购销合同"或者"加工承揽合同"；最后，施工单位取得收入时应当向甲方分别开具加工制作的增值税发票以及建筑安装劳务的建筑业发票。

2.19 基本预备费与涨价预备费的区别是什么？

基本预备费是指在项目实施中可能发生难以预料的支出，需要预先预留的费用，又称不可预见费。主要指设计变更及施工过程中可能增加工程量的费用。计算公式为：

基本预备费＝(设备及工器具购置费＋建筑安装工程费＋工程建设其他)×基本预备费率

涨价预备费是指建设工程在建设期内由于价格等变化引起投资增加，需要事先预留的费用。涨价预备费以建筑安装工程费、设备工器具购置费之和为计算基数。计算公式为：

$$PC=\sum I_t[(1+f)^t-1] \ (t=1\sim n)$$

式中　PC——涨价预备费；

I_t——第 t 年的建筑安装工程费、设备及工器具购置费之和；

n——建设期年份数；

f——建设期价格上涨指数。

某当年完工的工程项目，建筑安装工程费2000万元，设备工器具购置费3000万元，工程建设其他费600万元，涨价预备费率为3％，建设期贷款利息180万元，铺底流动资金160万元，涨价预备费＝(2000+3000)×[(1+3％)¹－1]＝150万元，该项目的建设投资为 2000 + 3000 + 600 + 150 + 180 = 5930。

再如：某项目，在建设期初的建筑安装工程费为1000万元，设备工器具购置费为800万元，项目建设期为2年，每年投资额相等，建设期内年平均价格上涨率为5％，则该项目建设期的涨价预备费为

第一年末的涨价预备费＝(1000+800)×50％×[(1+5％)¹－1]＝45万元

第二年末的涨价预备费＝(1000+800)×50％×[(1+5％)²－1]＝92.25万元

涨价预备费＝45+92.25＝137.25万元

2.20 建设期利息如何计算？

建设期利息是指项目借款在建设期内发生并计入固定资产的利息。为了简化计算，在编制投资估算时通常假定借款均在每年的年中支用，借款第一年按半年计息，其余各年份按全年计息。计算公式为：

各年应计利息＝(年初借款本息累计＋本年借款额/2)×年利率

某投资项目建设期为3年，在建设期第一年贷款100万元，第二年贷款300万元，第三年贷款100万元，贷款年利率为6％。用复利法计算，该项目的建设期贷款利息应为：

第一年应计利息 $= \left(0 + \dfrac{1}{2} \times 100\right) \times 6\% = 3$ 万元

第二年应计利息 $= \left(100 + 3 + \dfrac{1}{2} \times 300\right) \times 6\% = 15.18$ 万元

第三年应计利息 $= \left(100 + 300 + 3 + 15.18 + \dfrac{1}{2} \times 100\right) \times 6\% = 28.09$ 万元

建设期利息 $= 3 + 15.18 + 28.09 = 46.27$ 万元

2.21 建设方向施工方收回代垫水电费，是否应缴纳营业税？

根据《中华人民共和国营业税暂行条例实施细则》的规定，价外费用包括向对方收取的手续费、基金、集资费、代收款项、代垫款项及其他各种性质的价外费用。建设单位只向施工单位收取了代垫的水电费，但并未为施工单位提供应税行为，不属于应并入营业额的价外收费，所以其代垫的水电费收入不缴纳营业税。

第3章 工程造价计价的定额依据

3.1 建筑工程估算指标、概算定额、概算指标、预算定额、施工定额、企业定额之间的区别和联系是什么？

估算指标是编制项目建议书、可行性研究报告投资估算的依据，是在现有工程价格资料的基础上，经分析整理得出的。估算指标为建设工程的投资估算提供依据，是合理确定项目投资的基础。

概算指标。概算指标是概算定额的扩大与合并，它是以整个建筑物和构筑物为对象，以更为扩大的计量单位来编制的。概算指标的内容包括劳动、机械台班、材料定额三个基本部分，同时还列出了各结构分部的工程量及单位建筑工程（以体积计或面积计）的造价，是一种计价定额。为了增加概算指标的适用性，也以房屋或构筑物的扩大的分部工程或结构构件为对象编制，称为扩大结构定额。由于各种性质建设定额所需要的劳动力、材料和机械台班数量不一样，概算指标通常按工业建筑和民用建筑分别编制。工业建筑中又按各工业部门类别、企业大小、车间结构编制，民用建筑按照用途性质、建筑层高、结构类别编制。概算指标的设定和初步设计的深度相适应。一般是在概算定额和预算定额的基础上编制的，比概算定额更加综合扩大。它是设计单位编制工程概算或建设单位编制年度任务计划、施工准备期间编制材料和机械设备供应计划的依据，也可供国家编制年度建设计划参考。

概算定额是在预算定额的基础上，确定完成合格的单位扩大分部分项工程或扩大结构件所需消耗的人工、材料和机械台班的数量标准，概算定额又称为扩大结构定额。如概算定额中的砖基础项目，就是以砖基础为主，综合了平整场地、挖地槽、铺设垫层、砌砖基础、铺设防潮层、回填土及运土等预算定额中分项工程项目。

概算定额和概算指标的主要区别是：

（1）确定各种消耗量指标的对象不同。概算定额是以单位扩大分项工程或单位扩大结构构件为对象，而概算指标则是以整个建筑物和构筑物为对象。因此，概算指标比概算定额更加综合与扩大。

（2）确定各种消耗量指标的依据不同。概算定额以现行预算定额为基础，通过计算之后才综合确定出各种消耗量指标，而概算指标中各种消耗量指标的确定，则主要来自各种预算或结算资料。

预算定额是以建筑物或构筑物各个分部分项工程为对象编制的定额。其内容包括劳动定额、机械台班定额、材料消耗定额三个基本部分，并列有每一工序中完成单位产品所需的费用（预算单价），是一种计价的定额。从编制程序上看，预算定额是以施工定额为基础综合扩大编制的，同时它也是编制概算定额的基础。

预算定额是在编制施工图预算阶段，计算工程造价和计算工程中的劳动、机械台班、材料需要量时使用，它是调整工程预算和工程造价的重要基础，同时它也可以作为编制施工组织设计、施工技术财务计划的参考。随着经济发展，在一些地区出现了综合预算定额的形式，它实际上是预算定额的一种，只是在编制方法上更加扩大、综合和简化。

施工定额是以同一性质的施工过程—工序作为研究对象，表示生产产品数量与时间消耗综合关系编制的定额。施工定额是施工企业（建筑安装企业）组织生产和加强管理在企业内部使用的一种定额，属于企业定额的性质。为了适应组织生产和管理的需要，施工定额的项目划分很细，是工程建设定额中分项最细、定额子目最多的一种定额，也是工程建设定额中的基础性定额。施工定额本身由劳动定额、机械定额和材料定额三个相对独立的部分组成，主要直接用于工程的施工管理，作为编制工程施工设计、施工预算、施工作业计划、签发施工任务单、限额领料卡及结算计件工资或计量奖励工资等用。它同时也是编制预算定额的基础。

企业定额，是指建筑安装企业根据本企业的技术水平和管理水平，编制完成单位合格产品所必需的人工、材料和施工机械台班的消耗量，以及其他生产经营要素消耗的数量标准，是施工定额在各个企业在施工过程中生产力水平的具体体现。企业定额反映企业的施工生产与生产消费之间的数量关系，每个施工企业均应拥有反映自己生产能力的企业定额。企业的技术和管理水平不同，企业定额的定额水平也就不同。因此，企业定额是施工企业进行施工管理和投标报价的基础和依据，是企业参与市场竞争的核心竞争能力的具体表现。

3.2 如何确定人工定额消耗量？

确定人工定额消耗量主要包括拟订基本工作时间、辅助工作时间和准备与结束工作时间、不可避免中断时间、休息时间，最终确定时间定额。

1. 拟订基本工作时间

基本工作时间在必需消耗的工作时间中占的比重最大。在确定基本工作时间时，必须细致、精确。基本工作时间消耗一般应根据计时观察资料来确定。其做法是，首先确定工作过程每一组成部分的工时消耗，然后再综合出工作过程的工时消耗。如果组成部分的产品计量单位和工作过程的产品计量单位不符，就需先求出不同计量单位的换算系数，进行产品计量单位的换算，然后再相加，求得工作过程的工时消耗。

2. 拟订辅助工作和准备与结束工作时间

辅助工作和准备与结束工作时间的确定方法与基本工作时间相同。但是，如果这两项工作时间在整个工作班工作时间消耗中所占比重不超过 5%～6%，则可归纳为一项，以工作过程的计量单位表示，确定出工作过程的工时消耗。如果有现行的工时规范，可以直接利用工时规范中规定的辅助和准备与结束工作时间的百分比来计算。

3. 拟订不可避免中断时间

在确定不可避免中断时间的定额时，必须注意由工艺特点所引起的不可避免中断才可以列入工作过程的时间定额。不可避免中断时间也需要根据测时资料通过整理分析获得数据，以占工作日的百分比表示此项工时消耗的时间定额。

4. 拟订休息时间

休息时间应根据工作班作息制度、经验资料、计时观察资料以及对工作的疲劳程度作全面分析来确定。同时，应考虑尽可能利用不可避免中断时间作为休息时间。

5. 拟订时间定额

确定的基本工作时间、辅助工作时间、准备与结束工作时间、不可避免中断时间和休息时间之和，就是劳动定额的时间定额。

3.3 时间定额和产量定额之间有什么样的关系？

劳动定额也称人工定额，是指消耗在某一合格产品中的活劳动的数量标准。它是表示建筑安装工人劳动生产率的一个先进合理的指标，反映的是建筑安装工人劳动生产率的社会平均先进水平。劳动定额采用工作时间消耗量来编制，其表现形式可以是时间定额，也可以是产量定额。时间定额和产量定额是人工定额的两种表现形式，两者互为倒数关系。即

$$时间定额×产量定额=1$$

时间定额是指某种专业、某种技术等级的工作班组或个人，在合理的劳动组织、合理的使用材料和施工机械同时配合的条件下，完成单位合格产品所必须消耗的工作时间，包括基本工作时间、辅助工作时间、不可避免中断时间、准备与结束的工作时间以及工人必需的休息时间。

时间定额和产量定额虽然是同一劳动定额的不同表现形式，但其用途却不同。前者是以产品的单位和工日来表示，便于计算完成某一分部（项）工程所需的总工日数，编制施工进度计划和计算工期；后者是以单位时间内完成产品的数量表示的，便于小组分配施工任务，考核工人的劳动效率和签发施工任务单。

3.4 人工挖地坑的劳动力如何使用劳动定额进行用工计算？

使用案例进行分析：某项目工程挖基坑，土壤类别为二类土，工作内容包括：挖土、装土或抛土堆放，保持槽坑边两侧距离≤1m，不得有弃土，修整底边、边坡。坑底面积≤5m² 的为 30%（其中：深度≤3m 占 50%，深度≤4.5m 占 20%，深度≤6m 占 30%）；坑底面积≤10m² 的为 70%（其中：深度≤1.5m 占 20%，深度≤4.5m 占 50%，深度≤6m 占 30%）。根据《建设工程劳动定额》中的（建筑工程－人工土石方工程）的相关内容计算劳动力用工数量。

首先应找到劳动定额中挖基坑土方的定额表，《建设工程劳动定额（建筑工程－人工土石方工程）》分册中的挖基坑土方时间定额内容见表 3-1 所列。

挖基坑土方时间定额 表 3-1

定额编号	AB0020	AB0021	AB0022	AB0023	AB0024	AB0025	AB0026	AB0027	序号
项目	坑底面积≤5m²				坑底面积≤10m²				
	深度≤（m）				深度≤（m）				
	1.5	3	4.5	6	1.5	3	4.5	6	
一类土	0.268	0.321	0.397	0.432	0.226	0.279	0.355	0.431	—

定额编号	AB0020	AB0021	AB0022	AB0023	AB0024	AB0025	AB0026	AB0027	序号
项目	坑底面积≤5m²				坑底面积≤10m²				
	深度≤（m）				深度≤（m）				
	1.5	3	4.5	6	1.5	3	4.5	6	
二类土	0.403	0.456	0.532	0.608	0.337	0.390	0.466	0.542	二
三类土	0.653	0.706	0.782	0.858	0.543	0.596	0.672	0.748	三
四类土	0.990	1.043	1.119	1.195	0.820	0.873	0.949	1.025	四
淤泥（砂型）	1.491	1.571	1.684	1.799	1.234	1.314	1.427	1.542	五
淤泥（黏性）	2.100	2.180	2.293	2.408	1.735	1.815	1.928	2.043	六

用工数量（工日）＝∑（各项计算量×时间定额），根据表3-1中的内容，用工具体计算见表3-2所列。

人工挖地坑劳动力用工计算表 表3-2

项目名称	单位	计算量	劳动定额编号	时间定额	用工数量（工日/m³）
坑底面积≤5m²	m³	30％			0.1550
深度≤3m	m³	30％×50％＝0.15	AB0021（二）	0.456	0.0684
深度≤4.5m	m³	30％×20％＝0.06	AB0022（二）	0.532	0.0319
深度≤6m	m³	30％×30％＝0.09	AB0023（二）	0.608	0.0547
坑底面积≤10m²	m³	70％			0.3241
深度≤1.5m	m³	70％×20％＝0.14	AB0024（二）	0.337	0.0472
深度≤4.5m	m³	70％×50％＝0.35	AB0026（二）	0.466	0.1631
深度≤6m	m³	70％×30％＝0.21	AB0027（二）	0.542	0.1138
合计用工					0.4791

根据表3-2中的计算可知：挖地坑每立方综合劳动力用工数量为0.4791工日。

这里应注意的是在劳动定额中的坑底面积，是指施工完成后坑的下口面积。底宽是指施工完成后下口的宽度。深度是指自然地面至开挖后槽坑底面的高度。查找定额时一定要根据土壤的类别。

3.5 如何使用劳动定额进行钢筋制安劳动力用工的计算？

首先应明确劳动定额中关于钢筋工程工程量计算规则的一般规定：

工程量计算规则中，工程量除特殊注明者外，均按设计图示尺寸计算，搭接部分如图纸未注明者，按现行《混凝土结构工程施工质量验收规范》的规定增加。钢筋弯曲延伸长度不予扣除。

钢筋制作分机械制作和部分机械制作。机械制作是指在一个有调直机或卷扬机、切断

37

机、弯曲机等全部机械设备的车间（厂）、工地制作的。部分机械制作是指平直、切断、弯曲三道工序中有一道工序没有机械设备而采用手工制作的。部分机械制作执行部分机械制作标准。如全部采用手工制作者，则按下列公式计算：

手工制作时间定额＝部分机械制作时间定额×2－机械制作时间定额

如平直采用机械，切断、弯曲采用手工制作的，则按下列公式计算：

制作时间定额＝[（部分机械制作时间定额×3－机械制作时间定额)/2]×1.05

地面水平运输：地面水平运距的计算，均以取料中心点为起点，以建筑物外围地面使用地点、建筑物入口或材料堆放的中心为终点；有垂直运输者，以斜道口或机械起吊处为水平运输的终点。水平运距超过工作内容规定者，按表 3-3 增加工日。

超运距用工增加工日　　　　　　　　表 3-3

项　　目		各类钢筋		
		盘圆、直筋	弯成型	绑扎成型
超运距 ≤（m）	30	0.155	0.211	0.275
	50	0.161	0.221	0.290
	90	0.168	0.231	0.302
	120	0.176	0.242	0.315
	160	0.187	0.259	0.357
	200	0.200	0.278	0.366
	250	0.208	0.286	0.386
	300	0.227	0.313	0.400
	400	0.250	0.345	0.455
	500	0.272	0.385	0.500
	超过 500m，≤1000m 每 100m 增加工日	0.028	0.040	0.045

下面以钢筋工程矩形柱钢筋制安的劳动力用工计算为例来计算。

某工程有 56m³ 的现浇矩形柱，截面为 400mm×400mm，钢筋工程量为Φ20螺纹钢 10.374t，Φ22钢筋为 4.172t，Φ10 的箍筋为 0.971t，采用塔吊运输。工作内容包括：布置操作地点，机械加油加水，保养机具。钢筋制作：（1）平直：包括取料、解捆、开折、平直（调直、拉直）及钢筋必要的切断，分类堆放到指定地点及运距≤30m 的原材料搬运等（不包括过磅）。（2）切断：包括配料、划线、强度等级、堆放及操作地点的材料取放和清理钢筋头等。（3）弯曲：包括放样、划线、弯曲、捆扎、强度等级、垫楞、堆放、覆盖以及操作地点运距≤30m 的材料和半成品的取放。钢筋绑扎及安放垫块。运距≤60m 的地面水平运输和取放半成品，现浇构件还包括搭拆简单架子和人力一层、机械六层（或高≤20m）的垂直运输，以及建筑物地层或楼层的全部水平运输。材料取料点到加工店超运距为 50m，制作点堆放点超运距为 50m，堆放点安装点超运距为100m。

首先应找到劳动定额中钢筋工程的定额表，《建设工程劳动定额（建筑工程—钢筋工程)》分册中的钢筋工程时间定额内容见表 3-4 所列。

钢筋工程柱时间定额　　　　表 3-4

定额编号		AG0025	AG0026	AG0027	序号
项目		矩形、构造柱			
主筋直径（mm）					
		≤16	≤25	＞25	
综合	机制手绑	6.50	4.51	3.48	一
	部分机制手绑	7.38	5.12	3.94	二
制作	机械	2.66	1.83	1.40	三
	部分机械	3.54	2.44	1.86	四
手工绑扎		3.84	2.68	2.08	五

用工数量(工日)＝∑(各项计算量×时间定额)，根据表 3-3、表 3-4 中的内容，用工具体计算见表 3-5 所列。

钢筋总量为 15.517t，测算每吨钢筋各种规格为：Φ20 螺纹钢 0.668t，Φ22 钢筋为 0.269t，Φ10 的箍筋为 0.063t。

现浇柱钢筋劳动力用工计算表　　　　表 3-5

项目名称	单位	计算量	劳动定额编号	时间定额	用工数量（工日/t）
现浇柱钢筋直径≤16mm	t	0.063	AG0025	6.50	0.410
现浇柱钢筋直径≤25mm	t	0.937	AG0026	4.51	4.226
钢筋超运距为 50m（取料—加工）	t	1	表 3-3 中盘圆、直筋超运距 ≤50m	0.161	0.161
钢筋超运距为 50m（制作—堆放）	t	0.063	表 3-3 中绑扎成型超运距 ≤50m	0.290	0.018
钢筋超运距为 50m（制作—堆放）	t	0.937	表 3-3 中直筋超运距 ≤50m	0.161	0.151
钢筋超运距为 100m（堆放—安装）	t	0.063	表 3-3 中绑扎成型超运距 ≤100m	0.315	0.020
钢筋超运距为 100m（堆放—安装）	t	0.937	表 3-3 中直筋超运距 ≤100m	0.176	0.165
合计用工					5.151

注：每吨现浇柱钢筋劳动力用工不包括材料场外运输。

根据表 3-5 中的计算数据，该工程现浇矩形柱钢筋劳动力用工（不包括材料场外运输）：

$$15.517 \times 5.151 = 79.928 \text{ 工日}$$

3.6　何谓材料的消耗量？何谓材料的损耗量？二者有何关系？

在建筑安装工程成本中，材料消耗占较大比例，因此合理确定材料消耗定额，加强建筑材料消耗的管理工作，设法降低材料消耗，具有十分重要的现实意义。在正常的施工条件下，完成单位合格产品所必须消耗的材料和半成品的数量标准，称为材料消耗定额。

工程施工中的材料消耗，按其消耗方式可分为两类：一类是在施工中一次性消耗的、构成工程实体的材料，如砌筑砖砌体用的标准砖，浇筑混凝土构件用的混凝土等，一般把这种材料称为实体性材料或非周转性材料；另一类是在施工中周转使用，其价值是分批分次转移而一般不构成工程实体的耗用材料，它是为了有助于工程实体形成（如模板及支撑材料）或辅助作业（如脚手架材料）而使用并发生消耗的材料，一般称为周转性材料。

施工中实体性材料的消耗可分为必须消耗的材料消耗和损失的材料消耗两类。必需消耗的材料，是指在合理用料的条件下，生产合格产品所需消耗的材料。它包括直接用于建筑和安装工程的材料、不可避免的施工废料、不可避免的材料损耗。

$$材料总消耗量＝净用量＋损耗量＝净用量×(1＋损耗率)$$

3.7　周转性材料摊销量如何计算？

施工中使用的周转材料是在施工中工程上多次周转使用的材料，如钢、木脚手架、模板等。计算消耗量时应按多次使用、分次摊销的办法确定。为了使周转材料的周转次数确定的接近合理，应根据工程类别和适用条件进行实地调查，结合有关的原始记录、经验数据加以综合取定。影响周转次数的主要因素一般有：材质及功能、使用条件的好坏、施工速度、使用后的保管、保养和维修等。材料的摊销量计算如下：

$$材料的摊销量＝一次使用量×摊销系数$$

$$一次使用量＝材料的净用量×(1＋材料损耗率)$$

$$摊销系数 = \frac{周转使用系数 - (1 - 损耗率) × 回收价值率}{周转次数} × 100\%$$

$$周转使用系数 = \frac{(周转次数 - 1) × 损耗率}{周转次数} × 100\%$$

$$回收价值率 = \frac{一次使用量 × (1 - 损耗率)}{周转次数} × 100\%$$

3.8　如何计算施工机械台班定额？

1. 确定机械一小时纯工作正常生产率

确定机械正常生产率时，必须首先确定机械纯工作一小时的正常生产效率。

机械纯工作时间，就是指机械的必需消耗时间。机械一小时纯工作正常生产率，就是在正常施工组织条件下，具有必需的知识和技能的技术工人操纵机械一小时的生产率。

根据机械工作特点的不同，机械一小时纯工作正常生产率的确定方法，也有所不同，对于循环动作机械，确定机械纯工作一小时正常生产率的计算公式如下：

$$机械一次循环的正常延续时间＝\sum(循环各组成部分正常延续时间)-交叠时间$$

$$机械纯工作一小时正常生产率 = \frac{60 × 60(s)}{一次循环的正常延续时间}$$

机械纯工作一小时正常生产数＝机械纯工作一小时正常循环次数×一次循环生产的产

品数量

从以上公式中可以看到，计算循环机械纯工作一小时正常生产率的步骤是：（1）根据现场观察资料和机械说明书确定各循环组成部分的延续时间；（2）将各循环组成部分的延续时间相加，减去各组成部分之间的交叠时间，求出循环过程的正常延续时间；（3）计算机械纯工作一小时的正常循环次数；（4）计算循环机械纯工作一小时的正常生产率。

对于连续动作机械，确定机械纯工作一小时正常生产率要根据机械的类型和结构特征，以及工作过程的特点来进行。计算公式如下：

$$连续动作机械纯工作一小时正常生产率 = \frac{工作时间内生产的产品数量}{工作时间（h）}$$

工作时间内的产品数量和工作时间的消耗，要通过多次现场观察和机械说明书来取得数据。

对于同一机械进行作业属于不同的工作过程，如挖掘机所挖土壤的类别不同，碎石机所破碎的石块硬度和粒径不同，均需分别确定其纯工作一小时的正常生产率。

2. 确定施工机械的正常利用系数

确定施工机械的正常利用系数，是指机械在工作班内对工作时间的利用率。机械的利用系数与机械在工作班内的工作状况有着密切的关系。所以，要确定机械的正常利用系数，首先要拟订机械工作班的正常工作状况，保证合理利用工时。

确定机械正常利用系数，要计算工作班正常状况下准备与结束工作，机械启动、机械维护等工作所必须消耗的时间，以及机械有效工作的开始与结束时间。从而进一步计算出机械在工作班内的纯工作时间和机械正常利用系数。

3. 计算施工机械台班定额

计算施工机械定额是编制机械定额工作的最后一步。在确定了机械工作正常条件、机械一小时纯工作正常生产率和机械正常利用系数之后，采用下列公式计算施工机械的产量定额：

施工机械台班产量定额＝机械一小时纯工作正常生产率×工作班纯工作时间

或

施工机械台班产量定额＝机械一小时纯工作正常生产率×工作班延续时间
×机械正常利用系数

例： 出料容量为500L的砂浆搅拌机，每循环工作一次，需要运料、装料、搅拌、卸料和中断的时间分别为120s、30s、180s、30s、30s，其中运料与其他循环组成部分交叠的时间为30s。机械正常利用系数为0.8，则500L砂浆搅拌机的产量定额为多少 m³/台班？（1m³＝1000L）

一次循环时间＝120＋30＋180＋30＋30－30＝360s

机械纯工作1小时循环次数＝3600/360＝10次

机械纯工作1小时正常生产率＝10×0.5＝5m³

砂浆搅拌机的产量定额＝5×8×0.8＝32m³/台班

$$施工机械时间定额 = \frac{1}{机械台班产量定额指标}$$

机械时间定额与配合机械作业的人工时间定额之间的关系为:

人工时间定额＝配合机械作业的人数×机械时间定额

例:一台 6t 塔式起重机吊装某种混凝土构件,配合机械作业的小组成员为:司机 1 人,起重和安装工 7 人,电焊工 2 人。已知机械台班产量为 40 块,试求吊装每一块构件的机械时间定额和人工时间定额。

机械时间定额＝1/机械台班产量定额＝1/40＝0.025 台班/块

人工时间定额＝小组成员工日数总和/机械台班产量定额＝(1+7+2)/40＝0.25 工日/块

3.9 如何确定预算定额中的人工费的内容和工日单价?

根据《建筑安装工程费用项目组成》(建标〔2013〕44 号)中的规定:人工费是指按工资总额构成规定,支付给从事建筑安装工程施工的生产工人和附属生产单位工人的各项费用。内容包括:

(1) 计时工资或计件工资:是指按计时工资标准和工作时间或对已做工作按计件单价支付给个人的劳动报酬。

(2) 奖金:是指对超额劳动和增收节支支付给个人的劳动报酬。如节约奖、劳动竞赛奖等。

(3) 津贴补贴:是指为了补偿职工特殊或额外的劳动消耗和因其他特殊原因支付给个人的津贴,以及为了保证职工工资水平不受物价影响支付给个人的物价补贴。如流动施工津贴、特殊地区施工津贴、高温(寒)作业临时津贴、高空津贴等。

(4) 加班加点工资:是指按规定支付的在法定节假日工作的加班工资和在法定日工作时间外延时工作的加点工资。

(5) 特殊情况下支付的工资:是指根据国家法律、法规和政策规定,因病、工伤、产假、计划生育假、婚丧假、事假、探亲假、定期休假、停工学习、执行国家或社会义务等原因按计时工资标准或计时工资标准的一定比例支付的工资。

人工费＝Σ(工日消耗量×日工资单价)

人工工日单价组成:

施工企业投标报价时确定人工费,工程造价管理机构编制计价定额确定定额人工单价或发布人工成本信息时可参考下列公式:

$$日工资单价 = \frac{生产工人平均月工资(计时、计件) + 平均月(奖金 + 津贴补贴 + 特殊情况下支付的工资)}{年平均每月法定工作日}$$

日工资单价是指施工企业平均技术熟练程度的生产工人在每工作日(国家法定工作时间内)按规定从事施工作业应得的日工资总额。

工程造价管理机构确定日工资单价应通过市场调查、根据工程项目的技术要求,参考实物工程量人工单价综合分析确定,最低日工资单价不得低于工程所在地人力资源和社会保障部门所发布的最低工资标准的:普工 1.3 倍、一般技工 2 倍、高级技工 3 倍。

工程计价定额不可只列一个综合工日单价,应根据工程项目技术要求和工种差别适当划分多种日人工单价,确保各分部工程人工费的合理构成。

3.10 如何确定预算定额中的材料单价?

材料价格是指由其来源地或交货地运达仓库或施工现场堆放地点直至出库过程平均发生的全部费用。

材料单价＝材料原价＋运杂费＋运输损耗费＋采购保管费

材料单价＝[(材料原价＋运杂费)×(1＋运输损耗率)]×(1＋采购保管费率)

(1) 材料原价:材料的出厂价,进口材料的抵岸价或销售部门的批发牌价。

(2) 材料运杂费:材料由采购地点运至工地仓库指定堆放地的全部费用。

(3) 运输损耗费:指材料在装卸和运输过程中发生的全部合理损耗。

运输损耗＝(材料原价＋材料运杂费)×相应的材料损耗率

(4) 采购及保管费:指为组织材料的采购、供应和保管所发生的各项费用,包括:采购费、仓储费、工地保管费、仓储损耗。

采购保管费＝材料运到工地仓库价格×采购保管费率

例:某工程水泥从两个地方供货,甲地供货 200t,原价为 240 元/t;乙地供货 300t,原价为 250 元/t。甲、乙运杂费分别为 20 元/t、25 元/t,运输损耗率均为 2%,采购及保管费均为 3%,则该工程水泥的材料单价为多少元/t?

解:甲地供货 40%,乙地供货 60%。

材料原价＝40%×240＋60%×250＝246 元/t

材料运杂费＝40%×20＋60%×25＝23 元/t

材料单价＝(246＋23)×(1＋2%)×(1＋3%)＝282.61 元/t

3.11 材料的采购保管费应该由谁承担?

材料费中的采购及保管费:是指采购、供应和保管材料过程中所需要的各项费用。不同的地方有不同的采保费率的规定。以山东省为例,建筑工程材料的采购及保管费费率为 2.5%,根据采购与保管分工或方式的不同,采购及保管费一般按下列比例分配:

(1) 建设单位采购、付款、供应至施工现场、并自行保管,施工单位随用随领,采购及保管费全部归建设单位。

(2) 建设单位采购、付款,供应至施工现场,交由施工单位保管,建设单位计取采取及保管费的 40%,施工单位计取 60%。

(3) 施工单位采购、付款、供应至施工现场、并自行保管,采购及保管费全部归施工单位。消耗量定额《山东省建筑工程价目表》材料价取定表中的材料单价,已包括采购及保管费。建设单位采购或施工单位经建设单位认价后自行采购,其付款价一般(双方未另行约定时)均为材料供应至施工现场的落地价(应含卸车费用),未包括材料的采购及保管费。

3.12 如何确定预算定额中的机械台班单价?

机械台班单价是指某种机械工作一个台班,为了正常运转所必须支出和分摊的各项费用之和，应由折旧费、大修理费、经常修理费、安拆费及场外运输费、人工费、燃料动力费、养路费及车船使用费组成。机械台班单价由七项费用组成：

（1）折旧费：机械设备在规定的年限内陆续收回其原值及支付贷款利息的费用。

$$台班基本折旧费 = \frac{机械预算价格 \times (1 - 残值率) \times 时间价值系数}{耐用总台班}$$

时间价值系数：购置施工机械的资金在施工生产过程中随着时间推移而产生的单位增值。残值率：机械报废时其残余价值与原值的百分比。耐用总台班：新机械从使用至报废的总使用台班数。

（2）大修费：指施工机械按规定的大修理间隔台班进行必要的大修理，以恢复其正常功能所需的费用。

$$台班大修理费 = \frac{一次大修理费用 \times 大修理次数}{耐用总台班}$$

（3）经常修理费：指施工机械除大修理以外的各级保养和临时故障排除所需的费用。包括为保障机械正常运转所需替换设备与随机配备工具附具的摊销和维护费用，机械运转中日常保养所需润滑与擦拭的材料费用及机械停滞期间的维护和保养费用等。

台班经常修理费＝[（各级保养一次费用×寿命期各级保养总次数）
　　　　　　　＋临时故障排除费]/耐用总台班＋替换设备和工具附具台班摊消费
　　　　　　　＋例保辅料费

当台班经常修理费计算公式中各项数值难以确定时，也可按下列公式计算：

台班经常修理费＝台班大修费×K，K 为经常修理费系数。

（4）安拆费及厂外运输费用：安拆费指施工机械（这里大型机械的安拆费及场外运输费除外）在现场进行安装与拆卸所需的人工、材料、机械和试运转费用以及机械辅助设施的折旧、搭设、拆除等费用；场外运费指施工机械整体或分体自停放地点运至施工现场或由一施工地点运至另一施工地点的运输、装卸、辅助材料及架线等费用。

$$台班安拆费 = \frac{机械一次安拆费 \times 每年平均安拆次数}{年工作台班}$$

（5）人工费：指机上司机（司炉）和其他操作人员的人工费。

台班人工费＝机上操作人员工日×人工日工资单价

（6）动力燃料费：指施工机械在运转作业中所消耗的各种燃料及水、电等。

台班燃料动力费＝∑动力燃料消耗量×动力燃料单价

（7）税费：指施工机械按照国家规定应缴纳的车船使用税、保险费及年检费等。

3.13　如何对定额进行换算?

1. 直接换算法

工程量的换算是依据定额中的规定，将施工图设计的工程项目工程量，乘以定额规定的调整系数。

换算后的工程量＝按施工图计算的工程量×定额规定的调整系数

例：某混凝土楼梯，其施工图水平投影面积为 80m²，确定预算工程量。定额规定：混凝土楼梯、螺旋楼梯的底板为斜板时，按其水平投影面积（包括休息平台）乘以系数 1.18。

故有换算后的工程量＝80×1.18＝94.40m²

2. 系数增减换算法

调整后定额基价＝调整前的定额基价＋定额人工费（或机械费、其他费用）
×定额规定的系数

调整后的预算价值＝工程项目工程量×调整后的定额基价

例：某圆弧形楼梯干硬性水泥贴花岗石，其工程量为 52.8m²，定额规定：螺旋形、圆弧形楼梯贴块料面层按相应项目的人工乘系数 1.2，块料面层材料乘系数 1.10，其他不变。定额是按直形楼梯编制的，人工费 201.88 元/10m²，材料费 2705.96 元/10m²（其中花岗石材料费为 2625.0 元/10m²），机械费＝9.71 元/10m²。调整如下：

人工费＝201.88×1.2＝242.26 元/10m²，材料费＝2705.96＋2625×0.1＝2968.46 元/10m²，机械费＝9.71 元/10m²，调整后的人材机费用＝242.26＋2968.46＋9.71＝3220.43 元/10m²。

该圆弧楼梯花岗石的人材机费用＝52.8×332.04＝17003.71 元

3. 材料价格换算法

换算后的综合单价＝换算前综合单价＋[换算材料定额消耗量×（换算材料市场价格－换算材料预算价格）]

例：C30 商品混凝土的市场价格为 390 元/m³，定额内价格为 257.35 元/m³，混凝土梁的定额人材机费用 385.31 元/m²，定额内的混凝土消耗量为 1.015m³/m³，预算定额内的人材机费用调整如下：

换算后的人材机费用＝385.31＋1.015×（390－257.35）＝519.95 元/m³

4. 材料用量换算法

当施工图设计的工程项目的主要材料用量，与定额规定的主要材料消耗量不同而引起定额基价的变化时必须进行定额换算，其换算的方法步骤如下：

（1）根据施工图设计的工程项目内容，从定额目录中，查出工程项目所在定额中的页数及其部位，并判断是否需要进行换算。

（2）从定额项目表中，查出换算前的定额基价、定额主要材料消耗量和相应的主要材料预算价格。

（3）计算工程项目主要材料的实际用量和定额单位实际消耗量，一般可按下式计算：

主要材料实际用量＝主要材料设计净用量×（1＋损耗率）

定额单位主要材料实际消耗量＝主要材料实际用量/工程项目工程量
×工程项目定额计量单位

（4）计算换算后的定额基价，一般可按下式计算：

换算后定额基价＝换算前定额基价＋（定额单位主要材料实际消耗量－定额单位主要材料定额消耗量）×相应主要材料预算价格

（5）写出换算后的定额编号

例：某工程做干硬性花岗石地面，其工程量为 215.36m²，施工图设计的实际用量为 278m²（包括各种损耗），根据施工图查找到相应的预算定额子目，定额人材机费用为 2795.81 元/10m²，其定额的消耗量为 10.2m²/10m²，相应的预算价格为 250 元/m²；计算实际消耗量＝278/215.36×10＝12.91 m²/10m²，计算换算后的定额基价＝2795.81＋250×（12.91－10.2）＝3473.31 元/10m²，换算后的定额人材机费用＝215.36×347.33＝74801.2 元/10m²。

5. 材料种类换算法

换入材料费＝换入材料市场价格×相应材料定额单位消耗量

换出材料费＝相应材料定额单位消耗量×换出材料定额单价

换算后定额综合单价＝换算前定额综合单价＋（换入材料费－换出材料费）

6. 材料规格换算法

差价＝定额计量单位选用规格主材费－定额计量单位定额规格主材费

定额计量单位图纸规格主材费＝定额计量单位选用规格主材实际消耗量
　　　　　　　　　　　　　　×主材市场价格

定额计量单位定额规格主材费＝定额规格主材消耗量×相应的主材
　　　　　　　　　　　　　　定额预算价格

换算后定额基价＝换算前定额基价＋定额计量单位图纸规格主材费
　　　　　　　－定额计量单位定额规格主材费

3.14 定额人工单价和市场人工单价的区别和联系？

1. 两者的组成内容不同

定额人工单价指工程造价计价中支付给直接从事工程施工的生产工人各项费用，包含了计时工资或计件工资、奖金、津贴补贴、加班加点工资、特殊情况下支付的工资等费用。定额人工单价五项内容的确定是根据编制期国家和省市的具体情况计算的，因此定额人工单价是个静态的、时点的价格，具有较强的政策性且相对稳定。

市场人工单价是施工和劳务企业根据当地（发生时）的市场行情、不同工种、不同级别、施工时间、施工条件以及工程的难易程度等因素，经双方协商确定的劳务用工的价格。理论上，市场人工单价应与定额人工单价的组成一致，但实际上市场人工单价的内容组成比较含糊，且难以划分具体工资标准中哪些属于基本工资，哪些属于生产工人辅助工资、福利费、劳动保护费用。它是完全由市场供需关系来确定的人工单价。另外，按照劳务市场行规，市场人工单价中一般都包含施工过程中劳务工人使用的简易工器具、小型设备等，甚至有的单价中还包含了施工时的部分环境保护费用与安全施工费用的内容。因此，市场人工单价是一个笼统、模糊、动态的价格，时效性较强。此外，市场人工单价还受劳动力市场供求、社会平均工资水平、生活消费指数以及国家推行的社会保障和福利政策等因素的影响。

2. 两者的计量方式不同

定额人工单价的计量是以工日为计量单位。市场人工单价计量有比较多的计量单位，如按工日计量、按月计量、按小时计量、按完成实物工程量计量及按建筑面积计量等。目前，市场人工单价计量普遍采用以下几种形式：按照工种完成工作量计算市场人工价格，按照建筑面积全工序劳务分包人工费用计算市场人工价格，按照建筑工种工日单价计算市场人工价格。随着建筑市场劳务分包体制的不断完善，市场人工单价的计量方式更呈现多样化趋势，并做到了分工明确，工种齐全基本上满足了各类工程的需求。

3. 两者的作用不同

定额人工单价是编制预算定额、概算定额的基础，是编制建设工程投资估算、设计概算、施工图预算、招标控制价的依据，也是施工企业投标报价和竣工结算的依据。定额人工单价必须与定额消耗量配套使用来计算人工费用。市场人工价反映了当时企业所在地的建筑市场劳务用工的市场行情。根据建设工程计价规则，承包商可根据当地的建设工程人工市场价格自主确定单价后进行投标报价，所以理论上市场人工单价应是施工企业投标报价的参考依据。但是在建设工程招投标交易过程中，存在低报价中标的趋势，施工企业在投标报价中为了确保中标，不仅不敢采用较高的市场人工价格进行投标报价，而且还会将其再下浮。因此，市场人工单价是建筑施工企业与劳务工人劳务费结算时的参考依据，也可以正确引导发承包双方合理确定工程人工价格（此解答参考文献《建设工程定额人工单价与市场人工单价的对比分析》，作者：王秀英）。

3.15 施工机械安拆费及场外运费如何计算？

施工机械安拆费及场外运费根据施工机械不同分为计入台班单价、单独计算和不计算三种类型。

（1）工地间移动较为频繁的小型机械及部分中型机械，其安拆费及场外运费应计入台班单价。

1）一次安拆费应包括施工现场机械安装和拆卸一次所需的人工费、材料费、机械费及试运转费。

2）一次场外运费应包括运输、装卸、辅助材料和架线等费用。

3）年平均安拆次数应以《全国统一施工机械保养修理技术经济定额》为基础，由各地区（部门）结合具体情况确定。

（2）不需安装、拆卸且自身又能开行的机械和固定在车间不需安装、拆卸及运输的机械，其安拆费及场外运费不计算。

（3）大型机械的进出场如塔吊、挖掘机等安拆费及场外运输单独计算，不计入台班单价中。

3.16 砌砖工程中砖和砂浆净用量的计算公式是什么？

（1）砌砖工程中砖和砂浆净用量一般都采用以下公式计算：

1）计算每立方米一砖墙砖的净用量（块数）

$$砖数 = \frac{1}{(砖宽+灰缝) \times (砖厚+灰缝)} \times \frac{1}{砖长}$$

2）计算每立方米一砖半墙砖的净用量（块数）

$$砖数 = \left[\frac{1}{(砖长+灰缝) \times (砖厚+灰缝)} + \frac{1}{(砖宽+灰缝) \times (砖厚+灰缝)} \right] \times \frac{1}{砖长+砖宽+灰缝}$$

3）计算砂浆用量（m³）

$$砂浆用量 = (1m^3 砌体 - 砖数的体积) \times 1.07$$

式中　1.07——砂浆实体积折合为虚体积的系数。

砂和砂浆的损耗量是根据现场观察资料计算的，并以损耗率表现出来。净用量和损耗量相加，即等于材料的消耗总量。

（2）砖的用量还可以用以下公式计算

$$砖的净用量 = \frac{K}{墙厚(砖长 + 灰缝) \times (砖厚 + 灰缝)}$$

式中 K 是墙厚用砖长倍数表示时的 2 倍，如半砖墙 $K = 0.5 \times 2$；1 砖墙 $K = 1 \times 2 = 2$；一砖半墙 $K = 1.5 \times 2 = 3$。墙厚一般半砖墙取 115mm，一砖墙取 240mm，一砖半墙取 365mm，灰缝一般取 10mm。

各种厚度砖墙的每立方米净用砖数和砂浆的净用量计算如下：

半砖墙：

$$砖的净用量 = \frac{0.5 \times 2}{0.115 \times (0.24 + 0.01) \times (0.053 + 0.01)} = 552 \text{ 块}$$

$$砂浆净用量 = (1 - 552 \times 0.0014628) \times 1.07 = 0.192 \times 1.07 = 0.206 \text{m}^3$$

一砖墙：

$$砖的净用量 = \frac{1 \times 2}{0.24 \times (0.24 + 0.01) \times (0.053 + 0.01)} = 529 \text{ 块}$$

$$砂浆净用量 = (1 \quad 529 \times 0.0014628) \times 1.07 = 0.226 \times 1.07 = 0.242 \text{m}^3$$

一砖半墙：

$$砖的净用量 = \frac{1.5 \times 2}{0.365 \times (0.24 + 0.01) \times (0.053 + 0.01)} = 522 \text{ 块}$$

$$砂浆净用量 = (1 - 522 \times 0.0014628) \times 1.07 = 0.237 \times 1.07 = 0.254 \text{ m}^3$$

第4章 工程量清单计价

4.1 是否所有的建设项目都必须采用工程量清单计价？

根据《建设工程工程量清单计价规范》（GB 50500—2013）的规定：全部使用国有资金投资或国有资金投资为主（以下二者简称"国有资金投资"）的工程建设项目，必须采用工程量清单计价。

（1）国有资金投资的工程建设项目包括：

1）使用各级财政预算资金的项目；

2）使用纳入财政管理的各种政府性专项建设资金的项目；

3）使用国有企事业单位自有资金，并且国有资产投资者实际拥有控制权的项目。

（2）国家融资资金投资的工程建设项目包括：

1）使用国家发行债券所筹资金的项目；

2）使用国家对外借款或者担保所筹资金的项目；

3）使用国家政策性贷款的项目；

4）国家特许的融资项目。

（3）国有资金为主的工程建设项目是指国有资金占投资总额 50％以上，或虽不足 50％但国有投资者实质上拥有控股权的工程建设项目。

对于非国有资金投资的工程建设项目，是否采用工程量清单方式计价由项目业主自主确定，但 2013 计价规范鼓励采用工程量清单计价方式。

对于不采用工程量清单方式计价的非国有投资工程建设项目，除不执行工程量清单计价的专门性规定外，2013 计价规范的其他条文仍应执行。

4.2 工料单价、综合单价、全费用单价、部分费用单价的含义和区别是什么？

按单价的综合程度可将工程单价划分为工料单价和综合单价：

（1）工料单价。一般只包括人工费、材料费和机械台班使用费。

（2）综合单价。在我国不同的计价文件中有不同的规定，分为全费用单价和部分费用单价。

1）全费用单价包括人工费、材料费、机械费、管理费、措施费、间接费、利润和税金，其与项目工程量相乘即可得出项目的总造价。

2）根据《建设工程工程量清单计价规范》（GB 50500—2013）的规定，在招标投标及合同价的签订和实施阶段，分部分项工程的综合单价是指除了规费、税金以外的全部费用，由人工费、材料费、机械费、管理费、利润等组成，并考虑风险因素增加的费用，也称为部分费用单价。

两种说法的差异之处在于前者包括规费和税金，后者不包括。

4.3 招标控制价、投标报价、评标价、签约合同价、竣工结算价、竣工决算价的区别是什么？

招标控制价是招标人根据国家或省级、行业建设主管部门颁发的有关计价依据和办法，按设计施工图纸计算的，对招标工程限定的最高工程造价。

投标报价是投标人投标时报出的工程造价。是在工程采用招标发包的过程中，由投标人按照招标文件的要求，根据工程特点，并结合自身的施工技术、装备和管理水平，依据有关计价规定自主确定的工程造价，是投标人希望达成工程承包交易的期望价格，原则上它不能高于招标人设定的招标控制价。

评标价是在投标报价过程中，需要由专家评审团评审的报价部分；根据招标文件中规定的评审因素和评审方法，进行打分或折算出评标价格。

签约合同价是发、承包人在施工合同中约定的工程造价。是在工程发、承包交易完成后，由发、承包双方以合同形式确定的工程承包交易价格。采用招标发包的工程，其合同价应为投标人的中标价，也即投标人的投标报价。

竣工结算价是发、承包双方依据国家有关法律、法规和标准规定，按照合同约定的最终工程造价。是在承包人完成合同约定的全部工程承包内容，发包人依法组织竣工验收，并验收合格后，由发、承包双方根据国家有关法律、法规和本规范的规定，按照合同约定的工程造价确定条款，即合同价、合同价款调整内容以及索赔和现场签证等事项确定的最终工程造价。

竣工决算价是指在工程竣工验收交付使用阶段，由建设单位编制的建设项目从筹建到竣工验收、交付使用全过程中实际支付的全部建设费用。竣工决算是整个建设工程的最终价格，是作为建设单位财务部门汇总固定资产的主要依据。

4.4 暂列金额与暂估价的区别是什么？在投标报价和工程结算中如何处理二者？

暂列金额是指招标人在工程量清单中暂定并包括在合同价款中的一笔款项。用于施工合同签订时尚未确定或者不可预见的所需材料、设备、服务的采购，施工中可能发生的工程变更、合同约定调整因素出现时的工程价款调整以及发生的索赔、现场签证确认等的费用。是招标人暂定并掌握使用的一笔款项。

有一种错误的观念认为，暂列金额列入合同价格就属于承包人（中标人）所有了。事实上，即便是总价包干合同，也不是列入合同价格的任何金额都属于中标人的，是否属于中标人应得金额取决于具体的合同约定，暂列金额的定义是非常明确的，只有按照合同约定程序实际发生后，才能成为中标人的应得金额，纳入合同结算价款中。扣除实际发生金额后的暂列金额余额仍属于招标人所有。设立暂列金额并不能保证合同结算价格就不会再出现超过合同价格的情况，是否超出合同价格完全取决于工程量清单编制人对暂列金额预测的准确性，以及工程建设过程是否出现了其他事先未预测到的事件。

投标报价时暂列金额投标方应按其他项目清单中列出的金额填写，不得变动。结算时按承包方实际发生的工程价款调整及索赔签证结算，超出报价时所列的暂列金额部分，由业主方负责。实际发生的费用少于所列的暂列金额部分，剩余部分归业主所有。

暂估价是招标人在工程量清单中提供的用于支付必然发生但暂时不能确定的材料的单价以及专业工程的金额。在招标阶段预见肯定要发生，只是因为标准不明确或者需要由专业承包人完成，暂时无法确定其价格或金额。一般分为材料暂估价和专业工程暂估价。

材料暂估价：一般而言，为方便合同管理和计价，需要纳入分部分项工程量清单项目综合单价中的暂估价最好只是材料费，以方便投标人组价。

专业工程暂估价：一般应是综合暂估价，应包括除规费和税金以外的管理费、利润等取费。总承包招标时，专业工程设计深度往往是不够的，一般需要交由专业设计人设计，国际上，出于提高可建造性考虑，一般由专业承包人负责设计，以发挥其专业技能和专业施工经验的优势。这类专业工程交由专业发包人完成是国际工程的良好实践，目前在我国工程建设领域也已经比较普遍。公开透明地合理确定这类暂估价的实际开支金额的最佳途径，就是通过施工总承包人与工程建设项目招标人共同组织的招标。

投标报价时暂估价中的材料投标方必须按照暂估单价计入综合单价；专业工程暂估价必须按照其他项目清单中列出的金额填写；结算时按实际发生的材料价格和专业工程结算价计入结算。

4.5 招标控制价是否就是标底，二者的区别是什么？

招标控制价是指招标人根据国家或省级、行业建设主管部门颁发的有关计价依据和办法，按设计施工图纸计算的，对招标工程限定的最高工程造价。

建设工程标底是建筑安装工程造价的一种重要表现形式，它是由招标人（业主）或委托具有编制标底资格和能力的工程咨询机构，根据国家（或地方）公布的统一工程项目划分、统一的计量单位、统一的计算规则以及设计图纸和招标文件，并参照国家规定的技术标准、经济定额等资料编制工程价格。

工程的标底是审核建设工程投标报价的依据，是评标、定标的参考，要求在招标文件发出之前完成。标底的编制是一项十分严肃的工作，标底在开标前要严格保密，不许泄漏。

招标控制价与标底有明显的区别：

（1）招标控制价是事先公布的最高限价。投标价不会高于它。标底是密封的，开标唱标后公布，不是最高限价。投标价、中标价都有可能突破它。

（2）招标控制价只起到最高限价的作用，投标人的报价都要低于该价，而且招标控制价不参与评分，也不在评标中占有权重，只是作为一个对具体建设项目工程造价的参考。但标底在评标过程中一般参与评标，即复合标底模式，在评标过程中占有权重，所以说标底能影响哪个投标人中标。

（3）评标时，投标报价不能够超过招标控制价，否则废标。标底是招标人期望的中标价，投标价格越接近这个价格越容易中标。当所有的竞标价格过分低于标底价格或者过分高出标底价格时，发包人可以宣布流标，不承担责任。

4.6 签订合同时风险的范围和幅度如何限定？

风险是一种客观存在的、会带来损失的、不确定的状态。它具有客观性、损失性、不确定性的特点，并且风险始终是与损失相联系的。工程施工发包是一种期货交易行为，工程建设本身又具有单件性和建设周期长的特点。在工程施工过程中影响工程施工及工程造价的风险因素很多，但并非所有的风险都是承包人能预测、能控制和应承担其造成损失的。基于市场交易的公平性和工程施工过程中发、承包双方权、责的对等性要求，发、承包双方应合理分摊风险，所以要求招标人在招标文件中或在合同中禁止采用无限风险、所有风险或类似语句规定投标人应承担的风险内容及其风险范围或风险幅度。

根据我国工程建设特点，投标人应完全承担的风险是技术风险和管理风险，如管理费和利润；应有限度承担的是市场风险，如材料价格、施工机械使用费等风险；应完全不承担的是法律、法规、规章和政策变化的风险。

在签订合同时，应该约定的风险是综合单价包含的内容。由于市场价格波动影响合同价款的，应由发承包双方合理分摊，把《承包人提供主要材料和工程设备一览表》作为合同附件；当合同中没有约定，发承包双方发生争议时，按清单计价规范中"价款调整"的规定调整合同价款。目前我国工程建设的实际情况，各省、自治区、直辖市建设行政主管部门均根据当地劳动行政主管部门的有关规定发布人工成本信息，对此关系职工切身利益的人工费不宜纳入风险，材料价格的风险宜控制在5％以内，施工机械使用费的风险可控制在10％以内，超过者予以调整，管理费和利润的风险由承包人全部承担。这些只是一般约定。

根据《建设工程工程量清单计价规范》（GB 50500—2013）中对于"计价风险"的规定，由于下列因素出现，影响合同价款调整的，应由发包人承担：

（1）国家法律、法规、规章和政策发生变化；

（2）省级或行业建设主管部门发布的人工费调整，但承包人对人工费或人工单价的报价高于发布的除外；

（3）由政府定价或政府指导价管理的原材料等价格进行了调整。

由于承包人使用机械设备、施工技术以及组织管理水平等自身原因造成施工费用增加的，应由承包人全部承担。

在签订合同时，双方应明确综合单价调整的两个问题：

（1）是否可以调整？在人工、材料、机械上涨或下跌的比例为多少时，允许调整单价？

（2）如何调整？人工、材料、机械如何调整的问题，是只调整超出的部分的单价还是全部单价都调整？

如果上面两个问题没有约定清楚，那么在工程结算时甲乙双方极易产生纠纷。

4.7 同一招标工程中如有几个单位工程，如何编制项目编码？

清单项目特征的描述，应根据计量规范附录中有关项目特征的要求，结合技术规范、标准图集、施工图纸，按照工程结构、使用材质及规格或安装位置等，予以详细而准确的表述和说明。当同一标段（或合同段）的一份工程量清单中含有多个单项或单位（以下简称单位）工程且工程量清单是以单位工程为编制对象时，在编制工程量清单时应特别注意对项目编码 10～12 位的设置不得有重码的规定。例如一个标段（或合同段）的工程量清单中含有三个单位工程，每一单位工程中都有项目特征相同的实心砖墙砌体，在工程量清单中又需反映三个不同单位工程的实心砖墙砌体工程量时，此时工程量清单应以单位工程为编制对象，则第一个单位工程的实心砖墙的项目编码应为 010401003001，第二个单位工程的实心砖墙的项目编码应为 010401003002，第三个单位工程的实心砖墙的项目编码应为 010401003003，并分别列出各单位工程实心砖墙的工程量。

4.8 编制清单时，"项目特征"与"工程内容"是否需要一致？

决定一个分部分项工程量清单项目量值大小的是"项目特征"，而非"工程内容"。理由是计量规范附录中"项目特征"与"工程内容"是两个不同性质的规定。一般来说，"项目特征"描述的是工程实体特征，体现该实体的构成要素，而"工作内容"表述的是形成工程实体的操作程序。

一是"项目特征"必须描述，因为其讲的是工程项目的实质，直接决定工程的价值。

例如砖砌体的实心砖墙，按照计量规范"项目特征"栏的规定，就必须描述砖的品种：是页岩砖、还是煤灰砖；砖的规格：是标砖还是非标砖，是非标砖就应注明规格尺寸；砖的强度等级：是 MU10、MU15 还是 MU20；因为砖的品种、规格、强度等级直接关系到砖的价格。还必须描述墙体的厚度：是 1 砖（240mm），还是 1 砖半（370mm）等；墙体类型：是混水墙，还是清水墙，清水是双面，还是单面，或者是一斗一卧、围墙等；因为墙体的厚度、类型直接影响砌砖的工效以及砖、砂浆的消耗量。还必须描述是否勾缝：是原浆，还是加浆勾缝；如是加浆勾缝，还需注明砂浆配合比。再有要描述砌筑砂浆的种类：是混合砂浆，还是水泥砂浆；应描述砂浆的强度等级：是 M5、M7.5 还是 M10 等，因为不同种类、不同强度等级、不同配合比的砂浆，其价格是不同的。由此可见，这些描述均不可少，因为其中任何一项都影响了实心砖墙项目综合单价的确定。

二是"工程内容"无需描述，因为其主要讲的是操作程序。

例如计量规范关于实心砖墙的"工程内容"中的"砂浆制作、运输，砌砖，勾缝，砖压顶砌筑，材料运输"就不必描述。因为发包人没必要指出承包人要完成实心砖墙的砌筑需要制作、运输砂浆，还需要砌砖、勾缝，还需要材料运输。不描述这些工程内容，承包人也必然要操作这些工序，才能完成最终验收的砖砌体。就好比我们购买汽车没必要了解制造商是否需要购买、运输材料，以及进行切割、车铣、焊接、加工零部件，进行组装等工序是一样的。由于在计量规范中，工程量清单项目与工程量计算规则、工程内容有一一对应的关系，当采用计量规范这一标准时，工程内容均有规定，无需描述。需要指出的是，计量规范中关于"工程内容"的规定来源于原工程预算定额，实行工程量清单计价后，由于两种计价方式的差异，清单计价对项目特征的要求才是必需的。

由此可见，招标人应高度重视分部分项工程量清单项目特征的描述，任何不描述或描述不清的，均会在施工合同履约过程中产生分歧，导致纠纷、索赔。

但有的项目特征用文字往往又难以准确和全面的描述清楚，因此为达到规范、简捷、准确、全面描述项目特征的要求，在描述工程量清单项目特征时应按以下原则进行：

项目特征描述的内容按相应计算规范附录规定的内容，项目特征的表述按拟建工程的实际要求，以能满足确定综合单价的需要为前提。

对采用标准图集或施工图纸能够全部或部分满足项目特征描述要求的，项目特征描述可直接采用详见××图集或××图号的方式。但对不能满足项目特征描述要求的部分，仍应用文字描述进行补充。

4.9 单价措施项目和总价措施项目如何编制清单？

单价措施项目是指能计量的措施项目，也同分部分项工程一样，编制工程量清单时必须列出项目编码、项目名称、项目特征、计量单位。在《房屋建筑与装饰工程工程量计算规范》中已对单价措施项目的这些内容有了规定，如综合脚手架项目的清单编制见表4-1所列。

分部分项工程和单价措施项目清单与计价表　　　　　　　表 4-1

工程名称：某工程　　　　　　　　　　　　　　　　　　第 1 页共 1 页

序号	项目编码	项目名称	项目特征	计量单位	工程量	金　额（元）		
						综合单价	合价	暂估价
1	011701001001	综合脚手架	1. 建筑结构形式：框架 2. 檐口高度：30m	m²	8972			

总价措施项目是不能计量且以清单形式列出的措施项目，这些措施项目在《房屋建筑与装饰工程工程量计算规范》中仅列出了项目编码、项目名称，未列出项目特征、计量单位和工程量计算规则的项目，编制工程量清单时，应按规定的项目编码和项目名称确定，但不必描述项目特征和确定计量单位。如：安全文明施工费和夜间施工，见表4-2所列。

总价措施项目清单与计价表　　　　　　　　　　　表 4-2

工程名称：某工程　　　　　　　　　　　　　　　　　　第 1 页共 1 页

序号	项目编码	项目名称	计算基础	费率（%）	金额（元）	调整费率（%）	调整后金额	备注
1	011707001001	安全文明施工	人工费					
2	011707002001	夜间施工	人工费					

4.10 对于清单中列项的措施项目在投标报价时能否增减项目？

由于各投标人拥有的施工装备、技术水平和采用的施工方法有所差异，招标人提出的措施项目清单是根据一般情况确定的，没有考虑不同投标人的"个性"，投标人投标时应根据自身编制的施工组织设计或方案确定措施项目，对招标人提供的措施项目进行调整。投标人根据自己的投标施工组织设计或施工方案调整和确定的措施项目应通过评标委员会的评审。

措施项目费的计算包括：

措施项目的内容应依据招标人提供的措施项目清单和投标人投标时拟订的施工组织设计或施工方案。

措施项目费的计价方式应根据招标文件的规定，可以计算工程量的措施清单项目采用综合单价方式报价，其余的措施清单项目采用以"项"为计量单位的方式报价。

措施项目费由投标人自主确定，但其中安全文明施工费应按国家或省级、行业建设主管部门的规定确定。

措施项目清单为可调整清单，投标人对招标文件中所列项目，可根据企业自身特点做适当的变更增减。投标人要对拟建工程可能发生的措施项目和措施费用作通盘考虑，清单一经报出，即被认为是包括了所有应该发生的措施项目的全部费用。如果报出的清单中没有列项，且施工中又必须发生的项目，业主有权认为，其已经综合在分部分项工程量清单的综合单价中了。将来措施项目发生时投标人不得以任何借口提出索赔与调整。

4.11 何时可计取总承包服务费？如何考虑计取的比例？

总承包服务费是指总承包人为配合协调发包人进行的工程分包自行采购的设备、材料等进行管理、服务以及施工现场管理、竣工资料汇总整理等服务所需的费用。是在工程建设的施工阶段实行施工总承包时，当招标人在法律、法规允许的范围内对工程进行分包和自行采购供应部分设备、材料时，要求总承包人提供相关服务（如分包人使用总包人的脚手架等）和施工现场管理等所需的费用。

工程总承包服务费计算，首先要明确的是总承包单位将自己总包工程范围内的部分工作分包出去的情况下，不发生分包配合费。其次，要明确工程总承包服务费用分为两部分：第一部分是为配合业主材料采购所需的费用；第二部分是为配合协调业主进行工程分包所需的费用。还要明确分包协调配合费是工程总承包单位向业主收取，除分包合同规定外，总承包单位不得以任何理由再向业主和指定分包或指定分包供应商收取配合工作范围内的任何费用。

编制招标控制价时，总承包服务费应按照省级或行业建设主管部门的规定计算，可参考：

（1）招标人仅要求对分包的专业工程进行总承包管理和协调时，按分包的专业工程估算造价的1.5%计算。（2）招标人要求对分包的专业工程进行总承包管理和协调，并同时要求提供配合服务时，根据招标文件列出的配合服务内容和提出的要求，按分包的专业工程估算造价的3%～5%计算。（3）招标人自行供应材料的，按招标人供应材料价值的1%

计算。

4.12 在招标控制价中如何考虑其他项目费？

在招标控制价中的其他项目费可参考下列内容：

（1）暂列金额。应按招标工程量清单中列出的金额填写，招标工程量清单中的暂列金额应根据工程的复杂程度、设计深度、工程环境条件进行估算，一般可按分部分项工程费的 10%～15%考虑。

（2）暂估价。暂估价中的材料、工程设备单价应按招标工程量清单中列出的单价计入综合单价，招标工程量清单中的暂估材料、工程设备的单价，若造价管理机构发布了工程造价信息的，按信息价估算，否则参考市场价格估算。暂估价中的专业工程金额按招标工程量清单中列出的金额填写。招标工程量清单中的专业工程暂估价应分不同的专业，通过市场询价等方式按有关计价规定进行估算。

（3）计日工。计日工是为了解决现场发生的零星工作的计价而设立的。国际上常见的标准合同条款中，大多数都设立了计日工（Daywork）的计价机制。计日工以完成零星工作所消耗的人工工时、材料数量、机械台班进行计量，计日工适用的零星工作一般是指合同约定之外的或者因变更而产生的、工程量清单中没有相应项目的额外工作，尤其是不允许事先商定价格的额外工作。理论上讲，合理的计日工单价水平一定是高于工程量清单的价格水平，其原因在于计日工往往是用于一些突发性的额外工作，缺少计划性。另一方面，计日工清单往往给出的是一个暂定的工程量，无法纳入有效的竞争。

计日工按招标工程量清单中列出的项目根据工程特点和有关计价依据确定综合单价计算，对计日工中人工单价和施工机械台班单价应按省级、行业建设主管部门或其授权的工程造价管理机构公布的单价计算；材料应按工程造价管理机构发布的工程造价信息中的材料单价计算，工程造价信息未发布材料单价的材料，其价格应按市场价格估算。

（4）总承包服务费的估算见问题 4.11 的解释。

4.13 如何编制工程量清单中的补充项目？

工程建设中新材料、新技术、新工艺等不断涌现，计算规范中所列的工程量清单项目不可能包含所有项目。在编制工程量清单时，若出现规范中未包括的项目，编制人应作补充，并报省级或行业工程造价管理机构备案，省级或行业工程造价管理机构应汇总报住房和城乡建设部标准定额研究所。

补充项目的编码由规范的代码（如《房屋建筑与装饰工程工程量计算规范》的代码为01）与 B 和三位阿拉伯数字组成，并应从 01B001 起顺序编制，同一招标工程的项目不得重码。

补充的工程量清单需附有补充项目的名称、项目特征、记录单位、工程量计算规则、工作内容。不能计量的措施项目，需附有补充项目的名称、工作内容及包含范围。

补充项目举例见表 4-3 所列。

M. 11 隔墙（编码：011211）

表 4-3

项目编码	项目名称	项目特征	计量单位	工程量计算规则	工作内容
01B001	成品 GRC 隔墙	1. 隔墙材料品种、规格 2. 隔墙厚度 3. 嵌缝、塞口材料品种·	m^2	按设计图示尺寸以面积计算，扣除门窗洞口及单个 $\geqslant 0.3m^2$ 的孔洞所占面积	1. 骨架及边框安装 2. 隔板安装 3. 嵌缝、塞口

4.14 工程量清单中可能出现的问题及处理方法

（1）若甲方提供的工程量清单漏项，且招标要求包干价，乙方报价是否应补充？

应按招标文件要求包干的范围来定。如果包干范围仅就甲方提供的工程量清单而言，出现漏项属于甲方提供的工程量清单漏项，应由甲方负责并补充计入相应费用。如果包干范围是指完成该项目，出现漏项乙方应及时提出，并与甲方协商计入相应费用。

（2）工程量清单中标注的工程量少算，报价时能否改动？竣工结算时，如何处理？

不能改动。招标文件中的工程量清单标明的工程量是招标人根据拟建工程设计文件预计的工程量，不能作为承包人在履行合同义务中应予完成的实际和准确的工程量，它一方面是各投标人进行投标报价的共同基础，另一方面也是对各投标人的投标报价进行评审的共同平台，在单价合同中，单价固定，清单中的工程量不能改动。

按合同约定。单价合同中，发、承包双方进行工程竣工结算的工程量应按照经发、承包双方认可的实际完成工程量确定，而非招标文件中工程量清单所列的工程量。乙方发现实际发生的工程量与工程量清单提供的工程量不同时，应随时与甲方协商签证同意后变更，结算时调整。固定总价合同中，按照合同约定，不超出约定的范围内，工程量和单价都不变。

（3）商品混凝土的混凝土输送泵是列在分部分项工程量清单报价内，还是列在措施项目清单内？

混凝土输送泵由施工单位提供，应将泵送费列入措施项目费内；混凝土输送泵由商品混凝土厂家提供，并包括在商品混凝土价格内，其泵送费列在分部分项工程量清单报价内。

（4）同一分部分项工程项目招标方提供的工程量清单是按招标文件来描述工程特征的，如果投标人的施工方案描述的工作内容和特征与招标人的不同，是否允许对工程量清单项目工程内容和特征描述进行修改、补充？

招标方提供的工程量清单描述的项目特征，表述的是工程实体的内容，它与施工方法、施工方案没有关系，采用何种施工方法、施工方案来完成实体的施工由投标方决定。实体的内容是不能做修改或补充的。

（5）招标文件中项目特征描述与设计图纸不相符时以什么为准？

若出现招标文件中分部分项工程量清单项目的特征描述与设计图纸不相符时以工程量清单项目的特征描述为准；当施工中施工图纸或设计变更与工程量清单项目的特征描述不

一致时，发、承包双方应按实际施工的项目特征，依据合同约定重新确定综合单价。

（6）在工程量清单中，计日工中应详细列出人工、材料、机械名称和相应数量，如何实现？

招标人视工程情况在计日工中列出有关内容，并标明暂定数量，这是招标人对未来可能发生的工程量清单项目以外的零星工作项目的预测。投标人根据表中内容响应报价，这里的"单价"是综合单价的概念，应考虑管理费、利润、风险等；招标人没有列出，而实际工作中出现了工程量清单项目以外的零星工作项目，可按合同规定或按工程量变更条款进行调整。

（7）投标人未填报单价的项目，工程量变更减少或实际工程量与发布量不同时，如何调整？

投标人未填报单价的项目，视为其费用已包含在其他项目中。若工程量变更增减或实际量与招标清单量不同时，按合同约定处理。

（8）有招标代理资质的咨询单位，能否编制工程量清单？

招标标底和工程量清单由具有编制招标文件能力的招标人或受其委托的具有相应资质的工程造价咨询机构、招标代理机构编制，所以有招标代理资质的咨询单位，可以编制工程量清单。

（9）甲方供料是否计算计价？是否放入投标报价中，还是放入暂估价中？

甲方供料应计入投标报价中，并在综合单价中体现，不能放入暂估价中。

（10）材料和设备的划分，在工程量清单计价工程中如何处理？由投标人采购的设备（如变压器）是否应纳入综合单价？

设备费在项目设备购置费列项，不属建安工程费范围，因此，清单报价中不考虑此项费用。

（11）在执行"工程量清单规范"时，牵涉到安装工程量中的多专业（工种）"联动试车费"是否能计取？如果能计取，请问怎样计算？

联动试车费属工程建设其他费用，不属建安工程费范围，因此，清单报价中不考虑此项费用。

（12）高层建筑增加费应划归分部分项工程量清单还是措施项目清单？

应列在分部分项工程量清单中。

（13）由于工程量将来要按实际核定。在制定工程量清单时，可否使用一个暂估量，以节省发包方的人力投入？

如果该工程只有初步设计图纸，而没有施工图纸的，可按暂估量计算，若有施工图纸的必须计算其工程量，结算时可因工程增减作增减量调整。招标人应尽可能准确提供工程量，如果招标人所提供工程量与实际工程量误差较大，投标人可以提出索赔或策略报价。

（14）为便于将来设计变更不会因为投标书中无单价而使承发包双方发生不必要的纠纷，可否采用多做法共存的工程量清单？如，某工程楼地面 $7000m^2$ 工程量。在工程设计中为水泥砂浆楼地面，在工程量清单中分别列出水泥砂浆楼地面、水磨石楼地面、地板砖楼地面、大理石楼地面等，其各自工程量均为 $7000m^2$（或暂定一个数量）？

不可以。只能根据施工图纸及施工方案编制工程量清单，若发生工程变更工程量增减，按合同的约定竣工时按实核量结算。

(15) 投标人如参照全统基础定额作综合单价分析时，其工程量（施工量）的计算除按施工组织设计外，是否应参照基础定额中相关子目的原工程量计算规则？

《计算规范》中的工程量计算规则与定额中的工程量计算规则是有区别的，招标人编制招标文件中的工程量清单应按《计算规范》中的工程量计算规则计算工程量；投标人投标报价（包括综合单价分析）应按全统基础定额的计算规则计算工程量。

(16) 采用工程量清单编制标底价，按步骤必须先确定施工方案，招标人或中介咨询机构如何编制一个合理的施工方案，依据又有哪些？

标底是指招标人或委托的工程造价咨询单位在工程量清单的基础上编制的一种预期价格，是招标人对建设工程预算的期望值，标底并不是决定投标能否中标的标准价，而只是对投标进行评审和比较时的一个参考价。因此，在编制标底时，招标人或中介咨询机构一定要依据项目的具体情况，考虑常用的、合理的施工方法、施工方案进行编制。

(17) 甲方购买的材料、设备在招投标阶段如果无法确定需要多少钱，能否不用列入报价？

设备费在项目设备购置费列项，不属建安工程费范围，因此，清单报价中不考虑此项费用。材料费必须列入综合单价，如果在招投标阶段无法准确定价，应按暂估价。

(18) 若甲方提供的工程量清单漏项，且招标要求包干价，乙方报价是否应补充？若没补充，甲方是否会认为该漏项费用已计入其他项目？

应按招标文件要求包干的范围来定。如果包干范围仅就甲方提供的工程量清单而言，出现漏项属于甲方提供的工程量清单漏项，应由甲方负责并补充计入相应费用。如果包干范围是指完成该项目，出现漏项乙方应及时提出，并与甲方协商计入相应费用。

(19) 措施项目清单是工程中的非实体性项目，是为完成分部分项工程所采取的措施。而在《计算规范》中又有旋喷桩、锚杆支护等项目出现，是否认为应将建筑工程中所有起护坡作用的桩、地基与边坡处理列入措施项目清单中；所有起承重作用的桩、地下连续墙列入分部分项清单中？

构成建筑物或构筑物实体的，必然在设计中有具体设计内容。如：坡地建筑采用的抗滑桩、挡土墙、土钉支护、锚杆支护等。属于施工中采取的技术措施，在设计文件中无具体设计内容，招标人在分部分项工程量清单中不列项（也无法列项），而是由投标人作出施工组织设计或施工方案，反映在投标人报价的措施项目费内。如：深基础土石方开挖，设计文件中可能提示要采用支护结构，但到底用什么支护结构，是打预制混凝土桩、钢板桩、人工挖孔桩、地下连续墙，是否做水平支撑等，由投标人做具体的施工方案来确定，其报价反映在措施项目费内。

(20) 钢筋计算是否应计算搭接长度和制作、绑扎损耗？

钢筋的搭接、弯钩等的长度，招标人均应按设计规定计算在钢筋工程数量内，钢筋的制作、安装、运输损耗由投标人考虑在报价内。

(21) 甲供材料的采保费如何列项？

甲供材料在综合单价中考虑，因此，甲供材料的采保费应计入综合单价中。

(22) 甲供材料的安装损耗，承包方如何计取？

应在综合单价中考虑。

(23) 编制钢筋清单项目时，是否要求将不同种类和规格的钢筋分开列项？

招标人在编制钢筋清单项目时，应根据工程的具体情况，可将不同种类、规格的钢筋分别编码列项；也可分Φ10及以内和Φ10以上编码列项。一般情况是单独分开列项。

（24）预制混凝土构件的模板费是否列入措施项目费？

购入的预制混凝土构件，不再将价格中的模板费列入措施项目费；非购入的预制混凝土构件及现场就位预制构件的模板费，应列入措施项目费。

（25）编制工程量清单时，是否将施工方法列出来？例如土石方开挖，是否列开挖方式？

招标人编制工程量清单不列施工方法（有特殊要求的除外），投标人应根据施工方案确定施工方法进行投标报价。土石方开挖，招标人确定工程数量即可。开挖方式，应由投标人做出的施工方案来确定，投标人应根据拟订的施工方法投标报价。如招标文件对土石方开挖有特殊要求，在编制工程量清单时，可规定施工方法。

4.15 工程量清单计价模式下，如何进行清标？

根据目前的工程量清单计价规范、行业规范与实际情况，清标工作的关键点有以下六个方面的工作：

（1）对照招标文件，查看投标人的投标文件是否完全符合招标文件的要求。

（2）重点审查工程量大的单价和单价过高于或过低于清标均价的项目。

（3）对照施工方案的可行性，审查措施费用合价包干的项目单价。

（4）分析和测算工程总价、各项目单价及要素价格的合理性。

（5）辩证地分析、判断投标人所采用的报价技巧的合理性。

（6）发现并妥善处理清单中不严谨的地方。

值得注意的是，清标工作不能仅仅是单纯地针对商务标的，还应该结合技术标书，对有关施工工艺与方法、具体的技术要求及标准等方面也进行严格、规范的清标工作。

在清标过程中，如果发现问题或者不合理报价的情况，发包人应在答辩会上提出，并由投标人作出解释，或者在投标报价不变的前提下，由投标人调整这些不合理的单价。此外，投标人还应明确在施工过程中如果变更施工方案或采取赶工措施等是否会增加费用。

4.16 综合单价应包括的内容？是否包含风险费用？

分部分项工程费最主要的是确定综合单价，综合单价内容包括：人工费、材料费、施工机械使用费、管理费、利润，具体组价时应注意：

一是确定依据。确定分部分项工程量清单项目综合单价的最重要依据之一是该清单项目的特征描述，投标人投标报价时应依据招标文件中分部分项工程量清单项目的特征描述确定清单项目的综合单价。在招投标过程中，当出现招标文件中分部分项工程量清单特征描述与设计图纸不符时，投标人应以分部分项工程量清单的项目特征描述为准，确定投标报价的综合单价。当施工中施工图纸或设计变更与工程量清单项目特征描述不一致时，发、承包双方应按实际施工的项目特征，依据合同约定重新确定综合单价。综合单价包括人工费、材料费、机械使用费、管理费和利润。

二是材料暂估价。招标文件中提供了暂估单价的材料，按暂估的单价进入综合单价。

三是风险费用。招标文件中要求投标人承担的风险费用，投标人应考虑进入综合单价。在施工过程中，当出现的风险内容及其范围（幅度）在招标文件规定的范围（幅度）内时，综合单价不得变动，工程价款不作调整。

4.17 规费应计取哪些内容，各省份能否增减规费计取的项目？

根据《建设工程工程量清单计价规范》（GB 50500—2013）以及住房和城乡建设部、财政部印发的《建筑安装工程费用项目组成》（建标〔2013〕44 号）的规定，规费是政府和有关权力部门根据国家法律、法规规定施工企业必须缴纳的费用。是工程造价的组成部分，但是其费用内容和计取标准都不是发、承包人能自主确定的，更不是由市场竞争决定的。包括社会保险费（养老保险、失业保险、医疗保险、工伤保险、生育保险）、住房公积金、工程排污费。

1. 社会保险费

（1）养老保险费。《中华人民共和国社会保险法》第十条规定："职工应当参加基本养老保险，由用人单位和职工共同缴纳基本养老保险费。"《中华人民共和国劳动法》第七十二条规定：用人单位和劳动者必须依法参加社会保险，缴纳社会保险费。为此，国务院《关于建立统一的企业职工基本养老保险制度的决定》（国发〔1997〕26 号）第三条规定：企业缴纳基本养老保险费（以下简称企业缴费）的比例，一般不得超过企业工资总额的20%（包括划入个人账户的部分），具体比例由省、自治区、直辖市人民政府确定。少数省、自治区、直辖市因为离退休人数较多，养老保险负担过重，确需超过企业工资总额的20%的，应报劳动部、财政部审批。个人缴纳基本养老保险费（以下简称个人缴费）的比例，1997 年不得低于本人缴费工资的 4%，1998 年起每两年提高 1 个百分点，最终达到本人缴费工资的 8%。有条件的地区和工资增加较快的年份，个人缴费比例提高的速度应适当加快。

（2）医疗保险费。《中华人民共和国社会保险法》第二十三条规定："职工应当参加职工医疗保险，由用人单位和职工按照国家规定共同缴纳基本医疗保险费。"国务院《关于建立城镇职工基本医疗保险制度的决定》（国发〔1998〕44 号）第二条规定：基本医疗保险费由用人单位和职工个人共同缴纳。用人单位缴费应控制在职工工资总额的 6%左右，职工一般为本人工资收入的 2%。随着经济发展，用人单位和职工缴费率可作相应调整。

（3）失业保险费。《中华人民共和国社会保险法》第四十四条规定："职工应当参加失业保险，由用人单位和职工按照国家规定共同缴纳失业保险费。"《失业保险条例》（国务院令第 258 号）第六条规定：城镇企业事业单位按照本单位工资总额的百分之二缴纳失业保险费。城镇企业事业单位职工按照本人工资的 1%缴纳失业保险费。城镇企业事业单位招用的农民合同制工人本人不缴纳失业保险费。

（4）工伤保险费。《中华人民共和国社会保险法》第三十三条规定："职工应当参加工伤保险，由用人单位缴纳工伤保险费，职工不缴纳工伤保险费。"《中华人民共和国建筑法》第四十八条规定："建筑企业应当依法为职工参加工伤保险缴纳工伤保险费。鼓励企业为从事危险作业的职工办理意外伤害保险，支付保险费。"《工伤保险条例》（国务院令第 375 号）第十条规定：用人单位应按时缴纳工伤保险费。职工个人不缴纳工伤保险费。

（5）生育保险。《中华人民共和国社会保险法》第五十三条规定："职工应当参加生育保险，由用人单位按照国家规定缴纳生育保险费，职工不缴纳生育保险费。"

2. 住房公积金

《住房公积金管理条例》（国务院令第 262 号）第十八条规定：职工和单位住房公积金的缴存比例均不得低于职工上一年度月平均工资的 5%；有条件的城市，可以适当提高缴存比例。具体缴存比例由住房公积金管理委员会拟订，给本级人民政府审核后，报省、自治区、直辖市人民政府批准。

3. 工程排污费

《中华人民共和国水污染防治法》第二十四条规定：直接向水体排放污染物的企业事业单位和个体工商户，应当按照排放水污染物的种类、数量和排污费征收标准缴纳排污费。

由上述法律、行政法规以及国务院文件可见，规费是由国家或省级、行业建设行政主管部门依据国家税法和有关法律、法规以及省级政府或省级有关权力部门的规定确定。因此，在工程造价计价时，规费应按国家或省级、行业建设行政主管部门的有关规定计算，并不得作为竞争性费用。

对计价规范中未包括的规费项目，在编制规费项目清单时应根据省级政府或省级有关权力部门的规定列项。

4.18 分项工程量计算顺序如何？

在同一分项工程内部各个组成部分之间，为了防止重复计算或漏算，也应该遵循一定的计算顺序。分项工程量计算通常采用以下四种不同的顺序：

1. 按照顺时针方向计算

它是从施工图纸左上角开始，按顺时针方向计算，当计算路线绕图一周后，再重新回到施工图纸左上角的计算方法。这种方法适用于：外墙挖地槽、外墙墙基垫层、外墙基础、外墙、圈梁、过梁、楼地面、顶棚、外墙粉饰、内墙粉饰等。

2. 按照横竖分割计算

横竖分割计算是采用先横后竖、先左后右、先上后下的计算顺序。在同一施工图纸上，先计算横向工程量，后计算竖向工程量。在横向采用：先左后右、从上到下；在竖向采用：先上后下，从左至右。这种方法适用于：内墙挖地槽、内墙墙基垫层、内墙基础、内墙、间壁墙、内墙面抹灰等。

3. 按照图纸注明编号、分类计算

按照图纸注明编号、分类计算，主要用于图纸上进行分类编号的钢筋混凝土结构、金属结构、门窗、钢筋等构件工程量的计算。如钢筋混凝土工程中的桩、框架、柱、梁、板等构件，都可按图纸注明编号、分类计算。

4. 按照图纸轴线编号计算

为计算和审核方便，对于造型或结构复杂的工程，可以根据施工图纸轴线编号确定工程量计算顺序。因为轴线一般都是按国家制图标准编号的，可以先算横轴线上的项目，再算纵轴线上的项目。同一轴线按编号顺序计算。

4.19　工程量计算的一般方法有哪些？

在建筑工程中，计算工程量的原则是"先分后合，先零后整"。分别计算工程量后，如果各部分需套同一个定额，可以将需套同一个定额的各项工程量汇总后合并套用。假如工程量是合并计算的，而各部分必须分别套不同的定额，就必须重新分别计算工程量，就会造成返工。工程量计算的一般方法有分段法、分层法、分块法、补加补减法、平衡法或近似法。

1. 分段法

如果基础断面不同时，所有基础垫层和基础等都应分段计算。又如内外墙各有几种墙厚，或者各段采用的砂浆强度等级不同时，也应分段计算。高低跨单层工业厂房，由于山墙的高度不同，计算墙体时也应分段计算。

2. 分层法

如遇有多层建筑物的各楼层建筑面积不等，或者各层的墙厚及砂浆强度等级不同时，要分层计算。有时为了按层进行工料分析、编制施工预算、下达施工任务书、备工备料等，则均可采用上述类同的办法，分层、分段、分面计算工程量。

3. 分块法

如果楼地面、顶棚、墙面抹灰等有多种构造和做法时，应分别计算。即先计算小块、然后在总的面积中减去这些小块的面积，得最大的一种面积，对复杂的工程，可用这种方法进行计算。

4. 补加补减法

如每层的墙体都相同，只是顶层多（或少）一个隔墙，可先按照每层都无（有）这一隔墙的情况计算，然后在顶层补加（补减）这一隔墙。

5. 平衡法或近似法

当工程量不大或因计算复杂难以正确计算时，可采用平衡抵销或近似计算的方法。如复杂地形土方工程就可以采用近似法计算。

4.20　统筹法如何在工程量计算中运用？

统筹法是按照事物内部固有的规律性，逐步地、系统地、全面地加以解决问题的一种方法。利用统筹法原理计算工程量，使计算工作快、准、好地进行。即抓住工程量计算的主要矛盾加以解决问题的方法。

工程量计算中有许多共性的因素，如外墙带形基础工程量按外墙中心线长度乘基础设计断面以立方米计算，而外墙墙体工程量按外墙中心线长度乘以墙厚乘以高度以立方米计算；地面垫层按室内主墙间净面积乘以设计厚度以立方米计算，而楼地面找平层和整体面层均按主墙间净面积以平方米计算，如此等等。可见，有许多分项工程量的计算都会用到外墙中心线长度和主墙间净面积等，即"线"、"面"可以作为许多工程量计算的基数，它们在整个工程量计算过程中要反复多次被使用，在工程量计算之前，就可以根据工程图纸尺寸将这些基数先计算好，在工程量计算时利用这些基数分别计算与它们各自有关项目的工程量。各种型钢、圆钢，只要计算出长度，就可以查表求出其重量；混凝土标准构件，只要列出其型号，就可以查标准图，知道其构件的重量、体积和各种材料的用量等，都可以列"册"表示。总之，利用"线、面、册"计算工程量，就是运用统筹法的原理，在编制工程量清单中，以减少不必要的重复工作的一种简捷方法，亦称"四线"、"二面"、"一册"计算法。

所谓"四线"是指在建筑设计平面图中外墙中心线的总长度（代号 $L_{中}$）；外墙外边线的总长度（代号 $L_{外}$）；内墙净长线长度（代号 $L_{内}$）；内墙混凝土基础或垫层净长度（代号 $L_{净}$）。

"二面"是指在建筑设计平面图中底层建筑面积（代号 $S_{底}$）和房心净面积（代号 $S_{房}$）。

"一册"是指各种计算工程量有关系数；标准钢筋混凝土构件等个体工程量计算手册（造价手册）。它是根据各地区具体情况自行编制的，以补充"四线"、"二面"的不足，扩大统筹范围。

4.21 室外楼梯和外墙外侧的保温隔热层是否需要计算建筑面积？

根据 2005 年 7 月 1 日起实施的《建筑工程建筑面积计算规范》（GB/T 50353—2005）规定的建筑面积的计算方法：有永久性顶盖的室外楼梯，应按建筑物自然层的水平投影面积的 1/2 计算。若最上层楼梯无永久性顶盖，或不能完全遮盖楼梯的雨篷，上层楼梯不计算面积，上层楼梯可视为下层楼梯的永久性顶盖，下层楼梯应计算面积。这里需注意两个问题：

（1）有永久性顶盖的室外楼梯，应视为有顶盖，但无围护结构，所以计算规则是按建筑物自然层的水平投影面积计算一半。

（2）室外楼梯，最上一层楼梯没有永久性顶盖或不能完全遮盖楼梯的雨篷，那么上层楼梯不计算面积。下层楼梯还是应该计算面积。

建筑物外墙外侧有保温隔热层的，应按保温隔热层外边线计算建筑面积。这里计算时应注意的是：平面图上往往不会画出保温层的外边线，只会看到建筑物的结构外边线，所以计算时要先查找到外墙的保温做法，先算出保温层的厚度，然后再计算建筑面积。

4.22 弧形建筑物如何计算建筑面积？

在工程项目中经常会遇到弧形外墙，在计算建筑面积时会计算一块弧形面积。弧形图如图 4-1 所示，往往在设计图纸中可以获知弧形底长 a 和弧形高 h，不能直观获知弧形的半径 R 和扇心角 α，下面来通过变换公式求解弧形面积：

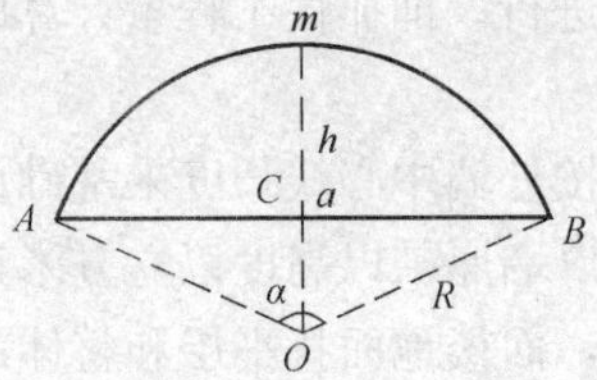

在直角 $\triangle OBC$ 中，$CB = a/2$，$OC = R - h$，$OB = R$，

有 $OB^2 = OC^2 + CB^2$，即：$R^2 = (R - h)^2 + (a/2)^2$，

解得：

图 4-1 弧形平面示意图

64

$$R=(4h^2+a^2)/(8h)$$
$$\cos\alpha=1-a^2/(2R^2)=1-(32a^2h^2)/(4h^2+a^2)^2$$

因为 $OA=OB=R$，所以△AOB 的面积$=1/2\times OA\times OB\times\sin\alpha=1/2\times R^2\times\sin\alpha$

扇形 $OBmA$ 的面积$=a\times\pi\times R^2/360°$

弧形 AmB 的面积 $S=$ 扇形 $OBmA$ 面积$-$△AOB 面积$=a\times\pi\times R^2/360°-1/2\times R^2\times\sin\alpha$

4.23 平整场地、挖沟槽、挖地坑、挖一般土方的界线是什么？

在《房屋建筑与装饰工程工程量计算规范》（GB 50854—2013）"土方工程"的清单列项中包含"平整场地"、"挖沟槽"、"挖基坑"、"挖一般土方"等，这里对他们的应用进行区别。

平整场地是指在开挖建筑物基坑（槽）之前，将天然地面改造成所要求的设计平面时，所进行的土（石）方施工过程。适用于建筑场地厚度在±30cm 以内的就地挖、填、运、找平。该平均厚度应按自然地面测量标高，全设计地坪标高间的平均厚度确定。

（1）建筑物场地厚度在±30cm 以内的挖、填、运、找平，应按"平整场地"工程量清单项目编码列项。±30cm 以外的竖向布置挖土或山坡切土，应按"挖一般土方"工程量清单项目编码列项。

（2）也可能出现±30cm 以内的全部是挖方或全部是填方，需外运土方或借土回填时，在工程量清单项目中应描述弃土运距（或弃土地点）或取土运距（或取土地点），这部分的运输应包括在"平整场地"项目报价内。

（3）工程量按设计图示尺寸以建筑物首层建筑面积计算，如施工组织设计规定超面积平整场地时，超出部分应包括在报价内。

挖沟槽、挖基坑和挖一般土方的划分为：

底宽≤7m，且底长＞3 倍底宽为沟槽；底长≤3 倍底宽且底面积≤150m² 为基坑；超出上述范围的为一般土方。

挖一般土方还包括挖土方和挖基础土方。

挖土方平均厚度按自然地面测量标高至设计地坪标高间的平均厚度确定。基础土方开挖深度应按基础垫层底表面标高至交付施工场地标高确定，无交付施工场地标高时，应按自然地面标高确定。

挖土方是指自然地坪与设计室外地坪之间大于±30cm 的竖向布置的挖土或山坡切土，并包括指定范围内的土方运输。它具有工程量大、劳动繁重和施工条件复杂等特点。开挖前，要确定场地设计标高，计算挖填方工程量，确定挖填方的平衡调配，并根据工程规模、工期要求、土方机械设备条件等，制定出以经济分析为依据的施工方案。"指定范围内的运输"是指由招标人指定的弃土地点或取土地点的运距。若招标文件规定，由投标人确定弃土地点或取土地点，则此条件不必在工程量清单中进行描述。

土方清单项目报价应包括指定范围内的土一次或多次运输、装卸以及基底夯实、修理边坡、清理现场等全部施工工序。土方工程施工的难易程度与所开挖的土壤种类和性质有很大的关系，如土壤的坚硬度、密实度、含水率等。这些因素直接影响到土壤开挖的施工方法、功效及施工费用。所以必须正确掌握土方类别的划分方法，准确计算土方费用。挖土方平均厚度，应按自然地面测量标高至设计地坪标高间的平均厚度确定。由于地形起状变化大，不能提供平均挖土厚度时，应提供方格网法或断面法施工的设计文件。因地质情况变化或设计变更引起的土方工程量的变更，由业主与承包人双方现场认证，依据合同条件进行调整。

挖基础土方一般是指基础大开挖的土方，挖土深度按基础垫层底表面标高至交付施工场地标高确定，无交付施工场地标高时，应按自然地面标高确定。

挖沟槽和挖基坑的清单计算规则为：按设计图示尺寸以基础垫层底面积乘以挖土深度计算，挖一般土方的清单计算规则为：按设计图示尺寸以体积计算。挖沟槽、基坑、一般土方因工作面和放坡增加的工程量是否并入各土方工程量中，应按各省、自治区、直辖市或行业建设主管部门的规定实施，若并入各土方工程量中，办理结算时，按经发包人认可的施工组织设计规定计算，计算清单工程量时应考虑放坡、工作面的因素。

4.24 挖土、填土深度与地坪标高是怎样的关系？

在土方计算时，一般会遇到三个地坪高度，分别是自然地坪、设计室外地坪、室内地坪，还会遇到开挖深度、放坡深度、回填深度等高度的计算。明确他们的含义对于正确计算工程量是非常必要的。

(1) 自然地坪是未做"三通一平"的原有自然地面。施工单位进场前建设单位提供的场地应是达到设计室外地坪的场地。所以要在自然地坪和设计室外地坪之间进行平整。自然地坪标高是经过现场测定的，相对于±0.00标高的自然地貌的标高。测定方法是将其划分为20m×20m或10m×10m的若干方格网，并测出每个方格网角点上的标高，再加以平均。通过挖填土的工作把自然地坪平整到设计室外标高。

(2) 设计室外地坪是在施工图纸上标注的室外标高。

(3) 室内地坪，是通常所说的±0.00，是设计的首层室内地面建筑标高。

根据这三个标高，下面来看一下挖填土深度的计算：

(1) 挖土深度：在施工图预算时，往往得不到自然地坪标高，或根据工程量计算规则是设计图示尺寸，这时的挖土深度是指从设计室外地坪（注意：这里不是自然地坪）到基础垫层底之间的高度。

在实际施工时，如果建设单位提供的是自然地坪，那么要根据实际情况分别计算：

1) 自然地坪标高等于设计室外地坪标高。挖土深度是从设计室外地坪算至基础垫层底。

2) 自然地坪标高大于设计室外地坪标高。挖土深度应分两部分计算。设计室外地坪以上至自然地坪标高部分的挖土套用挖一般土方清单项目编码。设计室外地坪以下至基础垫层底之间的高度部分的挖土套用挖基础土方的"挖一般土方、挖沟槽、挖地坑"等相应清单项目编码。

3) 自然地坪标高小于设计室外地坪标高。挖土深度是从自然地坪以下算至基础垫层底。

（2）放坡深度：在基础开挖深度较大时，为防止基坑边塌方采用放坡的施工方案时，在施工图预算时要注意放坡深度的计算是从设计室外地坪到基础底还是基础垫层底的高度。

（3）回填深度：沟槽、基坑、大开挖坑内的基础完工后，要进行土方回填，这时要区分三种回填：

1）槽边回填。也就是基坑、基础边的回填。回填深度是自设计室外地坪至基础垫层底之间的高度。

2）房心回填。房心回填的深度是自设计室外地坪至（室内地坪－地面做法厚度）的高度。

3）场地回填。适用于自然地坪低于设计室外地坪的部分，回填深度是从自然地坪回填至设计室外地坪的高度

4.25 土石方回填包括哪些内容？清单如何列项？

在《房屋建筑与装饰工程工程量计算规范》（GB 50854—2013）的清单列项关于土（石）方回填内容只有一个"回填方"项目（010103001）。

回填土适用于场地回填、室内回填和基础回填，并包括指定范围内的运输以及取土回填的土方开挖。

基础回填土是指在基础施工完毕以后，必须将槽、坑四周未做基础的部分进行回填至室外设计地坪标高。计算规则为：按设计图示尺寸以体积计算，按挖方清单项目工程量减去自然地坪以下埋设的基础体积（包括基础垫层及其他构筑物）。基础回填土必须夯填密实。

室内回填土指室内地坪以下，由室外设计地标高填至地坪垫层底标高的夯填土。一般在底层结构施工完毕以后进行，或是在地面结构施工之前进行。计算规则为：按设计图示尺寸以体积计算，按主墙间面积乘以回填厚度，不扣除间隔墙。一般也称之为"房心回填土"，这里的"主墙"是指结构厚度在 120mm 以上（不含 120mm）的各类墙体。

场地回填是指设计室外标高与自然标高之间的回填。计算规则为：按设计图示尺寸以体积计算，按回填面积乘以平均回填厚度。

4.26 锚杆支护与土钉支护有何不同，报价时有何区别？

锚杆支护是指为防止土体坡度的滑动，采用一些锚杆将土体稳固支撑起来的措施。锚杆是一种设置于钻孔内，端部伸入稳定土层中的钢筋或钢绞线与孔内注浆体组成的受拉杆体，它一端与工程构筑物相连，另一端锚入土层中，通常对其施加预应力，以承受由土压力、水压力或风荷载等所产生的拉力，用以维护构筑物的稳定。具体施工方法是：先按设计将基坑开挖一定深度，按设计布置位置用锚杆机打孔，孔内插入拉杆（一般用 φ25 螺纹钢筋或 7φ5.5 钢绞线或 φ50 焊接钢管等制作而成），用液压注浆机灌注水泥砂浆，直至孔口，再在孔口端浇灌端头锚固件混凝土，最后用喷射泵将锚固面用混凝土（或水泥砂浆）

喷射成一定厚度的锚固体或安装腰梁。

土钉墙支护就是用加固和锚固现场原位土体的细长杆件（土钉）作为受力构件，与被加固的原位土体、喷射混凝土面层组成的支护体系。土钉支护的做法与锚杆支护基本相同，只是土钉（即锚拉杆）长度较短，直径较小，倾斜角较平，但布置根数相对较多；锚杆支护的锚固面可放钢筋网，也可不放，而土钉支护的锚固面较薄，一般要挂钢丝网。

二者清单的计算规则是一样的：两种计量方法，一是以米计量，按设计图示尺寸以钻孔深度计算。二是以根计量，按设计图示数量计算。工作内容包括：钻孔、浆液制作、运输、压浆；锚杆或土钉制作、安装；施工平台搭设、拆除等，锚杆的工作内容还包括张拉锚固。

在报价时应注意二者在施工方法、报价内容上的不同，价格相差较大，在报价时一是应准确区分出图纸中的设计项目；二是注意综合单价中包括的内容。在锚杆和土钉施工完成后一般在支护表面需要挂设钢筋网和喷射混凝土。这些费用需要单独列项，钢筋网需要根据"钢筋工程"中相应的项目编码列项。支护面喷射混凝土按 010202009"喷射混凝土、水泥砂浆"的项目编码分别列项，按设计图示尺寸以面积计算。

4.27　预制混凝土桩的打桩报价时应注意什么问题？

预制混凝土桩分为管桩和方桩，二者的清单工程量计算规则根据《房屋建筑与装饰工程工程量计算规范》（GB 50854—2013）是一致的，打桩的清单工程量计算规则有三种方法，一是以米计量，按设计图示尺寸以桩长（包括桩尖）计算；二是以立方米计量，按设计图示截面积乘以桩长（包括桩尖）以实体积计算；三是以根计量，按设计图示数量计算。工作内容包括：工作平台搭拆；桩机竖拆、移位；沉桩；接桩；送桩。对于预制管桩还包括桩尖制作安装；填充材料、刷防护材料。在报价时应注意：

（1）地层情况应根据岩土工程勘察报告按单位工程各地层所占比例（包括范围值）进行描述。根据土石划分的标准，并结合岩土工程勘察报告进行描述，为避免描述内容与实际地质情况有差异造成重新组价，可采用以下方法处理：第一种方法是描述各类土石的比例及范围值；第二种方法是分不同土石类别分别列项；第三种方法是直接描述"详勘察报告"。对无法准确描述的地层情况，可注明由投标人根据岩土工程勘察报告自行决定报价。

（2）预制方桩、管桩项目以成品桩编制，在打桩报价中应包括成品桩购置费，如果用现场预制，应包括现场预制桩的所有费用。所以这里尤其要注意：虽然在项目的工作内容中没有包括桩混凝土制作的费用，但是无论是成品购买还是现场预制，报价中均应包括桩混凝土制作的费用。

（3）预制桩有时需要打试验桩和打斜桩，这时应注意的是：打试验桩和打斜桩不能合并到打预制桩中，应按相应项目单独列项，并应在项目特征中注明试验桩或斜桩（斜率）。

（4）预制桩需要截（凿）桩头的，不包括在打桩项目内，应按"截（凿）桩头"010301004 项目编码单独列项。

（5）对于预制混凝土管桩桩顶与承台的连接按相应项目列项，不包括在打桩项目中。

(6) 打桩项目中除包括打桩费用外，还应包括接桩、送桩的费用。

4.28　砖基础的清单编制应注意什么问题？

《房屋建筑与装饰工程工程量计算规范》（GB 50854—2013）的附录 D.1 砖砌体工程中的"砖基础"的规定：砖基础按设计图示尺寸以体积计算。包括附墙垛基础宽出部分体积，扣除地梁（圈梁）、构造柱所占体积，不扣除基础大放脚 T 形接头处的重叠部分及嵌入基础内的钢筋、铁件、管道、基础砂浆防潮层和单个面积≤0.3m² 的孔洞所占体积，靠墙暖气沟的挑檐不增加。基础长度：外墙按外墙中心线，内墙按内墙净长线计算。

根据这个规定，计算时应注意：内墙砖基础的长度不是按基础之间的净长度，而是按内墙之间的净长度，这个计算值要比实际施工的量要大。外墙长度是按中心线，凸出外墙的墙垛需要计算按外墙外皮至垛外皮的长度并入到外墙中心线长度内计算。在计算砖基础的断面积时，首先应划分清楚基础与墙体的分界线。分界线以下至基础底的高度为基础的高度计算范围。

在工程内容中，包括了"防潮层铺设"。这里应注意的是：在附录 J 屋面及防水工程中包括了屋面防水、墙面防水防潮、楼地面防水防潮，但没有单独的基础防潮清单子目，所以砖基础防潮层应在项目特征中描述防潮层的材料种类及做法，在报价时，把防潮层铺设的费用包括在基础的报价中。

4.29　编制砖砌体工程清单时应注意什么问题？

《房屋建筑与装饰工程工程量计算规范》（GB 50854—2013）的附录 D "砌筑工程"的规定中应尤其注意墙体的报价内容和方法：

（1）要准确地选用项目编码。根据图纸设计内容，分清楚是实心砖墙、多孔砖墙、空心砖墙、填充墙还是砌块墙。在框架结构中一般选用只承受自重的轻质墙体，在实践中注意的问题是："实心砖墙、多孔砖墙、空心砖墙、填充墙"的清单列项都是用于"D.1 砖砌体"的设计内容，如果是框架间的轻质填充墙，则应选用"D.2 砌块砌体"中的"砌块墙"。

（2）因基础与墙身需分别进行清单列项，所以应正确划分基础与墙身的分界线。基础与墙身使用同一种材料时，以设计室内地面为界（有地下室者，以地下室室内设计地面为界），以下为基础，以上为墙身。基础与墙身使用不同材料时，位于设计室内地面高度≤±300mm 时，以不同材料为界限；高度＞±300mm 时，以设计室内地面为分界线。砖围墙以设计室外地坪为界，以下为基础，以上为墙身。

（3）框架外表面的镶贴砖部分，按零星项目编码列项。

（4）空花墙项目适用于各种类型的空花墙，使用混凝土花格砌筑的空花墙，石砌墙体与混凝土花格应分别计算，混凝土花格按混凝土及钢筋混凝土"E.14 其他预制构件"中的"其他预制构件"010514002 项目进行计算。

（5）空斗墙是指用砖侧砌或平、侧交替砌筑成的空心墙体。具有用料省、自重轻和隔热、隔声性能好等优点，适用于1～3层民用建筑的承重墙或框架建筑的填充墙。空斗墙的窗间墙、窗台下、楼板下、梁头下等的实砌部分，按零星砌砖项目编码列项。

（6）台阶、台阶挡墙、梯带、锅台、炉灶、蹲台、池槽、池槽腿、花台、花池、楼梯栏板、阳台栏板、地垄墙、≤0.3m² 的空洞填塞等，应按零星砌砖项目编码列项。砖砌锅台与炉灶可按外形尺寸以个计算，砖砌台阶可按水平投影面积以平方米计算，小便槽、地垄墙可按长度计算，其他工程按立方米计算。

（7）砖砌体内钢筋加固，应按"E.15钢筋工程"相关项目编码列项。

（8）砖基础清单工程量计算时，内墙砖基础的计算长度是按内墙的净长度，而不是内墙基础之间的净长度。

（9）还应特别注意的是，标准砖的尺寸为：240mm×115mm×53mm，设计图纸中标注的墙体厚度一般为120mm、240mm、370mm等，但在实际墙体工程量计算时，应按照表4-4的标准墙体计算厚度表中的数据。

标准墙计算厚度表   表4-4

砖数（厚度）	1/4	1/2	3/4	1	1.5	2	2.5	3
计算厚度（mm）	53	115	180	240	365	490	615	740

4.30 清水砖墙与混水砖墙的报价有何区别？

清水砖墙和混水砖墙都是由标准砖重叠垒砌而成的一种实心砖墙。单面清水砖墙是指墙的外观为水泥浆勾缝（称为"清水"）的墙面，另一面为有抹灰砂浆覆盖（称为"混水"）的墙面，单面清水砖墙一般常用做建筑物的外墙，它表现朴实自然，节约装饰费用。混水砖墙是指墙的内外两面都做有抹灰砂浆的墙面，它是墙面高级装饰的基本墙面。

在报价时应注意的问题是：二者首先都要按"D.1砖砌体"中的相应砖墙子目列出清单并报价；对于"清水砖墙"需要另列勾缝的项目清单并报价，墙面勾缝的清单编码选用"M.1墙面抹灰"中的"墙面勾缝"011201003项目进行列项。这里还应注意的是"墙面勾缝"与墙体的清单计算规则并不相同，勾缝的清单计算规则是"按设计图示尺寸以面积计算。扣除墙裙、门窗洞口及单个＞0.3m² 的孔洞面积，不扣除踢脚线、挂镜线和墙与构件交接处的面积，门窗洞口和孔洞的侧壁及顶面不增加面积。附墙柱、梁、垛、烟囱侧壁并入相应的墙体面积内"。这个计算规则和墙体一般抹灰的计算规则相同。

4.31 石砌体清单列项时应注意什么问题？

《房屋建筑与装饰工程工程量计算规范》（GB 50854—2013）的附录D.3石砌体项目中包括石基础、石勒脚、石墙、石挡土墙、石柱、石栏杆、石护坡、石台阶、石坡道、石地沟明沟等项目，在清单编制时应注意的问题是：

（1）首先应区分开石基础、石勒脚、石墙的划分：基础与勒脚应以设计室外地坪为界。勒脚与墙身应以设计室内地面为界。石围墙内外地坪标高不同时，应以较低地坪标高为界，以下为基础；内外标高之差为挡土墙时，挡土墙以上为墙身。

石基础项目适用于各种规格（粗料石、细料石等）、各种材质（砂石、青石等）和各种类型（柱基、墙基、直行、弧形等）基础。石勒脚、石墙项目适用于各种规格（粗料石、细料石等）、各种材质（砂石、青石、大理石、花岗石等）和各种类型（直行、弧形等）勒脚和墙体。石挡土墙项目适用于各种规格（粗料石、细料石、块石、毛石、卵石等）、各种材质（砂石、青石、石灰石等）和各种类型（直行、弧形、台阶形等）挡土墙。石柱项目适用于各种规格、各种石质、各种类型的石柱。石栏杆项目适用于无雕饰的一般石栏杆。石护坡项目适用于各种石质和各种石料。石台阶项目包括石梯带，不包括石梯膀，石梯膀应按石挡土墙项目编码列项。

（2）石基础的报价中应包括防潮层铺设的费用。石墙石挡土墙的报价中应包括勾缝的费用。石台阶、石坡道、石地沟明沟等项目中应包括垫层铺设的费用，除此之外其他项目的垫层铺设需要单独列示清单子目单独报价。

4.32 什么叫女儿墙？其工程量如何计算？

女儿墙在古代时叫"女墙"，包含着窥视之义，是仿照女子"睥睨"之形态，在城墙上筑起的墙垛，所以后来便演变成一种建筑专用术语。特指房屋外墙高出屋面的矮墙，在现存的明清古建筑物中我们还能看到。《辞源》里是这么说的，城墙上面呈凹凸形的小墙；《释名释宫室》："城上垣，曰睥睨，……亦曰女墙，言其卑小比之于城。"意思就是因为古代的女子，是卑小的，没有地位的，所以就用来形容城墙上面呈凹凸形的小墙，这就是女儿墙这个名字的由来。宋《营造法式》上讲的是："言其卑小，比之于城若女子之于丈夫。"就是城墙边上部升起的部分。《古今论》记载："女墙者，城上小墙也一名睥睨，言于城上窥人也。"由此可见，女儿墙不仅与窥人有关，而且还另有一个直露的名字，只是"睥睨"一词太过于拗口，不如"女墙"含蓄，所以后来"女儿墙"叫法流行较广。按照李渔的书中记载的，"女墙"则应是用来防止户内妇人、少女与外界接触的小墙。古时候的女子大多久锁深闺，不能出三门四户。但是小墙高不过肩，又可以窥视墙外之春光美景，女儿墙这种建筑形式既成全了古代女子窥视心理的需要，又可以避免被人耻笑的尴尬。如今女儿墙已成为建筑的专用术语，成为建筑施工工序中一种必不可少的并且具有封闭性的一部分（女儿墙的由来源自于网络整理，民间还流传其他说法，读者可自行考证）

《房屋建筑与装饰工程工程量计算规范》（GB 50854—2013）中女儿墙清单工程量计算是从屋面板上表面算至女儿墙顶面（如有混凝土压顶时算至压顶下表面）。要注意的是：女儿墙的清单项目编码是根据不同的墙体材料进行选用，没有单独的"女儿墙"项目编码。女儿墙顶上的混凝土压顶按"E混凝土及钢筋混凝土"章节的相应清单项目列项。

4.33 混凝土石子粒径如何选用？石子粒径对混凝土 价格有何影响？

混凝土浇筑时，石子粒径大小不同，对于混凝土的价格有所区别，混凝土构件应如何选用相应的粒径，可参考表4-5来选择。

混凝土石子粒径选用表   表 4-5

混凝土类别		坍落度（mm）
现浇构件	40mm	毛石混凝土基础、设备基础、挡土墙、地下室墙、台阶带形基础、独立基础、杯形基础、满堂基础、桩承台、大钢模板墙、混凝土墙、井壁、混凝土柱、梁、整体楼梯
	20mm	混凝土板、小立柱、挑檐天沟、雨篷、遮阳板、阳台、池槽、暖气电缆沟、扶手
	15 (10)mm	零星构件、配筋特密构件、形体特细构件
预制构件	40mm	基础梁、矩形梁、异型梁、矩形柱、工形柱、双肢柱、围墙柱、方桩、桩尖、吊车梁、组合屋架、门式钢架、楼梯段
	20mm	空心柱、空心桩、薄腹梁、屋架、托架梁、天窗架、间隔板、支撑、檩条、通风道、楼梯斜梁、阳台、平板、墙板
	15 (10)mm	挑檐天沟、楼梯踏步、架空隔热板、挂瓦板、空心板、槽形板、肋形板、屋面板、漏花、门窗框、预应力板、零星构件

石子粒径对混凝土用量的影响，一般是石子粒径越大，混凝土中水泥用量越少，混凝土价格越低，以 C25 混凝土为例，C25 混凝土配合比见表 4-6 所列。

C25 现浇混凝土配合比（m³）   表 4-6

项 目			C25			
			石子 <16mm	石子 <20mm	石子 <31.5mm	石子 <40mm
	名称	单位	单价	数量		
材料	水泥 32.5MPa	t	326	0.4600	0.4280	0.4060	0.3840
	黄砂（过筛中砂）	m³	84	0.3620	0.3590	0.3530	0.3460
	碎石 15mm	m³	60	0.8790	0.9140	—	—
	碎石 20～40mm	m³	60	—	—	0.9430	0.9730
	水	m³	4.4	0.2200	0.2000	0.1900	0.1800
单价（元/m³）				234.08	225.40	219.42	213.42

4.34　混凝土模板费用应包括在相应的混凝土子目中还是措施费中？

根据《建设工程工程量清单计价规范》（GB 50500—2013）和《房屋建筑与装饰工程工程量计算规范》（GB 50854—2013）的规定，现浇混凝土工程项目的"工作内容"中包括模板工程的内容，同时又在措施项目中单列了现浇混凝土模板工程量项目。对此，招标人应根据工程实际情况选用。若招标人在措施项目清单中未编列现浇混凝土模板项目清单，即表示现浇混凝土模板项目不单列，现浇混凝土工程项目的综合单价中应包括模板工程费用。这点应尤其注意：因为在《建设工程工程量清单计价规范》（GB 50500—2008）

中混凝土模板项目都只能放在措施项目中。

这个规定包含三层意思：一是招标人应根据工程的实际情况在同一个标段（或合同段）中在两种方式中选择其一；二是招标人若采用单列现浇混凝土模板工程，必须按《房屋建筑与装饰工程工程量计算规范》规定的计量单位、项目编码、项目特征描述列出清单，以平方米计量，单独组成综合单价，同时，现浇混凝土项目中不含模板的工程费用；三是招标人若不单列现浇混凝土模板工程项目，不再编列现浇混凝土模板项目清单，即意味着现浇混凝土工程项目的综合单价中包括了模板的工程费用。

对预制混凝土构件按现场制作编制项目，"工作内容"中包括模板工程，不再单列。若采用成品预制混凝土构件时，构件成品价（包括模板、钢筋、混凝土等所有费用）应计入综合单价中。即预制混凝土构件的模板不能在措施项目中单列，只能包含在相应预制构件的综合单价中。这里应注意的是：若采用现场预制，预制构件钢筋按"E.混凝土及钢筋混凝土工程"中的预制构件钢筋项目编码列项；若采用成品预制混凝土构件时，组成的综合单价中，包括模板制作安装、钢筋、混凝土制作、构件运输、安装等所有费用。

4.35 带形基础混凝土清单工程量如何计算？

《房屋建筑与装饰工程工程量计算规范》（GB 50854—2013）附录 E.1 现浇混凝土基础中带形基础的清单计算规则为：按设计图示尺寸以体积计算。不扣除伸入承台基础的桩头所占体积。在实际带形基础混凝土计算时，一般外墙带基按中心线长度乘以带基的断面积计算，内墙带基按图示尺寸长度乘以相应的断面积计算。

1. 阶梯形带形基础清单工程量计算

混凝土带形基础的工程量的一般计算式为：

$$V = L \times S$$

式中　V——带形基础体积（m³）；

　　　L——带形基础长度（m），外墙按中心线长度计算，内墙基础按设计基础图示长度计算；

　　　S——带形基础断面面积（m³）。

2. 坡形带形基础清单工程量计算

计算的难点是在基础的 T 形接头处的搭接体积计算，如图 4-2 所示。T 形接头搭接部分体积＝中间楔形体积＋2 个三棱锥的体积

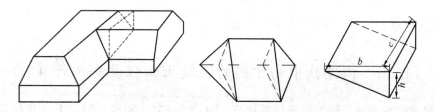

图 4-2　带形基础接头示意图

中间楔形的体积计算公式为：$(b \times h/2) \times c$，三棱锥的体积计算公式为：$(b \times h/2) \times d$

÷3

具体应用见下例：某钢筋混凝土带形基础如图 4-3、图 4-4 所示，混凝土强度等级为 C30，采用商品混凝土，管道泵送。计算现浇钢筋混凝土带形基础清单工程量。

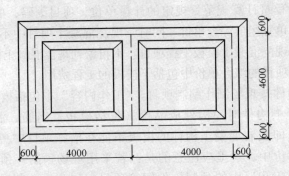

图 4-3　条形基础平面图

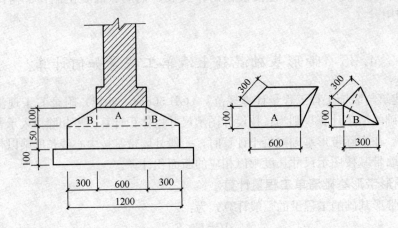

图 4-4　条形基础断面图

解：外墙基础长＝(8＋4.6)×2＝25.20m

外墙基础断面积＝（0.3＋0.6＋0.3）×0.15＋（0.6＋1.2）×0.1/2＝0.27m³

外墙基础工程量＝25.20×0.27＝6.80m³

内墙基础长＝4.6－0.6×2＝3.40m

内墙基础工程量＝3.40×0.27＋（0.3×0.1/2）×0.6×2＋［（0.3×0.1/2）/3］

　　　　　　　×0.3×4＝0.97m³

基础工程量＝6.80＋0.97＝7.77m³

4.36　构造柱中马牙槎的混凝土工程量如何计算？

《房屋建筑与装饰工程工程量计算规范》（GB 50854—2013）附录 E.2 现浇混凝土柱的"构造柱"项目中规定了清单计算规则为：按设计图示尺寸以体积计算，构造柱按全高计算，嵌接墙体部分（马牙槎）并入柱身体积。

这里要明白马牙槎的含义，如图 4-5~图 4-8 所示。

图 4-5　马牙槎施工图片

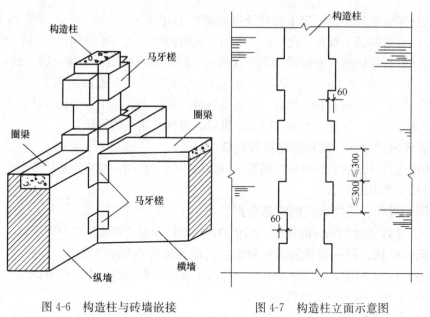

图 4-6　构造柱与砖墙嵌接
部分示意图

图 4-7　构造柱立面示意图

　　构造柱的柱高，应自柱基（或地圈梁）上表明算至柱顶面；如需分层计算时，首层构造柱柱高应自柱基（或地圈梁）上表明算至上一层圈梁上表面，其他各层为各楼层上下两道圈梁上表面之间的距离。若构造柱上下与主次梁连接则以上下主次梁间净高计算柱高。
　　构造柱的断面积按墙厚乘以构造柱宽度计算（把出槎宽度按平均值计入宽度内）。

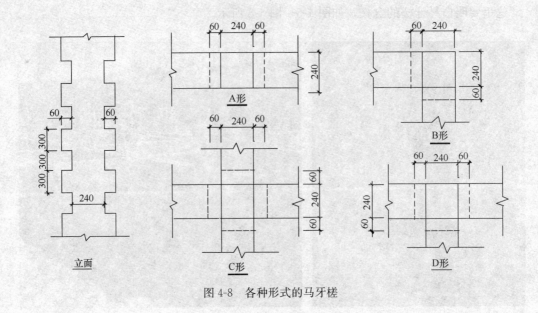

图 4-8 各种形式的马牙槎

4.37 如何对钢筋工程进行清单列项？

在《房屋建筑与装饰工程工程量计算规范》（GB 50854—2013）的"E.15 钢筋工程（010515）"中对钢筋工程有"现浇构件钢筋、预制构件钢筋、钢筋网片、钢筋笼、先张法预应力钢筋、后张法预应力钢筋、预应力钢丝、预应力钢绞线、支撑钢筋（铁马）、声测管"这 10 个分部分项工程的清单项目编码。对于初学者，在编制钢筋工程清单列项时，往往会把现浇构件钢筋的总量作为一个清单项目，实际上这是不恰当的。因为不同规格钢筋的报价是不同的，放在一个项目中无法准确的报价。正确的做法是：

1. 区分现浇构件钢筋和预制构件钢筋

因为现浇构件钢筋和预制构件钢筋项目编码不同，在同一规格钢筋工程量汇总时，应根据构件的类型分别汇总。

2. 同一规格、不同等级的钢筋分别汇总

比如都是直径为 12mm 的钢筋，那么Φ12 圆钢筋和 Φ12 螺纹钢应分别汇总。

3. 同一规格、同一等级的钢筋根据钢筋的用途有区别的汇总

比如说Φ8 的钢筋，在图纸中有一部分用于楼梯底板钢筋，有一部分用于梁箍筋。这时需要分别汇总，箍筋应单独列项。

再比如说Φ6 的钢筋，在图纸中有一部分用于箍筋钢筋，有一部分用于现浇小型构件内，还有一部分用于砌体加固筋。这时需要分三个项目单独汇总。

具体通过一个案例说明：经计算，基础底板钢筋 φ12 螺纹钢 5t，框架柱内 φ20 螺纹钢 20t，柱箍筋Φ12 圆钢筋 1.5t，圈梁主筋 φ12 螺纹钢 3.5t，圈梁箍筋采用Φ6 圆钢筋 0.2t，砌体内加固筋Φ6 圆钢筋 0.4t，现浇楼板采用Φ8 圆钢筋 15t，框架梁 φ20 螺纹钢筋 2t，框架梁箍筋Φ8 圆钢筋 0.5t，预制过梁内 φ12 螺纹钢 0.3t，箍筋Φ6 圆钢筋 0.05t，楼梯底板采用Φ8 圆钢筋 1.2t。

正确的清单列项方式见表 4-7 所列。

工程名称：某工程　　　　　　　　　　　　　　　　　　　　　　　

序号	项目编码	项目名称	项目特征	计量单位	工程量	金　额（元）		
						综合单价	合价	其中：暂估价
1	010515001001	现浇构件钢筋	Φ20螺纹钢	t	20.00			
2	010515001002	现浇构件钢筋	Φ20螺纹钢	t	2.00			
3	010515001003	现浇构件钢筋	Φ12螺纹钢	t	3.50＋5.00＝8.50			
4	010515001004	现浇构件钢筋	Φ8圆钢筋	t	1.20＋15.00＝16.20			
5	010515001005	现浇构件钢筋	Φ12箍筋	t	1.50			
6	010515001006	现浇构件钢筋	Φ8箍筋	t	0.50			
7	010515001007	现浇构件钢筋	Φ6箍筋	t	0.20			
8	010515001008	现浇构件钢筋	砌体内加固筋，Φ6圆钢筋	t	0.4			
9	010515002001	预制构件钢筋	Φ12螺纹钢	t	0.30			
10	010515002002	预制构件钢筋	Φ6箍筋	t	0.05			

4.38　混凝土的工程量和混凝土的消耗量有何区别？如何应用？

　　某分部分项工程计算出的混凝土的工程量一般和混凝土的消耗量是不一样的，在计算和计价时有所不同，工程量就是按图纸计算或者实际完成的工程量；消耗量是每完成一项工程项目所必须使用的材料量；工料机中的消耗量是工程量乘定额含量的得数。比如现浇混凝土框架梁，根据图纸和清单的计算规则可以计算出框架梁混凝土的清单工程量，某施工单位在进行投标报价时，根据图纸和企业定额的计算规则同样可以计算出框架梁混凝土的定额工程量，这两个工程量可能相同也可能不相同，如果该施工单位的企业定额计算规则与国家颁布的计价规范的计算规则相同，这两个工程量计算出来应该是一致的，如果二者的计算规则不相同，那么这两个工程量则不相同，在报价时，因为施工企业要用自己的企业定额报价，所以应使用对应的定额工程量进行。但是这个工程量往往和混凝土的消耗量也不一致，原因是：根据图纸和计算规则算出的往往是混凝土的净用量，而混凝土的消耗量除了包括净用量外，还包括损耗量，所以消耗量往往是大于工程量的。在计算混凝土的搅拌、运输、泵送时应依据混凝土的消耗量而不是工程量。

4.39　钢筋工程量计算时必备的图集有哪些？

　　目前钢筋的设计基本都采用了平法设计，和传统的设计方法不同，在图纸上不能直观的获得每种钢筋的编号、形状和长度，而是采用"平法"设计。平法的表达方式，概括来讲，是把结构构件的尺寸和配筋等，按照平面整体表示方法制图规则，整体直接表达在各类构件的结构平面布置图上，再与标准构造详图相配合，即构成一套新型完整的结构设计。所以要想准确的计算工程量，必须了解平法识图的规则和构造要求以及钢筋的排布规则。为此，整理了最新的现行的计算钢筋时会用到的图集见表4-8所列。图集12G901-1、12G901-2、12G901-3、12SG901-4分别是配合图集11G101-1（和12G101-4）、11G101-2、11G101-3使用的，是其深化设计，内容更为具体和直观。这里只是列出了一般民用和工业建筑工程常用钢筋计算可能用到的图集，有特殊要求的工程请查阅其他相关图集。

钢筋计算需用图集表 表4-8

序号	图集号	图集名称	主 要 内 容	实施日期
1	11G101-1	混凝土结构施工图平面整体表示方法制图规则和构造详图（现浇混凝土框架、剪力墙、梁、板）	包括基础顶面以上的现浇混凝土柱、剪力墙、框架-剪力墙、部分框支剪力墙、梁、板（包括有梁楼盖和无梁楼盖）等构件的平法制图规则和标准构造详图，适用于非抗震和抗震设防烈度为6～9度地区的设计	2011年9月1日起
2	11G101-2	混凝土结构施工图平面整体表示方法制图规则和构造详图（现浇混凝土板式楼梯）	包括现浇混凝土板式楼梯制图规则和标准构造详图，适用于非抗震及抗震设防烈度为6～9度地区的现浇混凝土板式楼梯	2011年9月1日起
3	11G101-3	混凝土结构施工图平面整体表示方法制图规则和构造详图（独立基础、条形基础、筏形基础及桩基承台）	包括常用的现浇混凝土独立基础、条形基础、筏形基础（分为梁板式和平板式）及桩基承台的平法制图规则和标准构造详图。适用于各种结构类型的现浇混凝土独立基础、条形基础、筏形基础和桩基础的施工图设计	2011年9月1日起
4	12G101-4	混凝土结构施工图平面整体表示方法制图规则和构造详图（剪力墙边缘构件）	包括剪力墙边缘构件平面注写规则和边缘构件钢筋排布规则。主要适用于墙厚不大于400mm（双排配筋）的现浇剪力墙结构边缘构件施工，应与11G101-1配合使用	2013年2月1日起
5	13G101-11	《G101系列图集施工常见问题答疑图解》	本图集适用于非抗震设计和抗震设防烈度为6～9度抗震设计的现浇混凝土民用建筑和工业建筑的设计与施工。是对G101系列图集在使用中反馈的问题的汇总、整理、分析	2013年9月1日起
6	12G901-1	混凝土结构施工钢筋排布规则与构造详图（现浇混凝土框架、剪力墙、梁、板）	包括现浇混凝土框架结构、剪力墙结构、框架—剪力墙结构、筒体结构、板柱—框架结构的梁、柱、墙、板施工的钢筋排布规则与构造详图，是对11G101-1的图集构造内容在施工时钢筋排布构造的深化设计	2012年11月1日起
7	12G901-2	混凝土结构施工钢筋排布规则与构造详图（现浇混凝土板式楼梯）	包括现浇混凝土楼梯施工钢筋排布规则与构造详图，是对11G101-2图集构造内容的深化设计	2012年11月1日起
8	12G901-3	混凝土结构施工钢筋排布规则与构造详图（独立基础、条形基础、筏形基础及桩基承台）	包括现浇钢筋混凝土独立基础、条形基础、筏形基础及桩基承台施工钢筋的排布规则和构造详图，是对11G101-3图集的构造内容、施工钢筋排布构造的深化设计，构件代号与11G1010-3图集一致	2012年11月1日起

序号	图集号	图集名称	主 要 内 容	实施日期
9	11G329-1	建筑物抗震构造详图（多层和高层钢筋混凝土房屋）	适用于设计使用年限为50年，抗震设防烈度为6～9度地区建筑工程的抗震设计，包括民用框架、剪力墙、框架—剪力墙、部分框支剪力墙及筒体结构的构造详图和要求	2011年9月1日起实施
10	11G329-2	建筑物抗震构造详图（多层砌体房屋和底部框架砌体房屋）	适用于设计使用年限为50年，多层砖砌体房屋、多层小砌块房屋、底部框架—抗震墙砌体房屋的抗震构造要求和详图	2011年9月1日起
11	11G329-3	建筑物抗震构造详图（单层工业厂房）	适用于设计使用年限为50年，单层工业厂房的抗震构造要求和详图	2011年9月1日起
12	12G614-1	砌体填充墙结构构造	适用于钢筋混凝土结构房屋中的砌体填充墙（包括外围隔墙和内隔墙）与混凝土主体结构的拉结构造及填充墙之间的拉结构造。不适用于夹心墙，适用于非抗震及抗震设防烈度为6～8度的地区	2012年6月1日起
13	10SG614-2	砌体填充墙构造详图（二）（与主体结构柔性连接）	适用于抗震设防小于等于8度地区的框架结构、框架剪力墙结构和剪力墙结构，砌体填充墙与主体结构柔性连接的构造	2010年12月1日起
14	12SG904-1	型钢混凝土钢筋排布及构造详图	包括现浇型钢混凝土结构梁、柱、剪力墙、基础等构件施工钢筋排布规则与构造详图。其中梁柱节点包括型钢混凝土柱与钢筋混凝土梁、型钢混凝土柱与型钢混凝土梁、型钢混凝土柱与钢梁的连接	2012年11月1日起
15	13SG903-1	混凝土结构常用施工详图（现浇混凝土板、非框架梁配筋构造）	是对图集11G101-1中现浇混凝土板和非框架梁部分内容的补充和细化。当设计选用11G101-1图集时，可按此图集构造详图施工	2013年9月1日起
16	11G902-1	G101系列图集常用构造三维节点详图	包括G101图集中常用的三维节点详图（框架结构、剪力墙结构、框架剪力墙结构）	2011年3月1日起

在加固工程中还可能会用到图集《房屋建筑抗震加固（一）（中小学校舍抗震加固）》（09G619-1）、《房屋建筑抗震加固（四）（砌体结构住宅抗震加固）》（11SG619-4）和《混凝土结构加固构造》（13G311-1）；在钢结构工程中还会用到图集《钢结构施工图参数表示方法制图规则和构造详图》（08SG115-1）等。

应用图集时还应注意的一个问题是：图集的更新，国家根据施工和设计的需要会不断根据新规范、新规定更新相应的图集，所以一定要随时关注图集的有效期。

上述图集以图示的方式直观地表示出钢筋的配置方式，对于初学者和实际施工者是必备的也是极其重要的工具书。

4.40　如何计算钢筋的下料长度?

本题的解答是根据《混凝土结构常用施工详图（现浇混凝土板、非框架梁配筋构造）》（13SG903-1）附录3：钢筋下料长度的计算内容。

钢筋下料应根据构件配筋图，绘制出钢筋的简图，根据不同的钢筋简图计算其下料长度。钢筋下料长度的计算，应考虑构件长度、钢筋保护层厚度、节点处钢筋锚固形式等因素；带弯钩的钢筋，还应考虑钢筋的弯钩形式。

带弯钩钢筋下料长度的计算方法为：钢筋在弯曲时，钢筋的外皮延伸、内皮收缩，轴线长度不变，所以带弯钩钢筋下料长度应按钢筋中心线长度计算。

（1）HRB335级钢筋端部180°弯钩的增加长度如图4-9所示。

（2）钢筋端部90°弯钩的增加长度如图4-10所示，下料长度见表4-9所列。

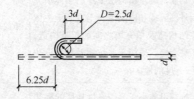

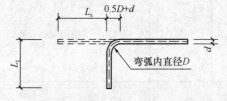

图4-9　HRB335级钢筋180°弯钩下料长度示意图　　　图4-10　90°弯钩钢筋下料长度示意图

90°弯钩钢筋下料长度　　　　　　　　　　　　　　表4-9

钢筋弯弧内直径 D	$2.5d$	$4d$	$5d$	$6d$	$7d$	$8d$
L_x	$L_1 - 1.75d$	$L_1 - 2d$	$L_1 - 2.29d$	$L_1 - 2.5d$	$L_1 - 2.7d$	$L_1 - 2.93d$

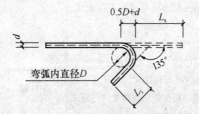

钢筋端部弯钩的增加长度 $L_x = L_1 - 0.215D - 1.215d$，$D$ 为钢筋端部弯钩的弯弧内直径，d 为弯折钢筋直径。

（3）端部135°弯钩的增加长度如图4-11所示。

钢筋端部弯钩的增加长度 $L_x = L_1 + 0.678D + 0.178d$，$D$ 为钢筋端部弯钩的弯弧内直径，d 为弯折钢

图4-11　135°弯钩下料长度示意图

筋直径。

4.41　需要计算但图纸中未明确画出的钢筋有哪些?

在钢筋工程量计算时，有些钢筋在图纸中并未画出，而是以设计说明的方式给出了其规格、间距（如板中的分布筋），有些可能连说明都没有（如板中的马凳筋、构造筋），但是这些钢筋是实实在在发生的，存在于工程的实体项目内，所以必须计算其工程量。

1. 马凳筋

马凳的形状像凳子，俗称马凳，用于上下两层基础、板钢筋中间，起固定上层板钢筋的作用。当基础厚度较大时（一般大于800mm）不宜用马凳，而是用支架更稳定。马凳筋一

般在图纸上不标注其规格、长度和间距。通常计算时马凳筋的规格比板受力筋小一个级别，Φ10 马凳筋纵向和横向的间距一般为 1m，Φ8 和 Φ6 的马凳筋间距会变小些，如果板钢筋的规格较大，相应马凳筋的规格也会变大，马凳间距可适当放大。马凳筋设置的原则是固定牢固上层钢筋网，能承受各种施工活动荷载，确保上层钢筋的保护层在规范规定的范围内。板厚很小时，可不设马凳筋，用短钢筋头或其他材料代替。马凳筋的排列可按矩形或梅花形放置，方向一致。大型筏板基础中，不一定采用马凳筋，往往采用钢支架形式。

在施工过程中，应做好马凳筋的签证工作，签证时最好画出马凳筋的形状，表明规格、尺寸、间距，以便结算时能准确地计算出马凳筋的工程量。

2. 梯子筋

梯子筋是用剪力墙的竖向钢筋做梯子的主骨架，用长度与剪力墙厚度相同的短钢筋做梯子的"踏步筋"（间距与剪力墙水平筋相同），其用途是固定钢筋间距、位置、保护层厚度。

在《房屋建筑与装饰工程工程量计算规范》(GB 50854—2013) 中明确了"010515009 支撑钢筋（铁马）"的项目编码，按钢筋长度乘以单位理论质量计算。并明确说明：现浇构件中固定位置的支撑钢筋、双层钢筋用的"铁马"在编制工程量清单时，如果设计未明确，其工程数量可为暂估量，结算时按现场签证数量计算。这个规定也避免了实际结算时该项钢筋内容的漏项。

3. 板中的分布筋

现浇混凝土板中的分布筋在图纸中一般并不画出，仅以说明的形式出现，如图纸中注明："未注明的分布筋按 Φ8@250"。这时应弄清楚分布筋的长度、布筋范围，要明确地知道板中分布钢筋的布置位置，以及长度的计算。

4. 板中的温度筋

现浇混凝土板中如果设计有温度筋，一般也是以设计文字的形式进行说明，并不会在图纸中画出，计算前首先要弄清楚温度筋的含义以及布筋区域、温度钢筋与分布筋计算之间的关系，然后再计算其工程量。

5. 砌体加固筋

在填充墙内或填充墙与框架柱、梁连接处、砌体与构造柱等的连接处都会有砌体加固筋，这类钢筋的规格、间距以及设置方法，在图纸中不会画出，一般在设计说明中会有说明，有的直接参见某图集。砌体加固筋在工程实体中肯定是有的，在设计图纸中不能直观观测到的情况下，计算前首先要明确砌体加固筋是如何设置的，这就需要借助图集的帮助，如《建筑物抗震构造详图（多层和高层钢筋混凝土房屋）》(11G329-1)、《建筑物抗震构造详图（多层砌体房屋和底部框架砌体房屋）》(11G329-2) 等，这些图集通过图示的方式可以很直观的理解加固筋的设置，长度的计算也变得很简单。

还应注意的是：在钢筋清单工程量列项时，砌体加固筋一般不能合并到其他同规格的构件钢筋中，而是需要单独列项。

6. 选用图集的混凝土构件的钢筋

这些钢筋在图纸中也没有画出，只是说明了选用什么图集，这些内容包括较多，如选用标准过梁图集中过梁钢筋的计算。主次梁交接处的附加吊筋、附加箍筋；钢筋混凝土墙施工时所用的拉筋。

还有一些零星钢筋，如空心板板缝钢筋、抗震加筋等。

要想准确地、全面地把所有图纸未明确的钢筋都计算出来，首先解决全面性问题：哪些地方设置这些未明确的钢筋？其次解决准确性问题：长度计算、布筋区域（根数计算），这需要专门图集的帮助。所以在解答"钢筋工程量计算时必备的图集有哪些"中列出的图集对计算全部明确的钢筋和未明确钢筋都是非常关键的。

4.42 定额计价模式下如何确定甲供材的结算和退还价款？

（1）问题一：甲供材退还的数量是实际供应量还是定额含量？进入工程结算的是甲供材实际数量还是定额含量？

甲供材也必须和乙方自己购买的材料一样，计入工程费用并计取各种费用、税金等，在乙方退还甲供材的价值时应在完成全部工程的含税造价中扣除应计取的采保费等内容。但甲供材的乙方领用数量和定额含量之间往往不相等，就带来了二者的"量差"如何处理的问题。当甲供数量大于定额含量时，说明乙方可能存在管理不善、材料浪费等情况，实际结算时应按定额含量结算，但退甲供材款时应按甲供数量退还。当甲供数量小于定额含量时，说明乙方可能管理水平较高、材料损耗率小，实际结算时仍应按定额含量结算，退甲供材款时应按甲供数量退还。也就是说无论甲供材的供应数量是多少，退还时都应按甲方实际供应数量为准，进入工程结算的数量与甲供材数量无关，都是按定额含量结算，无论乙方是浪费材料还是节约材料，此量差全部由乙方承担。

（2）问题二：甲供材计入结算的价格是按材料购买时的价格？还是其他价格？

甲供材计入结算的材料价格也必须符合材料单价的构成，包含材料原价、运输损耗、运杂费、采保费，这里应注意的是无论甲方提供的价格是出厂价、到厂价还是其他价格，也不论甲乙双方对于采保费的分担比例，进入结算的价格是包括全部四部分的价格，和其他乙方自行购买的材料价格组成是一样的。不能再按该项材料在定额内的预算价格。这个时候应注意的是：甲供材的价格包含的内容。通过下面的案例进行分析：

根据该省的规定，采保费率为 2.5%，根据采购与保管分工或方式的不同。采购及保管费一般按下列比例分配：建设单位采购、付款、供应至施工现场、并自行保管，施工单位随用随领，采购及保管费全部归建设单位；建设单位采购、付款，供应至施工现场，交由施工单位保管，建设单位计取保管费的 40%，施工单位计取 60%；施工单位采购、付款、供应至施工现场、并自行保管，采购及保管费全部归施工单位。现甲方供应 Φ20 钢筋运到现场的价格是 4000 元/t（包含材料原价、运杂费、运输损耗费），甲方付款供应，按上述两种方法：

1）自行保管，施工单位随用随领，采保费 4000×2.5%＝100 元/t，全部归甲方；

2）钢筋运至现场由施工单位保管，采保费 4000×2.5%＝100 元/t，建设单位计取 40% 为 40 元/t，施工单位计取 60% 为 60 元/t。

虽然采保费二者分担不同，但是计入工程结算的 Φ20 钢筋的材料单价为 4100 元/t。

（3）问题三：甲供材退还的材料价格是按材料购买时的价格？还是其他价格？

因为在乙方的全部建安工程费用中包含了甲供材的费用，所以乙方实际得到的建安工程费用中扣除应该退还给甲方的材料款。由于采保费的问题，接上例，在退还时的价格也按两种情况考虑：

    1）建设单位自行采购、付款、运输和保管时，甲供材退还时的材料价格为：

$$4000+100=4100 \ 元/t$$

    2）建设单位自行采购、付款、运输，施工单位保管时，甲供材退还时的材料价格为：

$$4000+40=4040 \ 元/t$$

4.43 清单计价模式下如何确定甲供材的结算价款和退还价款？

首先应明确《建设工程工程量清单计价规范》中对于发包人自行提供材料和工程设备的规定。

（1）发包人提供的材料和工程设备（甲供材）应在招标文件中按表4-10中的规定填写"发包人提供材料和工程设备一览表"，写明甲供材的名称、规格、数量、单价、交货方式、交货地点等。承包人投标时，甲供材料单价应计入相应项目的综合单价中，签约后，发包人按合同约定扣除甲供材料款。

（2）发承包双方对甲供材料的数量发生争议不能达成一致的，应按照相关工程的计价定额同类项目规定的材料消耗量计算。

（3）若发包人要求承包人采购已在招标文件中确定为甲供材料的，材料价格应由发承包双方根据市场调查确定，并应另行签订补充协议。

发包人提供材料和工程设备一览表　　　　　　　　　表 4-10

工程名称：某办公楼　　　　　　　　　　　　　　　　　　第 1 页　共 1 页

序号	材料（工程设备）名称、规格、型号	单位	数量	单价（元）	交货方式	送达地点	备注
1	螺纹ф20 钢筋	t	200	4000		工地仓库	
2	圆钢筋ф6	t	50	4400			

此表由招标人填写，供投标人在投标报价、确定总承包服务费时参考。

根据上述内容，在确定甲供材在投标报价、结算价款和退还价款时应注意的问题是：

（1）在投标报价时，投标人应按发包人在"发包人提供材料和工程设备一览表"提供的单价计入到相应的分部分项的综合单价中，见表4-11所示，一般这个单价类似于"暂估价"，可直接按此价格作为材料单价使用，暂时不必考虑采保费的问题。这里要注意不能使用市场价格或工程造价管理部门发布的参考材料价格。至于表中的数量在分部分项工程费的报价中可不考虑，把表中数量和单价的乘积作为计取总承包服务费的基数即可。例如：

分部分项工程和单价措施项目工程量清单与计价表　　　　　　表 4-11

工程名称：某工程　　　　　　　　　　　　　　　　　　　第 1 页　共 1 页

序号	项目编码	项目名称	项目特征	计量单位	工程量	金 额（元）		
						综合单价	合价	其中：暂估价
1	010515001001	现浇构件钢筋	螺纹钢筋ф20	t	196	4933.12		
2	010515001001	现浇构件钢筋	圆钢筋ф6	t	48	5430.13		

在投标报价组价时，螺纹钢筋⌀20 的综合单价中用到的钢筋材料单价为 4000 元/t。不能按当时的市场价格。报价时的工程量一定是和招标文件中工程量清单中列出的数量相同，而不能按供应表中的数量。因为供应表中的数量一般是材料的消耗量，但在分部分项工程量清单表中的数量是该项目的工程量（净用量）。

（2）在实际施工的过程中，乙方实际用量可能大于或小于招标文件中列出的甲供材数量，实际结算时按双方核定后的数量按实结算，这里应注意的是：首先根据工程图纸、合同中约定的调整工程量的方法由甲乙双方核定完该项目的工程量，作为最终结算工程量，见表 4-11 中，螺纹钢筋⌀20 项目的结算工程量双方核定为 180t，那么结算时，应把表中的 196t 调整为 180t，这个数量与甲供材提供的数量无关。

下面再来看结算单价，在施工过程中甲方实际购买的钢筋价格为：螺纹钢筋⌀20 价格为 4200 元/t，圆钢筋Φ6 的价格为 4300 元/t，这时应调整项目的综合单价。调整的方法是把投标报价表中钢筋的综合单价组成中用到的单价替换为新的单价。以螺纹钢⌀20 的调整为例子。投标报价时的综合单价分析见表 4-12 所列，管理费率和利润率按合计为人材机之和的 8% 计算。

投标报价时螺纹钢⌀20 的综合单价的组成为：

$$（320+1.03×4000+8.64×4+13.14+80）×（1+8\%）＝4933.12 元/t$$

查找综合单价分析表的目的是获得施工方投标报价时采用的钢筋损耗率和管理费率及利润率，调整后的单价为：

$$（320+1.03×4200+8.64×4+13.14+80）×（1+8\%）＝5155.60 元/t$$

计入结算的综合单价应为 5155.60 元/t。

分部分项工程量清单综合单价分析表　　　　　　　　表 4-12

工程名称：××工程　　　　　　　　　　　　　　　　　　第 1 页　共 1 页

项目编码	010515001001	项目名称	现浇构件钢筋	计量单位	t	工程量	196

<table>
<tr><td colspan="8" align="center">清单综合单价组成明细</td></tr>
<tr><td rowspan="2">定额编号</td><td rowspan="2">定额名称</td><td rowspan="2">定额单位</td><td rowspan="2">数量</td><td colspan="4">单价</td><td colspan="4">合价</td></tr>
</table>

定额编号	定额名称	定额单位	数量	人工费	材料费	机械费	管理费和利润	人工费	材料费	机械费	管理费和利润
	现浇构件钢筋	t	1	320	4167.70	80	365.42	320	4167.70	80	365.42
	人工单价			小计							
	80 元/工日			未计价材料费							
	清单项目综合单价							4933.12			

	主要材料名称、规格、型号	单位	数量	单价（元）	合价（元）	暂估单价（元）	暂估合价（元）
材料费明细	螺纹钢 Q335，⌀20	t	1.03	4000.00	4120.00		
	焊条	kg	8.64	4.00	34.56		
	其他材料费				13.14	—	
	未计价材料费小计				4167.70	—	

（3）对于甲供材的退还问题。先看退还的数量，这个数量是按乙方从甲方领用的实际数量进行退还，这个数量可能比实际消耗量大也可能小，比如说上例中螺纹钢Φ20，按施工方报价时的损耗率是3%，实际项目的工程量为180t，那么实际的消耗量为180×1.03＝185.4t，这个数量也是进入结算的材料数量，如果乙方实际领用了190t或175t，那么这个"量差"带来的损失或收益由施工方自己承担或获得。在退还时应按实际领用的190t或175t进行退还，而和进入结算的材料数量无关。

上例中的螺纹钢筋Φ20的4200元/t价格既然是按照材料单价计入到综合单价中，那么应明确的是这个4200元/t中是包含材料原价、运杂费、运输损耗费和采保费的价格。下面看如何确定退还的价格问题。这里会遇到采保费双方分担比例的问题。分两种情况：

1）按照合同约定，甲方负责全部的采购付款保管费用，2.5%（合同约定的费率）的采保费由甲方获得。如果是这种情况，那么退款时应按4200元/t的价格进行退款。

2）按照合同约定，甲方负责采购付款，由施工方负责保管，2.5%的采保费建设单位计取40%，施工单位计取60%。这时应注意的是4200元/t的价格中，包含了施工方的采保费，退还甲供材价款时，应扣除施工单位的采保费[具体计算为：4200÷(1＋2.5%)×2.5%×60%＝61.46元/t]，则退还甲供材的价格为4200－61.46＝4138.54元/t。

避免产生价格纠纷的关键是：双方对材料单价内容要有清晰的理解，明确计入综合单价的材料单价包括的内容对于确定分部分项工程的结算价格和甲供材的退还价格是非常重要的。

4.44　材料暂估单价在投标时、结算时如何处理？

暂估价是在招标阶段可预见的肯定会发生的，只是因为标准不明确或需要由专业承包人完成，暂时无法确定材料、工程设备的具体价格而采用的一种临时性计价方式。在招标文件中发包人需要提供材料暂估单价表。

（1）在投标报价时，投标人应依据招标工程量清单中提供的材料单价计入综合单价。在招标工程量清单中，发包人一般需要提供见表4-13所列的"材料（工程设备）暂估单价及调整表"。

材料（工程设备）暂估单价及调整表　　　　　　　　　　表4-13

工程名称：　　　　　　　　　　　　　　　　　　　　　　　　第1页　共1页

序号	材料（工程设备）名称、规格、型号	计量单位	数量		单价（元）		合价（元）		差额±（元）	备注
			暂估	确认	暂估	确认	暂估	确认		
1	大理石	m²	1500		300		450000			用于大厅走廊

投标人对大理石分部分项工程项目的综合单价组价时应采用300元/m²的材料单价，不能采用市场价或工程造价管理部门发布的信息价格。这里的300元/m²是包括材料的原价、运杂费、运输损耗费和采购保管费的。楼面铺设大理石项目的综合单价组成为：人工费30元/m²，大理石的损耗率为5%，辅材的费用20元/m²，机械费5元/m²，管理费率和利润率分别是人工费的50%和20%，该项目的综合单价为：30＋[300×(1＋5%)＋20]

$+5+30\times(50\%+20\%)=386$ 元$/\text{m}^2$。

（2）在工程结算时，发承包双方需要事先确定实际采购的大理石的价格，按双方认可的材料单价重新调整综合单价，这里的价格调整应注意的问题是：务必在确定价格时明确大理石单价所包括的内容，是材料出厂价、到厂价还是材料单价，明确双方对于采保费的分担比例，否则极易引起价格的纠纷。下面通过案例来说明：

1）承包人报送的经发包人认可的材料单价（包括原价、运杂费、运输损耗费、采保费）的价格为 320 元$/\text{m}^2$，调整后的楼面铺设大理石项目的综合单价为：

$$30+[320\times(1+5\%)+20]+5+30\times(50\%+20\%)=412 \text{ 元}/\text{m}^2$$

2）如果双方确定的材料或工程设备的价格仅指此类材料、工程设备本身运至施工场地内工地地面价（大理石：320 元$/\text{m}^2$），不包括这些材料、工程设备的安装以及安装所必需的辅助材料以及发生在现场内的验收、存储、保管、开箱、二次搬运、从存放地点运至安装地点以及其他任何必要的辅助工作所发生的费用。这时应在材料原价中加入施工单位的采保费，假设采保费率按 2.5% 计算，则大理石的计入结算的材料单价为：$320\times(1+2.5\%)=328$ 元$/\text{m}^2$。

调整后的楼面铺设大理石项目的综合单价为：

$$30+[328\times(1+5\%)+20]+5+30\times(50\%+20\%)=420.4 \text{ 元}/\text{m}^2$$

至于二次搬运费、安装费等费用则在其他相应子目中计算。

4.45　混凝土圈梁与过梁连在一起时如何划分工程量？

当圈梁与过梁连接在一起时，圈梁和过梁应分别计算，计算时从圈梁体积中减去过梁所占体积，如图 4-12 所示。

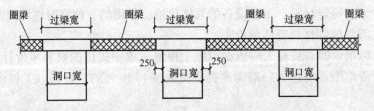

图 4-12　圈梁与过梁浇筑在一起时各自长度计算示意图

圈梁：$V=$ 圈梁长度 $\times$ 圈梁面积 $-$ 过梁体积

过梁：$V=$（门窗洞口宽 $+0.5\text{m}$）$\times$ 过梁面积

某房屋 $L_{中}=24\text{m}$，$L_{内}=4.56\text{m}$，共设 4 个洞口宽度为 1.5m 的窗户及两个洞口宽度为 1.0m 的门。已知圈梁与过梁连接在一起，断面尺寸为 240mm（宽）$\times$300mm（高）。计算圈梁和过梁的混凝土工程量。

过梁：$V=$ 梁断面面积 $\times$ 梁长度 $=0.24\times0.3\times(1.5+0.5)\times4+0.24\times0.3\times(1+0.5)\times2=0.79\text{m}^3$

圈梁：$V=$ 梁断面面积 $\times$ 梁长度 $-$ 过梁所占体积 $=0.24\times0.3\times(24+4.56)-0.79=1.27\text{m}^3$

4.46　不同形式和用途的混凝土墙如何清单列项？

《房屋建筑与装饰工程工程量计算规范》（GB 50854—2013）中的"E.4 现浇混凝土墙"中列出了"直行墙"、"弧形墙"、"短肢剪力墙"、"挡土墙"四个分部分项工程项目，它们的清单计算规则是相同的：按设计图示尺寸以体积计算。扣除门窗洞口及单个面积大于 $0.3m^2$ 的孔洞所占体积，墙垛及突出墙面部分并入墙体体积内计算。

我们通常所说的"剪力墙"是指房屋或构筑物中主要承受风荷载或地震作用引起的水平荷载的墙体，一般为钢筋混凝土的材料制造。

短肢剪力墙是指截面厚度不大于300mm、各肢截面高度与厚度之比的最大值大于4但不大于8的剪力墙；各肢截面高度与厚度之比的最大值不大于4的剪力墙按柱项目编码列项。

在项目特征中除应注明混凝土强度等级外，还应注明混凝土种类，混凝土种类是指清水混凝土、彩色混凝土等，如在同一地区既使用预拌（商品）混凝土，又允许现场搅拌混凝土时，也应注明。混凝土种类在其他混凝土子目的清单项目特征描述中与此类似需要描述清楚。

采用混凝土的挡土墙，应单独进行清单项目列项。

4.47　如何区分有梁板、无梁板、平板？

钢筋混凝土有梁板是指板下带有肋（梁）的板，在框架结构中不包括柱与柱之间的梁，该梁应按单梁单独计算，不应包含在有梁板内。

钢筋混凝土无梁板是指不带梁，直接由柱支承，带柱帽的楼板，其板较厚，主要用于冷库、仓库等建筑物。

钢筋混凝土平板是指搁置在墙或框架结构柱间梁上的板。

（1）有梁板包括主、次梁及板，工程量按梁、板体积之和计算，如图 4-13 所示。

（2）梁板按板和柱帽体积之和计算，如图 4-14 所示。

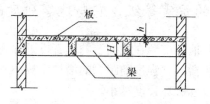

图 4-13　现浇有梁板

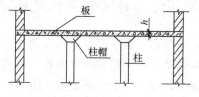

图 4-14　现浇无梁板

（3）平板按板图示体积计算，如图 4-15 所示。

（4）斜屋面板按断面积乘以斜长，有梁时，梁板合并计算。屋脊处加厚混凝土已包括在混凝土消耗量内，不单独计算，如图 4-16 所示。

（5）圆弧形老虎窗顶板套用拱板子目。

（6）现浇挑檐与板（包括屋面板）连接时，以外墙外边线为界限，与圈梁（包括其他梁）连接时，以梁外边线为界限。外边线以外为挑檐。

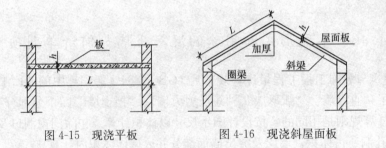

图 4-15 现浇平板   图 4-16 现浇斜屋面板

4.48 板式楼梯和梁式楼梯的混凝土清单工程量如何计算?

现浇钢筋混凝土楼梯,按照传力特点分为梁式楼梯和板式楼梯。

(1) 板式楼梯。板式楼梯的梯段是一块斜放的板,它通常由梯段板、平台梁和平台板组成。梯段板承受着梯段的全部荷载,然后通过平台梁将荷载传给墙体或柱子。板式楼梯的梯段底面平整,外形简洁,便于支模施工,当梯段跨度不大时,常采用它,当梯段跨度较大时,梯段板厚度增加,自重较大,不经济。

(2) 梁式楼梯。梁式楼梯段是由斜梁和踏步板组成。踏步为水平受力构件,并把荷载传递给左右斜梁,斜梁把荷载传递给与之相连的上下休息平台梁,最后,平台梁将荷载传给墙体或柱子。梯梁通常设两根,分别布置在踏步板的两端。梯梁与踏步板在竖向的相对位置有两种,一种为明步,即梯梁在踏步板之下,踏步外露;另一种为暗步,即梯梁在踏步板之上,形成反梁,踏步包在里面。梯梁也可以只设一根,通常有两种形式,一种是踏步板的一端设梯梁,另一端搁置在墙上;另一种是用单梁悬挑踏步板。当荷载或梯段跨度较大时,采用梁式楼梯比较经济。

两种形式的整体楼梯的清单工程量计算规则是:包括休息平台、平台梁、楼梯底梁、斜梁及楼梯的连接梁、楼梯段,按水平投影面积计算,不扣除宽度小于 500mm 的楼梯井,伸入墙内部分不另增加。踏步旋转楼梯,按其楼梯部分的水平投影面积乘以周数计算(不包括中心柱)。

4.49 钢筋计算时需要查找建筑物的抗震等级,它与地震烈度的关系?

震源是深部岩石破裂产生地壳震动的发源地。震源在地面上的垂直投影称为震中。地震所引起的震动以弹性波的形式向各个方向传播,其强度随距离的增加而减小。地震波首先传达到震中,震中区受破坏最大,距震中越远破坏程度越小。

地震是依据所释放出来的能量多少来划分震级的。释放出来的能量越多,震级就越大。中国科学院将地震震级分为五级:微震、轻震、强震、烈震和大灾震。

地震烈度,是指某一地区的地面和建筑物遭受一次地震破坏的程度。其不仅与震级有关,还和震源深度、距震中距离以及地震波通过介质条件(岩石性质、地质构造、地下水埋深)等多种因素有关。一个工程从建筑场地的选择到工程建筑的抗震措施等都与地震烈度有密切的关系。一般分为三个烈度:基本烈度代表一个地区的最大地震烈度;建筑场地烈度也称小区域烈度,是建筑场地内因地质条件、地貌地形条件和水文地质条件的不同而引起的相对基本烈度有所降低或提高的烈度,一般降低或提高半度至一度;设计烈度一般可采用国家批准的基本烈度。

震级与烈度的关系。一般情况下，震级越高、震源越浅，距震中越近，地震烈度就越高。一次地震只有一个震级，但震中周围地区的破坏程度，随距震中距离的加大而逐渐减小，形成多个不同的地震烈度区，它们由大到小依次分布。但因地质条件的差异，也可能出现偏大或偏小的烈度异常区。二者的对应关系见表 4-14 所列。

震级与烈度的关系 表 4-14

震级（级）	3 以下	3	4	5	6	7	8	8 以上
震中烈度（度）	I～II	III	IV～V	VI～VII	VII～VIII	IX～X	XI	XII

我国把烈度划分为十二度，不同烈度的地震，其影响和破坏大体如下：小于三度，人无感觉，只有仪器才能记录到；三度，在夜深人静时人有感觉；四～五度，睡觉的人会惊醒，吊灯摇晃；六度，器皿倾倒，房屋轻微损坏；七～八度，房屋受到破坏，地面出现裂缝；九～十度，房屋倒塌，地面破坏严重；十一～十二度，毁灭性的破坏。

4.50 钢筋工程量在计算时应注意考虑哪些因素？

1. 混凝土保护层

为了保护钢筋不受大气的侵蚀生锈，在钢筋周围留有混凝土保护层。混凝土保护层的厚度（指钢筋外表面至混凝土构件外表面的尺寸）通常称为钢筋的保护层厚度。受力钢筋保护层应符合设计要求。具体详见解答 4.51。保护层的施工图如图 4-17 所示。

图 4-17 保护层卡具

2. 弯钩增加长度

为了使钢筋和混凝土结成一个牢固的整体来共同承担外力的作用，不得因钢筋表面光滑而削弱钢筋和混凝土之间的粘结能力，从而降低构件的承载能力。因此在光圆钢筋的端部，则需要做成弯钩以增强钢筋在混凝土中的锚固能力。螺纹钢筋不需要做弯钩，因为螺纹钢筋本身所具有的花纹就可以加强钢筋和混凝土间的粘结能力，再加上螺纹钢筋一般都比较粗，不易加工，所以就不再做成各种形式的弯钩了。

施工图中一般有三种弯钩形式：半圆弯钩（180°）、斜弯钩（45°）、直弯钩（90°）。

三种弯钩增加长度如图 4-18 所示。

常用弯起钢筋的弯起角度有 30°、45°、60°三种，如图 4-19 所示，弯起钢筋中间部分弯折处的弯曲直径 $D \geqslant 5d$，h 为减去保护层的弯起钢筋净高，s 为弯起部分增加长度。各

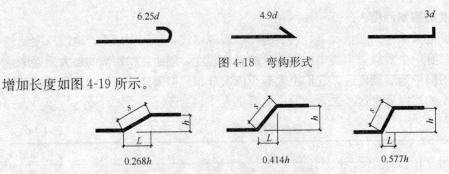

图 4-18　弯钩形式

增加长度如图 4-19 所示。

图 4-19　弯起钢筋的弯起角度

3. 钢筋锚固长度

钢筋混凝土结构中钢筋能够受力，主要是依靠钢筋和混凝土之间的粘结锚固作用，锚固是混凝土结构受力的基础，若锚固失效，则结构将丧失承载能力并由此导致结构破坏。具体见解答 4.52。

4. 钢筋搭接长度

关于现浇混凝土钢筋的搭接，此次在《建设工程工程量清单计价规范》中的规定为"除设计注明的搭接外，其他施工搭接不计算工程量，由投标人在报价中综合考虑"。其施工搭接损耗应包含在综合单价中，不另计算。具体见解答 4.53。

5. 线密度（每米钢筋理论重量）

钢筋每米重量＝0.006165×d^2（d 为钢筋直径，单位 mm）

4.51　钢筋工程量在计算时如何确定混凝土保护层的厚度？

采用平法设计的图纸中一般不会标注出混凝土保护层的厚度，在钢筋计算时，需要根据设计图纸选用图集的要求，自己查找出混凝土保护层的厚度，根据 11G101-1 的内容，混凝土保护层的厚度查找需要根据环境类别和构件种类共同确定，见表 4-15 所列。

混凝土保护层的最小厚度（mm）　　　　　　　　　　　　表 4-15

环境类别	板、墙	梁、柱
一	15	20
二 a	20	25
二 b	25	35
三 a	30	40
三 b	40	50

应用表 4-15 中的数据时应注意的问题是：

混凝土保护层厚度指最外层钢筋外边缘至混凝土表面的距离，适用于设计使用年限为 50 年的混凝土结构。如果设计年限为 100 年的混凝土结构，一类环境中，最外层钢筋的保护层厚度不应小于表中数值的 1.4 倍；二、三类环境中，应采取专门的有效措施。

构件中受力钢筋的保护层厚度不应小于钢筋的公称直径。混凝土强度等级不大于 C25 时，表中保护层厚度数值应增加 5mm。基础底面钢筋的保护层厚度，有混凝土垫层时应从垫层顶面算起，且不应小于 40mm。

对于环境类别的划分见表 4-16 所列。

混凝土结构的环境类别 表 4-16

环境类别	条　　件
一	室内干燥环境；无侵蚀性静水浸没环境
二 a	室内潮湿环境；非严寒和非寒冷地区的露天环境；非严寒和非寒冷地区与无侵蚀性的土壤直接接触的环境；严寒和寒冷地区的冰冻线以下与无侵蚀性的水或土壤直接接触的环境
二 b	干湿交替环境；水位频繁变动环境；严寒和寒冷地区的露天环境；严寒和寒冷地区冰冻线以上与无侵蚀性的水或土壤直接接触的环境
三 a	严寒和寒冷地区冬季水位变动区环境；受除冰盐影响环境；海风环境
三 b	盐渍土环境；受除冰盐作用环境；海岸环境
四	海水环境
五	受人为或自然的侵蚀性物质影响的环境

根据上面的规定，查找混凝土保护层时应注意：构件的部位；常用的环境为二 a 和二 b。

这里应理解环境类别的划分。混凝土结构环境类别的划分是为了保证设计使用年限内钢筋混凝土结构构件的耐久性，不同环境下耐久性的要求是不同的。混凝土结构环境类别是指混凝土暴露表明所处的环境条件。应了解的是：严寒和寒冷地区的划分应符合现行国家标准《民用建筑热工设计规范》（GB 50176—1993）的有关规定。（1）严寒地区系指最冷月平均温度≤−10℃，日平均温度≤−5℃的天数不少于 145 天的地区；（2）寒冷地区系指最冷月平均温度−10～0℃，日平均温度≤−5℃的天数为 90～145 天的地区；（3）室内干燥环境是指构件常年干燥、低湿度的环境，室内潮湿环境是指构件表面经常处于结露或湿润状态的环境；（4）干湿交替环境是指混凝土表面经常交替接触到大气和水的环境条件；（5）受除冰盐影响环境是指收到除冰盐盐雾影响的环境，受除冰盐作用环境是指被除冰盐溶液溅射的环境以及使用除冰盐地区的洗车房、停车楼等建筑。

4.52　钢筋工程量在计算时如何确定锚固长度？

在钢筋工程量计算时，在图纸中并不能直观地观测到钢筋的锚固长度，需要查找相应的图集，根据 11G101-1 和 11G329-1 中关于钢筋锚固的内容可知，要想正确的找到或计算出钢筋的锚固长度应分以下步骤：

首先根据图纸的设计要求，查找到建筑物的抗震等级，不同的抗震级别或非抗震锚固长度是不同的。在查找锚固长度时，还要对应混凝土强度等级和钢筋的级别。

其次是要区分开基本锚固长度和锚固长度的关系，这里也要区分抗震级别或非抗震级别。《混凝土结构设计规范》（GB 50010—2010）中关于受拉钢筋锚固包括基本锚固长度 l_{ab}、锚固长度 l_a、抗震锚固长度 l_{aE} 以及 l_{abE}。其中 l_a、l_{aE} 用于钢筋直锚或总锚固长度情况，l_{ab}、l_{abE} 用于钢筋弯折锚固或机械锚固情况，施工中应按 G101 系列图集中标准构造图样所标注的长度进行下料。

1. 非抗震等级建筑物锚固长度 l_a 的计算

受拉钢筋的锚固长度 l_a 由受拉钢筋的基本锚固长度 l_{ab} 与锚固长度修正系数 ζ_a 相乘而得，即：$l_a = \zeta_a l_{ab}$，ζ_a 的取值见表 4-17 所列。

锚固长度修正系数 ζ_a 表 4-17

钢筋的锚固条件		ζ_a
1. 带肋钢筋的公称直径大于 25mm 时		1.10
2. 环氧树脂涂层带肋钢筋		1.25
3. 施工过程中易受扰动的钢筋		1.10
4.	锚固区保护层厚度为 3d 时	0.80
	锚固区保护层厚度为 5d 时	0.70
	锚固区保护层厚度介于 3d 和 5d 之间时	按 0.8 和 0.7 内插取值

任何情况下，受拉钢筋的锚固长度 l_a 不应小于 200mm；一般情况下（即不存在表中的钢筋锚固条件时）$\zeta_a=1.0$；当表中钢筋的锚固条件多于一项时可按连乘计算，但 ζ_a 不应小于 0.6。对于基本锚固长度 l_{ab} 的取值见表 4-18 所列。

纵向受拉普通钢筋的基本锚固长度 l_{ab} 表 4-18

	混凝土强度等级	C20	C25	C30	C35	C40	C45	C50	C55	≥C60
钢 筋 级 别	HPB300	39d	34d	30d	28d	25d	24d	23d	22d	21d
	HPB335	38d	33d	29d	27d	25d	23d	22d	21d	21d
	HPB400	—	40d	35d	32d	29d	28d	27d	26d	25d
	HPB500	—	48d	43d	39d	36d	34d	32d	31d	30d

HPB300 级钢筋（一级钢）末端应做 180° 弯钩，弯后平直段长度不应小于 3d，但作受压钢筋时可不做弯钩；当锚固长度的保护层厚度不大于 5d 时，锚固钢筋长度范围内应设置横向构造钢筋，其直径不应小于 $d/4$（d 为锚固钢筋的最大直径）；对梁、柱等构件间距不应大于 5d，对板、墙等构件间距不应大于 10d，且均不应大于 100mm（d 为锚固钢筋的最小直径）。

2. 不同抗震等级建筑物锚固长度 l_{aE} 的计算

第一种方法：受拉钢筋的抗震锚固长度 l_{aE} 由受拉钢筋的锚固长度 l_a 与受拉钢筋的抗震锚固长度修正系数 ζ_{aE} 相乘而得，即：$l_{aE}=\zeta_{aE}l_a$，根据计算出的非抗震的锚固长度再乘以一个系数可直接得出抗震等级相应的锚固长度，见表 4-19 所列。

受拉钢筋的抗震锚固长度修正系数 ζ_{aE} 表 4-19

抗震等级	一、二级	三级	四级
ζ_{aE}	1.15	1.05	1.0

另一种方法是：先计算出受拉钢筋的抗震基本锚固长度 l_{abE}，它由表 4-18 中的受拉钢筋的基本锚固长度 l_{ab} 与表 4-19 中的钢筋的抗震锚固长度修正系数 ζ_{aE} 相乘而得，即：$l_{abE}=\zeta_{aE}l_{ab}$，得出的结果见表 4-20 所列，然后应用公式 $l_{aE}=\zeta_a l_{abE}$ 计算，同样可以得到不同抗震的锚固长度。

四级抗震等级时，$l_{abE}=l_{ab}$，因为四级抗震时 $\zeta_{aE}=1$。

这两种方法实际上是一种方法，只是计算顺序不同而已，实际应用时，可直接应用表 4-18 中的基本锚固长度，乘以表 4-15 中锚固长度修正系数 ζ_a 来计算抗震钢筋的锚固长度更为直观。

纵向受拉普通钢筋的抗震基本锚固长度 l_{abE}

表 4-20

混凝土强度等级		C20	C25	C30	C35	C40	C45	C50	C55	≥C60
一、二级抗震等级	HPB300	45d	39d	35d	32d	29d	28d	26d	25d	24d
	HPB335	44d	38d	33d	31d	29d	26d	25d	24d	24d
	HPB400	—	46d	40d	37d	33d	32d	31d	30d	29d
	HPB500	—	55d	49d	45d	41d	39d	37d	36d	35d
三级抗震等级	HPB300	41d	36d	32d	29d	26d	25d	24d	23d	22d
	HPB335	40d	35d	31d	28d	26d	24d	23d	22d	22d
	HPB400	—	42d	37d	34d	30d	29d	28d	27d	26d
	HPB500	—	50d	45d	41d	38d	36d	34d	33d	32d

应用时应注意：一般情况下，不存在表中的钢筋锚固条件时，$\zeta_a=1.0$；也就是说大部分情况下锚固长度等于基本锚固长度，即 $l_a=l_{ab}$ 或 $l_{aE}=l_{abE}$，这时可直接应用表 4-18 或表 4-20 中查找到的数据作为锚固长度。

还应注意的是：混凝土结构中的纵向受压钢筋的锚固长度不小于受拉钢筋锚固长度的 0.7 倍。受压钢筋不应采用末端弯钩和一侧贴焊锚筋的锚固措施。

在图集《G101 系列图集施工常见问题答疑图集》（13G101-11）中解释了 ζ_a 系数的修正原因：（1）带肋钢筋的公称直径大于 25mm 时，$\zeta_a=1.1$，是考虑粗直径带肋钢筋相对肋高减小，对钢筋锚固作用有降低的影响。（2）采用环氧树脂涂层钢筋时：$\zeta_a=1.25$，为解决恶劣环境中钢筋的耐久性问题，工程中采用环氧树脂涂层钢筋。这种钢筋表面光滑对锚固有不利的影响，试验表明涂层使钢筋的锚固强度降低了 20% 左右。（3）受施工扰动影响时：$\zeta_a=1.1$，当钢筋在混凝土施工过程中易受到扰动的情况下（如滑模施工或其他施工期依托钢筋承载的情况），因混凝土在凝固前受扰动而影响与钢筋的粘结锚固作用。（4）保护层厚度 c 较大时：锚固钢筋常因外围混凝土的纵向劈裂而削弱锚固作用，当混凝土保护层厚度较大时，握裹作用加强，锚固长度可适当减短。此处保护层厚度指锚固长度范围内钢筋在各个方向的保护层厚度。当 $c=3d$ 时，$\zeta_a=0.8$；当 $c≥5d$ 时，$\zeta_a=0.7$；当 $3d<c<5d$ 时，$\zeta_a=0.95-0.05c/d$。

4.53　钢筋工程量在计算时如何考虑钢筋的搭接长度？

根据图集 11G329-1 和图集 11G101-1 的内容，在计算搭接长度时，需要了解关于搭接的相关规定。钢筋连接可采用绑扎搭接、机械连接或焊接。在钢筋计算时，由于图纸中一般没有注明搭接的长度和搭接位置，需要根据设计要求在相应的图集中查找，计算时还需遵循关于搭接的一般规定。

计算时应注意：实际上搭接长度的计算和锚固长度关系密切，搭接长度是锚固长度乘以一定的系数。而且这个系数和纵向钢筋搭接接头面积百分率密切相关。所以这里需要解决两个问题：

1. 搭接长度和锚固长度的关系

（1）非抗震纵向钢筋的搭接长度 l_l 的计算

纵向受拉钢筋绑扎搭接的搭接长度 l_l，应根据位于同一连接区段内的钢筋搭接接头面积百分率计算，且不应小于 300mm。$l_l = \zeta_l l_a$，ζ_l 是纵向受拉钢筋搭接长度修正系数，见表 4-21 所列。纵向钢筋搭接接头面积百分率为表的中间值时，修正系数可采用内插取值。

纵向受拉钢筋搭接长度修正系数 ζ_l 表 4-21

纵向钢筋搭接接头面积百分率（%）	≤25	50	100
ζ_l	1.2	1.4	1.6

纵向受压钢筋当采用搭接连接时，其受压搭接长度不应小于纵向受拉钢筋搭接长度的 70%，且不应小于 200mm。

（2）纵向受拉钢筋的抗震搭接长度 l_{lE} 的计算

l_{lE} 应根据位于同一连接区段内的钢筋搭接接头面积百分率计算。$l_{lE} = \zeta_l l_{aE}$，混凝土构件位于同一连接区段内纵向受力钢筋搭接接头面积百分率不宜超过 50%。

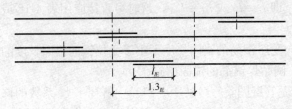

图 4-20 同一连接区段内纵向受拉
钢筋的绑扎搭接接头

2. 纵向钢筋搭接接头面积百分率的计算

同一构件中相邻纵向受力钢筋的绑扎搭接接头宜互相错开，如图 4-20 所示。图中所示同一连接区段内的搭接接头钢筋为两根，当钢筋直径相同时，钢筋搭接接头面积百分率为 50%。

直径不相同钢筋搭接时，不应因直径不同钢筋搭接而使构件截面配筋面积减小，需按较细钢筋直径计算搭接长度及接头面积百分率。如图 4-21 所示，同一构件纵向受力钢筋直径不同时，各自的搭接长度也不同，此时搭接区段长度应取相邻搭接钢筋中较大的搭接长度计算，如图 4-22 所示。梁、板受弯构件，按一侧纵向受拉钢筋面积计算搭接接头面积百分率，即上部、下部钢筋分别计算；柱、剪力墙按全截面钢筋面积计算搭接接头面积百分率。

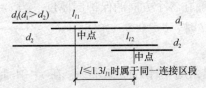

图 4-21 直径不同钢筋搭接接头面积　　图 4-22 直径不同钢筋搭接连接区段长度计算

钢筋绑扎搭接接头连接区段的长度为 1.3 倍搭接长度，凡搭接接头中点位于该连接区段长度内的搭接接头均属于同一连接区段。同一连接区段内纵向受力钢筋搭接接头均属于同一连接区段。同一连接区段内纵向受力钢筋搭接接头面积百分率为该区段内有搭接接头的纵向受力钢筋与全部纵向受力钢筋截面面积的比值。当直径不同的钢筋搭接时，按直径较小的钢筋计算。纵向受力钢筋的连接宜避开梁端、柱端箍筋加密区。如必须在此连接时，应采用机械连接或焊接。

位于同一连接区段内的受拉钢筋搭接接头面积百分率：对梁类、板类及墙类构件，不宜大于 25%；对柱类构件，不宜大于 50%。当工程中确有必要增大受拉钢筋搭接接头面积百分率时，对梁类构件，不宜大于 50%；对板、墙、柱及预制构件的拼接处，可根据实际情况放宽。轴心受拉及小偏心受拉杆件的纵向受力钢筋不得采用绑扎搭接；其他构件中的钢筋采用绑扎搭接时，受拉钢筋直径不宜大于 25mm，受压钢筋直径不宜大于 28mm。

应注意的是：根据标准图集中的相关规定，可以看出，对不同的混凝土构件，因为允许的受拉钢筋搭接接头面积百分率不同，所以选用的 ζ_l 也会不同，由此算出的搭接长度会不一样。

4.54 钢筋工程量在计算时应如何考虑弯钩长度？

在钢筋工程量计算时，常会遇到不同形式的弯钩长度的计算和换算问题，包括箍筋、拉筋弯起后平直段长度的问题，这些会影响钢筋量的计算准确度。

1. 光圆钢筋（HPB235）某端 180°弯钩（半圆弯钩）

对于光圆钢筋，钢筋弯曲后，平直段的长度为 $3d$ 时，弯钩增加长度总共为 $6.25d$。

计算公式为：钢筋的外形长度$+6.25d\times2$

如：某独立基础下部配筋为双向Φ 12 圆钢筋，基础底面尺寸为 2000mm×2000mm，混凝土保护层为 40mm，计算单根Φ 12 圆钢筋的计算长度。

$$\Phi 12 \text{钢筋的单根长度}=(2.0-0.04\times2)+6.25\times0.012\times2=2.07\text{m}$$

光圆钢筋系指 HPB300 级钢筋，由于钢筋表明光滑，只靠摩阻力锚固，锚固强度很低，一旦发生滑移即被拔出，因此其末端应做 180°弯钩，如图 4-23 所示。做受压钢筋时可不做弯钩。HPB300 级钢筋末端 180°弯钩，其弯后平直段长度不应小于 $3d$，弯弧内直径 2.5d，180°弯钩需增加长度为 6.25d。

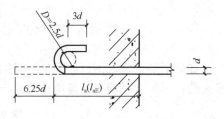

图 4-23　HPB300 级钢筋末端 180°弯钩

板中分布钢筋（不作为抗温度收缩钢筋使用），或者按构造详图已经设有≤15d 直钩时，可不再设 180°弯钩。

2. 箍筋的弯钩长度

（1）非抗震设计的结构构件箍筋弯钩的弯折角度不应小于 90°，弯折后平直段长度不应小于箍筋直径的 5 倍；为保证受力可靠，工程多采用 135°弯钩。

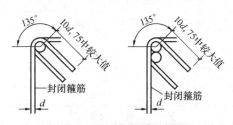

图 4-24　梁柱箍筋弯钩示意图
（d 为箍筋直径）

（2）对有抗震设防要求的结构构件，箍筋弯钩的弯折角度为 135°，弯折后平直段长度不应小于箍筋直径 10 倍和 75mm 两者中的较大值，如图 4-24 所示。

（3）构件受扭时（如梁侧面构造纵筋以"N"打头表示），箍筋弯钩的弯折角度为 135°，弯折后平直段长度不应小于箍筋直径的 10 倍。

（4）柱全部纵向受力钢筋的配筋率（全部纵筋面面积除以柱截面积）大于 3%时，箍筋弯钩的弯折角度为 135°，弯折后平直段长度不应小于箍筋直径的 10 倍。

（5）圆形箍筋（非螺旋箍筋）搭接长度不应小于其受拉锚固长度 l_{aE}（l_a），末端均应做 135°弯钩，弯折后平直段长度不应小于箍筋直径 10 倍和 75mm 两者中的较大值。

3. 拉筋的弯钩长度

拉筋末端也应做弯钩，具体要求如下：

（1）拉筋用于梁、柱复合箍筋中单肢箍筋时，两端弯折角度均为 135°，弯折后平直段长度同箍筋，如图 4-25 所示。

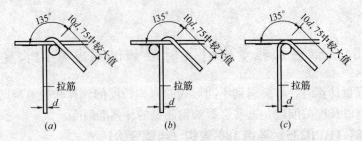

图 4-25　拉筋弯钩示意图

(*a*) 拉筋钩住纵向钢筋及封闭箍筋；(*b*) 拉筋紧靠纵向钢筋并钩住封闭箍筋；
(*c*) 拉筋钩住与箍筋有可靠拉接的纵向钢筋

（2）拉筋用做剪力墙（边缘构件除外）、楼板等构件中的拉结筋时，可采用一端 135°另一端 90°弯钩，弯折后平直段长度不应小于拉筋直径的 5 倍。

4.55　钢材理论重量的速算方法是什么？

如果了解了常见钢材的理论重量的速算方法，那么就不必每次用起来都要找必要的手册来帮忙了。常见钢材的理论重量的计算方法见表 4-22 所列。

常见钢材的速算方法表　　　　　表 4-22

序号	钢材种类	速算方法（尺寸单位为 mm）
1	角钢	每米重量(kg)＝0.00785×（边宽＋边宽－边厚）×边厚
2	圆钢	每米重量(kg)＝0.00617×直径×直径
3	螺纹钢	每米重量(kg)＝0.00617×直径×直径
4	八角钢	每米重量(kg)＝0.0065×直径×直径（内切圆）
5	薄钢板	每平方米重量(kg)＝7.85×厚度(mm)
6	中厚钢板	每平方米重量(kg)＝7.85×厚度(mm)
7	焊接钢管	每米重量(kg)＝0.02466×壁厚×（外径－壁厚）
8	方钢	每米重量(kg)＝0.00785×边宽×边厚
9	扁钢	每米重量(kg)＝0.00785×边宽×厚度
10	六角钢	每米重量(kg)＝0.0068×直径×直径（内切圆）
11	无缝钢管	每米重量(kg)＝0.02466×壁厚×（外径－壁厚）

4.56　多层砖砌体房屋的构造柱的构造要求有哪些？

根据《建筑物抗震构造详图（多层砌体房屋和底部框架砌体房屋）》（11G329-2）的规定，多层砖砌体房屋的构造柱应符合下列构造要求：

（1）构造柱最小截面可采用 180mm×240mm（墙厚 190mm 时为 180mm×190mm），纵向钢筋宜采用 4φ12，箍筋间距不宜大于 250mm，且在柱上下端应适当加密；6、7 度时超过六层、8 度时超过五层和 9 度时，构造柱纵向钢筋宜采用 4φ14，箍筋间距不应大于 200mm；房屋四角的构造柱应适当加大截面及配筋。

（2）构造柱与墙连接处应砌成马牙槎，沿墙高每隔 500mm 设 2 φ6 水平钢筋和 φ4 分布短筋平面内电焊组成的拉结网片或 φ4 电焊钢筋网片，每边伸入墙内不宜小于 1m。6、7 度时底部 1/3 楼层，8 度时底部 1/2 楼层，9 度时全部楼层，上述拉结钢筋网片水平通长设置。当砖砌体墙为 370mm 厚时，拉结网片的水平钢筋也可根据当地习惯做法采用 3φ6。

（3）构造柱与圈梁连接处，构造柱的纵筋应在圈梁纵筋内侧穿过，保证构造柱纵筋上下贯通。

（4）构造柱可不单独设置基础，但应伸入室外地面下 500mm，或与埋深小于 500mm 的基础圈梁相连。

（5）房屋高度和层数接近表 4-23 的限值时，纵、横墙内构造柱间距应符合下列要求：

1）横墙内的构造柱间距不宜大于层高的二倍；下部 1/3 楼层的构造柱间距适当减小。

2）当外纵墙开间大于 3.9m 时，应另设加强措施。内纵墙的构造柱间距不宜大于 4.2m。

（6）丙类的多层砌体房屋，当横墙较少且总高度和层数接近或达到表 4-23 规定的限值时，所有纵横墙交接处及横墙的中部，均应增设满足下列要求的构造柱：在纵、横墙内的柱距不宜大于 3.0m，最小尺寸不宜小于 240mm×240mm（墙厚 190mm 时为 240mm×190mm）。配筋宜符合表 4-24 的要求。

房屋的层数和总高度限值（m）　　　　　　　　　　　　　　表 4-23

房屋类型		最小抗震墙厚度（mm）	烈度和设计基本地震加速度											
			6 度		7 度				8 度				9 度	
			0.05g		0.10g		0.15g		0.20g		0.30g		0.40g	
			高度	层数	高度	层数	高度	层数	高度	层数	高度	层数	高度	层数
多层砌体房屋	普通砖	240	21	7	21	7	21	7	18	6	15	5	12	4
	多孔砖	240	21	7	21	7	18	6	18	6	15	5	9	3
	多孔砖	190	21	7	18	6	15	5	15	5	12	4	—	—
	小砌块	190	21	7	21	7	18	6	18	6	15	5	9	3

增设构造柱的纵筋和箍筋设置要求　　　　　　　　　　　　表 4-24

位置	纵向钢筋			箍筋		
	最大配筋率（%）	最小配筋率（%）	最小直径（mm）	加密区范围（mm）	加密区间距（mm）	最小直径（mm）
角柱	1.8	0.8	14	全高	100	6
边柱			14	上端 700		
中柱	1.4	0.6	12	下端 500		

4.57　构造柱、圈梁中的钢筋的锚固长度如何确定？

构造柱、圈梁内纵筋及墙体水平配筋带钢筋的锚固长度 $l_{aE}=l_a$，见表 4-25 所列，表中 d 为受力钢筋的公称直径；受拉钢筋的锚固长度不应小于 200mm；构造柱纵筋可在同一截面搭接，搭接长度 l_{lE} 可取 $1.2l_a$。

圈梁、构造柱及砌体墙水平配筋带钢筋的锚固长度　　　　　　　　表 4-25

钢筋种类	混凝土强度等级			
	C20	C25	C30	C35
	$d\leqslant25$	$d\leqslant25$	$d\leqslant25$	$d\leqslant25$
HPB300 热轧光圆钢筋	$39d$	$34d$	$30d$	$28d$
HRB335 热轧带肋钢筋	$38d$	$33d$	$29d$	$27d$
HRB400 热轧带肋钢筋	—	$40d$	$35d$	$32d$

4.58　独立基础如何进行平法识图？

独立基础的平法识图主要根据《混凝土结构平面整体表示方法制图规则与构造详图（独立基础、条形基础、筏形基础及桩基承台）》（11G101-3）的图集的规定：

普通独立基础采用平面注写方式的集中标注和原位标注综合设计表达示意，如图 4-26 所示；设置短柱独立基础采用平面注写方式的集中标注和原位标注综合设计表达示意，如图 4-27 所示，杯口独立基础采用平面注写方式的集中标注和原位标注综合设计表达示意，如图 4-28 所示。

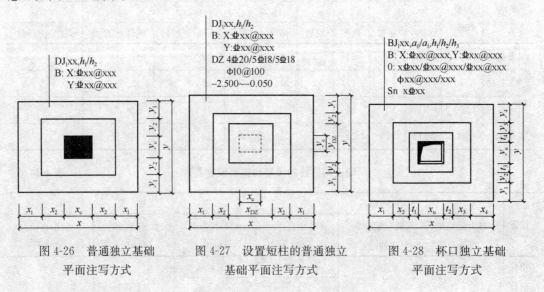

图 4-26　普通独立基础　　　图 4-27　设置短柱的普通独立　　　图 4-28　杯口独立基础
　　　平面注写方式　　　　　　　基础平面注写方式　　　　　　　平面注写方式

独立基础平法施工图，有平面注写与截面注写两种表达方式。

独立基础编号见表 4-26 所列。

独立基础编号表 表 4-26

类 型	基础底板截面形状	代号	序号
普通独立基础	阶形	DJ$_j$	××
	坡形	DJ$_p$	××
杯口独立基础	阶形	BJ$_j$	××
	坡形	BJ$_p$	××

独立基础的平面注写方式

平面注写方式分为集中标注和原位标注两部分内容。

1. 普通独立基础和杯口独立基础的集中标注

系在基础平面图上集中引注：基础编号、截面竖向尺寸、配筋三项为必注内容，以及基础底面标高（与基础底面基准标高不同时）和必要的文字注解两项为选注内容。素混凝土普通独立基础的集中标注，除无基础配筋内容外均与钢筋混凝土普通独立基础相同。独立基础集中标注的具体内容，规定如下：

（1）注写独立基础编号（必注内容），独立基础底板的截面形状通常有两种：阶梯截面编号加下标"j"，如 DJ$_j$××、BJ$_j$××；

（2）注写独立基础截面竖向尺寸（必注内容）。下面按普通独立基础和杯口独立基础分别进行说明。普通独立基础：注写 $h_1/h_2/\cdots\cdots$，具体标注为：当基础为阶形截面时，如图 4-29 所示。

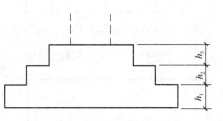

图 4-29　阶形截面普通独立基础竖向尺寸

如当阶形截面普通独立基础 DJ$_j$×× 的竖向尺寸注写为 400/300/300 时，表示 $h_1=400$mm，$h_2=300$mm，$h_3=300$mm，基础底板总厚度为 1000mm。当为更多阶时，各阶尺寸自下而上用"/"分隔顺写。当基础为单阶时，其竖向尺寸仅为一个，且为基础总厚度，如图 4-30 所示。

当基础为坡形截面时，注写为 h_1/h_2，如图 4-31 所示。当坡形截面普通独立基础 DJ$_p$×× 的竖向尺寸注写为 350/300 时，表示 $h_1=350$mm，$h_2=300$mm，基础底板总厚度为 650mm。

图 4-30　单阶形普通独立基础竖向尺寸　　图 4-31　坡形截面普通独立基础竖向尺寸

（3）注写基础底面标高（选注内容）。当独立基础的底面标高与基础底面基准标高不同时，应将独立基础底面标高直接注写在"（ ）"内。

（4）必要的文字注解（选注内容）。当独立基础的设计有特殊要求时，宜增加必要的文字注解。例如，基础底板配筋长度是否采用缩短方式等，可在该项内注明。

2. 钢筋混凝土和素混凝土独立基础的原位标注

系在基础平面布置图上标注独立基础的平面尺寸。对相同编号的基础，可选择一个进行原位标注；当平面图形较小时，可将所选定进行原位标注的基础按比例适当放大；其他相同编号者仅注编号。原位标注的具体内容规定如下：

普通独立基础：原位标注 x、y、x_c、y_c（或圆柱直径 d_c），x_i、y_i，$i=1$，2，3……。其中，x/y 为普通独立基础两向边长，x_c、y_c 为柱截面尺寸，x_i、y_i 为阶宽或坡形平面尺寸（当设置短柱时，尚应标注短柱的截面尺寸）。对称阶形截面普通独立基础的原位标注，如图 4-32 所示；非对称阶形截面普通独立基础的原位标注，如图 4-33 所示；设置短柱独立基础的原位标注，如图 4-34 所示；对称坡形截面普通独立基础的原位标注，如图 4-35 所示；非对称坡形截面普通独立基础的原位标注，如图 4-36 所示。

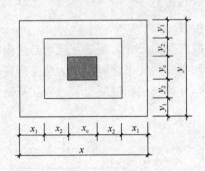

图 4-32　对称阶形截面普通独立基础

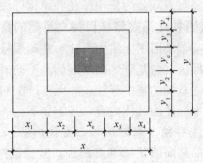

图 4-33　非对称阶形截面普通独立基础

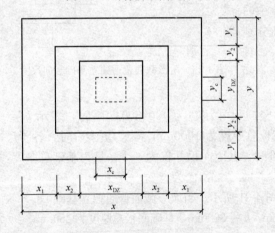

图 4-34　设置短柱独立基础

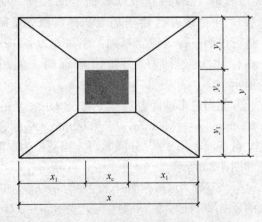

图 4-35　对称坡形截面普通独立基础

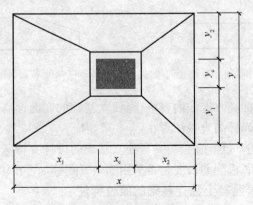

图 4-36　非对称坡形截面普通独立基础

4.59 条形基础如何进行平法识图？

1. 条形基础整体上可分为两类

一类是梁板式条形基础。该类条形基础适用于钢筋混凝土框架结构、框架-剪力墙结构、部分框支剪力墙结构和钢结构。平法施工图将梁板式条形基础分解为基础梁和条形基础底板分别进行表达。

另一类是板式条形基础。该类条形基础适用于钢筋混凝土剪力墙结构和砌体结构。平法施工图仅表达条形基础底板。

2. 条形基础编号

条形基础编号分为基础梁和条形基础底板编号，按表 4-27 的规定。条形基础通常采用坡形截面或单阶形截面。

条形基础梁及底板编号　　　　　　　　　　　　　表 4-27

类　　型		代　　号	序　　号	跨数及有无外伸
基础梁		JL	××	（××）端部无外伸
条形基础底板	坡形	TJB$_p$	××	（××A）一端有外伸
	阶形	TJB$_j$	××	（××B）两端有外伸

基础梁的平面注写方式：分集中标注和原位标注两部分内容。

（1）基础梁的集中标注

内容为：基础梁编号、截面尺寸、配筋三项必注内容，以及基础梁底面标高（与基础底面基准标高不同时）和必要的文字注解两项选注内容。具体规定如下：

1）注写基础梁编号。

2）注写基础梁截面尺寸。注写 $b×h$，表示梁截面宽度与高度。当为加腋梁时，用 $b×h Yc_1×c_2$ 表示，其中 c_1 为腋长，c_2 为腋高。

3）注写基础梁配筋。注写基础梁箍筋；当具体设计仅采用一种箍筋间距时，注写钢筋级别、直径、间距与肢数（箍筋肢数写在括号内）。当具体设计采用两种箍筋时，用"/"分隔不同箍筋，按照从基础梁两端向跨中的顺序注写。先注写第 1 段箍筋（在前面加注箍筋道数），在斜线后再注写第 2 段箍筋（不再加注箍筋道数）。如"9 Φ 16@100/Φ 16@200（6）"，表示配置两种 HRB400 级箍筋，直径 16mm，从梁两端起向跨内按间距100mm 设置 9 道，梁其余部位的间距为 200mm，均为 6 肢箍。两向基础梁相交的柱下区域，应有一向截面较高的基础梁按梁端箍筋贯通设置；当两向基础梁高度相同时，任选一向基础梁箍筋贯通设置。

4）注写基础梁底部、顶部及侧面纵向钢筋。①以 B 打头，注写梁底部贯通纵筋（不应少于梁底部受力钢筋总截面面积的 1/3）。当跨中所注根数少于箍筋肢数时，需要在跨中增设梁底部架立筋以固定箍筋，采用"+"将贯通纵筋与架立筋相连，架立筋写在加号后面的括号内。②以 T 打头，注写梁顶部贯通纵筋。注写时用分号";"将底部与顶部贯通纵筋分隔开。③当梁底部或顶部贯通纵筋多于一排时，用"/"将各排纵筋自上而下分开。B：4 Φ 25；T：12 Φ 25 7/5，表示梁底部配置贯通纵筋为 4 Φ 25；梁顶部配置贯通纵筋上一排为 7Φ25，下一排为 5Φ25，共 12Φ25。基础梁的底部贯通纵筋，可在跨中 1/4 净跨长度范围内采用搭接连接、机械连接或焊接。基础梁的顶部贯通纵筋，可在距柱根 1/4 净跨长范围内采用搭接连接，或在柱根附近采用机械连接或焊接，且应严格控制接头百分率。④以大写字母 G 打头注写梁两侧对称设置的纵向构造钢筋的总配筋值（当梁腹板净高 h_w 不小于 450mm 时，根据需要配置）G8Φ14，表示梁每个侧面配置纵向构造钢筋 4Φ14，共配置 8Φ14。

5）注写基础梁底面标高（选注内容）。当条形基础的底面标高与基础底面基准标高不同时，将条形基础底面标高注写在"（ ）"内。

6）必要的文字注解（选注内容）。当基础梁的设计有特殊要求时，宜增加必要的文字注解。

（2）基础梁 JL 的原位标注

规定如下：

1）原位标注基础梁端或梁在柱下区域的底部全部纵筋（包括底部非贯通纵筋和已集中注写的底部贯通纵筋）：当梁端或梁在柱下区域的底部纵筋多于一排时，用"/"将各排纵筋自上而下分开。当同排纵筋有两种直径时，用"+"将两种直径的纵筋相连。当梁中间支座或梁在柱下区域两边的底部纵筋配置不同时，需在支座两边分别标注；当梁中间支座两边的底部纵筋相同时，可仅在支座的一边标注。当梁端（柱下）区域的底部全部纵筋与集中注写过的底部贯通纵筋相同时，可不重复做原位标注。当对底部一平的梁支座（柱下）两边的底部非贯通纵筋采用不同配筋值时（"底部一平"含义是"柱下两边的梁底部在同一个平面上"），应先按较小一边的配筋差值选配适当直径的纵筋贯穿支座，再将较大一边的配筋差值选配适当直径的钢筋锚入支座，避免造成支座两边大部分钢筋直径不相同的不合理配置结果。

当底部贯通纵筋经原位注写修正，出现两种不同配置的底部贯通纵筋时，应在两毗邻跨中配置较小一跨的跨中连接区域进行连接（即配置较大一跨的底部贯通纵筋需伸出至毗邻跨的跨中连接区域）。

2）原位注写基础梁的附加箍筋或（反扣）吊筋。当两向基础梁十字交叉，但交叉位置无柱时，应根据抗力需要设置附加箍筋或（反扣）吊筋。

原位注写基础梁外伸部位的变截面高度尺寸。当基础梁外伸部位采用变截面高度时，在该部位原位注写 $b\times h_1/h_2$，h_1 为根部截面高度，h_2 为尽端截面高度。原位标注修正内容。当在基础梁上集中标注的某项内容（如截面尺寸、箍筋、底部与顶部贯通纵筋或架立筋、梁侧面纵向构造钢筋、梁底面标高等）不适用于某跨或某外伸部位时，将其修正内容原位标注在该跨或该外伸部位，施工时原位标注取值优先。当在多跨基础梁的集中标注中已注明加腋，而该梁某跨根部不需要加腋时，则应在该跨原位标注无 $Yc_1\times c_2$ 的 $b\times h$，以修正集中标注中的加腋要求。

（3）基础梁底部非贯通纵筋的长度规定

凡基础梁柱下区域底部非贯通筋的伸出长度 a_0 值，当配置不多于两排时，在标准构造详图中统一取值为自柱边向跨内伸出至 $l_n/3$ 位置；当非贯通纵筋配置多于两排时，从第三排起向跨内的伸出长度值应由设计者注明。l_n 的取值规定为：边跨边支座的底部非贯通纵筋，l_n 取本边跨的净跨长度值；对于中间支座的底部非贯通纵筋，l_n 取支座两边较大一跨的净跨长度值。

基础梁外伸部位底部纵筋的伸出长度 a_0 值，在标准构造详图中统一取值为：第一排伸出至梁端头后，全部上弯 $12d$；其他排钢筋伸至梁端头后截断。

（4）条形基础底板的平面注写方式

条形基础底板 TJB_p、TJB_j 的平面注写方式，分集中标注和原位标注两部分内容。条形基础底板的集中标注内容为：条形基础底板编号、截面竖向尺寸、配筋三项为必注内容，以及条形基础底板地面标高（与基础底面基准标高不同时）、必要的文字注解两项为选注内容。素混凝土条形基础底板的集中标注，除无底板配筋内容外与钢筋混凝土条形基础底板相同。具体规定如下：

1）注写条形基础底板编号。条形基础底板向两侧的截面形状通常有两种：

阶形截面，编号加下标"j"，如 TJB_j×× （××）；坡形截面，编号加下标"P"，如 TJB_p×× （××）

2）注写条形基础底板截面竖向尺寸。注写为 $h_1/h_2/\cdots\cdots$，具体标注为：当条形基础底板为坡形截面时，注写为 h_1/h_2，如图 4-37 所示，当条形基础底板为坡形截面 TJB_p××，其截面竖向尺寸注写为 300/250 时，表示 $h_1=300mm$，$h_2=250mm$，基础底板根部总厚度为 550mm。当基础底板为阶形截面时，如图 4-38 所示。

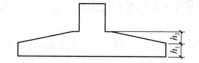

图 4-37　条形基础底板坡形截面竖向尺寸

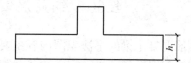

图 4-38　条形基础底板阶形截面竖向尺寸

当条形基础底板为阶形截面 TJB_j××，其截面竖向尺寸注写为 300mm 时，表示 $h_i=300mm$，且为基础底板总厚度。当为多阶时各阶尺寸自下而上以"/"分隔顺写。

3）注写条形基础底板底部及顶部配筋。以 B 打头，注写条形基础底板底部的横向受力钢筋；以 T 打头，注写条形基础底板顶部的横向受力钢筋；注写时，用"/"分隔条形基础底板的横向受力钢筋与构造配筋，如图 4-39 和图 4-40 所示。当条形基础底板配筋标注为 B：Φ14@150/Φ8@250；表示条形基础底板底部配置 HRB400 级横向受力钢筋，直径为 14mm，分布间距 150mm；配置 HRB300 级构造钢筋，直径为Φ8，分布间距 250，如图 4-39 所示。当为双梁（或双墙）条形基础底板时，除在底板底部配置钢筋外，一般

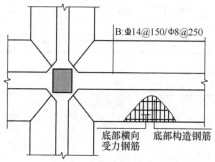

图 4-39　条形基础底板底部配筋示意图

尚需在两根梁或两道墙之间的底板顶部配置钢筋，其中横向受力钢筋的锚固从梁的内边缘（或墙边缘）起算，如图 4-40 所示。

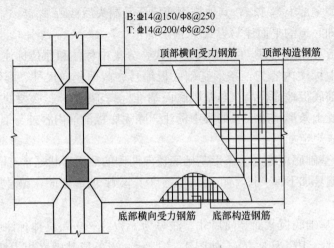

图 4-40　双梁条形基础底板顶部配筋示意图

4.60　钢筋混凝土框架柱平法如何识图？

钢筋混凝土梁的平法识图内容主要参见 11G101-1 的相关内容。柱平法施工图系在柱平面布置图上采用列表注写方式或截面注写方式。

1. 柱的列表注写方式

列表注写方式，系在柱平面布置图上，分别在同一编号的柱中选择一个截面标注几何参数代号；在柱表中注写柱编号、柱段起止标高、几何尺寸与配筋的具体数值，并配以各种柱截面形状及其箍筋类型图的方式，来表达柱平法施工图，见表 4-28 所列。

柱的列表注写方式 表 4-28

柱编号	标高	$b \times h$ (mm×mm)	b_1 (mm)	b_2 (mm)	h_1 (mm)	h_2 (mm)	全部 纵筋	箍筋类 型号	箍筋
KZ3	基顶-7.77	400×500	200	200	375	125	12Φ18	4×4	Φ8@100/200

（1）柱编号

不同类型的柱钢筋的计算有所不同。柱的分类见表 4-29 所列。

柱类型及编号 表 4-29

柱 类 型	代 号	序 号
框架柱	KZ	××
框支柱	KZZ	××
芯柱	XZ	××
梁上柱	LZ	××
剪力墙上柱	QZ	××

（2）注写各段柱的起止标高

自柱根部往上以变截面位置或截面未变但配筋改变处为界分段注写。框架柱和框支柱的根部标高系指基础顶面标高；芯柱的根部标高系指根据结构实际需要而定的起始位置标高；梁上柱的根部标高系指梁顶面标高；剪力墙上柱的根部标高为墙顶面标高。

（3）对于矩形柱，注写柱截面尺寸 $b×h$ 及与轴线关系的几何参数代号 b_1、b_2 和 h_1、h_2 的具体数值，需对应于各段柱分别注写。其中：$b=b_1+b_2$，$h=h_1+h_2$。

（4）柱纵筋。当柱纵筋直径相同，各边根数也相同时，将纵筋注写在"全部纵筋"一栏中；除此之外，柱纵筋分角筋、截面 b 边中部筋和 h 边中部筋三项分别注写，对于采用对称配筋的矩形截面柱，可仅注写一侧中部筋，对称边省略不注。

（5）箍筋。在箍筋类型栏内注写箍筋类型号与肢数。

当为抗震设计时，用斜线"/"区分柱端箍筋加密区与柱身非加密区长度范围内箍筋的不同间距。如：Φ10@100/250，表示箍筋为 HPB300 级钢筋，直径 $\phi10$，加密区间距为 100，非加密区间距为 250。又如：Φ10@100/250（Φ12@100），表示箍筋为 HPB300 级钢筋，直径 $\phi10$，加密区间距为 100，非加密区间距为 250。框架节点核芯区箍筋为 HPB300 级钢筋，直径 $\phi12$，间距为 100。当箍筋沿柱全高为一种间距时，则不使用"/"线。如：Φ10@100，表示沿柱全高范围内箍筋均为 HPB300 级钢筋，直径 $\phi10$，间距为 100。当圆柱采用螺旋箍筋时，需在箍筋前加"L"。LΦ10@100/200，表示采用螺旋箍筋，HPB300 级钢筋，直径 $\phi10$，加密区间距为 100，非加密区间距为 200。

2. 柱的截面注写方式

截面注写方式，系在柱平面布置图的柱截面上，分别在同一编号的柱中选择一个截面，以直接注写截面尺寸和配筋具体数值的方式来表达柱平法施工图，如图 4-41 所示。

图示内容的含义为：KZ1 是指框架柱编号为 1，截面尺寸为 650mm × 600mm，b 边是 $b_1=b_2=$ 325mm，居中布置，h 边是偏心布置，$h_1=150$mm，$h_2=450$mm，角筋是 4 根Φ22，b 边的钢筋为 5 根Φ22，h 边的钢筋为 4 根Φ20，箍筋是直径 10mm，加密区间距为 100mm，非加密区间距为 200mm。

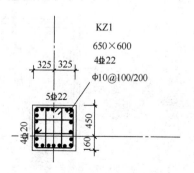

图 4-41　柱截面注写示意图

3. 柱应计算的钢筋内容

柱应计算的钢筋内容包括：（1）纵筋：基础插筋、中间层纵筋、顶层纵筋、变截面纵筋；（2）箍筋；（3）拉筋。

4.61　框架顶层柱的钢筋如何设置？

根据《混凝土结构设计规范》（GB 50010—2010）的 9.3.7 条的规定：框架顶层端节点处，可将柱外侧纵向钢筋的相应部分弯入梁内作梁上部纵向钢筋使用，也可将梁上部纵向钢筋与柱外侧纵向钢筋在顶层端节点及其附近部位搭接，搭接可采用下列方式：

（1）搭接接头可沿顶层端节点外侧及梁端顶部布置，如图 4-42（a）所示，搭接长度

不应小于 $1.5l_{ab}$。其中，伸入梁内的柱外侧钢筋截面面积不宜小于全部面积的 65%；梁宽范围以外的外侧柱纵向钢筋宜沿节点顶部伸至柱内边锚固。当柱纵向钢筋位于柱顶第一层时，钢筋伸至柱内边后宜向下弯折不小于 $8d$ 后截断，d 为柱纵向钢筋的直径；当柱外侧纵向钢筋位于柱顶第二层时可不向下弯折。当现浇板厚度不小于 100mm 时，梁宽范围以外的柱外侧纵向钢筋可伸入现浇板内，其长度与伸入梁内的柱纵向钢筋相同。

（2）当柱外侧纵向钢筋配筋率大于 1.2% 时，伸入梁内的柱纵向钢筋应满足第（1）条的规定且宜分两批截断，截断点之间的距离不宜小于 $20d$，d 为柱外侧纵向钢筋的直径。梁上部纵向钢筋应伸至节点外侧并向下弯至梁下边缘高度位置截断。

（3）纵向钢筋搭接头也可沿柱顶外侧布置，如图 4-42（b）所示，此时，搭接长度自柱顶算起不应小于 $1.7l_{ab}$。当梁上部纵向钢筋的配筋率大于 1.2% 时，弯入柱外侧的梁上部纵向钢筋应满足规定的搭接长度，且宜分两批截断，其截断点之间的距离不宜小于 $20d$，d 为梁上部纵向钢筋的直径。

（4）当梁的截面高度较大，梁、柱纵向钢筋相对较小，从梁底算起的直线搭接长度未延伸至柱顶即已满足 $1.5l_{ab}$ 的要求时，应将搭接长度延伸至柱顶并满足搭接长度 $1.7l_{ab}$ 的要求；或者从梁底算起的弯折搭接长度未延伸至柱内侧边缘即已满足 $1.5l_{ab}$ 的要求时，其弯折后包括弯弧在内的水平段的长度不应小于 $15d$，d 为柱纵向钢筋的直径。

（5）柱内侧纵向钢筋的锚固符合顶层中节点的规定。

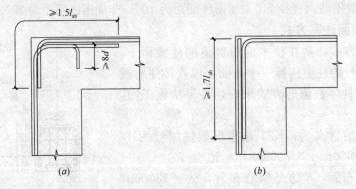

图 4-42 顶层端节点梁、柱纵向钢筋在节点内的锚固与搭接
（a）搭接接头沿顶层端节点外侧及梁端顶部布置；（b）搭接接头沿节点外侧直线布置

详细的构造可参照 11G101-1 第 59 页抗震边柱和角柱柱顶纵向钢筋构造图集的规定。

4.62 不同柱的含义？

（1）框架柱：在框架结构中主要承受竖向压力；将来自框架梁的荷载向下传输，是框架结构中承力最大的构件。

（2）框支柱：出现在框架结构向剪力墙结构转换层，柱的上层变为剪力墙时该柱定义为框支柱。框支梁与框支柱用于转换层，如下部为框架结构，上部为剪力墙结构，支撑上部结构的梁柱为 KZZ 和 KZL。

（3）芯柱：它不是一根独立的柱子，在建筑外表是看不到的，隐藏在柱内。当柱截面较大时，由设计人员计算柱的承力情况，当外侧一圈钢筋不能满足承力要求时，在柱中再设置一圈纵筋。由柱内侧钢筋围成的柱称之为芯柱。

（4）梁上柱：柱的生根不在基础上而在梁上的柱称之为梁上柱。主要出现在建筑物上下结构或建筑布局发生变化时。

（5）墙上柱：柱的生根不在基础上而在墙上的柱称之为墙上柱。同样，主要还是出现在建筑物上下结构或建筑布局发生变化时。

4.63 钢筋混凝土梁如何进行平法识图？

钢筋混凝土梁的平法识图内容主要参见 11G101-1 的相关内容。

1. 梁的分类

不同类型的梁钢筋的计算有所不同，如纵向钢筋在支座处的锚固形式是不一样的，因此，在计算梁的钢筋工程量时，应区别不同类型的梁分别计算。梁的分类见表 4-30 所列。

梁类型及编号   表 4-30

梁 类 型	代 号	序 号	跨数及是否带有悬挑
楼层框架梁	KL	××	（××）、（××A）或（××B）
屋面框架梁	WKL	××	（××）、（××A）或（××B）
框支梁	KZL	××	（××）、（××A）或（××B）
非框架梁	L	××	（××）、（××A）或（××B）
悬挑梁	XL	××	
井字梁	JZL	××	（××）、（××A）或（××B）

（××A）表示一端有悬挑，（××B）表示两端有悬挑，悬挑不计入跨数。如 KL7（5A）表示编号为第 7 号框架梁，共有 5 跨（不含悬挑端），一端有悬挑；L9（7B）表示编号为第 9 号非框架梁，共有 7 跨（不含悬挑端），两端有悬挑。

2. 梁的钢筋种类

梁的分类见表 4-31 所列。

矩形梁中应计算的钢筋种类   表 4-31

梁上部钢筋		上部贯通筋
	支座负筋	端支座负筋（第一排、第二排）
		中间支座负筋（第一排、第二排）
		架 立 筋
梁中部钢筋		构造钢筋
		抗扭钢筋
梁下部钢筋		下部贯通筋
		下部非贯通筋
箍 筋		包括拉筋

3. 梁钢筋标注

梁钢筋信息在梁平面布置图上，分别在不同编号的梁中各选一根梁，在其上注写梁的截面尺寸和配筋的具体数值。平面注写内容包括集中标注信息和原位标注信息，集中标注表达梁的通用数值，原位标注表达梁的特殊数值，使用时，原位标注取值优先。梁钢筋平法标注如图 4-43 所示。

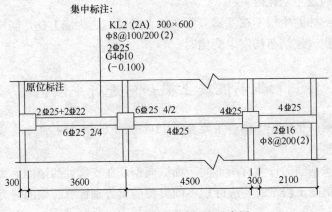

图 4-43　梁钢筋平法标注示意图

（1）集中标注信息主要内容

1）梁编号：KL2（2A）表示编号为第 2 号框架梁，共有 2 跨（不含悬挑端），一端有悬挑。

2）梁截面尺寸：当梁为等截面梁时，用 $b \times h$ 表示；300mm×600mm 表示梁的截面宽度为 300mm，截面高度为 600mm。当梁为竖向加腋梁时，用 $b \times h$ GY$c_1 \times c_2$ 表示，其中 c_1 为腋长，c_2 为腋高，见图 4-40 所示。当为水平加腋梁时，一侧加腋时用 $b \times h$ PY$c_1 \times c_2$ 表示，其中 c_1 为腋长，c_2 为腋宽；加腋部位在水平图中可知，如图 4-45 所示。当有悬挑梁且根部和端部的高度不同时，用斜线分隔根部与端部的高度值，即为 $b \times h_1 / h_2$，如图 4-46 所示。

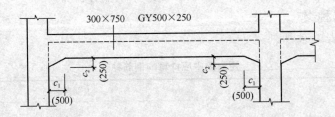

图 4-44　竖向加腋截面注写示意图

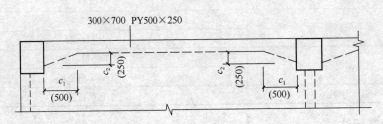

图 4-45　水平加腋截面注写示意图

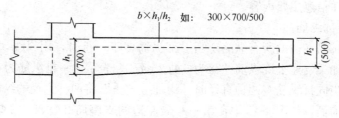

图 4-46 悬挑梁不等高截面注写示意图

3）箍筋信息：包括钢筋级别、直径、加密区与非加密区间距及肢数，箍筋加密区与非加密区的不同间距及肢数用斜线"/"分隔；当梁箍筋为同一种间距及肢数相同时，则将肢数注写一次；箍筋肢数应写在括号内。加密区范围见相应抗震等级的标准构造详图。

Φ8@100/200（2），表示箍筋为 HPB300 钢筋，直径Φ8，加密区间距为 100，非密区间距为 200，两肢箍。如果标注的箍筋是Φ8@100（4）/150（2），表示箍筋为 HPB300 钢筋，直径Φ8，加密区间距为 100，四肢箍；非加密区间距为 150，两肢箍。

当抗震设计中的非框架梁、悬挑梁、井字梁，及非抗震设计中的各类梁采用不同的箍筋间距及肢数时，也用斜线"/"分隔。注写时，先注写梁支座端部的箍筋（包括箍筋的箍数、钢筋级别、直径、间距与肢数），在斜线后注写梁跨中部分的箍筋间距及肢数，13Φ10@150/200（4），表示箍筋为 HPB300 钢筋，直径为Φ10；梁的两端各有 13 个四肢箍，间距为 150；梁跨中部分间距为 200，四肢箍。

4）梁上部通长筋或架立筋配置。当同排纵筋中既有通长筋又有架立筋时，应用加号"+"将通长筋和架立筋相连。角部纵筋写在加号前面，架立筋写在加号后面的括号内，当全部采用架立筋时，则将其写入括号内。2Φ22＋（4Φ12）表示：2Φ22 为通长筋，4Φ12 为架立筋。如果梁中只有上部通长筋，没有下部通长筋和架立筋时，在集中标注中只表示上部通长筋：如图 4-39 中，只有上部有通长筋为 2Φ25；没有架立筋和下部通长筋。

如果梁上部既有上部通长筋也有下部通长筋，则二者用分号隔开。若在集中标注中"2Φ25；3Φ22"表示梁的上部配置 2Φ25 的通长筋，梁的下部配置 3Φ22 的通长筋。

5）侧面纵向构造钢筋或受扭钢筋及拉筋。

当梁腹板高度 $h_w \geqslant 450mm$ 时，需配置纵向构造钢筋，以大写字母 G 打头，接续注写配置在梁两个侧面的总配筋值，且对称配置。G4Φ10，表示梁的两个侧面共配置 4Φ10 的纵向构造钢筋，每侧各配置 2Φ10。当梁的侧面需配置受扭纵向钢筋时，以大写字母 N 打头，接续注写配置在梁两个侧面的总配筋值，且对称配置。受扭纵向钢筋应满足梁侧面纵向构造钢筋的间距要求，且不再重复配置纵向构造钢筋。

N6Φ22，表示梁的两个侧面共配置 6Φ22 的受扭纵向钢筋，每侧各配置 3Φ22。当为梁侧面构造钢筋时，其搭接与锚固长度可取为 $15d$；当为梁侧面受扭纵向钢筋时，其搭接长度为 l_l 或 l_{lE}（抗震），锚固长度为 l_a 或 l_{aE}（抗震）；其锚固方式同框架梁下部纵筋。

6）梁顶标高高差。梁顶面标高高差，系指相对于结构层楼面标高的高差值，对于位于结构夹层的梁，则指相对于结构夹层楼面标高的高差。有高差时，需将其写入括号内，无高差时不注。当梁的顶面高于所在结构层的楼面标高时，其标高高差为正值，反之为负值。如图 4-43 中标注的（－0.100）表示该梁顶面标高相对于该结构层楼面标高低 0.1m。

（2）原位标注信息主要内容

1）梁支座上部纵筋。

该部位含通长筋在内的所有纵筋。当上部纵筋多于一排时，用斜线"/"将各排纵筋自上而下分开。如梁支座上部纵筋注写为6Φ25 4/2，表示上一排纵筋为4Φ25，下一排纵筋为2Φ25。当同排纵筋有两种直径时，用加号"＋"将两种直径的纵筋相连，注写时将角部纵筋写在前面。如图4-43中在第一跨最左边的支座筋2Φ25＋2Φ22，这里要注意的是2Φ25是上部通长筋，放在角部，这里的多出的支座负筋是2Φ22，放在中部。这四根钢筋均在同一排。当梁中间支座两边的上部纵筋不同时，须在支座两边分别标注；当梁中间支座两边的上部纵筋相同时，可仅在支座的一边标注配筋值，另一边省去不注。

2）梁下部钢筋。当下部纵筋多于一排时，用斜线"/"将各排纵筋自上而下分开。如图4-43中梁下部钢筋，在第一跨有6Φ25 4/2的钢筋，表示最下面一排有4Φ25的钢筋，再往上一排有2Φ25的钢筋。这里的6Φ25和第二跨的4Φ25的钢筋并不通长，在二者中间的支座处锚固。当同排纵筋有两种直径时，用加号"＋"将两种直径的纵筋相联，注写时将角部纵筋写在前面。当梁的下部纵筋不全部伸入支座时，将梁支座下部纵筋减少的数量写在括号内。如梁下部纵筋注写为6Φ25 2（－2）/4，表示上一排纵筋为2Φ25，且不伸入支座；下一排纵筋为4Φ25，全部伸入支座。梁下部纵筋如果注写为2Φ25＋3Φ22（－3）/5Φ25，表示上排纵筋为2Φ25和3Φ22，其中3Φ22不伸入支座；下一排纵筋为5Φ25，全部伸入支座。当梁的集中标注中已注写了梁上部和下部均为通长的纵筋值时，则不需在梁下部重复做原位标注。

3）吊筋和附加箍筋

当主次梁相交时，有时需要设置吊筋和附加箍筋。吊筋直接用引线注写总配筋值，附加箍筋直接将其画在主梁上，并用引线直接注写出总根数、肢数、间距和钢筋直径等信息。

4.64 楼层框架梁纵筋在端支座锚固时，如何判断直锚或弯锚？

根据《混凝土结构设计规范》（GB 50010—2010）第9.3.4条规定：框架梁上部纵向钢筋伸入中间层端节点的锚固长度：（1）当采用直线锚固形式时，不应小于l_a，且应伸过柱中心线，伸过的长度不宜小于$5d$，d为梁上部纵向钢筋的直径。（2）当柱截面尺寸不满足直线锚固要求时，梁上部纵向钢筋可采用钢筋端部加机械锚头的锚固方式。梁上部纵向钢筋宜伸至柱外侧纵向钢筋内边，包括机械锚头在内的水平投影锚固长度不应小于$0.4l_{ab}$。（3）梁上部纵向钢筋也可采用90°弯折锚固的方式，此时梁上部纵向钢筋应伸至柱外侧纵向钢筋内边并向节点内弯折，其包含弯弧在内的水平投影长度不应小于$0.4l_{ab}$，弯折钢筋在弯折平面内包含弯弧段的投影长度不应小于$15d$（图4-47）。

根据11G101-1第79页抗震楼层框架梁纵向钢筋构造，如图4-48、图4-49所示。

（1）首先判断是否直锚或弯锚：

1）当（支座宽－保护层厚度）$<l_{aE}$或$<0.5h_c+5d$时，钢筋在端支座处弯锚。

l_{aE}为纵向钢筋最小锚固长度要求，h_c为沿着梁长度方向柱的宽度，d为梁纵筋直径。

按照图4-47（b）所示，梁纵筋应伸至柱外边（柱纵筋内侧）下弯$15d$。

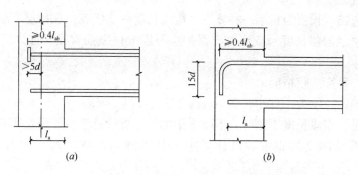

图 4-47　梁上部纵向钢筋在中间层端节点内的锚固

（a）钢筋端部加锚头锚固；（b）钢筋末端90°弯折锚固

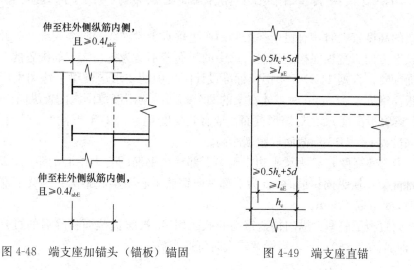

图 4-48　端支座加锚头（锚板）锚固　　　　图 4-49　端支座直锚

2）当（支座宽－保护层厚度）$\geqslant l_{aE}$时且$\geqslant 0.5h_c + 5d$时，钢筋在端支座处直锚。

（2）如果是弯锚，从什么地方开始下弯？

根据图 4-47 可以看出，对于上部纵筋来说，直锚水平段的长度不能小于$0.4l_{aE}$，也就是说在$\geqslant 0.4l_{aE}$时都可以下弯，作为梁端支座的框架柱，从过柱中线$5d$到柱外侧纵筋的内侧的区域是一个"竖向锚固带"。梁受拉纵筋在端支座锚固的原则是：要满足弯锚直段$\geqslant 0.4l_{aE}$，弯钩段为$15d$，且应进入边柱的"竖向锚固带"，同时应使得钢筋弯钩不与柱纵筋平行接触。梁的纵筋只要伸进边柱的"竖向锚固带"，就可以弯锚，而不必一直伸到柱外侧去。

对于下部纵筋来说，直弯锚的规定与上部纵筋相同，只是多了一条规定，弯锚时伸至柱外边（柱纵筋内侧），也就是说，在计算下部纵筋时，在满足直锚段$\geqslant 0.4l_{aE}$后，尽量按伸至柱外边计算。

（3）如果是弯锚，是否需要满足$0.4l_{aE} + 15d \geqslant l_{aE}$？

首先要明确的概念是l_{aE}是直锚长度标准。当弯锚时，在弯折点处钢筋的锚固机理发生本质的变化。所以，不应以l_{aE}作为衡量弯锚总长度的标准。也就是说不能把$0.4l_{aE} +$

$15d$ 和 l_{aE} 进行比较。

（4）如果弯锚，长度为：第一种算法：弯锚长度＝支座宽－保护层厚度＋15d；

第二种算法：弯锚长度＝支座宽－保护层厚度－柱纵筋直径－柱纵筋与梁纵筋净距（25mm）。

其中，第二种算法较精确。

如果是直锚，长度为：直锚长度＝max $\{l_{aE}, 0.5h_c+5d\}$

应注意的是：直段长度不足时，不得采用加长弯折段补偿总锚固长度的做法。对于非抗震框架梁下部纵向受力钢筋，当计算中不利用钢筋的强度时，伸入支座内长度可为 $12d$。

4.65 梁什么情况下需要配置腰筋？有何构造要求？

当梁的高度较大时，有可能在梁侧面产生垂直于梁轴线的收缩裂缝，为此应在梁的两侧沿梁长度方向布置纵向构造钢筋。梁中的腰筋若不是为抗扭需要而配置的，一般是按构造要求而配置。根据 11G101-1 国家标准设计图集中的要求应在梁平法图中标注腰筋。当梁的腹板高度 $h_w \geqslant 450mm$ 时，才在梁的两个侧面沿梁高度范围内配置纵向构造钢筋。

（1）梁腹板高度 h_w：对矩形截面，取有效高度 h_0；对于 T 形截面，取有效高度 h_0 减去翼缘高度 h_f；对于 I 形截面取腹板净高。

（2）梁有效高度 h_0：为梁上边缘至梁下部受拉钢筋的合力中心的距离，即 $h_0 = h - s$；当梁下部配置单层纵向钢筋时，s 为下部纵向钢筋中心至梁底距离；当梁下部配置两层纵向钢筋时，s 可取 70mm。

（3）梁腹板配筋率：纵向构造钢筋的截面积 A_s 被腹板截面积除后的百分率不应小于 0.1％，即 $A_s/bh_w \geqslant 0.1\%$，当梁宽较大时可适当放宽。

4.66 梁的侧面构造钢筋和受扭钢筋的锚固长度是否相同？

侧面纵筋包括构造钢筋和受扭钢筋。

当梁腹板高度 $\geqslant 450mm$ 时，需配置纵向构造钢筋，以 G 表示，注写设置在梁两侧的总配筋数，且对称配置。G4Φ12，表示梁的两个侧面共配置 4Φ12 的纵向构造钢筋，每侧各配置 2Φ12。构造钢筋的搭接与锚固长度可取为 $15d$。

当梁侧面需要配置受扭钢筋时，以 N 表示。N6Φ12，表示梁的两个侧面共配置 6Φ12 的受扭纵向钢筋，每侧各配置 3Φ12。受扭钢筋的搭接长度为 l_l 或 l_{lE}（抗震），锚固长度为 l_a 或 l_{aE}（抗震）；其锚固方式同框架梁下部纵筋。

梁宽 $\leqslant 350mm$ 时，拉筋直径为 6mm，梁宽 $> 350mm$ 时，拉筋直径为 8mm。拉筋间距为非加密区箍筋间距的两倍。当设有多排拉筋时，上下两排拉筋竖向错开设置，如图 4-50 所示。

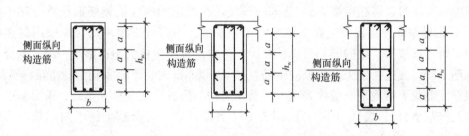

图 4-50　梁侧面纵向钢筋和拉筋

4.67　混凝土梁中纵向钢筋在何处可以连接?

根据《混凝土结构施工钢筋排布规则与构造详图（现浇混凝土框架、剪力墙、框架—剪力墙）》（12G901-1）的图集的规定，对于框架梁与非框架梁纵向钢筋连接范围如图 4-51、图 4-52 所示。

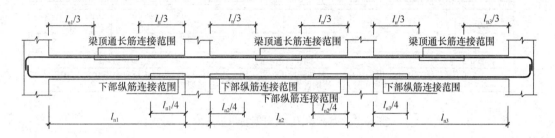

图 4-51　框架梁纵向钢筋连接接头允许范围

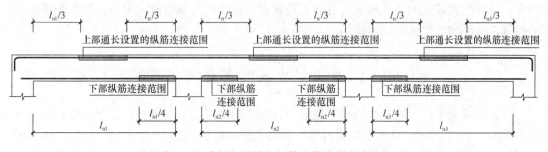

图 4-52　非框架梁纵向钢筋连接接头允许范围

图中：跨度值 l_{ni} 为净跨长度，l_n 为支座处左跨 l_{ni} 和右跨 $l_{ni}+1$ 之较大值，其中 $i=1$，2，3，……。钢筋连接区段长度：绑扎搭接为 $1.3 l_{lE}$（l_l），机械连接为 $35d$，焊接连接为 $35d$ 且不小于 500mm。凡接头中点位于连接区段长度内的连接接头均属于同一连接区段。当连接钢筋的直径不同时，绑扎搭接的钢筋连接区段计算各搭接钢筋搭接长度的较大值，机械连接或焊接连接的钢筋连接区段计算各连接钢筋直径的较大值。当不同直径的钢筋绑扎搭接时，搭接长度按较小直径计算。梁上部设置的通长纵筋可在梁跨中图示范围内连接，在此范围内相邻纵筋连接接头应相互错开，位于同一连接区段纵向钢筋接头面积百分率不应大于 50%。梁下部纵筋、侧面纵筋可在中间支座锚固或贯穿中间支座。梁下部纵筋贯穿中间支座时，可在梁端 $l_{ni}/4$ 范围内连接，在此范围内连接钢筋面积百分率不应大于 50%，相邻钢筋连接接头应在支座左右错开设置。当有抗震要求时，应采用等强度高质量的机械连接接头。梁的同一根纵筋在同一跨内设置连接接头不得多于一个。悬臂梁的纵向钢筋不得设置连接接头。梁纵向钢筋直径 $d>28\text{mm}$ 时，不宜采用绑扎搭接接头。

根据《混凝土结构平面整体表示方法制图规则与构造详图（独立基础、条形基础、筏形基础及桩基承台）》（11G101-3）的图集 P71 页的规定：对于基础梁纵向钢筋与箍筋的构造，如图 4-53 所示。

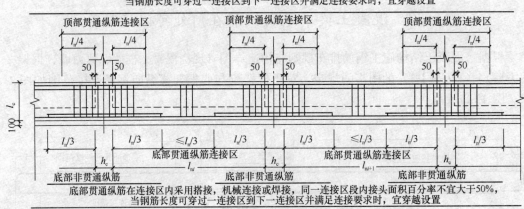

图 4-53　基础梁 JL 纵向钢筋与箍筋构造

说明：跨度值 l_n 为左跨 l_{ni} 和右跨 l_{ni+1} 之最大值。当两毗邻跨的底部贯通纵筋配置不同时，应将配置较大的一跨的底部贯通纵筋越过其标注的跨数终点或起点，伸至配置较小的毗邻跨的跨中连接区进行连接。

4.68　混凝土梁中的拉筋如何排布？

根据《混凝土结构施工钢筋排布规则与构造详图（现浇混凝土框架、剪力墙、框架—剪力墙）》（12G901-1）的图集相应内容，混凝土梁中的拉筋排布如图 4-54 所示。在不同配置要求的箍筋区域分界处应设置一道分界箍筋，分界箍筋应按相邻区域配置。梁的第一道箍筋距柱支座边缘为 50mm。梁两侧腰筋用拉筋拉结，拉筋应同时钩住腰筋与箍筋。梁宽≤350mm 时，拉筋直径为 6mm；梁宽>350mm 时，拉筋直径为 8mm。拉筋间距为非加密区箍筋间距的 2 倍，且≤600mm。当梁侧向拉筋多于一排时，相邻上下排拉筋应错开设置。弧形梁箍筋加密区范围按梁宽度中心线展开计算，箍筋间距按凸面量度。纵向钢筋搭接长度范围内的箍筋间距≤5d（d 为搭接钢筋较小直径），且≤100mm。

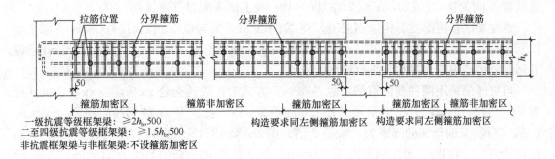

一级抗震等级框架梁：≥2h_b,500
二至四级抗震等级框架梁：≥1.5h_b,500
非抗震框架梁与非框架梁：不设箍筋加密区

图 4-54 梁箍筋拉筋排布构造详图

4.69 钢筋混凝土有梁楼盖如何进行平法识图？

根据 11G101-1 规定内容，有梁楼盖是指以梁为支座的楼面与屋面板。有梁楼盖平法施工图，系在楼面板和屋面板布置图上，采用平面注写的表达方式。板平面注写主要包括板块集中标注和板支座原位标注。为方便设计表达和施工识图，规定结构平面的坐标方向为：（1）当两向轴网正交布置时，图面从左至右为 X 向，从下至上为 Y 向；（2）当轴网转折时，局部坐标方向顺轴网转折角度做相应转折；（3）当轴网向心布置时，切向为 X 向，径向为 Y 向。

1. 板块集中标注

板块集中标注的内容为：板块编号、板厚、贯通纵筋，以及当板面标高不同时的标高高差。

对于普通楼面，两向均以一跨为一板块；对于密肋楼盖，两向主梁（框架梁）均以一跨为一板块（非主梁密肋不计）。所有板块逐一编号，相同编号的板块可择其一做集中标注，其他仅注写置于圆圈内的板编号，以及当板面标高不同时的标高高差。板块编号按表 4-32 的规定。

板 块 编 号　　　　　　　　　　表 4-32

板 类 型	代 号	序 号
楼面板	LB	××
屋面板	WB	××
悬挑板	XB	××

板厚注写为 $h=××$（为垂直于板面的厚度）；当悬挑板的端部改变截面厚度时，用斜线分隔根部与端部的高度值，注写为 $h=××/××$；当设计已在图注中统一注明板厚时，此项不注。

贯通纵筋按板块的下部和上部分别注写，并以 B 代表下部，以 T 代表上部，B&T 代表下部与上部；X 向贯通纵筋以 X 打头，Y 向贯通纵筋以 Y 打头，两向贯通纵筋配置相同时则以 X&Y 打头。当为单向板时，分布筋可不注写，而在图中统一注明。如：LB5 h=110 B：X Φ 12@120；Y Φ 10@110，表示 5 号楼面板，板厚110mm，板下部配置的贯通纵筋 X 向为 Φ 12@120，Y 向为 Φ 10@110；板上部未配置贯通纵筋。

当在某些板内配置有构造钢筋时，则 X 向以 Xc，Y 向以 Yc 打头注写。如：XB2 h＝150/100 B：Xc&YcΦ 8@200，表示 2 号悬挑板，板根部厚 150mm，端部厚 100mm，板下部配置构造钢筋双向均为 Φ 8@200。

当贯通筋采用两种规格钢筋"隔一布一"方式时，表达为 Φ xx/yy@xxx，表示直径为 xx 的钢筋和直径为 yy 的钢筋二者之间间距为 xxx，直径为 xx 的钢筋的间距为 xxx 的 2 倍，直径 yy 的钢筋的间距为 xxx 的 2 倍。例如：Φ 12/10@120，表示直径为 12 的钢筋和直径为 10 的钢筋二者之间间距为 120mm，直径为 12 的钢筋的间距为 240mm，直径 yy 的钢筋的间距为 240mm。

板面标高高差，系指相对于结构层楼面标高的高差，应将其注写在括号内，有高差则注，无高差不注。

单向或双向连续板的中间支座上部同向贯通纵筋，不应在支座位置连接或分别锚固。当相邻两跨的板上部贯通纵筋配置相同，且跨中部位有足够空间连接时，可在两跨任意一跨的跨中连接部位连接；当相邻两跨的上部贯通纵筋配置不同时，应将配置较大者越过其标注的跨数终点或起点伸至相邻跨的跨中连接区域连接。

2. 板支座原位标注

板支座原位标注的内容为：板支座上部非贯通纵筋和悬挑板上部受力钢筋。板支座原位标注的钢筋，应在配置相同跨的第一跨表达。在配置相同跨的第一跨，垂直于板支座绘制一段适宜长度的中粗实线，以该线段代表支座上部非贯通纵筋，并在线段上方注写钢筋编号、配筋值、横向连续布置的跨数，以及是否横向布置到梁的悬挑端。

板支座上部非贯通筋自支座中线向跨内的伸出长度，注写在线段的下方位置。当中间支座上部非贯通纵筋向支座两侧对称伸出时，可仅在支座一侧线段下方标注伸出长度，另一侧不注，如图 4-55 所示。当向支座两侧非对称伸出时，应分别在支座两侧线段下方注写伸出长度，如图 4-56 所示。线段画至对边贯通全跨或贯通全悬挑长度的上部通长纵筋，贯通全跨或伸出至全悬挑一侧的长度值不注，只注明非贯通筋另一侧的伸出长度值，如图 4-57 所示。

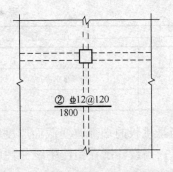

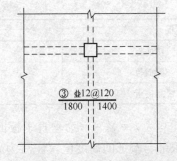

图 4-55　板支座上部非贯通筋对称伸出　　　图 4-56　板支座上部非贯通筋非对称伸出

当板的上部已配置有贯通纵筋，但需增配板支座上部非贯通纵筋时，应结合已配置的同向贯通纵筋的直径与间距采取"隔一布一"方式配置。"隔一布一"方式，为非贯通纵筋的标注间距与贯通纵筋相同，两者组合后的实际间距为各自标注间距的 1/2。当设定贯

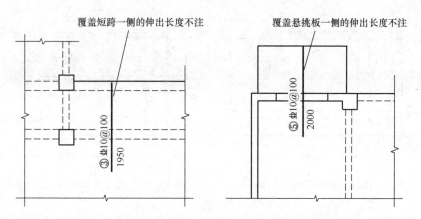

图 4-57　板支座非贯通筋贯通全跨或伸出至悬挑端

通纵筋为纵筋总截面面积的 50％时，两种钢筋应取相同直径；当设定贯通纵筋大于或小于总截面面积的 50％时，两种钢筋则取不同直径。如：板上部已配置贯通纵筋Φ 12@250，该跨同向配置的上部支座非贯通纵筋为⑤Φ 12@250，表示在该支座上部设置的纵筋实际为Φ 12@125，其中 1/2 为贯通纵筋，1/2 为⑤号非贯通纵筋。

当支座一侧设置了上部贯通纵筋，而在支座另一侧仅设置了上部非贯通纵筋时，如果支座两侧设置的纵筋直径、间距相同，应将二者连通，避免各自在支座上部分别锚固。

板上部纵向钢筋在端支座（梁或圈梁）的锚固要求，根据图集标准构造详图规定：当设计按铰接时，平直段伸至端支座对边后弯折，且平直段长度≥$0.35l_{ab}$，弯折段长度 15d（d 为纵向钢筋直径）；当充分利用钢筋的抗拉强度时，直段伸至端支座对边后弯折，且平直段长度≥$0.6l_{ab}$，弯折长度为 15d。

板纵向钢筋的连接可采用绑扎搭接、机械连接或焊接，其连接位置参见 11G101-1 图集 P93 的规定。当板纵向钢筋采用非接触方式的绑扎搭接连接时，其搭接部位的钢筋净距不宜小于 30mm，且钢筋中心距不应大于 0.2l_l 及 150mm 的较小者。

4.70　如何理解双向板及单向板？

双向板和单向板是根据板周边的支承情况及板的长度方向与宽度方向的比值确定的，而不是根据整层楼面的长度与宽度的比值来确定。

（1）两对边支承的板为单向板。

（2）四边支承的板，当长边与短边的比值小于或等于 2 时，为双向板。

（3）四边支承的板，当长边与短边的比值大于 2 而小于 3 时，也可按双向板。

（4）四边支承的板，当长边与短边的比值大于或等于 3 时，为单向板。

双向板由于板在中点的变形协调一致，所以短方向的受力会比长方向大，施工图设计文件中一般会要求下部短方向钢筋在下，而长方向的钢筋在上；板上部受力也是短方向比长方向大，所以要求上部钢筋短方向在上，而长方向在下（图 4-58）。

四边支承的单向楼板下部短方向配置受力钢筋，长方向配置构造钢筋或分布钢筋。两对边支承的板，支承方向配置受力钢筋，另一方向配置分布钢筋（图 4-59）。

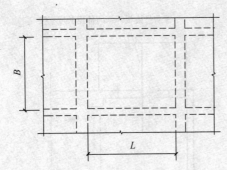

图 4-58 四边支承双向板（$L/B \leqslant 2$）

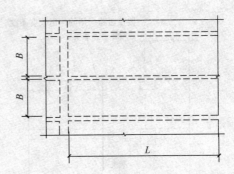

图 4-59 四边支承单向板（$L/B \geqslant 3$）

4.71 钢筋混凝土板在钢筋计算时的常用公式？

普通混凝土板应计算的钢筋可通过以下计算公式：

1. 普通板底筋计算

（1）底筋长度：底筋长度＝净跨＋伸进长度×2＋弯钩×2

1）当板的端支座为框架梁时：

底筋长度＝净跨＋左右伸进支座长度 max（框梁支座宽/2，5d）＋弯钩×2

2）当板的端支座为剪力墙时：

底筋长度＝净跨＋左右伸进支座长度 max（墙支座宽/2，5d）＋弯钩×2

3）当板的端支座为圈梁时：

底筋长度＝净跨＋左右伸进支座长度 max（圈梁支座宽/2，5d）＋弯钩×2

4）当板的端支座为砌体墙时：

底筋长度＝净跨＋左右伸进支座长度 max（120，板厚）＋弯钩×2

（2）底筋根数

情况一：底筋根数＝（净跨−50×2）/板筋间距＋1

情况二：底筋根数＝（净跨−保护层×2）/板筋间距＋1

情况三：底筋根数＝（净跨＋保护层×2＋左梁角筋 1/2 直径＋右梁角筋 1/2 直径−板筋间距）/板筋间距＋1

2. 面筋计算

（1）端支座负筋

1）端支座负筋长度：端支座负筋长度＝锚入长度＋弯钩＋板内净尺寸＋弯折长度

情况一：锚入支座长度＝锚固长度 l_{aE}

①当弯折长度＝板厚−保护层×2 时：

端支座负筋长度＝（锚固长度 l_{aE}＋弯钩）＋（板内净长）＋（板厚−保护层×2）

②当弯折长度＝板厚−保护层时：

端支座负筋长度＝（锚固长度 l_{aE}＋弯钩）＋（板内净长）＋（板厚−保护层）

情况二：锚入支座长度＝$0.4l_a$＋15d

①当弯折长度＝板厚−保护层×2 时，端支座负筋长度＝（$0.4l_a$＋15d＋弯钩）＋

（板内净长）＋（板厚－保护层×2）

②当弯折长度＝板厚－保护层时，端支座负筋长度＝（0.4l_a＋15d＋弯钩）＋（板内净长）＋（板厚－保护层）

2）板端负筋根数

情况一：负筋根数＝（净跨－50×2）/板筋间距＋1

情况二：负筋根数＝（净跨－保护层×2）/板筋间距＋1

情况三：负筋根数＝（净跨＋保护层×2＋左梁角筋1/2直径＋右梁角筋1/2直径－板筋间距）/板筋间距＋1

（2）端支座负筋分布筋

1）端支座负筋分布筋长度

情况一：分布筋和负筋参差150mm

①分布筋带弯钩

分布筋长度＝轴线（或净跨）长度－负筋标注长度×2＋150×2＋弯钩×2

②分布筋不带弯钩

分布筋长度＝轴线（或净跨）长度－负筋标注长度×2＋150×2

情况二：分布筋＝轴线长度

①分布筋带弯钩：分布筋长度＝轴线长度＋弯钩×2

②分布筋不带弯钩：分布筋长度＝轴线长度

2）端支座负筋分布筋根数

情况一：负筋分布筋根数＝负筋板内净尺寸/分布筋间距（向上取整）

情况二：负筋分布筋根数＝负筋板内净尺寸/分布筋间距＋1（向上取整）

（3）中间支座负筋

1）中间支座负筋长度：中间支座负筋长度＝标注长度＋弯折长度×2

情况一：弯折长度＝板厚－保护层×2

中间支座负筋长度＝标注长度＋（板厚－保护层×2）×2

情况二：弯折长度＝板厚－保护层

中间支座负筋长度＝标注长度＋（板厚－保护层）×2

2）中间支座负筋根数

情况一：中间支座负筋根数＝（净跨－50×2）/板筋间距＋1

情况二：中间支座负筋根数＝（净跨－保护层×2）/板筋间距＋1

情况三：中间支座负筋根数＝（净跨＋保护层×2＋左梁角筋1/2直径＋右梁角筋1/2直径－板筋间距）/板筋间距＋1

（4）中间支座负筋分布筋

1）中间支座负筋分布筋长度

情况一：分布筋和负筋参差150mm

①分布筋带弯钩

分布筋长度＝轴线（或净跨）长度－负筋标注长度×2＋150×2＋弯钩×2

②分布筋不带弯钩

分布筋长度＝轴线（或净跨）长度－负筋标注长度×2＋150×2

情况二：分布筋＝轴线长度

①分布筋带弯钩：分布筋长度＝轴线长度＋弯钩×2

②分布筋不带弯钩：分布筋长度＝轴线长度

2）中间支座负筋分布筋根数

情况一：根数＝布筋范围/间距

中间支座负筋分布筋根数＝（布筋范围1/分布筋间距）＋（布筋范围2/分布筋间距）（向上取整）

情况二：根数＝布筋范围/间距＋1

中间支座负筋分布筋根数＝（布筋范围1/分布筋间距＋1）＋（布筋范围2/分布筋间距＋1）（向上取整）

3. 温度筋

为了防止板受热胀冷缩而产生裂缝，通常在板的上部负筋中间位置布置温度筋。

（1）温度筋长度：当负筋标注到支座中心线时，温度筋长度＝两支座中心线长度－负筋标注长度×2＋参差长度150×2＋弯钩×2

（2）温度筋根数：当负筋标注到支座中心线时，温度筋根数＝（两支座中心线长度－负筋标注长度×2）/温度筋间距－1

4.72 剪力墙钢筋如何进行平法识图？

（1）剪力墙应计算的钢筋种类

剪力墙主要有墙身、墙柱、墙梁、洞口四大部分构成，其中墙身钢筋包括水平筋、垂直筋、拉筋和洞口加强筋；墙柱包括暗柱和端柱两种类型，其钢筋主要有纵筋和箍筋；墙梁包括暗梁、连梁、边框梁等，其钢筋主要有纵筋和箍筋，见表4-33所列。

剪力墙中应计算的钢筋种类 表 4-33

墙身钢筋	水平钢筋	外侧钢筋、内侧钢筋
	垂直钢筋	基础层、中间层、顶层
	拉筋	
墙柱钢筋	端柱钢筋	主筋、箍筋
	暗柱钢筋	主筋、箍筋
墙梁钢筋	连梁	主筋、箍筋
	暗梁	主筋、箍筋
	边框梁	主筋、箍筋
洞口钢筋	洞口加强筋	

（2）剪力墙的平法识图详见《混凝土结构施工图平面整体表示方法制图规则和构造详图（现浇混凝土框架、剪力墙、梁、板）》（11G101-1），剪力墙平法施工图是在剪力墙平面布置图上采用列表注写方式或截面注写方式表达。

1）列表注写方式

列表注写方式，系分别在剪力墙柱表、剪力墙身表和剪力墙梁表中，对应于剪力墙平面布置图上的编号，用绘制截面配筋图并注写几何尺寸与配筋具体数值的方式来表达。

编号规定：将剪力墙柱、剪力墙身、剪力墙梁三类构件分别编号。

①墙柱编号，由墙柱类型代号和序号组成，表达形式见表 4-34 的规定。

墙 柱 编 号   表 4-34

墙柱类型	代 号	序 号
约束边缘构件	YBZ	××
构造边缘构件	GBZ	××
非边缘暗柱	AZ	××
扶壁柱	FBZ	××

约束边缘构件包括约束边缘暗柱、约束边缘端柱、约束边缘翼墙、约束边缘转角墙四种。构造边缘构件包括构造边缘暗柱、构造边缘端柱、构造边缘翼墙、构造边缘转角墙四种。

在剪力墙柱表中表达的内容：墙柱编号，注写各段墙柱的起止标高，自墙柱根部往上以变截面位置或截面未变但配筋改变处为界分段注写。示例见表 4-35 所列，墙柱根部标高一般指基础顶面标高（部分框支剪力墙结构则为框支梁顶面标高）。注写各段墙柱的纵向钢筋和箍筋，注写值应与在表中绘制的截面配筋图对应一致。纵向钢筋标注总配筋值；墙柱箍筋的注写方式与柱箍筋相同。约束边缘构件除注写阴影部位的箍筋外，尚需在剪力墙平面布置图中注写非阴影区内布置的拉筋（或箍筋）。

剪力墙柱表示例   表 4-35

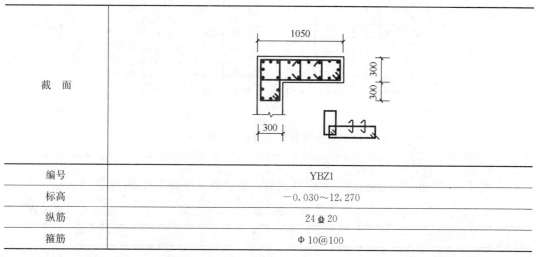

截 面	
编号	YBZ1
标高	−0.030～12.270
纵筋	24 Φ 20
箍筋	Φ 10@100

②墙身编号，由墙身代号、序号以及墙身所配置的水平与竖向分布钢筋的排数组成，其中，排数注写在括号内。表达方式：QXX（X 排）。当墙身所设置的水平与竖向分布钢筋的排数为 2 时可不注。对于分布钢筋网的排数规定：非抗震：当剪力墙厚度大于160mm 时，应配置双排；当其厚度不大于 160mm 时，宜配置双排。抗震：当剪力墙厚度不大于 400mm 时，应配置双排；当剪力墙厚度大于 400mm，但不大于 700mm 时，宜配置三排；当剪力墙厚度大于 700mm 时，宜配置四排。当剪力墙配置的分布钢筋多于两排

时，剪力墙拉筋两端应同时勾住外排水平纵筋和竖向钢筋，还应与剪力墙内排水平纵筋和竖向纵筋绑扎在一起。剪力墙身表见表 4-36 所列。

剪力墙身表   表 4-36

编号	标　　高	墙厚(mm)	水平分布筋	垂直分布筋	拉筋（双向）
Q1	−0.030～30.270	300	Φ 12@200	Φ 12@200	Φ 6@600@600
	30.270～59.070	250	Φ 10@200	Φ 10@200	Φ 6@600@600
Q2	−0.030～30.270	250	Φ 10@200	Φ 10@200	Φ 6@600@600
	30.270～59.070	200	Φ 10@200	Φ 10@200	Φ 6@600@600

注写水平分布钢筋、竖向分布钢筋和拉筋的具体数值。注写数值为一排水平分布钢筋和竖向分布钢筋的规格与间距，具体设置几排已经在墙身编号后面表达。

拉筋应注明布置方式"双向"或"梅花双向"（图 4-60 中 a 为竖向分布钢筋间距，b 为水平分布钢筋间距）：剪力墙拉筋应在竖向分布筋和水平分布筋的交叉点，同时拉住竖向分布筋和水平分布筋；拉筋注写为 $Φ\,x@xa@xb$ 双向（或梅花双向），其间距 $@xa$ 表示拉筋水平间距为剪力墙竖向分布筋间距 a 的 x 倍、$@xb$ 表示拉筋竖向间距为剪力墙水平分布筋间距 b 的 x 倍；当所注写的拉筋直径、间距相同时，拉筋"梅花双向"布置的用钢量约为"双向"布置的两倍。

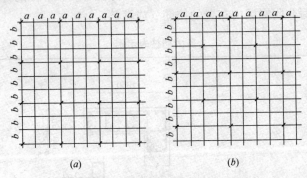

图 4-60 双向拉筋与梅花双向拉筋示意

(a) 拉筋@$3a3b$ 双向（$a⩽200mm$；$b⩽200mm$）；(b) 拉筋@$4a4b$ 梅花双向（$a⩽150mm$；$b⩽150mm$）

③墙梁编号，由墙梁类型代号和序号组成，表达形式见表 4-37 的规定。

墙　梁　编　号   表 4-37

墙梁类型	代　号	序　号
连梁	LL	××
连梁（对角暗撑配筋）	LL（JC）	××
连梁（交叉斜筋配筋）	LL（JX）	××
连梁（集中对角斜筋配筋）	LL（DX）	××
暗梁	AL	××
边框梁	BKL	××

在剪力墙梁表中表达的内容包括：墙梁编号；所在楼层号；墙梁顶面标高高差（指相对于墙梁所在结构层楼面标高的高差值，高于者为正值，低于者为负值，如果没有标注，表示无高差）。墙梁截面尺寸 $b \times h$，上部纵筋、下部纵筋和箍筋的具体数值，见表 4-38 的示例。

剪 力 墙 梁 表

表 4-38

编号	所在楼层号	梁顶相对标高高差（m）	梁截面 $b \times h$（mm）	上部纵筋	下部纵筋	箍 筋
LL1	2~9	0.800	300×2000	4Φ22	4Φ22	Φ10@100(2)
	10~16	0.800	250×2000	4Φ20	4Φ20	Φ10@100(2)
	屋面1		250×1200	4Φ20	4Φ20	Φ10@100(2)

当连梁设有对角暗撑时［代号为 LL（JC）XX］，注写连梁一侧对角斜筋的配筋值，并标注×2 表明对称设置；注写对角斜筋在连梁端部设置的拉筋根数、规格及直径，并标注×4 表示四个角都设置；注写连梁一侧折线筋配筋值，并标注×2 表明对称设置。当连梁设有集中对角斜筋时［代号为 LL（DX）XX］，注写一条对角线上的对角斜筋，并标注×2 表明对称设置。墙梁侧面纵筋的配置，当墙身水平分布钢筋满足连梁、暗梁及边框梁的梁侧面纵向构造钢筋的要求时，该筋配置同墙身水平分布钢筋，表中不注，施工按标准构造详图的要求即可；当不满足时，应在表中补充注明梁侧面纵筋的具体数值（其在支座内的锚固要求同连梁中受力钢筋）。

2）截面注写方式

截面注写方式是在分标准层绘制的剪力墙平面布置图上，以直接在墙柱、墙身、墙梁上注写截面尺寸和配筋具体数值的方式来表达剪力墙平法施工图。

选用适当比例原位放大绘制剪力墙平面布置图，其中对墙柱绘制配筋截面图；对所有墙柱、墙身、墙梁分别编号，并分别在相同编号的墙柱、墙身、墙梁中选择一根墙柱、一道墙身、一根墙梁进行注写，其注写方式按以下规定进行：

①从相同编号的墙柱中选择一个截面，注明几何尺寸，标注全部纵筋及箍筋的具体数值。

②从相同编号的墙身中选择一道墙身，按顺序引注的内容为：墙身编号（应包括注写在括号内墙身所配置的水平与竖向分布钢筋的排数）、墙厚尺寸，水平分布钢筋、竖向分布钢筋和拉筋的具体数值。

③从相同编号的墙梁中选择一根墙梁，按顺序引注的内容为：注写墙梁编号、墙梁截面尺寸 $b \times h$、墙梁箍筋、上部纵筋、下部纵筋和墙梁顶面标高高差的具体数值。

当墙身水平分布钢筋不能满足连梁、暗梁及边框梁的梁侧面纵向构造钢筋的要求时，应补充注明梁侧面纵筋的具体数值；注写时，以大写字母 N 打头，接续注写直径与间距。其在支座内的锚固要求同连梁中受力钢筋。如"NΦ10@150，表示墙梁两个侧面纵筋对称配置为：HRB400级钢筋，直径Φ10，间距为150"

4.73 剪力墙洞口的识图方法

根据《混凝土结构施工图平面整体表示方法制图规则和构造详图（现浇混凝土框架、剪力墙、梁、板）》（11G101-1）的规定：无论是列表注写方式还是截面注写方式，剪力墙上的洞口均可在剪力墙平面布置图上原位表达。在洞口中心位置引注：（1）洞口编号；（2）洞口几何尺寸；（3）洞口中心相对标高；（4）洞口每边补强钢筋，共四项内容。洞口编号：矩形洞口为 JDXX（XX 为序号）；圆形洞口为 YDXX（XX 为序号）。

洞口几何尺寸：矩形洞口为洞宽×洞高（$b \times h$）；圆形洞口为洞口直径 D；洞口中心相对标高，系相对于结构层楼（地）面标高的洞口中心高度。当其高于结构层楼面时为正值，低于结构层楼面时为负值。

洞口每边补强钢筋，分为以下几种不同情况：

（1）当矩形洞口的洞宽、洞高均不大于 800mm 时，此项注写为洞口每边补强钢筋的具体数值（如果按标准构造详图设置补强钢筋时可不注）。当洞宽、洞高方向补强钢筋不一致时，分别注写洞宽方向、洞高方向补强钢筋，以"/"分隔。如"JD2 400×300 +3.100 3 ⊈ 14"表示 2 号矩形洞口，洞宽 400，洞高 300，洞口中心距本结构层楼面 3100，洞口每边补强钢筋为 3 ⊈ 14。"JD3 400×300 +3.100"表示 3 号矩形洞口，洞宽 400，洞高 300，洞口中心距本结构层楼面 3100，洞口每边补强钢筋按构造配置。如"JD4 800×300 +3.100 3 ⊈ 18/3 ⊈ 14"表示 4 号矩形洞口，洞宽 800，洞高 300，洞口中心距本结构层楼面 3100，洞宽方向的补强钢筋为 3 ⊈ 18，洞高方向的补强钢筋为 3 ⊈ 14。

（2）当矩形或圆形洞口的洞宽或直径大于 800mm 时，在洞口的上、下需设置补强暗梁，此项注写为洞口上、下每边暗梁的纵筋与箍筋的具体数值（在标准构造详图中，补强暗梁梁高一律定为 400mm，施工时按标准构造详图取值，设计不注，当设计者采用与构造详图不同的做法时，应另行注明），圆形洞口时需注明环向加强钢筋的具体数值；当洞口上、下边为剪力墙连梁时，此项免注；洞口竖向两侧设置边缘构件时，亦不在此项表达（当洞口两侧不设置边缘构件时，设计者应绘出具体做法）如"JD 5 1800×2100 +1.800 6 ⊈ 20 φ8@150"，表示 5 号矩形洞口，洞宽 1800、洞高 2100，洞口中心距本结构层楼面 1800，洞口上下设补强暗梁，每边暗梁纵筋为 6 ⊈ 20，箍筋为 φ8@150。"JD 5 1000 +1.800 6 ⊈ 20 φ8@150 2 ⊈ 16"，表示 5 号圆形洞口，直径 1000，洞口中心距本结构层楼面 1800，洞口上下设补强暗梁，每边暗梁纵筋为 6 ⊈ 20，箍筋为 φ8@150，环向加强钢筋 2 ⊈ 16。

（3）当圆形洞口设置在连梁中部 1/3 范围（且圆洞直径不应大于 1/3 梁高）时，需注写在圆洞上下水平设置的每边补强纵筋与箍筋。

（4）当圆形洞口设置在墙身或暗梁、边框梁位置，且洞口直径不大于 300mm 时，此项注写为洞口上下左右每边布置的补强纵筋的具体数值。

（5）当圆形洞口直径大于 300mm，但不大于 800mm 时，其加强钢筋在标准构造详图中系按照圆外切正六边形的边长方向布置，设计仅需注写六边形中一边补强钢筋的具体数值。

4.74 剪力墙身竖向分布筋如何计算?

1. 基础插筋的计算

根据《混凝土结构施工图平面整体表示方法制图规则和构造详图（独立基础、条形基础、筏形基础及桩基承台）》（11G101-3）第58页的内容，墙体竖向钢筋应锚入下部基础中，当基础厚度 $h_j \leqslant l_{aE}$ 或 l_a 时，剪力墙竖向钢筋插至基础板底部支在底板钢筋网上，伸入基础内竖直段长度 $\geqslant 0.6l_{aE}$（$\geqslant 0.6l_a$），弯段长度为 $15d$，如图4-61所示。当基础厚度 $h_j > l_{aE}$ 或 l_a 时，剪力墙竖向钢筋插至基础板底部支在底板钢筋网上，弯段长度为 $6d$，如图4-62所示。长度＝伸出基础长度＋基础厚度－保护层厚度＋$15d$ 或长度＝伸出基础长度＋基础厚度－保护层厚度＋$6d$。

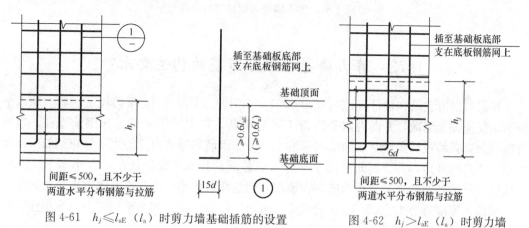

图4-61　$h_j \leqslant l_{aE}$（l_a）时剪力墙基础插筋的设置　　　图4-62　$h_j > l_{aE}$（l_a）时剪力墙基础插筋的设置

2. 中间层竖向钢筋的计算

根据《混凝土结构施工图平面整体表示方法制图规则和构造详图（现浇混凝土框架、剪力墙、梁、板）》（11G101-1）第70页剪力墙身竖向钢筋构造的内容，中间层钢筋连接构造如图4-63所示，长度＝层高－露出本层的高度＋伸出本层楼面外露长度＋与上层钢筋连接长度。

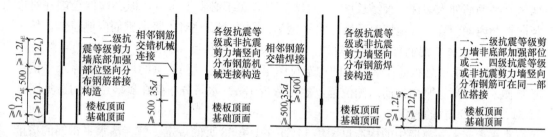

图4-63　剪力墙身竖向分布钢筋连接构造

3. 顶层竖向钢筋的计算

根据图集11G101-1第70页剪力墙身竖向钢筋构造的内容，顶层钢筋连接构造如图4-

64 所示，长度＝层高－露出本层的高度－保护层厚度＋12d。

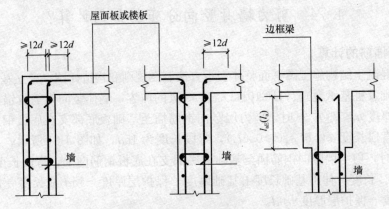

图 4-64 剪力墙竖向钢筋顶部构造

4.75 剪力墙身水平分布筋的构造要求？

根据《混凝土结构设计规范》（GB 50010—2010）第 10.5.12 条的规定：剪力墙水平分布钢筋应伸至墙端，并向内水平弯折 15d 后截断，其中 d 为水平分布钢筋直径，当剪力墙端部有翼墙或转角墙时，内墙两侧的水平分布钢筋和外墙内侧的水平分布钢筋应伸至翼墙或转角墙外边，并分别向两侧水平弯折后截断。其水平弯折长度不宜小于 15d 在转角墙处，外墙外侧的水平分布钢筋应在墙端外角处弯入翼墙并与翼墙外侧水平分布钢筋搭接，搭接长度应符合第 10.5.13 条的规定。带边框的剪力墙，其水平和竖向分布钢筋宜分别贯穿柱梁或锚固在柱梁内。

第 10.5.13 条的规定：剪力墙水平分布钢筋的搭接长度不应小于 1.2l_a，同排水平分布钢筋的搭接接头之间以及上下相邻水平分布钢筋的搭接接头之间沿水平方向的净间距不宜小于 500mm，剪力墙竖向分布钢筋可在同一高度搭接，搭接长度不应小于 1.2l_a。

水平分布筋在无暗柱时的构造见图集 11G101-1 第 68 页的规定。水平分布筋在暗柱中的构造见图集 11G101-1 第 68 页的规定。剪力墙的水平分布筋从暗柱纵筋的外侧插入暗柱，然后弯 10d 的直钩。水平分布筋在端柱中的构造见图集 11G101-1 第 69 页的规定。当墙体水平钢筋伸入端柱的直锚长度≥l_{aE}（l_a）时，可不必上下弯折，但必须伸至端柱对边竖向钢筋内侧位置。其他情况，墙体水平钢筋必须伸入端柱对边竖向钢筋内侧位置，然后弯折。剪力墙水平钢筋伸至端柱对边，并且保证直锚长度≥0.6l_{aE}（≥0.6l_a），然后弯 15d 的直钩。水平分布筋在端柱中的构造见图集 11G101-1 第 69 页的规定。墙体水平钢筋必须伸入端柱对边竖向钢筋内侧位置，然后弯折 15d。水平分布筋在翼墙中的构造见图集 11G101-1 第 69 页的规定。

水平分布筋在翼墙中的构造见图集 11G101-1 第 68 页的规定。剪力墙水平钢筋的搭接长度≥1.2l_{aE}（≥1.2l_a），沿高度每隔一根错开搭接，相邻两个搭接区之间错开的净距离≥500mm。

4.76　钢屋架编制清单时应注意什么问题？

根据《房屋建筑与装饰工程工程量计算规范》（GB 50854—2013）附录 F.2 钢屋架、钢托架、钢桁架、钢架桥中的规定，钢屋架清单编制时应注意：

（1）必须清楚完整地进行项目特征描述，包括钢材品种、规格；单榀质量；屋架跨度、安装高度；螺栓种类、探伤要求、防火要求。完整描述的目的是为了让投保人报价时不漏项，在报价时应根据其工程内容，包括拼装费用、安装费用、探伤费用、补刷油漆的费用。这里尤其要注意的是：钢屋架可能需要拼装后再行吊装，这些费用占的比例较大，在报价时不可漏掉。另外对于钢屋架的油漆可参照附录 P 金属油漆相应内容单独进行清单项目编码和报价，这里只是包含补刷的油漆。

（2）工程量计算可选用下列其中之一：

1）按设计图示数量以榀计量。采用这种方式计量时，按标准图设计的应注明标准图代号，按非标准图设计的项目特征必须描述单榀屋架的质量。

2）以吨计量，按设计图示尺寸以质量计算。不扣除孔眼的质量，焊条、铆钉、螺栓等不另增加质量。这里应注意的是：在屋架中可能会用到一些不规则形状的钢板，在下料成图示尺寸时可能消耗量较大，但是这部分的消耗不能计算在清单工程量中。对于金属构件的切边、不规则及多边形钢板发生的损耗需要投标人在综合单价综合考虑。焊条、铆钉、螺栓等重量，已包括在定额内不再另计算。在计算不规则或多边形钢板重量时，均以其最大对角线乘最大宽度的矩形面积计算。多边形钢板质量＝最大对角线长度×最大宽度×面密度（kg/m²），不规则或多边形钢板按矩形计算，即 $S＝A×B$，根据此面积和实际清单工程量面积计算损耗率。

（3）其他钢构件，包括钢柱、钢梁等，报价内容和要求与钢屋架相类似。

4.77　门窗的清单列项及报价时应注意什么问题？

根据《房屋建筑与装饰工程工程量计算规范》（GB 50854—2013）附录 H 门窗工程的规定，门窗清单列项及报价时应注意以下问题：

（1）按照目前市场门窗均以工厂化成品生产的情况，门窗（橱窗除外）按成品编制项目，门窗成品价（成品原价、运杂费等）应计入综合单价中。若采用现场制作，包括制作的所有费用，即制作的所有费用应计入综合单价，不得单列门窗制作的清单项目。

（2）木质门应区分镶板木门、企口木板门、实木装饰门、胶合板门、夹板装饰门、木纱门、全玻门（带木质扇框）、木质半玻门（带木质扇框）等项目，应用"木质门"010801001 项目编码，但应分别编码列项，不能合并在一起列项。金属门应区分金属平开门、金属推拉门、金属地弹门、全玻门（带金属扇框）、金属半玻门（带扇框）等项目，也应分别编码列项。特种门应区分冷藏门、冷冻间门、保温门、变电室门、隔声门、防射线门、人防门、金库门等项目，分别编码列项。

（3）木门、金属门的报价内容应包括"门安装、玻璃安装、五金安装"。木门五金包括：折页、插销、门碰珠、弓背拉手、搭机、木螺栓、弹簧折页（自动门）、管子拉手

（自由门、地弹门）、地弹簧（地弹门）、角铁、门轧头（地弹门、自由门）等。要注意的是：木门门锁不包括在五金里，实际安装门锁时按"门锁安装"010801006项目单独列项。

（4）铝合金门五金包括：地弹簧、门锁、拉手、门插、门绞、螺栓等。金属门五金包括L形执手插锁（双舌）、执手锁（单舌）、门轧头、地锁、防盗门机、门眼（猫眼）、门碰珠、单子锁（磁卡锁）、闭门器、装饰拉手等。这些五金配件不能单独列项，其费用包含在"金属门"的综合单价中。

（5）木质门带套计量按洞口尺寸以面积计算，不包括门套的面积，但门套应计算在综合单价中。

（6）单独制作安装木门框按木门框项目编码列项。

（7）门窗套的制作安装按门套的项目编码列项。

（8）木质窗应区分百叶窗、木组合窗、木天窗、木固定窗、木装饰空花窗等项目，分别编码列项。木橱窗、木飘窗以樘计量，项目特征必须描述框截面及外围展开面积。木窗五金包括：折页、插销、风钩、木螺栓、滑轮滑轨（推拉窗）等。这些五金配件的费用包含在木质窗的综合单价中。

（9）金属窗应区分金属组合窗、防盗窗等项目，分别编码列项。金属橱窗、飘窗以樘计量，项目特征必须描述框外围展开面积。金属窗五金包括：折页、螺栓、执手、卡锁、绞拉、风撑、滑轮、滑轨、拉把、拉手、角码、牛角制等。这些五金配件的费用包含在金属窗的综合单价中。

（10）清单工程量计算规则以樘计量，项目特征必须描述洞口尺寸，没有洞口尺寸的必须描述门框或扇外围尺寸。以平方米计量，项目特征可不描述洞口尺寸，无设计图示洞口尺寸，按门框、扇外围以面积计算。

4.78　屋面防水的清单编制应注意什么问题？

根据《房屋建筑与装饰工程工程量计算规范》（GB 50854—2013）附录"J.2屋面防水及其他"中的规定，屋面防水清单列项时应区分为屋面卷材防水、屋面涂膜防水、屋面刚性层的内容分别编制。

卷材防水和涂膜防水的清单工程量计算规则为：按设计图示尺寸以面积计算。斜屋顶（不包括平屋顶找坡）按斜面积计算，平屋顶按水平投影面积计算。不扣除房上烟囱、风帽底座、风道、屋面小气窗和斜沟所占面积，屋面的女儿墙、伸缩缝和天窗等处的弯起部分，并入屋面工程量内。在计算时应注意的是：（1）除了计算水平投影面积外，弯起部分的面积也应计算。（2）防水层下一般会铺设找平层，找平层的费用不能包括在防水项目中，应按附录L楼地面装饰工程"平面砂浆找平层"项目编码列项。但基层处理的费用是包括在防水项目中的。（3）防水搭接及附加层用量不另行计算，在综合单价中考虑。

屋面刚性层的清单计算规则为：按设计图示尺寸以面积计算。不扣除房上烟囱、风帽底座、风道等所占面积。这里应注意的是：屋面刚性层中包括钢筋层的制安，在清单项目特征描述中应描述清楚钢筋规格、型号。

4.79　墙面防水、防潮清单编制时应注意什么问题？

《房屋建筑与装饰工程工程量计算规范》（GB 50854—2013）附录"J.3 墙面防水、防潮"中包括墙面卷材防水、墙面涂膜防水、墙面砂浆防水（防潮）、墙面变形缝等内容。

墙面防水防潮的计算规则为：按设计图示尺寸以面积计算。计算时应注意的问题是：（1）墙面防水搭接及附加层用量不另行计算，在综合单价中考虑。（2）墙面找平层不能计算到防水项目中，应按附录 M 墙、柱面装饰与隔断、幕墙工程中的"立面砂浆找平层"项目编码列项。基层处理的费用应包括在防水报价中。

墙面砂浆防水（防潮）项目的工程内容中包括"挂钢丝网片"、"设置分格缝"等，如设计中有此两项内容在项目特征中应描述清楚钢丝网的规格、分格缝的做法。如设计中采用塑料条作为形成墙面分格缝的材料，其施工费和材料价格应在报价中考虑。如铺设钢丝网，在报价时也应把其费用包含在此防水项目内。

墙面变形缝和屋面变形缝分开编制，选用各自的清单项目编码。墙面变形缝是按设计图示以长度计算。计算时应注意的是：（1）墙面变形缝如内外墙均做，根据内外盖板材料和填缝材料的不同应分别计算。（2）变形缝的报价内容应包括清缝的费用、盖缝的制作及安装费用、填塞防水材料的费用以及用到的防护材料的费用，所以在项目特征中必须清楚描述"嵌缝材料种类、止水带安装、盖缝材料、防护材料种类"等内容。

4.80　楼地面防水、防潮清单编制时应注意什么问题？

根据《房屋建筑与装饰工程工程量计算规范》（GB 50854—2013）附录"J.4 楼（地）面防水、防潮"中楼地面卷材防水、楼地面涂膜防水、楼地面砂浆防水（防潮）、楼地面变形缝等内容。

楼地面防水的清单工程量计算规则为：按设计图示尺寸以面积计算。按主墙间净空面积计算，扣除凸出地面的构筑物、设备基础等所占面积，不扣除间壁墙及单个面积≤0.3m² 柱、垛、烟囱和孔洞所占面积。楼地面防水反边高度≤300mm 算作地面防水，反边高度＞300mm 按墙面防水计算。这里应注意的是：（1）楼地面防水找平层按附录 L 楼地面装饰工程"平面砂浆找平层"项目编码列项，不能把此费用放入防水的报价中。（2）楼地面防水搭接及附加层用量不另行计算，实际发生时在综合单价中考虑。

楼地面变形缝与墙面变形缝和屋面变形缝分开编制选用各自的清单项目编码。楼地面变形缝是按设计图示以长度计算的。计算时应注意的是：（1）楼地面变形缝如上下均做，根据上下盖板材料和填缝材料的不同应分别计算。（2）变形缝的报价内容应包括清缝的费用、盖缝的制作及安装费用、填塞防水材料的费用以及用到的防护材料的费用，所以在项目特征中必须清楚描述"嵌缝材料种类、止水带安装、盖缝材料、防护材料种类"等内容。

4.81　屋面保温隔热清单编制时应注意什么问题？

根据《房屋建筑与装饰工程工程量计算规范》（GB 50854—2013）附录"K.1 保温、隔热"中的"011001001 保温隔热屋面"的规定，保温隔热屋面清单工程量计算规则为：按设计图示尺寸以面积计算。扣除＞0.3m² 孔洞及占位面积。

（1）在工程量计算时应注意的问题是：清单计算规则是按面积计算的。实际保温隔热层会有一定的厚度，为了防水需要，还有可能进行材料找坡，在实际报价时，要考虑找坡层的平均厚度，如图 4-65 所示，屋面保温层平均厚度及屋面保温层工程量计算公式：

屋面保温层平均厚度＝保温层宽度÷2×坡度÷2＋最薄处厚度

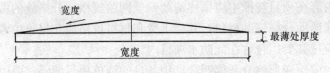

图 4-65　屋面保温层坡度计算示意图

屋面保温层工程量＝保温层设计长度×设计宽度×平均厚度

（2）屋面保温隔热层下面一般会做找平层，找平层的费用不能包括在保温费用中，应按附录 L 楼地面装饰工程"平面砂浆找平层"的项目编码列项。

4.82　保温墙面、柱、梁清单编制时应注意什么问题？

根据《房屋建筑与装饰工程工程量计算规范》（GB 50854—2013）附录"K.1 保温、隔热"中"011001003 保温隔热墙面、011001004 保温柱、梁"的规定。

（1）首先要注意二者工程内容中包括的内容：基层清理；刷界面剂；安装龙骨；填贴保温材料；保温板安装；粘贴面层；铺设增强格网；抹抗裂、防水砂浆面层；嵌缝；铺、刷防护材料。项目工程很多，这些都是报价中必须包含的费用，所以清单项目特征需要描述的内容包括：保温隔热部位；保温隔热方式（是指内保温、外保温还是夹心保温）；踢脚线、勒脚线保温做法；龙骨材料品种、规格；保温隔热面层材料品种、规格、性能；保温隔热材料品种、规格及厚度；增强网及抗裂防水砂浆种类；粘结材料种类及做法；防护材料种类及做法。

（2）保温隔热装饰面层按附录装饰项目中相关编码列项；但是保温隔热层下面的找平层需要按照附录 M 墙、柱面装饰与隔断、幕墙工程中的"立面砂浆找平层"项目编码列项。

（3）保温隔热墙面的工程量计算规则为：按设计图示尺寸以面积计算。扣除门窗洞口以及面积＞0.3m² 梁、孔洞所占面积；门窗洞口侧壁以及与墙相连的柱，并入保温墙体工程量中。这里的计算应注意的是：1）门窗洞口侧壁的面积应计算；2）与墙相连的柱保温的工程量算入墙体工程量中，不能单独套用"011001004 保温柱、梁"项目编码列项。

（4）保温柱、梁的工程量计算规则为：按设计图示尺寸以面积计算。柱按设计图示柱断面保温层中心线展开长度乘保温层高度以面积计算，扣除面积＞0.3m² 梁所占面积。梁按设计图示梁断面保温层中心线展开长度乘保温层长度以面积计算。这里应注意的是：1）保温柱、梁工程量的计算不是按照柱、梁的结构断面展开长度而是按保温层中心线长度乘以保温高度计算；2）柱帽保温隔热应并入顶棚保温隔热项目中，不能并入保温柱工程量中；3）保温柱、梁适用于不与墙、顶棚相连的独立柱、梁。

4.83 楼地面工程如何进行清单列项及报价？

1. 首先要弄清楚楼地面的构造

楼地面是指构成的基层（楼板、夯实土基）、垫层（承受地面荷载并均匀传递给基层的构造层）、填充层（在建筑楼地面上起隔声、保温、找坡或敷设暗管、暗线等作用的构造层）、隔离层（起防水、防潮作用的构造层）、找平层（在垫层、楼板上或填充层上起找平、找坡或加强作用的构造层）、结合层（面层与下层相结合的中间层）、面层（直接承受各种荷载作用的表面层）等。建筑工程工程量清单项目中的垫层只适用于基础垫层，装饰装修工程工程量清单项目中的楼地面垫层包含在相应的楼地面、台阶项目内。

（1）垫层是指混凝土垫层，砂石人工级配垫层，天然级配砂石垫层，灰、土垫层，碎石、碎砖垫层，三合土垫层，炉渣垫层等材料垫层。

（2）找平层是指水泥砂浆找平层，有比较特殊要求的可采用细石混凝土、沥青砂浆、沥青混凝土找平层等材料铺设。

（3）隔离层是指卷材、防水砂浆、沥青砂浆或防水涂料等隔离层。

（4）填充层是指轻质的松散（炉渣、膨胀蛭石、膨胀珍珠岩等）或块体材料（加气混凝土、泡沫混凝土、泡沫塑料、矿棉、膨胀珍珠岩、膨胀蛭石块和板材等）以及整体材料（沥青膨胀珍珠岩、沥青膨胀蛭石、水泥膨胀珍珠岩、膨胀蛭石等）填充层。

（5）面层是指整体面层（水泥砂浆、现浇水磨石、细石混凝土、菱苦土等面层）、块料面层（石材、陶瓷地砖、橡胶、塑料、竹、木地板）等面层。

（6）面层中其他材料：

1）防护材料是耐酸、耐碱、耐臭氧、耐老化、防火、防油渗等材料。

2）嵌条材料是用于水磨石的分格、作图案等的嵌条，如玻璃嵌条、铜嵌条、铝合金嵌条、不锈钢嵌条等。

3）压线条是指地毯、橡胶板、橡胶卷材铺设的压线条，如铝合金、不锈钢、铜压线条等。

4）颜料是用于水磨石地面、踢脚线、楼梯、台阶和块料面层勾缝所需配制石子浆或砂浆内加添的颜料（耐碱的矿物颜料）。

5）防滑条是用于楼梯、台阶踏步的防滑设施，如水泥玻璃屑、水泥钢屑、铜、铁防滑条等。

6）地毡固定配件是用于固定地毡的压棍脚和压棍。

7）扶手固定配件是用于楼梯、台阶的栏杆柱、栏杆、栏板与扶手相连接的固定件，靠墙扶手与墙相连接的固定件。

8）酸洗、打蜡磨光：磨石、菱苦土、陶瓷块料等均可用酸洗（草酸）清洗油渍、污渍，然后打蜡（蜡脂、松香水、鱼油、煤油等按设计要求配合）和磨光。

2. 清单列项与报价时要注意：

（1）地面垫层单独列项；

（2）找平层没有专门的清单子目，需要把项目特征描述到相应的面层中，即找平层的报价含在面层的报价中；

（3）面层单独列项；

（4）楼地面中的防水层单独列项；

（5）楼地面中的填充层单独列项。

4.84 整体面层和块料面层的清单计算规则有何区别？

在楼地面面层的清单编制过程中，首先要区分清楚面层做法是整体面层还是块料面层，因为二者的计算规则并不相同。

根据《房屋建筑与装饰工程工程量计算规范》（GB 50854—2013）附录"L 楼地面装饰工程"的内容，整体面层的计算规则为：按设计图示尺寸以面积计算。扣除凸出地面构筑物、设备基础、室内铁道、地沟等所占面积，不扣除间壁墙及≤0.3m² 柱、垛、附墙烟囱及孔洞所占面积。门洞、空圈、暖气包槽、壁龛的开口部分不增加面积。块料面层的计算规则为：按设计图示尺寸以面积计算。门洞、空圈、暖气包槽、壁龛的开口部分并入相应的工程量中。这里的间壁墙是指墙厚≤120mm 的墙。

从二者的计算规则可以看出，块料面层的计算基本上是按设计图示尺寸的实铺面积，对于"凸出地面构筑物、设备基础、室内铁道、地沟等所占面积"同样要扣除，但也要"扣除间壁墙及≤0.3m² 柱、垛、附墙烟囱及孔洞所占面积"。对于"门洞、空圈、暖气包槽、壁龛的开口部分"，如果实际铺设了块料面层同样也要计算。

要明确的是对于整体面层的铺设，实际的铺设范围并不包括"间壁墙及≤0.3m² 柱、垛、附墙烟囱及孔洞所占面积"，但在计算时并不扣除。实际的铺设范围包括"门洞、空圈、暖气包槽、壁龛的开口部分"，但在计算时并不考虑其工程量。即整体面层的计算规则并不是实铺面积，在编制工程量清单时，只能按照清单计算规则计算，不能按实铺面积。

楼地面面层的其他做法包括"橡塑面层"、地毯、竹木地板等都和块料面层的清单计算规则是一致的。

4.85 楼梯的混凝土和面层的清单计算规则有何不同？

根据《房屋建筑与装饰工程工程量计算规范》（GB 50854—2013）附录"E.6 现浇混凝土楼梯"的规定：直形楼梯和弧形楼梯的清单计算规则为：以平方米计量，按设计图示尺寸以水平投影面积计算。不扣除宽度≤500mm 的楼梯井，伸入墙内部分不计算。也可以立方米计量，按设计图示尺寸以体积计算。水平投影面积是包括休息平台、平台梁、斜梁和楼梯的连接梁。当楼梯与现浇楼板无梯梁连接时，以楼梯的最后一个踏步边缘加300mm 为界。

这里应注意：准确计算工程量的前提是应对图纸中的水平投影面积的界限有清楚的认

知。如图 4-66 所示，分清楚楼梯与楼板的分界线，即连接梁的计算位置。

根据附录"L.6 楼梯面层"的规定，整体楼梯面层和块料、其他楼梯面层的计算规则是一致的，按设计图示尺寸以楼梯（包括踏步、休息平台及≤500mm 的楼梯井）水平投影面积计算。楼梯与楼地面相连时，算至梯口梁内侧边沿；无梯口梁者，算至最上一层踏步边沿加 300mm。

从二者的计算规则可以看出，以平方米计量的楼梯混凝土与装饰面层的计算规则基本上是一致的，则在实际应用时，可把一次算出的工程量用于两个清单项目。这里应注意的是对于梯口梁的界限划分，如图 4-67 所示，如果没有梯口梁，计算至最上一个踏步边沿加 300mm。如果是大于 500mm 的楼梯井要扣除，小于或恰好等于 500mm 的楼梯井不扣除。

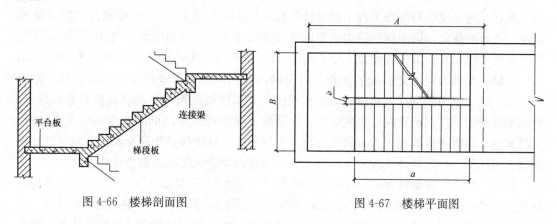

图 4-66 楼梯剖面图   图 4-67 楼梯平面图

另外还应注意的是：楼梯混凝土的编制并不包括楼梯基础，实际需要施工的楼梯基础按基础清单项目单独列项和报价。楼梯面层不包括牵边和侧面镶贴块料面层，实际发生时应按附录"L.8 零星装饰项目"中的"011108003 块料零星项目"单独列示清单项目，按设计图示尺寸以面积计算。

4.86 台阶编制清单和报价时需注意什么问题？

首先要明确图纸中台阶的材料、做法，台阶可能是砖砌的、可能是石砌的、也可能是混凝土的。根据《房屋建筑与装饰工程工程量计算规范》（GB 50854—2013）：

（1）附录"D.1 砖砌体"中的规定，台阶、台阶挡墙是按"零星砌砖"项目编码列项的，砖砌体中没有单独的砖台阶子目的项目编码，可采用按设计图示尺寸水平投影面积以平方米计量。

（2）附录"D.3 石砌体"中规定，"010403008 石台阶"项目的清单计算规则为：按设计图示尺寸以体积计算。

（3）附录"E.7 现浇混凝土其他构件"中，"010507004 台阶"项目的清单计算规则为：按设计图示水平投影面积以平方米计量；或按设计图示尺寸体积以立方米计量。

其次要明确区分开台阶和地面的划分，在规范中并没有明确砖砌台阶和地面的划分，实际计算时可参照装饰面层的划分，最上层踏步边沿加 300mm 来计算。

附录"L.7台阶装饰"的规定，整体面层和块料及其他面层做法的台阶装饰的计算规则为：按设计图示尺寸以台阶（包括最上层踏步边沿加300mm）水平投影面积计算。

报价需要注意的是：石台阶的垫层是包含在台阶的报价中，不能在单独进行台阶垫层的清单项目中列项。但是砖砌台阶、混凝土台阶的垫层没有包括在台阶的工程内容中，实际发生时应根据垫层的清单项目编码单独列项。如有防滑条需包括在面层的报价中。楼梯面层不包括牵边和侧面镶贴块料面层，实际发生时应按附录"L.8零星装饰项目"中的"011108003块料零星项目"单独列示清单项目，按设计图示尺寸以面积计算。

4.87　墙面抹灰和墙面镶贴块料的清单编制有何不同？

根据《房屋建筑与装饰工程工程量计算规范》（GB 50854—2013）中附录"M.1墙面抹灰"子目的规定，墙面抹灰分为一般抹灰和装饰抹灰，二者的计算规则是一致的，按设计图示尺寸以面积计算。扣除墙裙、门窗洞口及单个>0.3m²的孔洞面积，不扣除踢脚线、挂镜线和墙与构件交接处的面积，门窗洞口和孔洞的侧壁及顶面不增加面积。附墙柱、梁、垛、烟囱侧壁并入相应的墙面面积内。外墙抹灰面积按外墙垂直投影面积计算；外墙裙抹灰面积按其长度乘以高度计算；内墙抹灰面积按主墙间的净长度乘以高度计算，无墙裙的，高度按楼地面至天棚底面计算，有墙裙的，高度按墙裙顶至天棚底面计算，有吊顶天棚抹灰，高度算至天棚底；内墙裙抹灰面按内墙净长度乘以高度计算。

附录"M.4墙面块料面层"的清单列项为"011204001石材墙面"、"011204002拼碎石材墙面"、"011204003块料墙面"，它们的清单计算规则是一致的，按镶贴的表面积计算。

在编制清单时应注意：首先要正确区分抹灰的种类，是一般抹灰还是装饰抹灰，墙面抹石灰砂浆、水泥砂浆、混合砂浆、聚合物水泥砂浆、麻刀石灰浆、石膏灰浆等按"011201001墙面一般抹灰"清单项目列项；墙面水刷石、斩假石、干粘石、假面砖等按"011200002墙面装饰抹灰"清单项目列项。对于飘窗凸出外墙面增加的抹灰并入外墙工程量内。

有吊顶天棚的内墙面抹灰，在实际施工时一般是抹灰后再做吊顶，不可能正好抹至吊顶的位置，吊顶以上的抹灰部分不能在清单工程量中计算，实际发生的费用在综合单价中考虑。

在工程量计算时应注意抹灰和镶贴块料的不同，镶贴块料的工程量是按实际的铺贴面积，要"扣除门窗洞口及单个>0.3m²的孔洞面积"，严格地讲<0.3m²的孔洞面积也应扣除，如果孔洞内也镶贴块料，镶贴的面积也要计算，门窗洞口和孔洞的侧壁及顶面如果镶贴了块料也要计算面积。即只要实际镶贴了块料，那么就要计算工程量，如果实际没有镶贴，则不能计算工程量。而抹灰的工程量计算则不能按实际抹灰面积计算，踢脚线、挂镜线和墙与构件交接处实际没有抹灰，但计算时不允许扣除，而门窗洞口和孔洞的侧壁及顶面虽然实际抹灰了，但实际不能计算其工程量，而是严格地按照计算规则。

4.88　天棚抹灰和天棚吊顶的清单编制有何不同？

根据《房屋建筑与装饰工程工程量计算规范》（GB 50854—2013）附录"N.1天棚抹

灰"中的规定，"011301001 天棚抹灰"的工程量计算规则为：按设计图示尺寸以水平投影面积计算。不扣除间壁墙、垛、柱、附墙烟囱、检查口和管道所占的面积，带梁天棚的梁两侧抹灰面积并入天棚面积内，板式楼梯底面抹灰按斜面积计算，锯齿形楼梯底板抹灰按展开面积计算。

应注意：天棚抹灰的工程量计算也并不是按实际施工时抹灰的面积，"间壁墙、垛、柱、附墙烟囱、检查口和管道所占的面积"实际施工时并没有抹灰但计算时不扣除。

附录"N.2 天棚吊顶"中规定了"011302001 吊顶天棚"的工程量计算规则为：按设计图示尺寸以水平投影面积计算。天棚面中的灯槽及跌级、锯齿形、吊挂式、藻井式天棚面积不展开计算。不扣除间壁墙、检查口、附墙烟囱、柱垛和管道所占面积，扣除单个>0.3m² 的孔洞、独立柱及与天棚相连的窗帘盒所占的面积。

应注意的是：（1）吊顶天棚的项目特征必须清晰地描述：吊顶的形式、吊杆规格、高度；龙骨材料种类、规格、中距；基层材料种类、规格；面层材料品种、规格；压条、嵌缝、防护材料种类。原因是吊顶天棚中的龙骨不能单独列示清单子目，龙骨的费用是包含在吊顶天棚子目中的。（2）不论天棚面层的形状、造型，实际工程量计算时都是按水平投影面积，这个面积一般是小于实际面积的，所以在报价中必须充分考虑这部分差值。（3）"<0.3m² 的孔洞、间壁墙、检查口、附墙烟囱、柱垛和管道所占面积"实际施工时并没有做面层但计算时不扣除。

4.89　门窗油漆如何列示清单项目？

根据《房屋建筑与装饰工程工程量计算规范》（GB 50854—2013）附录"P.1 门油漆分部工程"分为"011401001 木门油漆"和"011401002 金属门油漆"两个子目，二者的计算规则为：按设计图示数量以樘计量；或按设计图示洞口尺寸以面积计算。油漆的计算规则和门的计算规则是相同的，但在清单项目列项时，不能把所有不同规格形式木门的油漆合并在一起，而是应区分木大门、单层木门、双层（一玻一纱）木门、双层（单裁口）木门、全玻自由门、半玻自由门、装饰门及有框门或无框门等项目分别编码列项。同样金属门油漆应区分平开门、推拉门、钢制防火门等项目，分别编码列项。

附录"P.2 窗油漆分部工程"分为"011402001 木窗油漆"和"011402002 金属窗油漆"两个子目，二者的计算规则为：按设计图示数量以樘计量；或按设计图示洞口尺寸以面积计算。油漆的计算规则和窗的计算规则是相同的，但在清单项目列项时，不能把所有不同规格形式木窗的油漆合并在一起，而是应区分单层木窗、双层（一玻一纱）木窗、双层框扇（单裁口）木窗、双层框三层（二玻一纱）木窗、单层组合窗、双层组合窗、木百叶窗、木推拉窗等项目分别编码列项。同样金属窗油漆应区分平开窗、推拉窗、固定窗、组合窗、金属格栅等项目，分别编码列项。

4.90　拆除工程编制清单时应注意什么问题？

根据《房屋建筑与装饰工程工程量计算规范》（GB 50854—2013）附录"R 拆除"的规定，编制拆除工程的清单时应注意的问题是：

（1）所有的拆除的工作内容中均包括"建渣场内、外运输"，在项目特征中均应该描述场内、场外运输的距离，在报价中，除了包含拆除本身的费用以外，还应包括清理费用、建渣场内、外运输的费用，因为在国内大多数的省份，关于建渣的处理有很多规定，需要运到专门的地点，有时还需缴纳专门的费用，所以有时场外运输的距离会很长，由此带来的运输费用较高，在报价中必须要考虑。

（2）拆除工程的列项应根据实际拆除的内容来具体选用相应的清单项目编码。如"011601001 砖砌体拆除"项目拆除的内容包括墙、柱、水池等的拆除，抹灰层、块料层、龙骨及装饰面层等表面附着物不能再单独列示清单子目。反之，如果仅拆除砖砌体表面的附着物，则不能使用"011601001 砖砌体拆除"子目，而应分别选用附录"R.4 抹灰面拆除"、"R.5 块料面层拆除"、"R.6 龙骨及饰面拆除"、"R.8 铲除油漆涂料裱糊面"中的相应清单项目编码。

4.91　脚手架清单编制时应注意什么问题？

根据《房屋建筑与装饰工程工程量计算规范》（GB 50854—2013）附录"S.1 脚手架工程"中列示了"011701001 综合脚手架"、"011701002 外脚手架"、"011701003 里脚手架"、"011701004 悬空脚手架"、"011701005 挑脚手架"、"011701006 满堂脚手架"子目，在应用时应注意的是：

（1）使用综合脚手架时，不再使用外脚手架、里脚手架等单项脚手架；综合脚手架适用于能够按"建筑面积计算规则"计算建筑面积的建筑工程脚手架，不适用于房屋加层、构筑物及附属工程脚手架。

（2）在脚手架的报价中应包括安全网铺设的费用，安全网可能包括平网、立面挂网，应根据施工组织设计的内容报价，报价中除了包括脚手架的搭设费用外，还应包括脚手架的拆除。另外还有施工斜道、上料平台的搭拆费用。

（3）同一建筑物有不同檐高时，按建筑物竖向切面分别按不同檐高编列清单项目。

（4）脚手架材质可以不描述，但应注明由投标人根据工程实际情况按照国家现行标准《建筑施工扣件式钢管脚手架安全技术规范》（JGJ 130—2011）、《建筑施工附着升降脚手架安全技术规程》（DGJ 08—19905—1999）等规范自行确定。

4.92　模板清单编制时应注意什么问题？

根据《房屋建筑与装饰工程工程量计算规范》（GB 50854—2013）附录"S.2 混凝土模板及支架（撑）"的内容规定，混凝土模板中的"基础、矩形柱、构造柱、异型柱、基础梁、矩型梁、异型梁、圈梁、过梁、弧形拱形梁、直行墙、弧形墙、短肢剪力墙、电梯井壁、有梁板、无梁板、平板、拱板、薄壳板、空心板、其他板、栏板"等这些内容的计算规则为：按模板与现浇混凝土构件的接触面积计算。其中：

（1）现浇混凝土墙、板单孔面积≤0.3m² 的孔洞不予扣除，洞侧壁模板亦不增加；单孔面积＞0.3m² 时应予扣除，洞侧壁模板面积并入墙、板工程量内计算。

（2）现浇混凝土框架分别按梁、板、柱的有关规定计算；附墙柱、暗梁、暗柱并入墙内工程量计算。

（3）柱、梁、墙、板相互连接的重叠部分，均不计算模板面积。

（4）构造柱按图示外露部分计算模板面积。

根据上述计算规则，模板工程量计算时应注意：

（1）原槽浇灌的混凝土基础，不能再计算模板，因为实际没有支设模板。

（2）混凝土模板及支撑（架）项目，只适用于以平方米计量，按模板与混凝土构件的接触面积计算。以立方米计量的模板及支撑（支架），按混凝土及钢筋混凝土实体项目执行，其综合单价应包括模板及支撑（支架）。如果在招标工程量清单中没有单独列示相应混凝土项目的模板清单，则表明该项目的模板费用包括在混凝土的实体项目中。

（3）采用清水模板时，应在特征中注明。

（4）若现浇混凝土柱、墙、梁、板支撑高度超过 3.6m 时，项目特征应描述支撑高度。因为支撑高度较高时，一般施工单位在报价时，会考虑支撑超高的费用。

（5）整体现浇在一起的柱、梁、墙、板，计算模板时应注意在相互连接的重叠部分实际施工时不能支设模板，所以要扣除交接处的重叠部分，如柱模板的计算应扣除梁头、墙边、板边占用的模板面积。

（6）带马牙槎构造柱模板的实际支设一般是按最大外露面的宽度乘以高度，但是根据计算规则"按图示外露部分计算面积"的规定，带马牙槎构造柱模板的清单工程量的计算应按实际外露面积计算。

第5章　建设项目决策和设计阶段的工程造价管理

5.1　建设项目决策阶段影响工程造价的主要因素有哪些?

1. 建设项目区位的选择

建设项目区位的选择对建设项目成本有重要影响。一般而言，确定某个建设工程项目的具体建设区位，需要经过建设地区选择和建设场地选择两个层次。其中，建设地区选择是指在几个不同的城市、地区之间对拟建项目适宜的建设区域作出的选择，其主要影响项目的建设成本、建成后经营成本、建设工期和质量等；建设场地的选择是指对项目具体坐落位置的选择，主要体现在土地费用和建设工程成本的高低。

2. 建设项目方案的选择

适合的建设方案可以给项目建设带来巨大的成本节约；而不适合的方案增加项目的成本，且这种增加无法通过其他手段减少。当然，适合的方案也并不一定使得建设成本或产品价格最低，但它会使项目取得营销推广上的成功，可以使项目获得很大的利润，从而也就是最大地发挥了投资效益，减少损失，节约资金。因此，项目建设方案的选择需要有两种评判标准，一是能够带来项目建设成本的降低；二是尽管没有直接带来建设成本的降低，却可显著提高项目的性能，使项目取得最大的成功。

3. 建设项目主要设备的选择

设备的选择关系到项目建设的质量、进度、成本控制目标，关系到项目建成使用后的使用性能、寿命周期以及生产经营成本或使用费用等多种因素。进行设备选择需要运用系统工程原理与方法，综合考虑各种影响因素，合理地决策。项目设备选择应该考虑如下主要相关因素：（1）均衡地考虑项目设备的性能与经济性；（2）分析设备的全寿命周期成本，选择项目寿命周期成本最小的设备；（3）结合项目的设备选型及其对项目建设方案的影响，选择最经济的项目建设方案；（4）要考虑设备的运杂费用、交货期限、付款条件、零配件和售后服务等影响设备选择的因素；（5）要尽量选国产设备。

4. 建设项目建设时机的选择

时机的选择关系到项目的成败。选准最有投资开发潜力的项目来投资建设，提高资金投入的边际效益，在于确定适宜的建设时机。选择的主要依据有：①国家，甚至全球宏观建设的大背景；②项目所处区域环境的优劣时机；③企业自身的经营战略和资源储备时机；④项目建设所需的资源输入时机，如技术、财力、物力、人力等；⑤项目自身的成本和未来收益的时机。

5. 建设项目市场调查与预测

市场调查是获取市场信心的主要渠道，是企业投资决策、生产建设和经营活动必不可少的重要组成部分。主要内容包括：市场供应状态、需求状况、国内外市场价格以及企业的市场竞争力，调查时段包括市场的过去、现在和将来。

市场信息的获取还在于对市场调查得来的市场数据进行加工梳理，从中发现市场发展规律。其中，市场预测技术最为重要。实践证明，运用得当的市场技术、科学推断是准确判断市场形势、驾驭市场的前提条件。市场调查、市场分析、市场预测失误可能会导致项目投资增加和年度经营收益减少，进而导致项目失败。

5.2 建设项目投资估算的阶段划分与精度要求？

投资估算贯穿于整个投资决策过程，投资决策过程可划分为投资机会研究阶段、项目建议书阶段及初步可行性研究阶段、详细可行性研究阶段、评估和决策阶段，因此投资估算工作也相应分为四个阶段。

1. 机会研究阶段的投资估算

这一阶段主要是选择有利的投资机会，明确投资方向，提出项目投资建议，并编制项目建议书。该阶段工作比较粗略，投资额的估计一般是通过与已建类似项目的对比等快捷方法得来的，因而投资的误差率可在±30％以内。

这一阶段的投资估算是作为管理部门审批项目建议书、选择投资项目的主要依据之一，对初步可行性研究及其投资估算起指导作用。在这个阶段可判定一个项目是否真正可行。

2. 初步可行性研究阶段的投资估算

这一阶段主要是在投资机会研究结论的基础上，进一步研究项目的投资规模、原材料来源、工艺技术、厂址、组织机构和建设进度等情况，进行经济效益评价，判断项目的可行性，作出初步投资评价。该阶段是介于投资机会研究和详细可行性研究的中间阶段，投资估算的误差率一般要求控制在±20％以内。

这一阶段的投资估算是作为决定是否进行详细可行性研究的依据之一，同时也是确定哪些关键问题需要进行辅助性专题研究的依据之一。在这个阶段可对项目是否真正可行作出初步的决定。

3. 详细可行性研究阶段的投资估算

详细可行性研究阶段可称为最终可行性研究报告阶段，主要是对项目进行全面、详细、深入的技术经济分析论证，评价选择拟建项目的最佳投资方案，对项目的可行性提出结论性意见。该阶段研究内容详尽、深入，投资估算的误差率应控制在±10％以内。

这一阶段的投资估算是对项目进行详细的经济评价，对拟建项目是否真正进行最后决定，是选择最佳投资方案的主要依据，也是编制设计文件、控制初步设计及概算的主要依据。

4. 评估和决策阶段的投资评估

该阶段主要是对拟建项目的可行性研究报告提出评价意见，最终决策该项目是否可行，确定最佳决策方案。这是建设项目前期工作中最重要的一环，投资估算的精度越高越好，一般投资估算的误差率应控制在±10％以内。

5.3 投资估算应包含哪些内容？

根据国家规定，从满足建设项目投资设计和投资规模的角度，建设项目投资的估算包括建设投资、建设期利息和流动资金估算。

建设投资估算的内容按照费用的性质划分，包括建筑安装工程费、设备及工器具购置费、工程建设其他费用、基本预备费、涨价预备费。其中建筑安装工程费、设备及工器具购置费直接形成实体固定资产，被称为工程费用；工程建设其他费用可分别形成固定资产、无形资产及其他资产。基本预备费、涨价预备费，在可行性研究阶段为简化计算，一并计入固定资产。

建设期利息是债务资金在建设期内发生并应计入固定资产原值的利息，包括借款（或债券）利息及手续费、承诺费、管理费等。建设期利息单独估算，以便对建设项目进行融资前和融资后的财务分析。

流动资金是指生产经营性项目投产后，用于购买原材料、燃料、支付工资及其他经营费用等所需的周转资金。它是伴随着建设投资而发生的长期占用的流动资产投资，流动资金＝流动资产－流动负债。其中，流动资产主要考虑现金、应收账款、预付账款和存货；流动负债主要考虑应付账款和预收账款。因此，流动资金的概念实际上是财务中的营运资金。

5.4 工程建设投资估算有几种方法？

建设投资由工程费用（建筑工程费、设备购置费、安装工程费）、工程建设其他费用和预备费（基本预备费和涨价预备费）组成［注意：与《建设项目经济评价方法与参数》（第三版）中相同，不包括建设期利息］。

建设投资的估算采用何种方法应取决于要求达到的精确度，而精确度又由项目前期研究阶段的不同以及资料数据的可靠性决定。因此在投资项目的不同前期研究阶段，允许采用详简不同、深度不同的估算方法。常用的估算方法有：生产能力指数法、资金周转率法、比例估算法、综合指标投资估算法。

1. 生产能力指数法

这种方法起源于国外对化工厂投资的统计分析，据统计，生产能力不同的两个装置，它们的初始投资与两个装置生产能力之比的指数幂成正比。计算公式为：

$$C_2 = C_1 \left(\frac{x_2}{x_1} \right)^n \times C_f$$

式中　C_2——拟建项目或装置的投资额；

　　　　C_1——已建同类型项目或装置的投资额；

　　　　x_2——拟建项目的生产能力；

　　　　x_1——已建同类型项目的生产能力；

　　　　C_f——价格调整系数；

　　　　n——生产能力指数。

该法中生产能力指数 n 是一个关键因素。不同行业、性质、工艺流程、建设水平、生产率水平的项目，应取不同的指数值。选取 n 值的原则是：靠增加设备、装置的数量，以及靠增大生产场所扩大生产规模时，n 取 $0.8 \sim 0.9$；靠提高设备、装置的功能和效率扩大生产规模时，n 取 $0.6 \sim 0.7$。另外，拟建项目生产能力与已建同类项目生产能力的比值应有一定的限制范围，一般这一比值不能超过 50 倍，而在 10 倍以内效果较好。生产能力指数法多用于估算生产装置投资。

例：某拟建项目的生产能力比已建的同类项目生产能力增加了 1.5 倍。设生产能力指数为 0.6，价格调整系数为 1，则按生产能力指数法计算拟建项目的投资额将增加多少倍？

$$\frac{C_2 - C_1}{C_1} = \left(\frac{x_2}{x_1}\right)^n \times C_f - 1 = (1.5 + 1)^{0.6} \times 1 - 1 = 0.733$$

2. 资金周转率法

该法是从资金周转率的定义推算出投资额的一种方法。

当资金周转率为已知时，则：$C = (Q \times P) / T$

式中　C——拟建项目总投资；

　　　Q——产品年产量；

　　　P——产品单价；

　　　T——资金周转率（$T=$年销售总额/总投资）。

该法概念简单明了、方便易行，但误差较大。不同性质的工厂或生产不同产品的车间，资金周转率都不同，要提高投资估算的精确度，必须做好相关的基础工作。

3. 比例估算法

（1）以拟建项目或装置的设备费为基数，根据已建成的同类项目的建筑安装工程费和其他费用等占设备价值的百分比，求出相应的建筑安装工程及其他有关费用，其总和即为拟建项目或装置的投资额。计算公式为：

$$C = E(1 + f_1 P_1 + f_2 P_2 + f_3 P_3) + I$$

式中　　　C——拟建项目的建设投资额；

　　　　　E——根据设备清单按现行价格计算的设备费（包括运杂费）的总和；

P_1,P_2,P_3——表示已建成项目中的建筑、安装及其他工程费用分别占设备费的百分比；

　f_1,f_2,f_3——表示由于时间因素引起的定额、价格、费用标准等变化的综合调整系数；

　　　　　I——拟建项目的其他费用。

这种方法适用于设备投资占比例较大的项目。

（2）以拟建项目中主要的、投资比重较大的工艺设备的投资（含运杂费，也可含安装费）为基数，根据已建类似项目的统计资料，计算出拟建项目各专业工程费占工艺设备的比例，求出各专业投资，加和得工程费用，再加上其他费用，求得拟建项目的建设投资。

4. 综合指标投资估算法

综合指标投资估算法又称概算指标法。是依据国家有关规定，国家或行业、地方的定额、指标和取费标准以及设备和主材价格等，从工程费用中的单项工程入手，来估算初始投资。采用这种方法，还需要相关专业提供较为详细的资料，有一定的估算深度，精确度相对较高。其估算要点是：

（1）设备和工器具购置费估算

分别估算各单项工程的设备和工器具购置费，需要主要设备的数量、出厂价格和相关运杂费资料，一般运杂费可按设备价格的百分比估算。主要设备以外的零星设备费可按占主要设备费的比例估算，工器具购置费一般也按占主要设备费的比例估算。

（2）安装工程费估算

可行性研究阶段，安装工程费一般可以按照设备费的比例估算，该比例需要通过经验判定，并结合该装置的具体情况确定。安装工程费也可按设备吨位乘以吨安装费指标，或安装实物量乘以相应的安装费指标估算。条件成熟的，可按概算法。

（3）建筑工程费估算

建筑工程费的估算一般按单位综合指标法，即用工程量乘以相应的单位综合指标估算。

5. 其他费用的估算

其他费用种类较多，无论采用何种投资估算分类，一般其他费用都需要按照国家、地方或部门的有关规定逐项估算。

6. 基本预备费估算

基本预备费以工程费用、第二部分其他费用之和为基数，乘以适当的基本预备费率（百分数）估算，或按固定资产费用、无形资产费用和其他资产费用三部分之和为基数，乘以适当的基本预备费率估算。

7. 涨价预备费估算

一般以各年工程费用为基数，分别估算各年的涨价预备费，再行加和，求得总的涨价预备费。

5.5　流动资金估算的方法有哪几种？

流动资金是指生产经营性项目投产后，为进行正常生产运营，用于购买原材料、燃料，支付工资及其他经营费用等所需的周转资金。流动资金估算一般是参照现有同类企业的状况采用分项详细估算法，个别情况或者小型项目可采用扩大指标法。

1. 分项详细估算法

对计算流动资金需要掌握的流动资产和流动负债这两类因素应分别进行估算。在可行性研究中，为简化计算，仅对存货、现金、应收账款这三项流动资产和应付账款项流动负债进行估算。

2. 扩大指标估算法

（1）按建设投资的一定比例估算。

（2）按经营成本的一定比例估算。

（3）按年销售收入的一定比例估算。

（4）按单位产量占用流动资金的比例估算。

流动资金一般在投产前开始筹措。在投产第一年开始按生产负荷进行安排，其借款部分按全年计算利息。流动资金利息应计入财务费用。项目计算期末回收全部流动资金（表5-1）。

流动资金投资估算公式   表 5-1

估算方法	估算步骤	涉及公式
扩大指标估算法	—	年流动资金额＝年费用基数×各类流动资金率； 年流动资金额＝年产量×单位产品产量占用流动资金额
分项详细估算法	（1）估算流动资产：流动资产＝应收账款＋预付账款＋存货＋现金； （2）估算流动负债：流动负债＝应付账款＋预收账款； （3）估算流动资金：流动资金＝流动资产－流动负债	应收账款＝年经营成本/应收账款年周转次数； 现金＝（年工资福利费＋年其他费用）/现金年周转次数； 存货＝外购原材料、燃料＋在产品＋产成品＋其他材料； 外购原材料、燃料＝年外购原材料、燃料费用/分项年周转次数

5.6 设计阶段影响工程造价的因素主要有哪些？

虽然不同类型的建设项目，设计阶段影响工程造价的因素不完全相同，但是影响工程造价的主要因素都差不多，主要包括以下几个方面：

1. 总平面设计

总平面设计是指总图运输设计和总平面配置。主要包括的内容有：场址方案、占地面积和土地利用情况；总图运输、主要建筑物和构筑物及公用设施的配置；外部运输，水、电、气及其他外部协作条件等。

正确合理的总平面设计可以大大减少建筑工程量，节约建设用地，节省建设投资，降低工程造价和项目运行后的使用成本，加快建设进度等。总平面设计中影响工程造价的因素有：

（1）占地面积。占地面积的大小一方面影响征地费用的高低，另一方面也会影响管线布置成本及项目建成运营的运输成本。

（2）功能分区。无论是工业建筑还是民用建筑都有许多功能组成，这些功能之间相互联系，相互制约。合理的功能分区既可以使建筑物的各项功能充分发挥，又可以使总平面布置紧凑、安全，避免大挖大填，减少土石方量和节约用地，降低工程造价。

（3）运输方式的选择。不同的运输方式，运输效率及成本不同。有轨运输运量大，运输安全，但需要一次性投入大量的资金；无轨运输无需一次性大规模投资，但是运量小，运输安全性较差。

2. 工艺设计

工艺设计要确定企业的技术水平。主要包括建设规模、标准和产品方案；工艺流程和主要设备的选型；主要原材料、燃料供应；"三废"质量及环保措施。按照建设程序，建设项目的工艺流程在可行性研究阶段已经去顶。设计阶段的任务就是严格按照批准的可行性研究报告的内容进行工艺技术方案的设计，确定从原料到产品整个生产过程的具体工艺流程和生产技术。

3. 建筑设计

（1）平面形状：一般地说，建筑物平面形状越简单，它的单位面积造价越低。因为不规则的建筑物将导致室外工程、排水工程、砌砖工程及屋面工程等复杂化，从而增加工程费用。一般情况下，建筑物周长与建筑面积比越低，设计越经济。

（2）流通空间：建筑物的经济平面布置的主要目标之一是，在满足建筑物使用要求的前提下，将流通空间减少到最小。但是造价不是检验设计是否合理的唯一标准，其他如美观和功能质量的要求也是非常重要的。

（3）层高：在建筑面积不变的情况下，建筑层高增加会引起各项费用的增加；墙与隔墙及其有关粉刷、装饰费用的提高；供暖空间体积增加，导致热源及管道费增加；卫生设备、上下水管道长度增加；楼梯间造价和电梯设备费用的增加；另外，由于施工垂直运输量增加，可能增加屋面造价；如果由于层高增加而导致建筑物总高度增加很多，则可能需要增加基础造价。

（4）建筑物层数：建筑工程总造价是随着建筑物的层数增加而提高的。但是当建筑层数增加时，单位建筑面积所分摊的土地费用及外部流通空间费用将有所降低，从而使建筑物单位面积造价发生变化。建筑物层数对造价的影响，因建筑类型、形式和结构不同而不同。如果增加一个楼层不影响建筑物的结构形式，单位建筑面积的造价可能会降低。但是当建筑物超过一定层数时，结构形式就要改变，单位造价通常会增加。建筑物越高，电梯及楼梯的造价将有提高的趋势，建筑物的维修费用也将增加，但是采暖费用有可能下降。

（5）柱网布置：柱网布置是确定柱子的行距和间距的依据。柱网布置是否合理，对工程造价和厂房面积的利用效率都有较大的影响。

（6）建筑物的体积与面积：通常情况下，随着建筑物体积和面积的增加，工程造价会提高。因此，应尽量减少建筑物的体积与总面积。为此，对于工业建筑，在不影响生产能力的条件下，厂房、设备布置力求紧凑合理；要采用先进工艺和高效能的设备，节省厂房面积；要采用大跨度、大柱距的大厂房平面设计形式，提高平面利用系数。对于民用建筑，尽量减少结构面积比例，增加游戏面积。住宅结构面积与建筑面积之比称为结构面积系数，这个系数越小，设计越经济。

（7）建筑结构：建筑结构是指建筑工程中由基础、梁、板、柱、墙、屋架等构件所组成的起骨架作用的、能承受直接和间接作用的体系。建筑结构按所用材料可分为：砌体结构、钢筋混凝土结构、钢结构和木结构等。

1）砌体结构，具有就地取材、造价低廉、耐火性能好以及容易砌筑等优点，据有关资料研究表明，五层以下的建筑物砌体结构比钢筋混凝土结构经济。

2）钢筋混凝土机构坚固耐久，强度、刚度较大，抗震、耐热、耐酸、耐碱、耐火性能好，便于预制装配和采用工业法施工，对于大多数多层办公楼和高层公寓的主要框架工程来说，钢筋混凝土比钢结构便宜。

3）钢结构是由钢板和型钢等钢材，通过铆、焊、螺栓等连接而成的结构。多层房屋采用钢结构在经济上的主要优点为：比钢筋混凝土结构所要求的柱子占用面积小、安装精确、施工迅速、自重较小、平面布置灵活。

4）木结构是指全部或大部分采用木材搭建的结构。具有就地取材、制造简单、容易加工等优点。但由于大量消耗木材资源，会对生态环境带来不利影响，因此在各类建筑工程中较少使用木结构。木结构的缺点是：易燃、易腐蚀、易变形等。

5.7　如何进行限额设计？

限额设计全过程实际上是工程建设项目在设计阶段的成本目标管理过程。按实施顺序可以划分为成本目标确定、成本计划分析、成本控制实施、成本目标检查与评价等过程。这些过程在设计的各个阶段不断进行循环，最终达到控制目标的实现。

1. 限额设计目标的确定

限额设计要体现投资控制的主动性，需要在初步设计、施工图设计之前进行合理的投资分配。如果设计完成后发现概预算失控再进行设计变更，则使得投资控制陷入被动地位。因此，实施限额设计的关键是合理地确定设计限额，包括确定限额设计总额及限额设计总额在各单项工程、单位工程、专业工程之间的分配。

（1）限额设计总额的确定

由于可行性研究报告是确定总投资额的重要依据，所以，应以经过批准的投资估算作为确定限额设计总值的依据。限额设计总值由项目经理或总设计师提出，经主管院长审批下达，其总额度一般只下达直接工程费的 90%，以便项目经理或总设计师留有一定的调节指标。

（2）设计限额的分配

设计限额的常规分配方法一般是参考类似工程的技术经济资料，将投资估算切块分割到各单位工程中。由于工程建设成本的高低随年代的变迁、工程地点和条件的不同，往往有较大的差异，仅以类似工程的投资比例作为参考不一定能准确反映项目投资各组成部分的合理关系。因此，传统分配方法只能被动地反映类似工程各组成部分的投资控制比例，而无法结合本项目情况加以考虑。

要达到限额设计投资分配中功能与成本的有机统一，体现出限额设计的主动性，可将价值工程引入到限额设计中来，按照建设项目各组成部分的功能系数来确定其成本比例。

2. 限额设计的纵向控制

（1）初步设计阶段的限额设计

初步设计阶段要重视设计方案的必选，将设计概算控制在批准的投资估算限额内。为此，初步设计阶段的限额设计工程量应以可行性研究阶段审定的设计工程量和设备、材质标准为依据，对可行性研究阶段不易确定的某些工程量，可参照通用设计或类似已建工程的实物工程量确定。

（2）施工图设计阶段的限额设计

施工图是设计单位的最终产品，是现场施工的主要依据。这一阶段限额设计的重点应放在工程量的控制上。工程量的控制限额采用审定的初步设计工程量。控制工程量一经审定，便作为施工图设计工程量的最高限额，不得突破。

3. 限额设计的横向控制

限额设计的横向控制首先应明确设计参与部门、参与人员的责任，将工程成本按专业进行分配，并分段考核，下段指标不得突破上段指标，责任落实越接近于个人，效果越明显，并赋予责任者履行责任的权利；其次，建立和健全限额设计的奖惩制度。设计单位在保证工程安全和不降低工程功能的前提下，采用新材料、新工艺、新设备、新方案，从而节约了投资的，应根据节约投资额比例，对设计单位给予奖励；因设计单位的设计错误、漏项或扩大规模和提高标准而导致工程静态投资超支，视超支比例扣减相应的设计费。

4. 加强设计变更管理，实行限额动态控制

不同阶段发生的设计变更其损失的费用不同。设计变更发生的越早，损失越小，反之，则损失越大，因此要建立设计管理制度，尽量将设计变更控制在设计阶段。

5.8　如何用概算定额法进行单位建筑工程概算的编制？

概算定额法又叫扩大单价法或扩大结构定额法。它与利用预算定额编制单位建筑工程施工图预算的方法基本相同。其不同之处在于编制概算所采用的依据是概算定额，所采用的工程量计算规则是概算定额的工程量计算规则。该方法要求初步设计达到一定深度，建筑结构比较明确时方可采用。

利用概算定额法编制设计概算的具体步骤如下所述：

（1）列项算量。按照概算定额分部分项顺序，列出各分部分项工程的名称。算量时应按概算定额中规定的工程量计算规则进行计算，并将计算所得各分项工程量按概算定额编号顺序，填入工程概算表内。

（2）确定各分部分项工程项目的概算定额单价，即根据概算定额编制扩大单位估价表。扩大单位估价表是确定单位工程中各扩大分部分项工程或完整的结构构件所需全部人工费、材料费、施工机械使用费之和的文件。计算公式为：

概算定额单价＝扩大分部分项工程人工费＋扩大分部分项工程材料费＋扩大分部分项工程施工机械使用费＝Σ（概算定额中人工消耗量×人工工日单价）＋Σ（概算定额中材料消耗量×材料单价）＋Σ（概算定额中机械台班消耗量×机械台班费用单价）

当设计图纸中的分项工程项目名称、内容与套用的概算定额中的分项有某些不相符时，则按规定对定额进行调整换算。

（3）将计算出的概算定额单价，以及相应的人工、材料、机械台班消耗指标，分别填入工程概算表和工料分析表中。

（4）计算人材机费用。将已算出的各分部分项工程项目的工程量分别乘以概算定额单价、单位人工、材料消耗指标，即可得出各分项工程的人材机费用和人工、材料消耗量。再汇总各分项工程的人材机之和及人工、材料消耗量，即可得到该单位工程的人材机之和和工料总消耗量。最后，再汇总措施费。如果规定有地区的人工、材料价差调整指标，计算时，按规定的调整系数或其他调整方法进行调整计算。

（5）结合其他各项取费标准，分别计算企业管理费、规费、利润和税金。

（6）计算单位工程概算造价，其计算公式为：

单位工程概算造价 ＝ 人工费＋材料费＋机械费＋企业管理费＋规费＋利润＋税金

5.9 如何用概算指标法进行单位建筑工程概算的编制?

由于设计深度不够等原因,对一般附属、辅助和服务工程等项目,以及住宅和文化福利工程项目或投资比较小、比较简单的工程项目,可采用概算指标法编制概算。用概算指标编制概算的方法有如下两种:

1. 直接用概算指标编制单位工程概算

当拟建工程的结构特征符合概算指标的结构特征时,可直接用概算指标编制概算。

首先,根据概算指标中每 $100m^2$ 建筑面积(或 $1000m^3$ 建筑体积)的人工和主要材料消耗指标,结合拟建工程项目所在地的人工工日单价、主要材料预算价格,计算 $100m^2$ 建筑面积(或 $1000m^3$ 建筑体积)建筑物的人工费和材料费等。计算公式为:

$100m^2$ 建筑面积的人工费 = 概算指标规定的工日数×本地区人工工日单价

$100m^2$ 建筑面积的材料费=主要材料费+其他材料费

其中:$100m^2$ 建筑面积的主要材料费 =Σ(概算指标规定的主要材料数量×相应的地区材料预算单价)

$100m^2$ 建筑面积的其他材料费 = 主要材料费×其他材料费占主要材料费的百分比

$100m^2$ 建筑面积的机械使用费 =(人工费 + 主要材料费 + 其他材料费)×机械使用费所占百分比

每 $1m^2$ 建筑面积的直接工程费=(人工费+主要材料费+其他材料费+机械使用费)÷100

然后,根据每 $1m^2$ 建筑面积(或 $1m^3$ 建筑体积)直接工程费,结合其他各项取费方法,分别计算每 $1m^2$ 建筑面积(或 $1m^3$ 建筑体积)措施费、间接费、利润和税金,得到每 $1m^2$ 建筑面积(或 $1m^3$ 建筑体积)的概算单价,乘以拟建单位工程的建筑面积(或建筑体积),即可得到单位工程概算造价。

也可以根据每 $1m^2$ 建筑面积(或 $1m^3$ 建筑体积)直接工程费,乘以拟建单位工程的建筑面积(或建筑体积)得到单位工程的直接工程费,再结合其他各项取费方法,分别计算措施费、间接费、利润和税金,得到单位工程的概算造价。

2. 用修正概算指标编制单位工程概算

当拟建工程的结构特征与概算指标的结构特征有局部差异时,可用修正后的概算指标,再根据已计算的建筑面积或建筑体积乘以修正后的概算指标及单位价值,算出工程概算造价。

首先,根据概算指标算出每平方米建筑面积或每立方米建筑体积的直接工程费。

然后,调整概算指标中的每平方米(或立方米)造价。即将原概算指标中的单位造价进行调整(仍使用直接工程费指标),扣除每平方米(或立方米)原概算指标中与拟建工程结构不同部分的造价,增加每平方米(或立方米)拟建工程与概算指标结构不同部分的造价,使其成为与拟建工程结构特征相同的工程单位直接工程费造价。计算公式为:

$$结构变化修正概算指标(元/m^2)=J+Q_1P_1-Q_2P_2$$

式中 J ——原概算指标;

Q_1 ——概算指标中换入结构的工程量;

Q_2——概算指标中换出结构的工程量；

P_1——换入结构的直接工程费单价；

P_2——换出结构的直接工程费单价。

则拟建单位工程的直接工程费为：

$$直接工程费＝修正后的概算指标×拟建工程建筑面积（或体积）$$

求出直接工程费后，再按照规定的取费方法计算其他费用，最终得到单位工程概算价值。

5.10 如何用类似工程预算法进行单位建筑工程概算的编制？

类似工程预算法是利用技术条件与设计对象相类似的已完工程或在建工程的工程造价资料来编制拟建工程设计概算的方法。该方法适用于拟建工程初步设计与已完工程或在建工程的设计相类似且没有可用的概算指标的情况，但必须对建筑结构差异和价差进行调整。

1. 建筑结构差异的调整

调整方法与概算指标法的调整方法相同。即先确定有差别的项目，然后分别按每一项目算出结构构件的工程量和单位价格（按编制概算工程所在地区的单价），然后以类似预算中相应（有差别）的结构构件的工程数量和单价为基础，算出总差价。将类似预算的直接工程费总额减去（或加上）这部分差价，就得到结构差异换算后的直接工程费，再行取费得到结构差异换算后的造价。

2. 价差调整

类似工程造价的价差调整方法通常有两种：一是类似工程造价资料有具体的人工、材料、机械台班的用量时，可按类似工程造价资料中的主要材料用量、工日数量、机械台班用量乘以拟建工程所在地的主要材料预算价格、人工工日单价、机械台班单价，计算出直接工程费，再行取费即可得出所需的造价指标；二是类似工程造价资料只有人工、材料、机械台班费用和其他费用时，可作如下调整：

$$D = AK$$
$$K = a\%K_1 + b\%K_2 + c\%K_3 + d\%K_4 + e\%K_5$$

式中 D——拟建工程单方概算造价；

              A——类似工程单方预算造价；

              K——综合调整系数；

$a\%$、$b\%$、$c\%$、$d\%$、$e\%$——类似工程预算的人工费、材料费、机械台班费、措施费、间接费占预算造价比重；

K_1、K_2、K_3、K_4、K_5——拟建工程地区与类似工程地区人工费、材料费、机械台班费、措施费、间接费价差系数。

K_1＝拟建工程概算的人工费（或工资标准）/类似工程预算人工费（或工资标准）

K_2＝$\sum$（类似工程主要材料数量×编制概算地区材料预算价格）/$\sum$类似地区各主要材料费

类似地，可得出其他指标的表达式。

5.11 如何进行设备购置费概算?

设备购置费由设备原价和运杂费两项组成。设备购置费是根据初步设计的设备清单计算出设备原价,并汇总求出设备总原价,然后按有关规定的设备运杂费率乘以设备总原价,两项相加即为设备购置费概算,计算公式为:

设备购置费概算=∑(设备清单中的设备数量×设备原价)×(1+运杂费率)

或设备购置费概算=∑(设备清单中的设备数量×设备预算价格)

国产标准设备原价可根据设备型号、规格、性能、材质、数量及附带的配件,向制造厂家询价或向设备、材料信息部门查询或按主管部门规定的现行价格逐项计算。非主要标准设备和工器具、生产家具的原价可按主要标准设备原价的百分比计算,百分比指标按主管部门或地区有关规定执行。

国产非标准设备原价在设计概算时可以根据非标准设备的类别、重量、性能、材质等情况,以每台设备规定的估价指标计算原价,也可以以某类设备所规定的吨重估价指标计算。

5.12 单位设备安装工程概算如何编制?

单位设备安装工程概算的编制方法有预算单价法、扩大单价法、设备价值百分比法和综合吨位指标法等。

1. 预算单价法

当初步设计较深,有详细的设备清单时,可直接按安装工程预算定额单价编制设备安装工程概算,概算程序与安装工程施工图预算程序基本相同。

2. 扩大单价法

当初步设计深度不够,设备清单不完备,只有主体设备或仅有成套设备重量时,可采用主体设备、成套设备的综合扩大安装单价来编制概算。

3. 设备价值百分比法

设备价值百分比法又叫安装设备百分比法。当初步设计深度不够,只有设备出厂价而无详细规格、重量时,安装费可按其占设备费的百分比计算。其百分比值(即安装费率)由主管部门制定或由设计单位根据已完类似工程确定。该法常用于价格波动不大的定型产品和通用设备产品。计算公式为:

$$设备安装费=设备原价×安装费率$$

4. 综合吨位指标法

当初步设计提供的设备清单有规格和设备重量时,可采用综合吨位指标编制概算,其综合吨位指标由主管部门或由设计单位根据已完类似工程资料确定。该法常用于设备价格波动较大的非标准设备和引进设备的安装工程概算。计算公式为:

$$设备安装费=设备吨重×每吨设备安装费指标$$

5.13 价值工程分析中如何进行功能评价?

功能评价是根据功能系统图,在设计方案的同一级的各功能之间计算并比较各功能价值的大小,从而寻找功能和成本在量上不匹配的具体改进目标。

功能评价的步骤为:

(1) 确定功能系数 (F_i)。

(2) 确定成本系数 (C_i)。

(3) 确定价值系数 (V_i)。

(4) 确定方案目标成本(功能评价值 C')。

方案目标成本的估算方法有三种:

(1) 理论计算法。根据工程技术公式和设计规范等确定实现功能的成本,在将要实现的必要成本所设想的可能采用的方案的基础上,对各种方案的总费用进行比较,从中选出成本最低的作为目标成本。

(2) 经验估算法。经验估算法是由有经验的专家根据用户的要求,对实现某一产品功能的几个方案依据经验进行成本估算,取各方案中成本值最低的作为功能目标成本。

(3) 功能评价系数法。根据功能与成本的匹配原则,按功能评价系数把产品的目标成本分配到每个功能上,作为各功能的评价值。

某功能的目标成本(C'_i) = 方案目标成本(C)×该功能的功能系数(F_i)

某功能的成本降低期望值(ΔC_i) = 某功能的目前成本(C_i) - 某功能的目标成本(C'_i)

(5) 确定价值工程改进对象。

当 $\Delta C_i > 0$ 时,说明实际成本偏高,可能存在功能过剩,甚至是多余功能;当 $\Delta C_i < 0$ 时,说明实际成本偏低,有可能造成功能存在不足,应适当增加成本。需要注意的是,当实际评定时,往往还应结合具体情况进行深入分析。

运用价值工程优选设计方案:甲方案单方造价 1500 元,价值系数为 1.13;乙方案单方造价 1550 元,价值系数 1.25;丙方案单方造价 1300 元,价值系数 0.89;丁方案单方造价 1320 元,价值系数 1.08。则最佳方案为乙方案。原因是乙方案的价值系数最大。

5.14 施工图预算有哪些编制方法?

施工图预算的编制可以采用要素构成法和综合单价法两种计价方法。要素构成法是传统计价模式采用的计价方式,综合单价法是工程量清单计价模式采用的计价方式。

1. 要素构成法

根据《建筑安装工程费用项目组成》(建标〔2013〕44 号)的内容:建筑安装工程费按照费用构成要素划分:由人工费、材料(包含工程设备,下同)费、施工机具使用费、企业管理费、利润、规费和税金组成。

要素构成法是指人材机单价乘以人材机的各自消耗量得到该分部分项工程的单价,以分部分项工程量乘以对应分部分项工程单价后的合计为人材机之和。汇总后另加企业管理费、利润、规费税金生成工程承发包价。

2. 综合单价法

综合单价是指分部分项工程单价综合了除直接工程费以外的多项费用内容。按照单价综合内容的不同，综合单价可分为全费用综合单价和部分费用综合单价。

(1) 全费用综合单价。即单价中综合了直接工程费、措施费、管理费、规费、利润和税金等，以各分项工程量乘以综合单价的合价汇总后，就生成工程承发包价。

例： 某分部分项工程人工、材料、机械台班单位用量分别为 3 个工日、1.2m³ 和 0.5 台班，人工、材料、机械台班单价分别为 30 元/工日、60 元/m³ 和 80 元/台班，措施费费率为 7%，间接费费率为 10%，利润率为 8%，税率为 3.41%。则该分部分项工程全费用单价为多少元？

分部分项工程全费用单价=分部分项工程直接工程费单价(基价)×(1+间接费率)×
$$(1+利润率)×(1+税率)$$
$$=(3×30+1.2×60+0.5×80)×(1+10\%)×(1+8\%)×(1+3.41\%)=248.16 元$$

(2) 部分费用综合单价。我国日前实行的工程量清单计价采用的综合单价是部分费用综合单价，部分费用综合单价是指完成一个规定计量单位的分部分项工程量清单项目或措施清单项目所需的人工费、材料费、施工机械使用费和企业管理费与利润，以及一定范围内的风险费用。以各分项工程量乘以部分费用综合单价的合价汇总，再加上项目措施费、规费和税金后，生成工程承发包价。

5.15　预算单价法和实物法编制施工图预算有何不同？

编制施工图预算时，按照分部分项工程单价产生方法的不同，工料单价法又可以分为预算单价法和实物法。

1. 预算单价法

预算单价法是用地区统一单位估价表中的各分项工料预算单价乘以相应的各分项工程的工程量，求和后得到包括人工费、材料费和机械使用费在内的单位工程直接工程费。措施费、间接费、利润和税金可根据统一规定的费率乘以相应的计取基数求得。将上述费用汇总后得到单位工程的施工图预算。

2. 实物法

预算单价法与实物法首尾部分的步骤是相同的，所不同的主要是中间的几个步骤：

采用实物法计算工程量后，套用相应人工、材料、施工机械台班预算定额消耗量。求出各分项工程人工、材料、施工机械台班消耗数量并汇总成单位工程所需各类人工工日、材料和施工机械台班的消耗量。各分项工程人工、材料、机械台班消耗数量是由分项工程的工程量分别乘以预算定额单位人工消耗量、预算定额单位材料消耗量和预算定额单位机械台班消耗量而得出的，然后汇总便可得出单位工程各类人工、材料和机械台班总的消耗量。用当时当地的各类人工工日、材料和施工机械台班的实际单价分别乘以相应的人工工日、材料和施工机械台班总的消耗量，并汇总后得出单位工程的人工费、材料费和机械使用费。在市场经济条件下，人工、材料和机械台班等施工资源的单价是随着市场而变化的，而且它们是影响工程造价最活跃、最主要的因素。用实物量法编制施工图预算，能把"量、价"分开，计算出量后，不再去套静态的定额基价，而是套用相应人工、材料、机械台班的定额单位消耗量，分别汇总得到人工、材料和机械台班的实物量，用这些实物量去乘以该地区当时的人工工日、材料、施工机械台班的实际单价，这样能比较真实地反映工程产品的实际价格水平。

例：某土建分项工程工程量为 10m²，预算定额人工、材料、机械台班单位用量分别为 2 工日、3m² 和 0.6 台班，其他材料费 5 元。当时当地人工、材料、机械台班单价分别为 40 元/工日、50 元/m² 和 100 元/台班。用实物法编制的该分项工程人材机之和的费用为多少元？

人材机之和的费用＝10×(2×40＋3×50＋0.6×100＋5)＝2950 元/10m²

5.16 施工图预算的工程量计算顺序如何？

一个单位工程，其工程量计算顺序一般有以下几种：

1. 按图纸顺序计算

根据图纸排列的先后顺序，由建施到结施；每个专业图纸由前到后，先算平面，后算立面，再算剖面；先算基本图，再算详图。用这种方法计算工程量的要求是，对预算定额的章节内容要很熟，否则容易出现项目间的混淆及漏项。

2. 按预算定额的分部分项顺序计算

按预算定额的章、节、项次序，由前到后，逐项对照，定额项与图纸设计内容能对上号时就计算。这种方法一是要熟悉图纸，二是要熟练掌握定额。使用这种方法要注意，工程图纸是按使用要求设计的，其平立面造型、内外装修、结构形式以及内部设施千变万化，有些设计采用了新工艺、新材料，或有些零星项目，可能套不上定额项目，在计算工程量时，应单列出来，待以后编制补充定额或补充单位估价表，不要因定额缺项而漏掉。

3. 按施工顺序计算

按施工顺序计算工程量，就是先施工的先算，后施工的后算，即由平整场地、基础挖土算起，直到装饰工程等全部施工内容结束为止。如带形基础工程，它一般是由挖基槽土方、做垫层、砌基础和回填土这四个分项工程组成，各分项工程量计算顺序就可采用：挖基槽土方—做垫层—砌基础—回填土。用这种方法计算工程量，要求编制人具有一定的施工经验，能掌握组织施工的全过程，并且要求对定额及图纸内容要十分熟悉，否则容易漏项。

4. 按统筹图计算

工程量运用统筹法计算时，必须先行编制"工程量计算统筹图"和工程量计算手册。其目的是将定额中的项目、单位、计算公式以及计算次序，通过统筹安排后反映在统筹图上，既能看到整个工程计算的全貌及其重点，又能看到每一个具体项目的计算方法和前后关系。编好工程量计算手册，且将多次应用的一些数据，按照标准图册和一定的计算公式，先行算出，纳入手册中。这样可以避免临时进行复杂的计算，以缩短计算过程，节省时间，并做到一次计算，多次应用。

工程量计算统筹图的优点是既能反映一个单位工程中工程量计算的全部概况和具体的

计算方法，又做到了简化适用，有条不紊，前后呼应，规律性强，有利于具体计算工作，提高工作效率。这种方法能大量减少重复计算，加快计算进度，提高运算质量，缩短预算的编制时间。

5. 按造价软件程序计算

计算机计算工程量的优点是：快速、准确、简便、完整。现在的预算软件大多都能计算工程量。工程量计算及钢筋汇总软件在工程量计算方面给用户提供适用于造价人员习惯的上机环境，将五花八门的工程量计算草底按统一表格形式输出，从而实现由计算草稿到各种预算表格的全过程电子表格化。钢筋汇总模块加入了图形功能，并增加了平法（建筑结构施工图平面整体设计方法）和图法（结构施工图法）输入功能，造价人员在抽取钢筋时只需将平法施工图中的相关数据，依照图纸中的标注形式，直接输入到软件中，便可自动抽取钢筋长度及重量。

此外，计算工程量，还可以先计算平面的项目，后计算立面；先地下，后地上；先主体，后一般；先内墙，后外墙。

应当指出，建施图之间、结施图之间、建施图与结施图之间都是相互关联、相互补充的。无论是采用哪一种计算顺序，在计算一项工程量，查找图纸中的数据时，都要互相对照着看图，多数项目凭一张图纸是计算不了的。如计算墙砌体，就要利用建施的平面图、立面图、剖面图、墙身详图及结施图的结构平面布置和圈梁布置图等，要注意图纸的连贯性。

5.17 土建预算中最容易漏项的内容有哪些？

土建工程中最容易遗漏的内容：

（1）基础砌体抹防水砂浆；（2）基础砌体加筋；（3）基础防潮层；（4）满堂基础的脚手架费用；（5）人工挖孔桩的泥浆外运；（6）其他基础土方的外运；（7）基础构造柱混凝土；（8）基础构造柱模板、钢筋；（9）预留洞口的加强钢筋；（10）室外散水、坡道的变形缝；（11）基础底板或楼板的马凳钢筋；（12）基础底板或楼板的放射钢筋；（13）主次梁交接处次梁加筋；（14）窗台压顶钢筋、模板、混凝土；（15）女儿墙构造柱钢筋、模板、混凝土；（16）空调板、飘板钢筋、模板、混凝土；（17）楼梯梁钢筋；（18）楼梯柱钢筋、模板、混凝土；（19）梯外雨棚钢筋、模板、混凝土；（20）阳台栏杆护脚混凝土、模板；（21）门窗过梁钢筋、模板、混凝土；（22）厨房、卫生间墙底防水带、屋面女儿墙下防水带的模板、混凝土；（23）柱、梁、板、墙模板支撑超高的费用；（24）砌体加固筋；（25）墙柱面、墙梁面钢丝网；（26）砌体抹灰前的清扫、加浆；（27）烟道；（28）楼梯栏杆、阳台栏杆预埋件；（29）沉降观测点预埋铁件；（30）屋面防水工程泛水卷边，厨房卫生间防水卷边；（31）天沟内侧抹灰及防水；（32）顶层阳台顶屋面抹灰及防水；（33）梯外雨棚正反两面抹灰及外墙涂料；（34）阳台正反面抹灰，阳台底天棚涂料；（35）空调板、飘板正反两面抹灰及外墙涂料；（36）外墙上门窗套的块料面层或外墙涂料；（37）外墙分格缝；（38）外墙线条抹灰及外墙涂料；（39）外墙面上的变形缝以及内部变形缝上下面及侧面变形缝的嵌缝、盖板；（40）屋面装饰层上的排气孔、排气管；（41）屋面上变形缝嵌缝及盖板；（42）屋面上烟道维护结构费用；（43）屋面排水系统费用；（44）阳台天棚抹灰及涂料；（45）室内涂料简易脚手架；（46）金属楼梯栏杆、阳台栏杆油漆；（47）楼梯硬木扶手油漆；（48）阳台栏杆护脚线条抹灰及涂料；（49）梯裙抹灰及内墙涂料；（50）底层楼梯房间的地面做法；（51）建筑面积的计算中应包含的外保温层面积；（52）室外无障碍坡道；（53）室内外暗沟；（54）天沟模板、混凝土；（55）阳台隔断砌体、抹灰、涂料；（56）桩基础中凿桩头及钢筋整理的费用

注：本解答主要参考"广联达服务新干线"网站。

第6章　建设项目招投标阶段的工程造价管理

6.1　工程量清单计价模式下，如何选择合同类型？

《建设工程工程量清单计价规范》（GB 50500—2013）中规定"实行工程量清单计价的工程，宜采用单价合同"。按照量变价不变原则，即发包人提供工程量清单，承包人按照工程量清单进行报价形成合同价，在合同约定范围内的综合单价不作调整，超出约定幅度和范围的允许调整。

但在实际清单计价的工程中不能一味强调使用单价合同这一单一合同计价类型。工程合同计价类型的选择取决于以下几个因素：项目的明确程度、竞争情况、复杂程度、工程规模和工期要求以及外部环境因素等。在确定合同价款时，可分为以下三种合同类型：

（1）固定总价合同。固定总价合同是指在合同中确定一个完成项目的总价，承包单位据此完成项目全部内容，合同在约定的风险范围内价款不再调整。这类合同适用于合同工期较短且工程合同总价较低的工程。

（2）固定综合单价合同。双方在专用条款中约定综合单价包含的风险范围，在约定的风险范围以外的综合单价不再调整；风险范围以外的综合单价调整方法应在合同专用条款中约定。这类合同一般适用于工程量清单计价的项目。

（3）可调价格合同。可调价格包括可调综合单价和措施项目费用等，双方应在合同专用条款中约定综合单价和措施项目费的调整方法。

在实际工作中，合同双方应根据工程项目的明确程度、竞争情况、复杂程度、规模和工期以及外部环境因素等实际情况，选择适合的施工合同类型。

6.2　经评审的最低投标价法与最低价中标法、最低评标价法的区别？

经评审的最低投标价法定义为：中标人的投标应当能够满足招标文件的实质性要求，并且经评审的投标价格最低；但是投标价格低于企业个别成本的除外。它有以下几个方面的含义：（1）能够满足招标文件的实质性要求，这是投标中标的前提条件。（2）经过评审的投标价格为最低，这是评标定标的核心。（3）投标价格应当处于不低于企业自身成本的合理范围之内，这是为了制止不正当的竞争、垄断和倾销的国际通行做法。

例：某高速公路项目招标采用经评审的最低投标价法评标，招标文件规定对同时投多个标段的评标修正率为4%。现有投标人甲同时投标1号、2号标段，其报价依次为6300万元、5000万元，若甲在1号标段已被确定为中标，则其在2号标段的评标价是多少万元？对同时投多个标段的评标修正，一般的做法是，如果投标人的某一个标段已被确定为中标，则在其他标段的评标中按照招标文件规定的百分比（通常为4％）乘以报价额后，在评标价中扣减此值。2号标段的评标价＝5000－5000×4％＝4800万元。

最低价中标法、最低评标价法这两者与我国的经评审的最低投标价法并不是一个概念。最低价中标是指技术标合格的最低报价者中标，这是美国工程招标中采用的做法，而不管其报价是否低于企业个别成本；而评标价最低中标法不一定是投标报价最低的投标中标，评标价是一个以货币形式表现的衡量投标方竞争力的量化指标，除了考虑投标价格因素外，还综合考虑质量、工期、施工组织设计、企业信誉、业绩等因素，并将这些因素尽可能加以量化折算为一定的货币与投标价格相抵减，抵减后的评标价最低者为中标人。

6.3 投标担保、履约担保、预付款担保、支付担保的含义？

投标担保：是指投标人按照招标文件的要求向招标人出具的，以一定金额表示的投标责任担保。招标人为了防止因投标人撤销或者反悔投标的不正当行为而使其蒙受损失，因此要求投标人按规定形式和金额提交投标保证金，并作为投标文件的组成部分。投标人不按招标文件要求提交投标保证金的，其投标文件做废标处理。

履约担保：招标文件要求中标人提交履约保证金或者以其他形式履约担保的，中标人应当提交。履约保证金可以是银行保函、转账支票、银行汇票等。履约保证金金额不得超过中标合同价的10％。

预付款担保：在指承包人与发包人签订合同后，承包人正确、合理使用发包人支付的预付款的担保。建设工程合同签订以后，发包人给承包人一定比例的预付款，一般为合同金额的10％，但需由承包人的开户银行向发包人出具预付款担保。

预付款担保的主要形式为银行保函。其主要作用是保证承包人能够按合同规定进行施工，偿还发包人已支付的全部预付金额。如果承包人中途毁约，中止工程，使发包人不能在规定期限内从应付工程款中扣除全部预付款，则发包人作为保函的受益人有权凭预付款担保向银行索赔该保函的担保金额作为补偿。

支付担保：是指为保证业主履行合同约定的工程款支付义务，由担保人为业主向承包人提供的保证业主支付工程款的担保。业主工程款支付担保和承包商付款担保应当采用第三方保证担保的方式。担保人对其出具的保函或担保书承担连带责任。

业主工程款支付担保的额度应与承包人或供应商提交的履约担保函额度相等；业主工程款支付担保方式为银行和专业担保机构保函，担保金额一般也不得低于合同价款的10％，且不得少于合同约定的分期付款的最高额度；业主工程款支付担保的有效期应当在合同中约定，合同约定的有效期截止时间为业主根据合同的约定完成全部工程结算款项（工程质量保修金除外）支付之日起30～180天；业主工程款支付担保按合同约定的分期付款段滚动进行，当一个阶段的付款完成后自动转为下一阶段付款担保，直至工程结算款全部付清；当业主不能按合同约定支付工程款时，双方可商定延期付款协议。协商不成或延期付款协议到期后业主仍不支付工程款时，承包人可以要求出具保函的银行承担担保责任；因业主不履行合同而导致工程款支付保函金额被全部提取后，业主应在15日内向承包人重新提交同等金额的工程款支付担保函。否则，承包人有权停止施工并要求赔偿损失。

6.4　投标人如何进行投标决策？

投标决策，就是投标人选择和确定投标项目与制定投标行动方案的决定。工程投标决策是指建设工程承包商为实现其生产经营目标，针对建设工程招标项目，而寻求并实现最优化的投标行动方案的活动。因为投标决策是公司经营决策的重要组成部分，并指导投标全过程，与公司经济效益紧密相关，所以必须及时、迅速、果断地进行投标决策。实践中，建设工程投标决策主要研究以下三个方面的内容：

（1）投标机会决策，即是否投标的机会研究。

（2）投标定位决策，即投何种性质的标。

（3）投标方法性决策，即采用何种策略和技巧。

投标决策问题，首先是要进行是否投标的机会决策研究和投何种性质的标的投标报价决策研究；其次，是研究投标中如何采用以长制短、以优胜劣的策略和技巧。投标决策分为两个阶段：前期投标机会决策阶段和后期报价决策阶段，投标机会决策阶段主要解决是否投标的机会问题，报价决策阶段是要解决投标性质选择及报价选择问题。

6.5　固定总价合同是否在任何情况下都不允许调整？

对于固定总价合同调整的问题，承发包双方可根据以下情况协商处理：

（1）出现合同中约定的调整内容时，可调整合同价格。

在合同中一般都明确固定总价包干的风险范围，同时约定风险范围以外的价格涨幅的处理方法，如按照合同约定实际材料价格超过报价时的10%时，按双方协定的价格调整结算。那么实际材料价格是报价时价格的10%时，不调整。

（2）变更引起的价格争议。设计变更和业主增减工程量是固定总价合同约定的可以调整合同价款的主要原因。因此双方应在订立合同时明确对设计变更、调增调减工程量引起的价款变动。

（3）如果合同中没有约定可以调整的内容时，可按下列情况处理：

1）合同履行过程中大幅度的材料上涨时

如果在合同履行过程中承包商认为材料涨价幅度已经超过正常的商业风险范围，属于当事人签约时无法预见的客观情势变化时，可与业主协商，双方按一定的比例共同分担材料上涨的费用。

2）工程量争议

这类争议主要发生在施工企业报价漏项、工程量错算较多的情况下，业主基本不承担工程量风险。但业主方应当注意，如果采用固定总价合同，招标时应使用施工图而不是草图或方案图，且应有比较详细的图说和施工要求，并在招标时给投标人留有足够的编标时间和询标时间。以确保投标人完全了解施工场地、理解设计意图、明确施工要求、减少投标人工程量计算失误的概率，避免纠纷的发生。对于承包商而言首先在投标时应吃透设计意图，详细踏勘现场，对图纸和说明中不明确的地方应及时通过询标要求招标人明示，并做好询标答疑的详细记录，已备今后发生争议时有足够的证据。

工程变更时的调整。某土石方工程，施工承包采用固定总价合同形式，根据地质资料、设计文件估算的工程量为 17000m³，在机械施工过程中，由于局部超挖、边坡垮塌等原因，实际工程量为 18000m³；基础施工前，业主对基础设计方案进行了变更，需要扩大开挖范围，增加土石方工程量 2000m³。则结算时应对合同总价进行调整的工程量为 2000m³。

6.6 投标价中是否需要包括"暂列金额"、"暂估价"？在竣工结算时应如何处理？

首先需要明确"暂列金额"和"暂估价"的概念和性质。

(1) 暂列金额：《建设工程工程量清单计价规范》（GB 50500—2013）中规定，招标人在工程量清单中暂定并包括在合同价款中的一笔款项。用于工程合同签订时尚未确定或者不可预见的所需材料、工程设备、服务的采购，施工中可能发生的工程变更、合同约定调整因素出现时的合同价款调整以及发生的索赔、现场签证确认等的费用。

暂估价：《建设工程工程量清单计价规范》（GB 50500—2013）中规定，招标人在工程量清单中提供的用于支付必然发生但暂时不能确定价格的材料、工程设备的单价以及专业工程的金额。可以这样理解，暂估价首先是招标阶段预见"肯定要发生"，只是因为标准不明确或者需要由专业承包人完成而暂时无法确定的具体价格。

(2) 暂列金额和暂估价的区别：1) 从发生的可能性区分，暂估价是必然要发生的，而暂列金额是"未确定或不可预见"的。2) 从价格形式区分，暂列金额形式是"一笔款项"，而暂估价有可能是"一笔款项"，也有可能是"单价"。3) 从合同价款的表现形式区分，暂列金额是包括在合同价款中的，而暂估价有可能包括在合同价款中，也有可能不包括在合同价款中。4) 从所有者性质上来区分：暂列金额的性质包括在合同价之内，但并不直接属承包人所有，而是由发包人暂定并掌握使用的一笔款项。而暂估价则要根据具体情况进行分析，对于材料暂估价、工程设备暂估价，若是"甲供"，则暂估价归发包人所有；若是承包人自行采购的材料、工程设备，则暂估价归承包人所有。对于专业工程暂估价，投标人不得对其进行调整，所以专业工程暂估价归发包人所有。

在投标报价时，需按照工程量清单中的要求在报价中包含暂列金额和暂估价，材料暂估价要计入到分部分项工程的综合单价中，暂列金额和专业工程暂估价计入其他项目费中。

在竣工结算时，暂估价中的材料单价应按发、承包双方最终确认价在综合单价中调整；专业工程暂估价应按中标价或发包人、承包人与分包人最终确认价计算。

暂列金额应减去工程价款调整与索赔、现场签证金额计算，如有余额归发包人，索赔费用应依据发、承包双方确认的索赔事项和金额计算；现场签证费用应依据发、承包双方签证资料确认的金额计算。

6.7 招标控制价的编制应注意哪些问题？

招标控制价的编制应注意：

（1）严格依据招标文件（包括招标答疑纪要）和发布的工程量清单编制招标控制价。

（2）正确全面地使用行业和地方的计价定额（包括相关文件）和价格信息，对招标文件规定可使用的市场价格应有可靠依据。

（3）依据国家有关规定计算不参与竞争的措施费用、规费和税金。

（4）竞争性的措施方案依据专家论证后的方案进行合理确定，并正确计算其费用。

（5）编制招标控制价时，施工机械设备的选型应根据工程特点和施工条件，本着经济适用、先进高效的原则确定。

另外应注意的是：

（1）招标控制价不宜设置过高。

在招标文件中，公开招标控制价，也为投标人围标、串标创造了条件，由于招标控制价的设置实际上是"最高上限"，不是"最低下限"，其价位是社会平均水平。因而公开了招标控制价，投标人则有了报价的目标，招标人与投标人之间存在价格信息不对称，只要投标人相互串通"协定"一家中标单位（或投标人联合起来轮流"坐庄"），投标人不用考虑中标机会概率，就能达到较高预期利润。招标控制价不宜过高，因为只要投标不超过招标控制价都是有效投标，防止投标人围绕这个最高限价串标、围标。

（2）招标控制价不宜设置过低。

如果公布的招标控制价远远低于市场平均价，就会影响招标效率。可能出现无人投标情况，因为按此价投标将无利可图，不按此投标又成为无效投标。结果使招标人不得不修改招标控制价进行二次招标。另外，如果招标控制价设置太低，从信息经济学角度分析，若投标人能够提出低于招标控制价的报价，可能是因其实力雄厚，管理先进，确实能够以较其他投标者低得多的成本建设该项目。但更可能的情况是，该投标人并无明显的优势，而是恶性低价抢标，最终提供的工程质量不能满足招标人要求，或中标后在施工过程中以变更、索赔等方式弥补成本。

（3）招标控制价的设置应考虑施工中可能应用的施工方法和可能的风险。

招标控制价的设置应根据编制依据和相关清单计价规范的要求并考虑现场施工环境、常规施工方案、人工、材料价格变化等内容，价格中应包含一定的风险费用，也就是说招标控制价的编制应考虑一切承包商在报价时可能考虑的因素，这样的价格才可能是一个科学合理的控制价格。

例：某政府投资的市区内河道清淤及边坡加固工程，采用了工程量清单计价方式，招标控制价设置了 880 万元，招标控制价组成中提供了详细的分部分项工程量清单及报价表，某施工单位在规定的时间和地点购买了此招标文件，针对工程量清单进行了初步报价，结果发现该施工单位若要完成招标范围内的全部工程其成本价为 1420 万元，不加利润规费和税金的价格已远远超过了该招标控制价，通过逐项对比招标控制价和投标报价的分部分项工程及措施项目的报价发现，该招标控制价的组价内容只是考虑了常规的施工方法和套用了该省的消耗量定额，没有针对该工程具体的复杂的施工环境进行充分考虑，由此产生的组价是一个不符合现实的价格，该施工单位把河道环境实地考察并结合切实可行的施工方案的内容向招标方在规定的时间内提出了需要答疑的内容，但是招标方坚持招标控制价没有问题，该施工单位遂放弃了该项目的投标。

6.8 投标人如何对不合理的招标控制价进行投诉？

投标人经复核认为招标人公布的招标控制价未按照计价规范的规定进行编制的，应在招标控制价公布后 5 天内向招投标监督机构和工程造价管理机构投诉。投诉人投诉时，应当提交由单位盖章和法定代表人或其委托人签名或盖章的书面投诉书。投诉书包括下列内容：（1）投诉人与被投诉人的名称、地址及有效联系方式；（2）投诉的招标工程名称、具体事项及理由；（3）投诉依据及有关证明材料；（4）相关的请求及主张。

投标人可以从以下方面投诉招标人：（1）招标控制价总价是否与细节构成完全吻合？（2）招标人编制招标控制价时人材机单价是否先用信息价然后再用市场价？（3）建设主管部门对费用或费用标准的政策规定有幅度时，是否按幅度上限执行？（4）招标人编制招标控制价时对于安全文明施工费、规费和税金是否进行了竞争？（5）招标控制价中的综合单价是否包括招标文件中招标人要求投标人所承担的风险内容及其范围（幅度）产生的风险费用？招标文件中有无无限风险，所有风险由承包人承担的字样？（6）招标人提供了有暂估单价的材料时，是否按暂定的单价计入综合单价？

工程造价管理机构在接到投诉书后应在 2 个工作日内进行审查，对有下列情况之一的，不会受理：（1）投诉人不是所投诉招标工程招标文件的收受人；（2）投诉书提交的时间不符合"招标控制价公布后 5 天内"的时间要求；（3）投诉书的内容不符合规范要求的规定；（4）投诉事项已进入行政复议或行政诉讼程序的。

工程造价管理机构应在不迟于结束审查的次日将是否受理投诉的决定书面通知投诉人、被投诉人以及负责该工程招投标监督的招投标管理机构。工程造价管理机构受理投诉后，应立即对招标控制价进行复查，组织投诉人、被投诉人或其委托的招标控制价编制人等单位人员对投诉问题逐一核对。有关当事人应当予以配合，并应保证所提供资料的真实性。

工程造价管理机构应当在受理投诉的 10 天内完成复查，特殊情况下可适当延长，并作出书面结论通知投诉人、被投诉人及负责该工程招投标监督的招投标管理机构。

当招标控制价复查结论与原公布的招标控制价误差大于±3％时，应当责成招标人改正。招标人根据招标控制价复查结论需要重新公布招标控制价的，其最终公布的时间至招标文件要求提交投标文件截止时间不足 15 天的，应相应延长投标文件的截止时间。

6.9 投标价不能低于工程成本还是企业成本？

工程量清单计价规范规定，投标价由投标人自主确定，但不得低于工程成本。《中华人民共和国招标投标法》第三十二条规定："投标人不得以低于成本的报价竞标。"这里应注意的是投标报价不能低于工程成本，而不是企业成本。工程成本包含在企业成本中，二者的概念不同，涵盖的范围不同，某一单个工程的盈或亏，并不必然表现为整个企业的盈或亏。

建设工程施工合同是特殊的加工承揽合同，以施工企业成本来判定单一工程施工成本对发包人也是不公平的。因发包人需要控制和确定的是其发包的工程项目造价，无须考虑承包该工程的施工企业成本。相对于一个地区而言，一定时期范围内，同一结构的工程成本基本上会趋于一个比较稳定的值，这就使得对同类型工程成本的判断有了可操作的比较标准。

6.10 订立合同时应明确哪些有关价格的条款？

根据《建设工程工程量清单计价规范》（GB 50500—2013）中的 7.2.1 条款的规定，发承包双方应在合同条款中对下列事项进行约定：

（1）预付工程款的数额、支付时间及抵扣方式。

预付款是发包人未解决承包人在施工准备阶段资金周转问题提供的协助，在合同中应约定预付款数额，可以是绝对数，如 50 万、100 万，也可以是比例，如合同金额的 10%、15%等，一般不低于 10%，不超过 30%。约定支付时间，如合同签订后的一个月、开工日前 7 天支付等；约定抵扣方式：如在工程进度款中按比例抵扣；约定违约责任；如不按合同约定支付预付款的利息计算，违约责任等。

（2）安全文明施工措施的支付计划、使用要求等。

（3）工程计量与支付工程进度款的方式、数额及时间。

应在合同中约定计量时间和方式：可按月计量，如每月 30 日，可按工程形象部位划分分段计量，如±0.00 以下基础及地下室、主体结构 1～3 层。进度款支付周期与计量周期保持一致，约定支付时间，如计量后 7 天、10 天支付；约定支付额，如已完工作量的 70%、80%等；约定违约责任：如不按合同约定支付进度款的利率，违约责任等。

（4）工程价款的调整因素、方法、程序、支付及时间。

约定调整因素：如工程变更后综合单价调整，工程造价管理机构发布的人工费调整等；约定调整方法：如结算时一次调整；约定调整程序：承包人提交调整报告交发包人，由发包人代表审核签字等；约定支付时间与工程进度款支付同时进行等。

（5）施工索赔与现场签证的程序、金额确认与支付时间。

约定索赔与现场签证的程序：如有由承包人提出、发包人现场代表或授权的监理工程师核对等；约定索赔提出时间和约定核对时间，约定支付时间：原则上与工程进度款同期支付等。

（6）承担计价风险的内容、范围以及超出约定内容、范围的调整方法。约定风险的内容范围；约定物价变化调整幅度等。

（7）工程竣工价款结算编制与核对、支付与时间。

（8）工程质量保证金的数额、预留方式及时间。

（9）违约责任以及发生工程价款争议的解决方法及时间。

（10）与履行合同、支付价款有关的其他事项等。

6.11 "阴阳合同"中工程价款如何认定？

阴阳合同也称之为黑白合同，阳合同是指经过公开招投标程序，并经过备案的建设工程施工合同。"阴合同"是对应于"阳合同"而言的，是在存在一个"阳合同"的前提下，又存在另一份建设工程施工合同，是双方私下签订的违背中标合同实质性内容的合同（包括在招投标之前签订、与中标合同一起签订、在中标备案之后签订等各种情况），就是"阴合同"。

虽然从民法意思自治的角度来说，阴合同往往更能体现双方当事人的真实意思表示，但由于这种意思表示很可能掩盖着利益输送、偷税漏税、不正当竞争等不正当的目的，所以并不能得到法律支持。依据《招标投标法》第 46 条的规定："招标人和中标人不得再行订立背离合同实质性内容的其他协议。"可见，即使阴合同是双方真实意思表示，但违背了法律强制性规定，属于无效合同。另依据《招标投标法》第 59 条的规定，对于上述行为，行政机关应责令改正，并可以处中标项目金额 5‰以上 10‰以下的罚款。

关于该建设工程中的非实质性内容，原则上按后签订的建设工程施工合同中的约定为准。关于建设工程中的实质性内容，如果"阴合同"和"阳合同"关于工程计价或工程价款的确定形式有不同约定的，原则上按"阳合同"为准；实质性的内容是指影响合同双方当事人基本权利和义务的内容，而建设工程施工合同是承包人按时保质完成建设工程，发包人按时足额支付工程款的特殊承揽合同，所以，工程价款、工程质量和工程期限是建设工程施工合同的实质性内容，当存在两份建设工程施工合同时，应当以备案的中标合同作为结算工程价款的依据。《最高人民法院关于审理建设工程施工合同纠纷案件适用法律问题的解释》第二十一条规定："当事人就同一建设工程另行订立的建设工程施工合同与经过备案的中标合同实质性内容不一致的，应当以备案的中标合同作为结算工程价款的依据。"

还应注意的是：与订立黑合同相对立的，也容易混淆的，是合同变更行为。前者是为法律强制性规定所禁止的违法行为，后者却是受《合同法》第 5 章保护的合法权利，对两者进行正确区分，非常重要，也是企业在进行合同管理时需要注意的问题。两者的界线在于：是否对合同的实质性内容作了变更。依据《司法解释》以及《招标投标法》，"与中标合同实质性内容不一致"是认定阴合同的依据。

6.12 什么是串标、围标、陪标？

所谓串标，是指在工程招投标过程中，几家投标单位通过事先商定，联合对招标项目的一个或几个招标标段用一致性报价压价或抬价等手段串通报价，以达到排斥其他投标人，控制中标价格和中标结果，让他们其中的投标者中标的目的。所谓围标，是指某个投标人通过一定的途径，秘密伙同其他投标人共同商量投标策略，串通投标报价，排斥其他投标人的公平竞争，以非法手段赢取中标的一种违法行为，围标行为的发起者称为围标人，参与围标行为的投标人称为陪标人，为内部商定的特定投标人充当铺垫、陪衬的其他投标人就是陪标人，所实施的干扰正常招投标程序的行为称为陪标。

串、围标、陪标的主要表现形式：

（1）施工企业与建设方串通，通过各种方式采用邀请招标，规避公开招标，比如采用肢解项目分批发包，从而降低招标规模以达到邀请招标的标准；或者以工期紧或技术要求高等理由，通过有关部门批准而采用邀请招标等，由于邀请招标的投标人比较容易控制，因此只要建设方认可的施工企业随意找几个陪标单位即可中标。

（2）当采用公开招标时，施工企业利用与建设单位的关系，在设定资格预审条件评标办法上面做文章；在设定资格预审条件上，通过设定某些特定条件，减少竞争对手；在评标办法上，多为采用综合评分法，为围标创造有利条件。

（3）通过借用资质的办法，在资格预审时同时报很多家单位，这样被其控制的单位入围的概率就大大增加，可以为围标创造有利的条件。

（4）利用与建设方招标代理机构等的关系，在资格预审时，让其控制的部分资格条件不够的陪标单位通过资格预审，这样使其在抽签或采用其他办法决定最终入围单位时创造单位数量上的优势。

（5）大多数情况是由买标方统一制作各陪标单位的投标书，陪标单位提供相应的公司及个人的资质文件公章和出席招投标过程中各种会议的相关人员（如：标前会议、现场勘察答疑开标评标会议等）。

（6）通常甘愿陪标的企业无意于通过加强企业管理、降低成本、提高工程质量来增强竞争力，更无意于通过公平竞争争取中标，而是以投机为目的通过替他人充当铺垫，就地分赃，谋取眼前利益。

（7）一些没有资质或资质较低的单位和个人，为了达到中标的目的，利用当前市场准入重企业资质轻个人资格的传统理念，采取同时挂靠多家资质较高企业，编制若干套投标文件，以几个企业的名义参与投标。表面上是多家企业参加竞标，实际上只有一个真正的投标人，不管评标结果如何，不管是哪一家企业中标，最后的中标者都是同一个老板或包工头。

6.13　什么是规避招标？规避招标的行为有哪些？

所谓规避招标，是指招标人以各种手段和方法，来达到逃避招标的目的。《招标投标法》第四条规定：任何单位和个人不得将依法必须进行招标的项目化整为零或者以其他任何方式规避招标。

容易发生规避招标的项目：一是附属工程。附属工程一般比较小，建设单位容易忽视，有些单位还认为只要主体工程招标了，附属工程就不要招标的认识误区；二是在项目计划外的工程。计划外工程从一开始就没有按规定履行立项手续，所以招标投标也就无从谈起；三是施工过程中矛盾比较大的工程，建设单位为了平息矛盾，违规将工程直接发包给当地村民。

根据《招标投标法》第49条的规定，规避招标的行为主要有：

（1）必须进行招标的项目而不招标的。《招标投标法》规定，在中华人民共和国境内进行下列工程建设项目，包括项目的勘察、设计、施工、监理以及与工程建设有关的重要设备、材料等的采购，必须进行招标：大型基础设施、公用事业等关系社会公共利益、公共安全的项目；全部或者部分使用国有资金投资或国家融资的项目；使用国际组织或者外国政府贷款、援助资金的项目；使用国际组织或者外国政府贷款、援助资金的项目；法律或者国务院规定必须进行招标的其他项目。法律之所以要求以上项目必须进行招标，一是因为该项目的资金来源于纳税人或国际金融组织、外国政府的贷款或援助资金；二是因为该项目涉及公共利益和公众安全。通过招标的方式进行采购，可以达到"保护国家利益、社会公共利益和招标投标活动当事人的合法权益，提高经济效益，保证项目质量"的立法目的。

（2）将必须进行招标的项目化整为零以规避招标的。《招标投标法》第3条规定了强制招标的范围，但这并不意味着在此范围内的所有项目都必须进行招标。对于法律规定范围内的招标项目，必须达到一定的限额才需要进行强制招标，法律并不要求限额以下的项目必须进行招标。所谓招标限额，是指必须进行招标的项目需要达到的规模、标准或者价值。如果采购项目的单项合同价值低于招标限额，即使该项目在种类上属于法律规定的必须招标的项目，但由于其低于强制招标限额标准而无需招标。所以在现实生活中往往会发生这样的现象：某些项目单位为了达到规避招标的目的，采取拆分、肢解等方式将单项合同项目化整为零，使被拆分、肢解后的单项合同项目低于招标限额，从而规避招标。

（3）采取其他方法规避招标的。其他规避招标的行为如隐瞒事实真相，故意混淆资金和建设项目性质，或者利用各种手段，提供假信息，以项目技术复杂、供应商和承包商有限为借口等以达到规避公开招标的目的。由于立法不可能将现实生活中可能出现的规避招标的方法囊括无遗，有必要规定"采取其他方法规避招标的"这样的"兜底"条款，以避免出现法律的漏洞。

6.14　编制投标文件应注意什么问题？

编制投标文件应注意以下问题：

（1）对招标人的特别要求。了解清楚特别要求后再决定是否投标。如招标人在业绩上要求投标人必须有几个业绩；如土建标，要求几级以上的施工资质；要求投标人资金在多少金额以上等。

（2）应认真领会的要点：前附表格要点；招标文件各要点；投标文件部分，尤其是组成和格式；保证金应注意开户银行级别、金额、币种以及时间；文件递交方式时间地点以及密封签字要求；几个造成废标的条件；参加开标仪式；做好澄清工作。

（3）投标文件应严格按规定格式制作，如开标一览表、投标函、投标报价表、授权书等，包括银行保函格式亦有统一规定，不能自己随便写。

（4）技术规格的响应。投标人应认真制作技术规格响应表，主要指标有一个偏离即会导致废标。次要指标亦应作出响应；认真填写技术规格偏离表。

（5）编制要点：注意签字与加盖公章；正本与副本的数量；有效期的计算等。

（6）应核对报价数据，消除计算错误。各分项、分部工程的报价及单方造价、劳动生产率、单位工程一般用料、用工指标是否正常等，应根据现有指标和企业内部数据进行宏观审核，防止出现大的错误和漏项。

（7）编制投标文件的过程中，投标人必须考虑开标后如果成为评标对象，其在评标过程中应采取的对策。例如在我国鲁布革引水工程招标中，日本大成公司在这方面做了很好的准备，决策及时，因而在评标中获胜，获得了合同。如果情况允许，投标人也可以向业主致函，表明投送投标文件后考虑同业主长期合作的诚意，可以提出一些优惠措施或备选方案。

6.15　标准施工招标文件与 2013 版施工合同怎么衔接？

九部委标准施工合同招标文件无协议书和专用合同条款内容，是否可以将 2013 版施工合同的内容移植到九部委标准施工招标文件中？

九部委的 56 号文件即《〈标准施工招标资格预审文件〉和〈标准施工招标文件〉试行规定》所附的《通用合同条款》和《建设工程施工合同（示范文本）》（GF-2013-0201）都是借鉴了国际通用的 1999 版菲迪克合同文本所制定，在体例和主要条款设置上并无原则上的矛盾，两者并不冲突。国务院《招标投标法实施条例》第 15 条明确规定，编制依法必须进行招标项目的资格预审文件和招标文件，应当使用国务院发展改革部门会同有关行政监督部门制定的标准文本。2013 版施工合同作为住建部推出的行业示范文本，适应于各类建设工程项目，同时也代表了行业的交易习惯。由于九部委的 56 号文件所附的招标文件仅有通用合同条款，并没有协议书和专用合同条款，采用时需要当事人自己配套制定。在该文本的实际操作中，根据当事人意思自治的原则和选择权，只要当事人协商一致，借鉴 2013 版施工合同文本的协议书和专用条款内容，移植到使用九部委标准招标文件的市场操作中，不失为一种便捷有效的方法。当然，在具体操作时，还是应考虑政府投资和国有投资项目的具体情况和地方政府的有关规定，有针对性地移植，并与九部委的通用合同条款不矛盾地配套使用。

注：本解答选自《建筑》2013 年第 13 期的 "《2013 版施工合同（示范文本）》宣贯会三十问"。

6.16　发包人未在计划内开工，不同意调价
和解除合同，怎么处理？

2013 版施工合同规定发包人未在计划开工日期后 90 天内开工，承包人有权提出价格调整或解除合同。如果发包人不同意调价，也不同意解除合同，怎么处理？

这条规定的是发包人逾期开工的法律后果条款。实践中，经常出现发包人在签订合同后未依约开工，因迟延开工遇到材料、人工费涨价引发纠纷。1999 版施工合同对此并无相应的处理规定，致使法院处理此类纠纷没有合同的依据。2013 版施工合同第 7 条第 7.3 款 "开工通知" 规定："发包人应按照法律规定获得工程施工所需的许可。经发包人同意后，监理人发出的开工通知应符合法律规定。监理人应在计划开工日期 7 天前向承包人发出开工通知，工期自开工通知中载明的开工日期起算。除专用合同条款另有约定外，因发包人原因造成监理人未能在计划开工日期之日起 90 天内发出开工通知的，承包人有权提出价格调整要求，或者解除合同。发包人应当承担由此增加的费用和（或）延误的工期，并向承包人支付合理利润。"

此条规定的是承包人单方享有的合同解除权，发包人逾期开工超过 90 天，合同赋予承包人可据此要求调整价款或解除合同的权力，符合法律关于履约抗辩权的规定。只要条件满足，承包人就有权解除合同，而不需要征得发包人的同意。如发包人既不同意调价又不同意解除合同，则承包人可单方行使解除权，出现争议，按照争议解决约定处理。

注：本解答选自《建筑》2013 年第 13 期的 "《2013 版施工合同（示范文本）》宣贯会三十问"。

第7章 建设项目施工阶段的工程造价管理

7.1 工期索赔成立的条件有哪些？

1. 造成施工进度拖延的责任是属于可原谅的

因承包人的原因造成施工进度滞后，属于不可原谅的延期；只有承包人不应承担任何责任的延误，才是可原谅的延期。有时工程延期的原因中可能包含有双方责任，此时监理人应进行详细分析，分清责任比例，只有可原谅延期部分才能批准顺延合同工期。可原谅延期，又可细分为可原谅并给予补偿费用的延期和可原谅但不给予补偿费用的延期；后者是指非承包人责任的影响并未导致施工成本的额外支出，大多属于发包人应承担风险责任事件的影响，如异常恶劣的气候条件影响的停工等。

2. 被延误的工作应是处于施工进度计划关键线路上的施工内容

工期索赔能够成立的前提是事件的发生对总工期产生了影响，影响了竣工日期。因此，只有位于关键线路上工作内容的滞后，才会影响到竣工日期。但有时应注意，既要看被延误的工作是否在批准进度计划的关键路线上，又要详细分析这一延误对后续工作的可能影响。因为若对非关键路线工作的影响时间较长，超过了该工作可用于自由支配的时间，也会导致进度计划中非关键路线转化为关键路线，其滞后将影响总工期的拖延。此时，应充分考虑该工作的自由时间，给予相应的工期顺延，并要求承包人修改施工进度计划。

案例： 某工程施工过程中，因地质勘探报告不详，出现图纸中未标明的地下障碍物，处理该障碍物导致网络计划中工作 A 持续时间延长 10 天，经网络参数计算，工作 A 的总时差为 13 天，该承包商能否得到工期补偿？

解析： 承包商不能得到工期补偿。虽然直至勘探报告不详是由于发包方的原因造成的，属于可原谅的延期，但被延误的工作 A 的总时差为 13 天，在网络计划中属于非关键工作，并且工期延误的时间小于该工作的总时差，因此不会对总工期产生影响，承包商不能得到工期补偿。

7.2 施工单位开挖土方加大了放坡系数，费用由谁承担？

施工单位为避免坑壁塌方，开挖时加大了放坡系数，增加了用工和工期，此种情况下增加工期和费用由施工方自己承担。根据施工合同示范文本的规定，承包商应该根据自身企业资质的条件完成甲、乙双方确认的施工组织设计方案并进行施工，制定施工组织设计计划时，承包方应充分考虑施工过程可能出现的各种情况，并且在实施前也应该取得甲方的同意。另外，即使在取得现场甲方代表同意的情况下增加施工技术措施，甲方也不负担发生的费用。除非是对于现场甲方代表指令施工方加快施工、采取新的施工技术措施等情况发生时，甲方对乙方进行费用和工期补偿。

7.3 如何利用挣值法进行进度、费用偏差分析？

挣值法是通过分析项目实际完成情况与计划完成情况的差异，从而判断项目费用、进度是否存在偏差的一种方法。挣值法主要用三个费用值进行分析，他们分别是计划完成工作预算费用、已完工作预算费用和已完工作实际费用。

（1）计划完成工作预算费用（BCWS）：是指根据进度计划安排，在某一时刻应当完成的工作（或部分工作），以预算为标准计算所需要的资金金额。一般来说，除非合同有变更，BCWS 在工作实施过程中应保持不变。按下式计算：

计划完成工作预算费用（BCWS）＝计划工程量×预算单价

（2）已完工作预算费用（BCWP）：是指在某一时间已经完成的工作（或部分工作），以批准认可的预算为标准所需要的资金总额。由于业主正是根据这个值为承包商完成的工作量支付相应的价款，也就是承包商获得（挣得）的金额，故称挣得值或挣值。按下式计算：

已完工作预算费用（BCWP）＝已完工程量×预算单价

（3）已完工作实际费用（ACWP）＝已完工程量×实际单价

（4）挣值法的四个评价指标

1）费用偏差 CV

费用偏差(CV)＝已完工作预算费用(BCWP)－已完工作实际费用(ACWP)

当 CV 为正值是，表示节支，项目运行实际费用低于预算费用；当 CV 为负值时，表示实际费用超出预算费用。

2）进度偏差 SV

进度偏差(SV)＝已完工作预算费用(BCWP)－计划完成工作预算费用(BCWS)

当 SV 为正值时，表示进度提前，即实际进度快于计划进度；当 SV 为负值时，表示进度延误，即实际进度落后于计划进度。

3）费用绩效指数 CPI

费用绩效指数(CPI)＝已完工作预算费用(BCWP)/已完工作实际费用(ACWP)

当 CPI＞1 时，表示节支，即实际费用低于预算费用；当 CPI＜1 时，表示超支，即实际费用要高于预算费用。

4）进度绩效指数 SPI

进度绩效指数(SPI)＝已完工作预算费用(BCWP)/计划完成工作预算费用(BCWS)

当 SPI＞1 时，表示进度提前，即实际进度快于计划进度；当 SPI＜1 时，表示进度延误，即实际进度比计划进度拖后。

7.4 何种情况下可以调整工程的价款，如何调整？

首先要看合同类型，如果是固定总价合同，约定了在任何情况下都不允许调整合同，则在任何材料、人工等政策市场发生变化时，价格一般是不能调整的，但如果签订的是单价合同。一般要约定单价在一定的范围内不能变化，但超过约定范围的风险事件发生时，则应调整合同单价，具体内容如下：

根据《建设工程工程量清单计价规范》第 9 条的规定，下列事项（但不限于）发生，发承包双方应当按照合同约定调整合同价款：

1. 法律法规变化

（1）招标工程以投标截止日前 28 天，非招标工程以合同签订前 28 天为基准日，其后国家的法律、法规、规章和政策发生变化引起工程造价增减的，发承包双方应按省级或行业建设主管部门或其授权的工程造价管理机构据此发布的规定调整合同价款。

（2）因承包人原因导致工期延误的，按（1）中规定的调整时间，在合同工程原定竣工时间之后，合同价款调增的不予调整，合同价款调减的予以调整。

如：工程造价管理部门在 7 月 10 日发布了人工工日最低投标单价不能低于 80 元，在此之前一直执行的是最低投标单价不能低于 65 元/工日，某工程 7 月 25 日开标，施工企业是按照 70 元/工日报价的，那么根据此条规定，应调整人工单价为 80 元/工日。

2. 工程变更

见本章对于问题"7.8 因工程变更引起工程量发生变化时，综合单价如何调整？"的解释。

3. 项目特征不符

发包人在招标工程量清单中对项目特征的描述，应被认为是准确的和全面的，并且与实际施工要求相符合。承包人应按照发包人提供的招标工程量清单，根据项目特征描述的内容及有关要求实施合同工程，直到项目被改变为止。

承包人应按照发包人提供的设计图纸实施合同工程，若在合同履行期间出现设计图纸（含设计变更）与招标工程量清单任一项目的特征描述不符，且该变化引起该项目工程造价增减变化的，应按照实际施工的项目特征，按工程变更条款的规定重新确定相应工程量清单项目的综合单价，并调整合同价款。

如：招标时设计图纸中柱混凝土的强度等级为 C30，但招标工程量清单中给出的是 C25，这时投标方应按照 C25 混凝土报价，结算时应调整为 C30 的价格。或者招标工程量清单中列出的是 C25，但在工程实施的过程中设计变更为 C30，结算时仍应调整为 C30 的价格。

4. 工程量清单缺项

合同履行期间，由于招标工程量清单中缺项，新增分部分项工程量清单项目的，应按照"工程变更"条款的规定确定单价，并调整合同价款。新增分部分项工程量清单项目后，引起措施项目发生变化的，也应按工程变更条款中关于措施项目的规定，在承包人提交的实施方案被发包人批准后调整合同价款。

5. 工程量偏差

见本章对于问题"7.7 工程量偏差引起的综合单价如何调整？"的解释。

6. 计日工

发包人通知承包人以计日工方式实施的零星工作，承包人应予执行。采用计日工计价的任何一项变更工作，在实施中，承包人应报送下列内容：工作名称、内容和数量；投入该工作所有人员的姓名、工种、级别和耗用工时；投入该工作的材料名称、类别和数量；投入该工作的施工设备型号、台数和耗用台时；发包人要求提交的其他资料和凭证。

任一计日工项目实施结束后，承包人应按照确认的计日工现场签证报告核实该类项目的工程数量，并应根据核实的工程数量和承包人已标价工程量清单中的计日工单价计算；已标价工程量清单中没有该类计日工单价的，由发承包双方按工程变更的规定商定计日工单价。

7. 物价变化

合同履行期间，因人工、材料、工程设备、机械台班价格波动影响合同价款时，应根据合同约定，按"物价变化合同价款调整方法"（具体见本章问题 7.5 和 7.6 的解释）调整合同价款。承包人采购材料和工程设备的，应在合同中约定主要材料、工程设备价格变化的范围或幅度；当没有约定，且材料、工程设备单价变化超过 5% 时，超过部分的价格按"物价变化合同价款调整方法"计算调整材料、工程设备费。

发生合同工期延误的，应按照下列规定确定合同履行期的价格调整：

（1）因非承包人原因导致工期延误的，计划进度日期后续工程的价格，应采用计划进度日期与实际进度日期两者的较高者。

（2）因承包人原因导致工期延误的，计划进度日期后续工程的价格，应采用计划进度日期与实际进度日期两者的较低者。

发包人供应材料和工程设备的，不适用"物价变化合同价款调整方法"，应由发包人按照实际变化调整，列入合同工程的工程造价内。

8. 暂估价

发包人在招标工程量清单中给定暂估价的材料、工程设备属于依法必须招标的，以双方已招标的方式选择供应商，确定价格，以此为依据取代暂估价，不属于依法招标的，由承包人按照合同约定采购，经发包人确认单价后取代暂估价。

9. 不可抗力

因不可抗力事件导致的人员伤亡、财产损失及其费用增加，分担原则为：

（1）合同工程本身的损害、因工程损害导致第三方人员伤亡和财产损失以及运至施工现场用于施工的材料和待安装的设备的损害，由发包人承担；（2）发包人、承包人人员伤亡应由其所在单位负责，并承担相应费用；（3）承包人的施工机械设备损坏及停工损失，应由承包人承担；（4）停工期间，承包人应发包人要求留在施工场地的必要的管理人员及保卫人员的费用应由发包人承担；（5）工程所需的清理、修复费用，应由发包人承担；（6）不可抗力解除后复工的，若不能按期竣工，应合理延长工期。发包人要求赶工的，赶工费用由发包人承担。

这里应注意的是：第（3）条的规定，在《建设工程工程量清单计价规范》和《建设工程施工合同示范文本》（GF-0201-2013）中的约定有些不同。《示范文本》通用条款第 17.3 条的规定："因不可抗力影响承包人履行合同约定的义务，已经引起或将引起工期延误的，应当顺延工期，由此导致承包人停工的费用损失由发包人和承包人合理分担，停工期间必须支付的工人工资由发包人承担。"实际发生不可抗力时，这里具体要看施工合同的约定。

10. 提前竣工（赶工补偿）

招标人应依据相关工程的工期定额合理计算工期，压缩的工期天数不得超过定额工期的 20%，超过者，应在招标文件中明示增加赶工费用。发包人要求合同工程提前竣工的，应征得承包人同意后与承包人商定采取加快工程进度的措施，并应修订合同工程进度计划。发包人应承担承包人由此增加的提前竣工费用。

11. 误期赔偿

承包人未按照合同约定施工，导致实际进度迟于计划进度的，承包人应加快进度，实现合同工期。合同工程发生误期，承包人应赔偿发包人由此造成的损失，并应按合同约定向发包人支付误期赔偿费。

12. 索赔

若发生了承包人可以索赔的事件时，承包人可以向发包人索赔工期、额外费用或合理的预期利润。同样发生了发包人可以向承包人索赔的事件时，发包人可以向承包人要求延长质量缺陷修复期限或额外费用、违约金等。

13. 现场签证

承包人应发包人要求完成合同以外的零星项目、非承包人责任事件等工作的，发包人应及时以书面形式向发包人提出指令。承包人及时向发包人提出现场签证的要求，如已有计日工单价，现场签证中应列明完成该签证工作所需的人工、材料设备和施工机械台班的数量。如现场签证的工作没有相应的计日工单价，则签证中应列明人材机的数量及单价。

14. 暂列金额

已签约合同价中的暂列金额由发包人掌握使用，用于支付合同的变化价款，余额归发包人。

15. 发承包双方约定的其他调整事项

7.5 物价变化时如何应用价格指数调整价格差额？

根据《建设工程工程量清单计价规范》（GB 50500—2013）中的规定：

（1）价格调整公式。因人工、材料和工程设备、施工机械台班等价格波动影响合同价格时，根据招标人提供的承包人提供材料和工程设备一览表（表 7-1），由投标人在投标函附录中的价格指数和权重表约定的数据（投标人填写表 7-1 中的"变值权重"列），按下式计算差额并调整合同价款：

$$\Delta P = P_0 \left[A + \left(B_1 \times \frac{F_{t1}}{F_{01}} + B_2 \times \frac{F_{t2}}{F_{02}} + B_3 \times \frac{F_{t3}}{F_{03}} + \cdots + B_n \times \frac{F_{tn}}{F_{0n}} \right) - 1 \right]$$

式中　　　　　　ΔP——需调整的价格差额；

　　　　　　　　A——定值权重（即不调部分的权重）；

　　　　　　　　P_0——约定的付款证书中承包人应得到的已完成工程量的金额。此项金额应不包括价格调整、不计质量保证金的扣留和支付、预付款的支付和扣回。约定的变更及其他金额已按现行价格计价的，也不计在内；

　　　　　　B_1，B_2，……，B_n——各可调因子的变值权重（即可调部分的权重），为各可调因子在

170

签约合同价中所占的比例；

F_{t1}，F_{t2}，……，F_{tn}——各可调因子的现行价格指数，指约定的付款证书相关周期最后一天的前 42 天的各可调因子的价格指数；

F_{01}，F_{02}，……，F_{0n}——各可调因子的基本价格指数，指基准日期的各可调因子的价格指数。

以上价格调整公式中的各可调因子、定值和变值权重，以及基本价格指数及其来源在投标函附录价格指数和权重表中约定，非招标订立的合同，由合同当事人在专用合同条款中约定。价格指数应首先采用工程造价管理机构发布的价格指数，无前述价格指数时，可采用工程造价管理机构发布的价格代替。

承包人提供主要材料和工程设备一览表　　　　表 7-1

工程名称：某办公楼　　　　　　　　　　　　　　　　　　第 1 页共 1 页

序号	名称、规格、型号	变值权重 B	基本价格指数 F	现行价格指数 F	备　注
1	人工费		110%		
2	钢材		4000 元/t		
3	预拌混凝土 C30		340 元/m³		

这里应注意表 7-1 的应用，按发承包方确认后的价格指数或价格填写在"现行价格指数 F"列，现行价格指数应按约定的付款证书相关周期最后一天的前 42 天的各项价格指数填写，首先采用工程造价管理机构发布的价格指数，没有时，可采用发布的价格代替。

案例：某承包商承包某外资工程项目的施工，与业主签订的施工合同要求，工程合同价 2000 万元，工程价款采用调值公式动态结算，该工程的人工费可调，占工程价款的 35%，材料费中钢材可调占 20%，混凝土可调占 20%，木材占 10%，不调值费用占 15%，价格指数见表 7-2 所列。

价 格 指 数 表　　　　表 7-2

费用名称	基期代号	基期价格指数	计算期代号	计算期价格指数
人工费	A_0	124	A	133
钢材	B_0	125	B	128
混凝土	C_0	126	C	146
木材	D_0	118	D	136

$$\Delta P = P_0(a_0 + a_1 A/A_0 + a_2 B/B_0 + a_3 C/C_0 + a_4 D/D_0 - 1)$$

$$= 2000 \times [0.15 + 0.35 \times (133/124) + 0.2 \times (128/125) + 0.2 \times (146/126) + 0.1 \times (136/118) - 1]$$

$$= 154 \text{ 万元}$$

合同价款比不调值前增加了 154 万元。

（2）暂时确定调整差额

在计算调整差额时无现行价格指数的，合同当事人同意暂用前次价格指数计算。并在以后的付款中再按实际价格指数进行调整。

（3）权重的调整

因变更导致合同约定的权重不合理时，由承包人和发包人协商后进行调整。

（4）因承包人原因工期延误后的价格调整

因承包人原因未按期竣工的，在合同约定的竣工日期后继续施工的工程，在使用价格调整公式时，应采用计划竣工日期与实际竣工日期两个价格指数中较低的一个作为现行价格指数。

7.6 如何应用造价信息调整价格差额？

根据《建设工程工程量清单计价规范》（GB 50500—2013）的规定：

（1）施工期内，因人工、材料和工程设备、施工机械台班价格波动影响合同价格时，人工、机械使用费按照国家或省、自治区、直辖市建设行政管理部门、行业建设管理部门或其授权的工程造价管理机构发布的人工成本信息、机械台班单价或机械使用费系数进行调整；需要进行价格调整的材料，其单价和采购数应由发包人复核，发包人确认需调整的材料单价及数量，作为调整合同价款差额的依据。

（2）人工单价发生变化且符合规定的条件时，发承包双方应按省级或行业建设主管部门或其授权的工程造价管理机构发布的人工成本文件调整合同价款。

（3）材料、工程设备价格变化按照发包人要求承包人提供的主要材料和工程设备一览表，由发承包双方约定的风险范围按下列规定调整合同价款：

1）承包人投标报价中材料单价低于基准单价：施工期间材料单价涨幅以基准单价为基础超过合同约定的风险幅度值，或材料单价跌幅以投标报价为基础超过合同约定的风险幅度值时，其超过部分按实调整。

2）承包人投标报价中材料单价高于基准单价：施工期间材料单价跌幅以基准单价为基础超过合同约定的风险幅度值，或材料单价涨幅以投标报价为基础超过合同约定的风险幅度值时，其超过部分按实调整。

3）承包人投标报价中材料单价等于基准单价：施工期间材料单价涨、跌幅以基准单价为基础超过合同约定的风险幅度值时，其超过部分按实调整。

4）承包人在采购材料前将采购数量和新的材料单价报送发包人核对，确认用于本合同工程时，发包人应确认采购材料的数量和单价。发包人在收到承包人报送的确认资料后3个工作日不予答复的视为已经认可，作为调整合同价款的依据。如果承包人未报经发包人核对即自行采购材料，再报发包人确认调整合同价款的，如发包人不同意，则不作调整。

（4）施工机械台班单价或施工机械使用费发生变化超过省级或行业建设主管部门或其授权的工程造价管理机构规定的范围时，按其规定调整合同价款。

7.7 工程量偏差引起的综合单价如何调整？

根据《建设工程工程量清单计价规范》（GB 50500—2013）的相关规定，在合同履行期间，当应予计算的实际工程量与招标工程量出现偏差，出现下列情况时，承发包双方应调整合同价款。

（1）对于任一招标工程量清单项目，当因工程变更等原因导致工程量偏差超过15%

时，可调整综合单价。当工程量增加 15% 以上时，增加部分的工程量的综合单价应予调低；当工程量减少 15% 以上时，减少后剩余部分的工程量的综合单价应予调高。

具体而言，分为：

1）当实际完成工程量>1.15×招标工程量清单中列出的工程量时：

调整后的某一分部分项工程费结算价=1.15×招标工程量清单中的工程量×承包人投标报价时在工程量清单中填报的综合单价+（实际完成工程量-1.15×招标工程量清单中的工程量）×调整后的新综合单价

2）当实际完成工程量<0.85×招标工程量清单中列出的工程量时：

调整后的某一分部分项工程费结算价=实际完成工程量×调整后的新综合单价

采用上述两公式的关键是确定新的综合单价。确定的方法，一是发承包双方协商确定，二是与招标控制价相联系，当工程量偏差项目出现承包人在工程量清单中填报的综合单价与发包人招标控制价相应清单项目的综合单价偏差超过 15% 时，工程量偏差项目综合单价的调整可参考下列公式：

1）当 $P_0 < P_1 \times (1-L) \times (1-15\%)$ 时，该类项目的综合单价：

$$新的综合单价 = P_1 \times (1-L) \times (1-15\%)$$

2）当 $P_0 > P_1 \times (1+15\%)$ 时，该类项目的综合单价：

$$新的综合单价 = P_1 \times (1+15\%)$$

3）当 $P_0 > P_1 \times (1-L) \times (1-15\%)$ 或 $P_0 < P_1 \times (1+15\%)$ 时，可不调整综合单价。

式中　P_0——承包人在工程量清单中填报的综合单价；

　　　P_1——招标控制价相应项目的综合单价；

　　　L——承包人的报价浮动率。

（2）当工程量因工程变更等原因发生变化且该变化引起相关措施项目相应发生变化时，按系数或单一总价方式计价，工程量增加的措施项目费调增，工程量减少的措施项目费调减。

案例 1：某工程招标控制价的综合单价为 400 元/m²，投标报价的综合单价为 330 元/m²，该工程的投标报价下浮率为 8%，综合单价是否调整？如何调整？

$$330/400 = 82.5\%，偏差为 17.5\%，超过 15\%$$
$$400 \times (1-8\%) \times (1-15\%) = 276 \, 元/m^2$$

由于 330 元/m²>276 元/m²，该项目变更后的综合单价可不予调整。

案例 2：某工程招标控制价的综合单价为 400 元/m²，投标报价的综合单价为 480 元/m²，工程变更后的综合单价是否调整？如何调整？

$$480/400 = 1.20\%，偏差为 20\%，超过 15\%$$
$$400 \times (1+15\%) = 460 \, 元/m^2$$

由于 480 元/m²>460 元/m²，该项目变更后的综合单价应调整为 460 元/m²。

案例 3：某工程项目招标工程量清单数量为 1500m³，施工中由于设计变更调增为 1800m³，增加 20%，该项目招标控制价综合单价为 400 元/m³，投标报价为 480 元，应如何调整？

先调整新的综合单价为 460 元/m³；调整后的某一分部分项工程费结算价=1.15×招标工程量清单中的工程量×承包人投标报价时在工程量清单中填报的综合单价+（实际完

成工程量－1.15×招标工程量清单中的工程量）×调整后的新综合单价＝1.15×1520×480＋（1800－1.15×1500）×460＝862500 元

案例 4： 某工程项目招标工程量清单数量为 1500m³，施工中由于设计变更调增为 1200m³，减少 20％，该项目招标控制价综合单价为 400 元/m³，投标报价为 330 元，应如何调整？

综合单价可不调整；

调整后的某一分部分项工程费结算价＝实际完成工程量×调整后的新综合单价
$$＝1200×330＝396000 元$$

7.8 因工程变更引起工程量发生变化时，综合单价如何调整？

根据《建设工程工程量清单计价规范》（GB 50500—2013）的相关内容：

（1）因工程变更引起已标价工程量清单项目或其工程数量发生变化时，应按照下列规定调整：

1）已标价工程量清单中有适用于变更工程项目的，应采用项目的单价；但当工程变更导致该清单项目的工程数量发生变化，且工程量偏差超过 15％时，该项目单价按规定调整。

2）已标价工程量清单中没有适用但有类似于变更工程项目的，可在合理范围内参照类似项目的单价。

3）已标价工程量清单中没有适用也没有类似于变更工程项目的，应由承包人根据变更工程资料、计量规则和计价办法、工程造价管理机构发布的信息价格和承包人报价浮动率提出变更工程项目的单价，并报发包人确认后调整。承包人报价浮动率可按下列公式计算：

招标工程：承包人报价浮动率 $L＝(1－中标价/招标控制价)×100％$

非招标工程：承包人报价浮动率 $L＝(1－报价/施工图预算)×100％$

4）已标价工程量清单中没有适用也没有类似于变更工程项目，且工程造价管理机构发布的信息价格缺价的，应由承包人根据变更工程资料、计量规则、计价办法和通过市场调查等取得有合法依据的市场价格提出变更工程项目的单价，并应报发包人确认后调整。

对于上述综合单价调整的解释如下：

1）直接采用适用的项目单价的前提是其采用的材料、施工工艺和方法相同，也不因此增加关键线路上工程的施工时间。如：某工程施工过程中，由于设计变更、新增加 C35 满堂基础工程量为 300m³，已标价工程量清单中有此相同的满堂基础的综合单价，且新增部分工程量偏差没有超过 15％，这是可直接采用投标报价时的满堂基础综合单价。

2）采用适用的项目单价的前提是采用的材料、施工工艺和方法基本相似，不增加关键线路上工程的施工时间，可仅就其变更后的差异部分，参考类似的项目单价由发承包双方协商新的项目单价。如：某工程现浇混凝土梁为 C25，施工过程中设计调整为 C30，此时，可仅将 C30 混凝土的价格替换为 C25 混凝土价格，其余不变，组成新的综合单价。

3）无法找到适用和类似的项目单价时，应采用招投标时的基础资料和工程造价管理机构发布的信息价格，按成本加利润的原则由发承包双方协商新的综合单价。

如：某工程招标控制价为 8413949 元，中标人的投标报价为 7972282 元，承包人报价浮动率为多少？施工过程中，屋面防水采用 PE 高分子防水卷材（1.5mm），清单项目中无类似项目，工程造价管理机构发布该卷材单价为 18 元/m²，该项目综合单价如何确定？

$$投标报价浮动率 L=(1-7972282/8413949)=5.25\%$$

查项目所在地该项目定额人工费为 3.78 元，除卷材外的其他材料费为 0.65 元，管理费和利润为 1.13 元。

$$该项目综合单价=(3.78+18+0.65+1.13)\times(1-5.25\%)=22.32 元/m²$$

发承包双方可按 22.32 元协商确定该项目综合单价。

4）无法找到适用和类似项目单价、工程造价管理机构也没有发布此类信息价格时，由发承包双方协商确定。

（2）工程变更引起施工方案改变并使措施项目发生变化时，承包人提出调整措施项目费的，应事先将拟实施的方案提交发包人确认，并应详细说明与原方案措施项目相比的变化情况。拟实施的方案经发承包双方确认后执行，并应按照下列规定调整措施项目费：

1）安全文明施工费应按照实际发生变化的措施项目计算。

2）采用单价计算的措施项目费，应按照实际发生变化的措施项目，按和实体分部分项工程相同的方法确定调整单价。

3）按总价（或系数）计算的措施项目费，按照实际发生变化的措施项目调整，但应考虑承包人报价浮动因素，即调整金额按照实际调整金额乘以承包人报价浮动率计算。

如果承包人未事先将拟实施的方案提交给发包人确认，则应视为工程变更不引起措施项目费的调整或承包人放弃调整措施项目费的权利。

（3）当发包人提出的工程变更因非承包人原因删减了合同中的某项原定工作或工程，致使承包人发生的费用或（和）得到的收益不能被包括在其他已支付或应支付的项目中，也未被包含在任何替代的工作或工程中时，承包人有权提出并应得到合理的费用及利润补偿。

7.9 工程变更后采用固定价格的合同价款如何调整？

我国目前广泛采用的关于合同价款及调整规定："固定总价合同，双方在专用条款内约定风险范围和风险费用的计算方法，风险范围内合同价款不再调整，风险以外的合同价款调整方法，应当在专用条款内约定。"

在变更工程结算中，对于采用固定总价的工程合同来说，如果在施工中发生工程变更事项与原合同范围内的项目，其性质和内容完全相同，在变更工程价款结算中，工程师对变更工程价款则不予确认，仍按原合同价款确定该工程结算价款。例如某工程混凝土墙，原合同工程量为 1000m³，而实际工程量为 1200m³，但施工中墙的截面尺寸和高度以及混凝土强度等级等并没有变更，系按原图施工，此种情况仍按原合同价款确定该工程结算价款。如果在施工中发生工程变更事项与原合同范围内的项目，其性质和内容不相同，在变更工程的结算中，参考类似工程结算单价与业主和承包商协商重新确定变更工程结算单价，按承包商实际完成的工程量确定变更工程价款，合理调整合同价款。如设计变更中混凝土墙增加了 300m³，组成和设计图纸中的混凝土墙是一致的，则实际结算时应按

1300m³ 结算。

如果对项目单价的调整没有约定，应按《建设工程工程量清单计价规范》中关于工程变更价款的内容执行，详细方法可参考问题 7.7 和 7.8 的解答。

7.10　固定总价合同如何调整？

案例：甲乙双方签订了固定总价合同，工程总价 6000 余万元，在履行合同过程中，由于工程量错算、漏算、材料涨价等因素，导致工程实际成本大大超过预算。公司因此要求追加工程价款，增加支付 1000 余万元。而业主则以合同是"固定总价"为由不同意增加价款，双方形成价款争议，双方争议的主要问题有：

一是"价差"争议，即因钢材大幅涨价导致的争议。该工程投标截止日之后，全国大部分城市主要建材大幅度涨价，工程所在地的钢材上涨幅度达 30%～50%，该工程用钢量为 7000 多 t，因钢材大幅度涨价造成的损失高达 400 多万元。承包商认为此种涨价是投标人投标时所无法预见的，发包商应当按实补偿。而业主认为合同为"固定总价"，材料涨价是承包商应当承担的商业风险，不同意以此为由调整价款。

二是"量差"争议，即工程量计算错误导致的量差。承包商在施工中发现工程量漏算、错算比较多，涉及工程造价近 300 万元。承包商认为业主在招标时只给了投标人 7 天的编标时间，在这 7 天时间内投标人除了要研究招标文件和招标图纸，还要踏勘施工现场、询标、参加答疑会、编制全套投标文件，客观上无法精确计算工程量，因此要求业主予以补偿。而业主坚持认为本工程为"固定总价"，所有工程量计算疏漏均应由承包商自己承担后果，不同意补偿价款。

三是工程承包范围的争议。招标人招标时既提供了设计院设计的施工图（蓝图），又同时提供了其委托外资方设计的白图。招标文件规定投标文件的编制依据是"设计图纸"，但未具体明确是哪一种"设计图纸"，在投标截止日前亦未有文件予以澄清。上海公司在报价时依据的是施工蓝图，而非外资方设计的白图。在实际施工过程中，业主要求施工方以外资方设计的白图为依据进行施工，导致工程量差异，涉及工程价款 100 多万元。承包商认为凡是超出设计院设计的施工蓝图范围的工程量均不属于施工承包范围，不在包干造价范围内，业主应按增加工程量追加合同价款，业主则认为该白图为投标时提供，不同意作为增加工程量追加工程价款。

解析：本案例很典型，在工程领域类似的问题出现较多。固定总价合同易于业主控制工程价款，合同风险几乎全部由承包方承担。价款一经约定，除业主增减工程量和设计变更外，一律不调整价格。总价包括完成合同约定范围内的工程量以及为完成工程量而实施的全部工作的总价款。但是固定总价合同适用于结构相对简单的工程、工期较短、工程范围明确清楚的工程。对于结构复杂的工程，工艺材料费用相对较高，不确定性因素过多，容易成本超支。如果工期太长，就不可避免地在工程施工过程中人工材料机械的费用上涨，尤其是材料的上涨不可预测。如果工程范围不明确，固定总价合同的纠纷就必然会存在。所以，施工方在签订固定总价合同时，最好签订的是一份有点"弹性"的固定总价合同，也就是说，固定总价是在一定范围内的总价，如果材料价格超过报价的 10%，即可调整总价等约定，如果签订的是在任何情况下均不能调整的合同，极有可能让承包商承担很大的损失。

下面是律师张海燕、章丽丽对于此案例的解析：

（1）关于"价差"。认为30%～50%的钢材涨幅已完全超出了承包商在投标时能够预见的商业风险范围，属于民法理论上的"情势变更"。本工程用钢量达7000多t，因钢材大幅度涨价造成承包商增加工程成本400多万元，已远远超出承包商应当承受的商业风险范围。建议双方对超过10%（这个比例需要双方协商，情势变更类似于道义赔偿）的价差部分按适当比例分担解决。这里应注意的是：如果合同约定在任何情况下都不能变更材料单价，那么这里业主不赔偿是有依据的。因为签订固定总价合同，在价格中已经包含了风险因素，并且承包商同意任何情况下均不变更单价，合同是双方真实意愿的表示。只是材料价格上涨太多的情况下，承包商已没有能力承担这个风险，所以超过10%或15%以上的风险由业主根据"道义索赔"的原则来承担。

（2）关于"量差"。本工程造价近7000万元，招标人只给了投标人短短7天的编标时间，使得投标人上海公司不可能做到没有任何疏漏。由于这部分疏漏工程量涉及工程造价300多万元。根据固定总价合同的特点：工程量的错误是由承包人来承担的，所以业主不承担也是有依据的，但是招投标法和实施条例均有明确规定，从发售招标文件到投标截止日的时间不能低于20天，这里业主7天的规定显然是不合法的。根据实事求是的处理原则是：按实际施工工程量和原工程量之间的差值，发承包双方还是需要协商出一个分担的比例，因为双方均对此错误负有责任，则应分担错误带来的后果。

（3）关于工程承包范围的争议。根据我国相关行业规定和行业常识，白图仅是设计框架，更多体现的是设计理念和设计效果，白图未经深化设计是不能直接作为施工依据的，依据白图通常只能编制工程概算，而只有施工图（蓝图）才是确定工程造价的依据。根据招标文件对投标报价的要求。投标人一旦被确定为中标人，其中标价一般不作调整，因此在业主未明确外资方设计的白图是报价依据的情况下，投标人只能依据设计院设计的施工图（蓝图）进行报价。因此认为，在实际施工过程中凡超出施工蓝图范围的工程量，均属于合同增加部分，业主以外资方白图中已含相应工程量为由不同意作为增加工程量调整工程价款的观点没有法律依据。

发承包双方再次进行了谈判，最终双方达成了一致意见。业主湖南公司同意补偿上海公司480万元。

据此案例可以总结固定总价合同签订时应注意的问题：

（1）固定总价在什么范围内是固定不变的？如明确签订材料在±5%变动范围内价格不调，超过部分，则应调整，调整的方法应约定清楚，或者约定按计价规范中的规定调整。

（2）在工程变更时，变更项目的价款如何确定？

（3）明确约定工程合同总价包括的工程施工范围。

注：本案例参考文献：张海燕、章丽丽，《从一起造价争议看固定总价合同的特点、风险及防范》。

7.11　单价合同在何种情况下可以调整单价？

一般来说，只要是工程变更，都约定可调整价格；而且物价变动、不利地质条件等不可预见的环境因素，往往约定可以调整价格。在没有出现不可预见环境、工程没有变更情况下，单价合同能否调整呢？分下面几种情况：

（1）清单漏项——清单外图纸内漏项可增单价和数量。

《建设工程工程量清单计价规范》（GB 50500—2013）中规定工程量清单准确性和完整性由招标人负责，因分部分项工程量清单漏项造成增加新的工程量清单项目，其对应的综合单价按下列方法确定。对于承包人来讲，首先，在投标报价时，承包人应留意每个清单项目的工作范围，并对工作范围内的项目足额报价。其次，要仔细核对清单项目与图纸的差异，找出其中清单未包括但图纸上包括的项目，预留追加价款的机会，并适当降低清单内相关项目单价，争取中标；最后，在签订合同后，对于图纸上包括的但不属于清单项目范围的工作，要求发包人按照漏项处理、计增项目及其单价和数量。

（2）清单错量——数量变化超过一定幅度可调单价。单价合同清单项目的数量与图纸的数量往往不一致，承包人是否可以因此要求调整项目单价？

《建设工程工程量清单计价规范》（GB 50500—2013）规定因非承包人原因引起的工程量增减，该项工程量变化在合同约定幅度以内的，应执行原有的综合单价；该项工程量变化在合同约定幅度以外的，其综合单价及措施费应予以调整。在规范的宣贯材料中提到超过一定幅度包括三种情形：一是数量变化超过 10%；二是合同金额变化超过 0.01%；三是项目成本变化超过 1%。许多省市造价文件也有类似规定。所以，对这类调价：清单项目数量与图纸数量不一致，是否可以调整单价，应视合同的约定，在签约时要求在合同中约定或引用《建设工程工程量清单计价规范》（GB 50500—2013）。

（3）清单错项——清单项目特征不准可调单价。如果图纸中的项目与清单中的项目名称相同，但项目性质、实施条件却不同，是否可以调整该清单项目单价呢？

《建设工程工程量清单计价规范》（GB 50500—2013）规定："若施工中出现施工图纸（含设计变更）与工程量清单项目特征描述不符的，发、承包双方应按新的项目特征确定相应工程量清单的综合单价。"首先，在投标时，要留意清单项目与图纸项目的项目特征的差异，对于项目特征不准且无实施可能的清单项目，可以低报价甚至不报价；其次，在施工中，指出该项目特征差异，要求发包人按市场合理价重新核定单价；最后，要求发包人追加支付该项目价款。

7.12 什么是签证？与工程变更的区别？

工程签证是工程承发包双方在施工过程中按合同约定对支付各种费用、顺延工期、赔偿损失所达成的双方意思表示一致的补充协议，互相书面确认的签证即成为工程结算或最终结算增减工程造价的凭据。当施工现场的实际情况与工程量清单、设计图纸不符，比如出现清单漏项，现场新增加、减少工程量，清单以外的工程量等情况，可以以工程量签证的形式对与清单不符的部分计量计价。

签证的法律特征：

（1）工程签证是双方协商一致的结果，是双方法律行为；

（2）工程签证涉及的利益已经确定，可直接作为工程结算的凭据；

（3）工程签证是施工过程中的例行工作，一般不依赖于证据。

工程签证的构成要件：

（1）签证主体必须是施工企业与建设单位双方当事人，只有一方当事人签字不是签证；

（2）双方当事人必须对行使签证权利的人员进行必要的授权，缺乏授权的人员签署的签证单不能发生签证的效力；

（3）签证的内容必须涉及工期顺延和/或费用的变化、工程量变化等内容；

（4）签证双方必须就涉及工期顺延和/或费用的变化等内容协商一致，通常表述为双方一致同意、发包人同意、发包人批准等。如果发包方签署意见为情况属实，则充其量只能作为费用与工期索赔的证据，而并非签证，能否增加费用或者顺延竣工日期尚要结合合同约定以及其他证据材料综合认定。

设计变更是对原工程设计的内容的不合理或错误，根据现场实际进行变动或完善，从而改变了原设计。而工程现场签证则对原设计功能没有影响，或是因工程变更而衍生出来。

工程设计变更必须由原设计人员签发确认，现场其他人员无权对原设计进行变更。现场签证无需原设计人员签发，现场监理工程师、业主代表及承包商项目经理签字认可即可生效，计入结算项目。

工程变更可能增加或减少工程量，而现场签证一般是增加工程量。

7.13 竣工结算时如何对现场签证进行审查？

现场签证是指不能或不便于反映在图纸上而变化施工内容的文字记录，是工程竣工结算的依据之一。应从现场签证的合法性、合理性、准确性、条理性、时效性这五个方面进行审查。

（1）现场签证的合法性。现场签证的合法性、是指符合现行的法律和法规，符合建设工程施工合同的规定，符合工程建设监理合同的规定及其他有关规定，如将不属于原合同范围的室外附属工程以现场签证的形式增加给施工单位。类似这样的现场签证就存在一个合法性问题，这类情况应以补充合同或补充协议的形式来体现。

（2）现场签证的合理性。现场签证的合理性是指签证的数量和签认的价格是否合理。建设单位和监理单位已签认的现场签证只是说明了该项事实的存在，但并不意味着该项事实一定是合理的，需要根据签证原因等具体审查。

（3）现场签证的准确性。现场签证的准确性指签证内容数字计量是否准确，文字表述是否清楚。审查数字计量是否准确。在审查时要注意两方面的问题，一是现场签证的数字不能只有一个最终结果，应该有计算表达的过程。二是若表达计算结果与签证的最终结果不一致时，应将此问题向建设单位提出，让签发现场签证的有关人员予以澄清解释。文字表述是否清楚。对文字表述不清的现场签证，同样应将此问题向建设单位提出，让签发签证的有关人员予以澄清解释。

（4）现场签证的条理性。现场签证的条理性指签证内容与其他相关项目的关系。

（5）现场签证的时效性。现场签证作为竣工结算的依据，毫无疑问具有时效性。作为结算凭证，现场签证应该表明事情发生的时间及签署时间。

7.14 质量保修期、缺陷责任期和缺陷通知期如何理解？

（1）质量保修期的概念来源于国务院 2000 年发布的《建设工程质量管理条例》，根据《建设工程质量管理条例》规定：建设工程实行质量保修制度。建设工程承包单位在向建设单位提交工程竣工验收报告时，应当向建设单位出具质量保修书。质量保修书中应当明确建设工程的保修范围、保修期限和保修责任等。建设工程的保修期，自竣工验收合格之日起计算。建设工程在保修范围和保修期限内发生质量问题的，施工单位应当履行保修义务，并对造成的损失承担赔偿责任。也就是说质量保修期是工程承包单位对其完成的工程承诺的保修期限。

（2）缺陷责任期来源于建设部、财政部 2005 年发布的《建设工程质量保证金管理暂行办法》，并在国家发改委等部门 2007 年发布的《标准施工招标文件》中给予了明确定义和约定：缺陷责任期是工程承包单位履行缺陷责任的期限。具体期限由承发包单位双方在合同专用条款中约定，包括根据合同约定所作的延长。缺陷责任期自实际竣工之日起计算。在全部工程竣工验收前，已经发包人提前验收的单位工程，其缺陷责任期的起算日期相应提前。承包人应在缺陷责任期内对已交付使用的工程承担缺陷责任。缺陷责任期内，发包人对已接收使用的工程负责日常维护工作。发包人在使用过程中，发现已接收的工程存在新的缺陷或已修复的缺陷部位或部件又遭损坏的，承包人应负责修复，直至检验合格为止。监理人和承包人应共同查清缺陷和（或）损坏的原因。经查明属承包人原因造成的，应由承包人承担修复和查验的费用。经查验属发包人原因造成的，发包人应承担修复和查验的费用，并支付承包人合理利润。承包人不能在合理时间内修复缺陷的，发包人可自行修复或委托其他人修复，所需费用和利润的承担，由缺陷责任方承担。由于承包人原因造成某项缺陷或损坏使某项工程或工程设备不能按原定目标使用而需要再次检查、检验和修复的，发包人有权要求承包人相应延长缺陷责任期，但缺陷责任期最长不超过 2 年。

在《建筑工程施工合同（示范文书）》（GF-0201-2013）中也明确了缺陷责任期的概念。缺陷责任期是指承包人按照合同约定承担缺陷修复义务，且发包人预留质量保证金的期限，自工程实际竣工之日起计算。合同当事人应在专用合同条款中约定缺陷责任期的具体期限，但该期限最长不超过 24 个月。

（3）缺陷通知期的概念来源于《FIDIC 施工合同条件》，根据《FIDIC 施工合同条件》中的约定，缺陷通知期是指自工程接收证书中写明的竣工日开始，至工程师颁发履约证书为止的日历天数。设置缺陷通知期的目的是为了考验工程在动态运行条件下是否达到了合同中技术规范的要求。合同工程的缺陷通知期及分阶段移交工程的缺陷通知期，应在合同专用条件内具体约定。次要部位工程通常为半年，主要工程及设备大多为一年，个别重要设备也可以约定为一年半。

7.15 工程质量保证金的返还时间与质量保修期限是否相关？

在原建设部和国家工商行政管理局在 1999 年 12 月联合颁布的《建筑工程施工合同

（示范文书）》的附件3《工程质量保修书》中第五条对质量保修金返还是这样规定的：
"发包人在质量保修期满后14天内，将剩余保修金和利息返还承包人。"这个规定会让承发包双方产生分歧。对"保修期满"的概念理解存在较大的差异，对"保修期满"概念理解的不同，也必然影响着工程质量保修金返还日期的确定。根据这个规定，发包人和承包人有不同的理解。

发包人认为：建筑物的合理使用年限是建筑物的耐久性等级确定的，最低的建筑物耐久性等级为三级，其使用年限为20～50年。既然国家规定了房屋建筑的地基与主体结构保修期为设计合理使用年限，那么质量保修金就应在保修期满即20年以后再予支付，或者起码是以地基基础与主体结构部分的价值占房屋总造价的比例乘以保修金总额部分，要等到20年以后才能支付。

承包人认为：对于房屋的地基基础与主体结构，承包人应该对其在合理使用年限内的质量负责，但不应该和质量保修金的返还时间联系起来，其保修金的返还应在工程竣工验收一年期满后14天内付给承包人。如果工程竣工验收1年后，屋面防水在5年内，水电管线和装修工程在两年内，出现因施工原因导致的质量缺陷，承包人应按合同约定给予免费修理；对于基础和主体结构工程在竣工后的合理使用年限内如出现因施工原因导致的质量问题，同样可以通过法律追究承包人的经济责任和刑事责任。但绝不能因此说，工程质量保修金就应该拖至竣工验收后5年、20年或更长的时间才予支付，这无异于发包人将工程质量保修金变相地永不支付。

实际上，质量保证金返还时间与质量保修期限是两个不同的概念，但两者在使用中经常被混淆。

所谓质量保证金，指承包人与发包人根据法律关于保修制度要求，在合同中约定建设工程竣工验收合格后，从应付工程款中预留一定比例，用于保证承包人在缺陷责任期内出现的质量缺陷进行维修的资金。也就是说，质量保证金是对工程竣工验收合格后的质量保证，一般由发包人直接从应付给承包人的工程款中扣除并预留。

除去可能发生的维修费用后，发包人必须将剩余质量保证金返还给承包人。但质量保修金何时返还，不少建设施工合同的当事人笼统约定为"待保修期满后××天内一次性付清"。这样的约定给承包人日后回收质量保证金出了一道难题。

建设部、财政部2005年出台的《建设工程质量保证金管理暂行办法》，从FIDIC合同条件引进了另一个概念，即缺陷责任期。该《暂行办法》规定，"缺陷责任期一般为六个月、十二个月或二十四个月，具体可由发、承包双方在合同中约定。"

《建筑工程施工合同（示范文书）》（GF-0201-2013）通用条款的第15条对缺陷责任与工程保修作了明确的区分。

缺陷责任期是指承包人按照合同约定承担缺陷修复义务，且发包人预留质量保证金的期限，自工程实际竣工日期起计算。合同当事人应在专用合同条款中约定缺陷责任期的具体期限，但该期限最长不超过24个月。工程保修的原则是在工程移交发包人后，因承包人原因产生的质量缺陷，承包人应承担质量缺陷责任和保修义务。缺陷责任期届满，承包人仍应按合同约定的工程各部位保修年限承担保修义务。

质量保证金是指按照约定，承包人用于保证其在缺陷责任期内履行缺陷修补义务的担保。发包人累计扣留的质量保证金不得超过结算合同价格的5%。

这里的缺陷责任期，其实就是发包人预留质量保证金的具体期限。也就是说，质量保证金预留时间与缺陷责任期相对应，缺陷责任期满发包人就应返还保修金。因此，质量保证金的返还时间不应与质量保修期挂钩。但保修金具体何时返还，除专用合同条款另有约定外，承包人应在缺陷责任期终止证书颁发后7天内，按专用合同条款约定的份数向发包人提交最终结清申请单，最终结清申请单应列明质量保证金、应扣除的质量保证金、缺陷责任期内发生的增减费用。

7.16 质量保证金与质量保修金是否有区别？

对于"质量保证金"与"质量保修金"的理解和条文应用上，在国内的工程实践领域和理论领域都引起过很多争议，严格来讲，二者是不同的含义。

建筑工程质量保证金是承包人向发包人保证所承建的建筑工程质量能达到双方约定的质量标准，而客观上由于建筑工程产品及其生产过程的特殊性，在某些方面有可能未能达到合同双方所约定的质量标准，承包人承诺承担这一风险而留置在发包人处的一定现金。合同双方约定的质量标准可以是国家规定的合格标准，也可以是优良、市级优质、省级优质工程标准或者是鲁班奖工程标准，或者是双方约定的其他标准。

根据保证金一般意义上的含义，质量保证金是与工程投标保证金、履约保证金、工期保证金等类似的概念，它具有如下特性：双方事先约定、在实施之前缴纳、工程质量不符合约定则扣罚、竣工验收质量符合约定即返还。保证责任解除，但保修责任并不免除。

但是据建设部和财政部在2005年1月12日下发的《建设工程质量保证金管理暂行办法》（建质〔2005〕7号）中明确了二者的关系：建设工程质量保证金（保修金）（以下简称保证金）是指发包人与承包人在建设工程承包合同中约定，从应付的工程款中预留，用以保证承包人在缺陷责任期内对建设工程出现的缺陷进行维修的资金。缺陷是指建设工程质量不符合工程建设强制性标准、设计文件，以及承包合同的约定。缺陷责任期一般为六个月、十二个月或二十四个月，具体可由发、承包双方在合同中约定。这个文件没有明确区分质量保证金和质量保修金，但是明确了质量保证金或质量保修金的具体返还时间，也就是说质量保证金的返还时间与工程保修期无关，只与缺陷责任期有关。

在《建筑工程施工合同（示范文本）》（GF-0201-2013）通用条款中开始明确使用质量保证金、工程保修和缺陷责任期的概念和质量保证金的退还。这些规定也解决了长久以来"质量保证金"和"质量保修金"的理解歧义，也就是说，以后在签订合同时应在避免使用"工程保修金"一词，而是根据合同通用条款的约定，使用"质量保证金"一词，这样质量保证金的退还才不会产生争议。

7.17 施工合同无效，承包人请求支付工程价款的，是否支持？

见自2005年1月1日起施行的《最高人民法院关于审理建设工程施工合同纠纷案件适用法律问题的解释》（法释〔2004〕14号）中的第二条和第三条的规定：

第二条：建设工程施工合同无效，但建设工程经竣工验收合格，承包人请求参照合同约定支付工程价款的，应予支持。

第三条：建设工程施工合同无效，且建设工程经竣工验收不合格的，按照以下情形分别处理：

（一）修复后的建设工程经竣工验收合格，发包人请求承包人承担修复费用的，应予支持；

（二）修复后的建设工程经竣工验收不合格，承包人请求支付工程价款的，不予支持。

因建设工程不合格造成的损失，发包人有过错的，也应承担相应的民事责任。

第8章 建设项目的竣工结算与竣工决算

8.1 竣工决算与竣工结算的区别是什么？

竣工决算是以实物数量和货币指标为计量单位，综合反映竣工项目从筹建开始到项目竣工交付使用为止的全部建设费用、建设成果和财务情况的总结性文件，是竣工验收报告的重要组成部分，竣工决算是正确核定新增固定资产价值、考核分析投资效果、建立健全经济责任制的依据，是反映建设项目实际造价和投资效果的文件。

竣工结算与竣工决算的主要联系与区别见表 8-1 所列。

竣工结算与竣工决算的主要联系与区别 表 8-1

区别项目	竣工结算	竣工决算
编制单位及部门	施工单位的预算部门	建设单位的财务部门
编制范围不同	主要是针对单位工程	针对建设项目，必须是整个建设项目竣工后
内容	施工单位承包工程的全部费用，最终反映了施工单位的施工产值	建设单位从筹建到竣工投产的全部费用，它反映了建设工程的投资效益
性质和作用	1. 双方办理工程价款最终结算的依据； 2. 建设单位编制竣工决算的依据	1. 业主办理交付、验收、动用新增各类资产的依据； 2. 竣工验收报告的重要组成部分

建设项目竣工决算应包括从筹集到竣工投产全过程的全部实际费用，即包括建筑工程费、安装工程费、设备工器具购置费用及预备费和投资方向调节税等费用。按照财政部、国家发改委和住建部的有关文件规定，竣工决算是由竣工财务决算说明书、竣工财务决算报表、工程竣工图和工程竣工造价对比分析四部分组成。前两部分又称建设项目竣工财务决算，是竣工决算的核心内容。

8.2 工程项目竣工财务决算的内容？

工程项目竣工财务决算由竣工财务决算报表和竣工财务决算说明书两部分组成。

我国财政部财基字［1998］498号文件对建设工程竣工财务决算报表的格式作了统一规定，对竣工财务决算说明书的内容提出了统一要求。

竣工财务决算报表的格式根据大、中型项目（5个报表）和小型工程项目（3个报表）不同情况分别制定。其共有6种表。

1. 工程项目竣工财务决算审批表（大、中型项目和小型工程项目）

该表作为决算上报有关部门审批之用。有关部门应对决算进行认真审查后将签署的审核意见填列该表中。

2. 大中型工程项目概况表

该表综合反映建成的大中型工程项目的基本概况。

3. 大中型工程项目竣工财务决算表

该表是反映竣工的大、中型项目的竣工财务决算表，它反映竣工的大中型项目全部资金来源和资金占用情况。对于跨年度的项目，在编制该表前，一般应先编制出项目竣工年度财务决算。根据编出的竣工年度财务决算和历年财务决算，编制出该项目的竣工财务决算。

4. 大中型工程项目交付使用资产总表

该表反映工程项目建成后新增固定资产、流动资产、无形资产和其他资产价值，作为财产交接的依据。小型项目不编制此表，直接编"交付使用资产明细表"。

5. 工程项目交付使用资产明细表（大、中型项目和小型工程项目）

该表反映交付使用资产及其价值的更详细的情况，适用于大、中、小型工程项目。该表既是交付单位办理资产交接的依据，也是接收单位登记资产账目的依据。因此，编制此表应做到固定资产部分逐项盘点填列，工、器具和家具等低值易耗品，可分类填列。

6. 小型工程项目竣工财务决算总表

该表主要反映小型工程项目的全部工程和财务情况。该表比照大、中型工程项目概况表指标和大、中型工程项目竣工财务决算表指标口径填列。

第 二 部 分

解 题 指 导

第1章 工程造价概论

【题 1-1】 建设投资的构成

某建设项目，建安工程费为 40000 万元，设备工器具费为 5000 万元，建设期利息为 1400 万元，工程建设其他费用为 4000 万元，建设期预备费为 9500 万元（其中基本预备费为 4900 万元），项目的铺底流动资金为 600 万元，计算该项目的静态投资、动态投资。

【解题指导】 建设投资分为静态投资和动态投资两部分，静态投资＝建安工程费＋设备工器具购置费＋工程建设其他费＋基本预备费；动态投资＝涨价预备费＋建设期利息＋固定资产投资方向调节税。

【解】 静态投资＝40000＋5000＋4000＋4900＝53900 万元

涨价预备费＝建设期预备费－基本预备费＝9500－4900－4600 万元

动态投资＝4600＋1400＋0＝6000 万元

【题 1-2】 建设项目总投资的构成

某建设项目，建安工程费为 50000 万元，设备工器具费为 3000 万元，建设期利息为 1000 万元，工程建设其他费用为 4000 万元，建设期预备费为 8000 万元，项目的铺底流动资金为 600 万元，流动资金 2000 万元，计算该项目的建设总投资。

【解题思路】 这里应注意的是建设总投资中是包含流动资金，还是铺底流动资金。这里所说的总投资是指在项目可行性研究阶段用于财务分析时的总投资构成，在"项目报批总投资"或"项目概算总投资"中只包括铺底流动资金，其金额通常为流动资金总额的 30%。

【解】 建设总投资＝50000＋3000＋1000＋4000＋8000＋2000＝68000 万元

第2章 建设工程造价构成

【题 2-1】 国产非标准设备购置费的计算案例

某工厂采购一台国产非标准设备，生产厂商生产该设备所用材料费 30 万元，加工费用 3 万元，辅助材料费用 5000 元，专用工具费 4000 元，废品损失率 10%，外购配件费 5 万元，包装费用 4000 元，利润率为 8%，税金 5 万元，非标准设备设计费 2 万元，运杂费费率 5%，该设备购置费用为多少？

【解题思路】 单台非标准设备原价={[（材料费+加工费+辅助材料费）×（1+专用工具费率）×（1+废品损失费率）+外购配套件费]×（1+包装费率）-外购配套件费}×（1+利润率）+销项税金+非标准设备设计费+外购配套件费

设备购置费=单台设备原价×（1+运杂费）

【解】

单台非标准设备原价=[（30+3+0.5+0.4）×（1+10%）+0.4]×（1+8%）+5+2+5
=52.71 万元

设备购置费=52.71×（1+5%）=55.35 万元

【题 2-2】 国产非标准设备销项税额的计算案例

某工程采购一台国产非标准设备，制造厂生产该设备的材料费、加工费和辅助材料费合计 20 万元，专用工具费率为 2%，废品损失率为 8%，利润率为 10%，增值税率为 17%。假设不再发生其他费用，则该设备的销项增值税为多少万元？

【解题思路】 销项税额=（材料费+加工费+辅助材料费+专用工具费+废品损失费+购配套件费+包装费+利润）×增值税税率

【解】 销项税额=20×（1+2%）×（1+8%）×（1+10%）×17%=4.12 万元

【题 2-3】 进口设备购置费的计算案例

某一工业项目拟引进国外设备，询价得知，进口设备 FOB 价为 50 万美元，汇率是 1 美元=6.2 元人民币，国际海运费费率为 10%，国际海运运输保险费费率为 3%，进口关税税率为 17%，银行财务费率为 0.5%，外贸手续费率为 1.5%，增值税税率为 17%，不计消费税，国内运杂费费率为设备原价的 5%。计算该进口设备购置费用。

【解题思路】 掌握进口设备原价的计算方法和公式。

（1）国际运费（海、陆、空）=FOB×运费率=运量×单位运价

（2）国际运输保险费=[（FOB+国外运费）/（1-保险费率）]×保险费率

（3）CIF（到岸价）=FOB+国际运费+国际运输保险费

（4）银行财务费=FOB×银行财务费率

（5）外贸手续费=CIF×外贸手续费率

（6）关税=（FOB+国际运费+运输保险费）×进口关税税率

（7）增值税=[CIF×（1+关税税率）+消费税]×增值税税率

190

(8) 消费税＝(CIF＋关税)/(1－消费税税率)×消费税税率(消费税仅对部分进口设备征收)

(9) 进口设备原价(抵岸价)＝FOB(离岸价)＋国际运费＋运输保险费＋银行财务费＋外贸手续费＋关税＋增值税＋消费税＋海关监管手续费＋车辆购置附加费

(10) 进口设备购置费＝进口设备原价×(1＋国内运杂费费率)

【解】 进口设备的购置费用计算见表2-1所列。

进口设备购置费计算表　　　　　　　　　　表 2-1

序号	项目	费率	计算式	金额(万元)
(1)	离岸价 FOB		50×6.2	310
(2)	国际运费	10%	310×10%	31
(3)	国际运输保险费	3%	[(310+31)/(1－3%)]×3%	10.55
(4)	CIF(到岸价)		(1)+(2)+(3)	351.55
(5)	银行财务费	0.5%	FOB×0.5%	1.55
(6)	外贸手续费	1.5%	CIF×1.5%	5.27
(7)	关税	17%	(310+31+10.55)×17%	59.76
(8)	增值税	17%	(CIF+59.76+0)×17%	69.92
(9)	消费税	0	(CIF+59.76)/(1－0)×0%	0
(10)	进口设备原价(抵岸价)		(4)+(5)+(6)+(7)+(8)+(9)	488.05
(11)	进口设备购置费		(10)×(1+5%)	512.45

【题 2-4】 进口设备到岸价的计算案例

某项目进口一批工艺设备，银行财务费 5 万元，外贸手续费 20 万元，关税税率 20%，增值税率 17%，抵岸价 2000 万元。该批设备无消费税、海关监管手续费，则进口设备的到岸价为多少万元？

【解题思路】 进口设备的到岸价为货价、国外运费和国外运输保险费之和，抵岸价为到岸价、银行财务费、外贸手续费、进口关税、增值税、消费税和海关监管手续费之和。

【解】 设备到岸价为 x，则有：

$$进口关税＝到岸价×进口关税税率＝x×20\%＝0.2x$$

$$增值税＝(到岸价＋进口关税＋消费税)×增值税率$$

$$＝(x+0.2x+0)×17\%$$

$$2000＝x+5+20+0.2x+(x+0.2x)×0.17$$

解得：$x≈1406.70$ 万元

【题 2-5】 设备购置费计算的综合案例

某企业拟兴建一项工业生产项目 A，已建类似项目的设备购置费总额为 17500.00 万元人民币，生产车间的进口设备购置费为 16430 万元人民币，其余为国内配套设备费；在进口设备购置费中，设备货价（离岸价）为 1200 万美元（1 美元＝8.3 元人民币），其余为其他从属费用和国内运杂费。

问题：

(1) 计算进口设备其他从属费用和国内运杂费占进口设备购置费的比例。

(2) 拟建项目 A 生产车间的主要生产设备仍为进口设备，但设备货价（离岸价）为 1100 万美元（1 美元＝7.2 元人民币）；进口设备其他从属费用和国内运杂费按已建类似项目相应比例不变；国内配套采购的设备购置费在类似项目的基础上综合上调 25％。试计算拟建项目 A 生产车间的设备购置费。

【解题思路】 计算拟建工程的综合调价系数，并对拟建项目的工程费进行修正。进口设备的购置费＝设备原价＋设备运杂费，进口设备的原价是指进口设备的抵岸价。

【解】

（1）进口设备其他从属费用和国内运杂费占设备购置费百分比：

$$(16430-1200\times8.3)/16430=39.38\%$$

（2）拟建项目 A 生产车间的设备购置费：

1）拟建项目 A 生产车间进口设备购置费：$1100\times7.2/(1-39.38\%)=13065.00$ 万元

2）拟建项目 A 生产车间国内配套采购的设备购置费：

$$(17500.00-16430.00)\times(1+25\%)=1337.50\text{ 万元}$$

3）拟建项目 A 生产车间设备购置费：$13065.00+1337.50=14402.50$ 万元

【题 2-6】 建安工程费中税金的计算

1. 总税金的计算

某项目的人工费、材料费和施工机具使用费之和为 9800 万元，企业管理费和利润的计算基数为人材机之和，规费为 330 万元。已知企业管理费率为 5％，利润率为 5.4％，综合税率为 3.48％，计算该项目应缴纳的税金。

【解题思路】 首先要对建安工程费用的构成有明确的理解：根据《建筑安装工程费用项目组成》（建标［2013］44 号），建筑安装工程费按照费用构成要素：由人工费、材料（包含工程设备）费、施工机具使用费、企业管理费、利润、规费和税金组成。要明确建安工程费用的取费程序问题：税金＝税前造价×综合税率。

【解】

人材机费＝9800 万元；企业管理费＝$9800\times5\%=490$ 万元；规费＝330 万元；

利润＝$9800\times5.4\%=529.2$ 万元

税金＝$(9800+490+529.2+330)\times3.48\%=387.99$ 万元

2. 营业税的计算案例

某市区总承包单位获得发包人支付的某工程施工的全部价款收入 1000 万元，其中包括自己施工的建筑安装工程费 800 万元，合同约定需支付给专业分包方的工程结算款 100 万元，由总承包单位采购的需安装的设备价款 100 万元，则该总承包单位为此需缴纳的营业税为多少万元？

【解题思路】 要弄清楚营业税的计算基数是工程施工获得的全部价款收入，包括设备价款，但不包括支付给专业分包商的价款。

【解】

营业额＝$1000-100=900$ 万元

营业税＝$900\times3\%=27$ 万元

3. 城市维护建设税的计算案例

市区某建筑公司承建该地区一建筑工程，工程不含税造价为 8000 万元，则该施工企业应缴纳的城市维护建设税为多少万元?

【解题思路】 先要计算出含税总造价,再计算营业税,最后计算出城市建设维护税。根据《中华人民共和国城市维护建设税暂行条例》,城市维护建设税按照纳税人所在地实施差别税率,按照建筑公司的所在地(市区)来取定城市维护建设税的税率,即7%。

【解】

含税造价=8000×(1+3.48%)=8278.4万元

营业税=8278.4×3%=248.35万元

城市维护建设税=248.35×7%=17.38万元

4. 教育费附加的计算案例

某市建筑公司承建某县城一商务楼,当年结算工程价款收入为5300万元,其中包括所安装设备的价款500万元及付给分包方的价款300万元,该地区征收2%的地方教育费附加,则此收入应缴纳的教育费附加和地方教育附加为多少万元?

【解题思路】 先计算出营业税。教育费附加率为3%,并考虑2%的地方教育费附加率,教育费附加率应为5%。这里应注意的是:教育费附加的计取基数是应纳营业税额。应缴纳的营业税=(5300−300)×3%=150万元。

【解】

营业额=5300−300=5000万元

营业税=5000×3%=150万元

教育费附加=150×3%=4.5万元

地方教育附加=150×2%=3.0万元

【题2-7】 模板周转费用的计算案例

某施工企业施工时使用自有模板,已知一次使用量为1200m²,模板价格为30元/m²,若周转次数为8,补损率为8%,施工损耗为10%,不考虑支、拆、运输费,则模板费为多少元?

【解题思路】 模板及支架分自有和租赁两种,采取不同的计算方法。自有模板及支架费的计算:

模板及支架费=模板摊销量×模板价格+支、拆、运输费

摊销量 = 一次使用量×(1+施工损耗)

$$\times \left[\frac{1+(周转次数-1)\times 补损率}{周转次数} - \frac{(1-补损率)\times 50\%}{周转次数} \right]$$

租赁模板及支架费的计算:

租赁费=模板使用费×使用日期×租赁价格+支、拆、运输费

【解】

$$模板摊销量=1200\times(1+10\%)\times\left[\frac{1+(8-1)\times8\%}{8} - \frac{(1-8\%)\times50\%}{8}\right]$$

$$=181.50m²$$

模板费=181.5×30=5445元

【题2-8】 脚手架摊销量的计算案例

某工程采用自有外脚手架15m以内,一次使用量为1200m,一次使用期6个月,计

算脚手架钢管的企业定额摊销量为多少?

【解题思路】 掌握摊销量计算公式:定额摊销量=净摊销量×(1+损耗率)

净摊销量=一次使用量×(1-残值率)×一次使用期/耐用期

周转材料损耗率见表 2-2 所列,残值率见表 2-3 所列,耐用期见表 2-4 所列。

周转材料损耗率 表 2-2

名称	脚手架钢管 φ48×3.5	[18 槽钢	钢缆风绳 φ8.1~9	钢丝绳 φ17.5 及配件
损耗率	4%	4%	5%	5%

残值率 表 2-3

名称	脚手架 钢管	[18 槽钢	各类扣件	底座	木脚手 板、杆	缆风绳	缆风桩	垫木
残值率	10%	10%	5%	5%	10%	10%	10%	10%

耐用期 表 2-4

名称	脚手架钢管	[18 槽钢	各类扣件	底座	木脚手板、杆	钢丝绳	安全网
耐用期	180(月)	120(月)	120(月)	180(月)	42(月)	42(月)	3 次

【解】 净摊销量=一次使用量×(1-残值率)×一次使用期/耐用期

=1200×(1-10%)×6/180=36m

定额摊销量=36×(1+4%)=37.44m

【题 2-9】 **冬雨期施工增加费的计算案例**

某施工企业积累的资料反映年均冬雨期施工增加费开支额为 9 万元,年均建安产值为 12000 万元,其中人材机措施费之和、人材机之和分别占建安产值比例为 80% 和 75%。计算该企业冬雨期施工增加费费率。

【解题思路】 冬期施工增加费=拟建工程合同工期内冬期施工采取保温措施所需的人工费+材料费+人工降效费+施工机械降效费+施工规范规定的技术措施费

雨期施工增加费=拟建工程合同工期内雨期施工采取的防护及排水措施所需的人工费+材料费+人工降效费+施工机械降效费

冬雨期施工增加费=冬期施工增加费+雨期施工增加费

或者采用费率的方法:

冬雨期施工增加费=人材机之和(或其中人工费)×冬雨期施工增加费费率

冬雨期施工增加费费率=本项费用年度平均支出/[全年建安产值×人材机之和(或其中人工费)占总造价的比例]

【解】 该企业冬雨期施工增加费费率=9/(12000×75%)=0.1%

【题 2-10】 **临建费计算案例**

某施工企业在某工地现场需搭建可周转使用的临时建筑物 400m²,若该建筑物每平方米造价为 180 元,可周转使用 3 年,年利用率为 85%,一次性拆除费用为 5000 元。现假定施工项目合同工期为 280 天(一年按 365 天计算),则该建筑物应计的周转使用的临建费为多少元?

【解题思路】 需要准确掌握措施项目其计算公式。

临时设施费＝(周转使用临建费＋一次性使用临建费)×(1＋其他临时设施所占比例)

周转使用临建费＝[(临建面积×每平方米造价)/(使用年限×365×利用率)×工期]＋一次性拆除费

【解】

$$周转使用临建费＝\sum\left[\frac{临建面积×每平方米造价}{使用年限×365×利用率(\%)}×工期（天）\right]＋一次性拆除费$$

$$=\frac{400×180}{3×365×85\%}×280＋5000＝26660 万元$$

【题 2-11】 确定机械台班安拆费及场外运输的案例

6t 的塔式起重机一次安拆费及场外运输费用为 6890 元，年平均安拆次数为 2 次，年工作台班 280 个。计算台班安拆费及场外运输费。

【解题思路】 掌握安拆费及场外运输费的公式：

台班安拆费及场外运输费＝一次安拆费及场外运输×年平均安拆次数/年工作台班

【解】 台班安拆费及场外运输费＝6890×2/280＝49.21 元/台班

【题 2-12】 工料单价法计价案例

A 建筑安装工程人材机之和为 1000 万元，以人材机之和为计算基础，措施费为 100 万元，企业管理费和规费费率为 10％，利润率为 5％，计税系数为 3.41％，该工程的含税造价为多少万元？

B 建筑安装人材机之和为 400 万元，其中人工费为 100 万元；以人工费为计算基础，措施费为人材机之和的 5％，其中人工费占 50％；企业管理费和规费合计为人工费的 30％，利润率为人工费的 50％，综合计税系数为 3.41％。该工程的含税造价为多少万元？

【解题思路】 工料单价法计价程序是计算出分部分项工程量后乘以工料单价，合计得到人材机汇总，汇总后再加措施费、企业管理费和规费、利润和税金生成工程发承包价，其计算程序分为以人材机＋措施费、人工费＋机械费、人工费为计算基础这 3 种。建筑工程一般以人材机＋措施费为计算基础进行计价，安装工程、装饰工程一般以人工费为计算基础进行计价。

【解】

计算过程见表 2-5、表 2-6 所列。

以人材机＋措施费为计算基础的计价程序　　　　　　　　　　　表 2-5

序号	费用项目	计算方法	计算(万元)
(1)	人材机之和	按预算表	1000
(2)	措施费	按规定标准计算	100
(3)	人材机＋措施费	(1)＋(2)	1100
(4)	企业管理费＋规费	(3)×相应费率	1100×10％＝110
(5)	利润	[(3)＋(4)]×利润率	(1100＋110)×5％＝60.5
(6)	税金	[(3)＋(4)＋(5)]×税率	(1100＋110＋60.5)×3.41％＝43.32
(7)	造价	(3)＋(4)＋(5)＋(6)	1100＋110＋60.5＋43.32＝1313.82

以人工费为计算基础

表 2-6

序号	费用项目	计算方法	计算(万元)
(1)	人材机之和	按预算表计算	400
(2)	其中人工费	按预算表计算	100
(3)	措施费	按规定标准计算	$400×5\%=20$
(4)	措施费中人工费	按规定标准计算	$20×50\%=10$
(5)	人材机+措施费	(1)+(3)	$400+20=420$
(6)	人工费小计	(2)+(4)	$100+10=110$
(7)	企业管理费+规费	(6)×相应费率	$110×30\%=33$
(8)	利润	(6)×相应利润率	$110×50\%=55$
(9)	税金	[(5)+(7)+(8)]×税率	$(420+33+55)×3.41\%=17.32$
(10)	造价	(5)+(7)+(8)+(9)	$420+33+55+17.32=525.32$

【题 2-13】 建设期利息的计算案例

某新建项目,建设期为 3 年,共向银行贷款 60000 万元,贷款时间为:第一年 12000 万元,第二年 30000 万元,第三年 18000 万元,年利率为 6%,计算建设期利息。

【解题思路】 建设期利息是指项目借款在建设期内发生并计入固定资产的利息。为了简化计算,在编制投资估算时通常假定借款均在每年的年中支用,借款第一年按半年计息,其余各年份按全年计息。计算公式为:

各年应计利息=(年初借款本息累计+本年借款额/2)×年利率

【解】 在建设期,各年利息计算如下:

第 1 年应计利息$=1/2×12000×6\%=360$ 万元

第 2 年应计利息$=(12000+360+1/2×30000)×6\%=1641.6$ 万元

第 3 年应计利息$=(12000+360+30000+1641.6+1/2×18000)×6\%=3180.10$ 万元

建设期利息总和$=360+1641.60+3180.10=5181.70$ 万元

【题 2-14】 涨价预备费的计算案例

某建设工程项目在建设期初的建筑安装工程费和设备工器具购置费为 6000 万元。按进度计划,建设期为 3 年,投资分年使用比例为:第一年 20%,第二年 50%,第三年 30%,预计年平均价格上涨率为 4%。建设期贷款利息为 2000 万元,建设工程项目其他费用为 4000 万元,基本预备费率为 10%。试估算该项目的涨价预备费。

【解题思路】 涨价预备费以建筑安装工程费、设备工器具购置费之和为计算基数。计算公式为:

$$PC = \sum_{t=1}^{n} I_t \left[(1+f)^t - 1\right]$$

式中　PC——涨价预备费;

I_t——第 t 年的建筑安装工程费、设备及工器具购置费之和;

n——建设期;

f——建设期价格上涨指数。

【解】 计算项目的涨价预备费

第一年末的涨价预备费 $=6000×20\%×[(1+0.04)-1]=48$ 万元

第二年末的涨价预备费 $=6000×50\%×[(1+0.04)^2-1]=244.8$ 万元

第三年末的涨价预备费 $=6000×30\%×[(1+0.04)^3-1]=224.76$ 万元

该项目建设期的涨价预备费 $=48+244.8+224.76=517.56$ 万元

【题 2-15】 工程建设其他费用计算的综合案例

某大学新校区拟建新学生宿舍一栋,前期征地工作已完成,建筑面积为 23000m²,建安工程费为 5888 万元,设备购置费 20 万元,其他内容见项目所在地及国家的相关规定。估算工程建设其他费用的总额。

【解题思路】 首先需要掌握工程建设其他费用的内容及计算方法。

建设用地费用。此项目用地费用已包含在前期校园建设的征地费用中,此次估算不再有用地费用。与项目建设有关的其他费用包括下面的内容:

(1) 建设单位管理费。建设单位管理费的计算符合财政部《关于〈基本建设财务管理规定〉的通知》(财建〔2002〕394 号)的规定要求。通常按照工程费用(包括建筑工程费、安装工程费用和设备购置费之和)乘以建设单位管理费费率计算。这里建设单位管理费费率取 1.19%。

建设单位管理费=工程费用×管理费费率

(2) 场地准备及临时设施费。场地准备及临时设施尽量与永久性工程统一考虑。建设场地的大型土石方工程应进入建筑安装工程费用中。新建项目的场地准备及临时设施费按工程费用的比例计算,一般可按工程费用(包括建筑工程费、安装工程费用和设备购置费之和)的 0.5%~2.0%计列。因本工程在校园内,甲方需要的临时设施较少。这里按工程费用的 0.5%估算,场地准备和临时设施费=工程费用×费率。

(3) 可行性研究报告编制费。此项费用依据前期研究委托合同并参照了国家计委《关于印发〈建设项目前期工作咨询收费暂行规定〉的通知》(计投资〔1999〕1283 号)规定计算。按工程费用的 0.3%估算。

(4) 勘察设计费。工程勘察设计费依据按国家计委、建设部关于发布《工程勘察设计收费管理规定》的通知(计价格〔2002〕10 号),国家计委办公厅、建设部办公厅《关于工程勘察收费管理规定有关问题的补充通知》(计办价格〔2002〕1153 号)。这里按每平方米 80 元估算。

(5) 施工图审查费。计算方法按照项目所在省物价局的规定执行。这里按每平方米 4 元估算。

(6) 工程监理费。监理费用计算根据项目所在省的规定和国家发展改革委、建设部《关于印发〈建设工程监理与相关服务收费管理规定〉的通知》(发改价格〔2007〕670 号)规定计算。这里按建安费用的 2%估算。

(7) 招标代理费。招标代理服务费的计算执行国家计委《招标代理服务收费管理暂行办法》(计价格〔2002〕1980 号)、项目所在省物价局的规定。这里按建安费用的 0.4%估算。

(8) 可研报告评估费。此项费用依据前期研究委托合同并参照了国家计委《关于印发〈建设项目前期工作咨询收费暂行规定〉的通知》(计投资〈1999〉1283 号)规定计算。这里按建安费用的 0.15%估算。

（9）工程造价咨询服务费。造价咨询服务费根据项目所在省物价局、建设厅发布的规定的费率计算。这里按建安费用的 0.4％估算。

（10）人防工程易地建设费。根据项目所在市物价局、市财政局、市人民防空办公室规定计取。这里按每平方米 80 元计算。

（11）城市建设综合配套费。根据《该市城市建设综合配套费征收管理办法》规定计取。该项目城市建设配套费减半征收，城市管网建设费按 102 元/m² 计算。

（12）工程保险费。编制时分别按工程费用（包括建筑工程费、安装工程费用和设备购置费之和）的比例估算。一般是按工程费用的 2‰～4‰，这里按 2‰估算。

（13）节能评估审查费。节能评估审查费按照项目所在省、市的有关规定进行估算。按每平方米 5 元估算。

（14）劳动安全卫生评价费。按国家、省政府部门发布的现行标准规定和劳动安全卫生预评价委托合同计列。一般按工程费用（包括建筑安装工程费和设备购置费）的 0.1％～0.5％估列。这里按 0.1％估算。

（15）环境影响评价费。按照《中华人民共和国环境保护法》、《中华人民共和国环境影响评价法》等规定，包括编制环境影响报告书（含大纲）、环境影响报告表进行评估等所需的费用。按照国家环境保护总局《关于规范环境影响咨询收费有关问题的通知》（计价格〔2002〕125 号）及有关规定计算。按每平方米 2 元估算。

【解】 计算内容见表 2-7 所列。

工程建设其他费用的计算　　　　　　　　　　　　　　　　　表 2-7

序号	内　容	计算方法	金额（万元）
1	建设单位管理费	（58880000＋200000）×1.19％	70.31
2	场地准备及临时设施费	（58880000＋200000）×0.5％	29.54
3	可行性研究报告编制费	（58880000＋200000）×0.3％	17.72
4	勘察设计费	23000×80	184.00
5	施工图审查费	23000×4	9.20
6	工程监理费	59080000×2‰	118.16
7	招标代理费	59080000×0.4‰	23.65
8	可研报告评估费	59080000×0.15‰	8.86
9	工程造价咨询服务费	59080000×0.4‰	23.65
10	人防工程易地建设费	23000×80	184.00
11	城市建设综合配套费	23000×102	234.60
12	工程保险费	59080000×0.2‰	11.82
13	节能评估审查费	23000×5	11.50
14	劳动安全卫生评价费	59080000×0.1‰	5.91
15	环境影响评价费	23000×2	4.60
	工程建设其他费用合计		937.52

【题 2-16】 建安工程费的计算案例

某小区中一幢住宅楼，框架结构 12 层，建筑面积 4200m²。按市场价计算的人材机之和费用合计为 2880576.31 元，其中人工费为 864320.37 元，企业管理费和利润的计算基础为人材机之和，企业管理费率为 7.1%，利润率为 4.3%，规费的计算基础为人工费，市区税率为 3.48%。规费文件规定费率为 15%。确定该工程的预算费用。

【解题思路】 根据建筑安装工程费用项目组成（按费用构成要素划分）的内容，建安工程费包括人工费、材料费、施工机具使用费、企业管理费、利润、规费和税金这七部分，这里面最关键的是企业管理费、利润及规费的计算基数。

【解】 建筑工程费用计算见表 2-8 所列。

建筑工程费用计算程序表 表 2-8

序号	费用名称	计算方法	费用（元）
(1)	人工费+材料费+施工机具使用费	(1)	2880576.31
(2)	企业管理费	(1)×7.1%	204520.92
(3)	利润	(1)×4.3%	123864.78
(4)	规费	(1)中人工费×30%	129648.06
(5)	税金	(1)+(2)+(3)+(4)×3.48%	116183.63
(6)	建筑工程费用合计	(1)+(2)+(3)+(4)+(5)	3454793.70

第3章 工程造价计价的定额依据

【题 3-1】 人工时间定额计算

通过计时观察资料得知：人工挖二类土 $1m^3$ 的基本工作时间为 6h，辅助工作时间占工序作业时间的 2%。准备与结束工作时间、不可避免的中断时间、休息时间分别占工作日的 3%、2%、18%。则该人工挖二类土的时间定额？

【解题思路】 从基本工作时间计算时间定额应分两个步骤，首先根据辅助工作时间的比例计算工序作业时间，然后根据规范时间的比例计算时间定额。应分清各种比例的不同含义。此外还需注意的是，不要计算成产量定额。在计算人工时间定额时，应注意基本工作时间消耗一般应根据计时观察资料来确定，而辅助工作时间和各种规范时间均可以直接利用工时规范中的百分比计算。但辅助工作时间的百分比是辅助工作时间与工序作业时间之比，而规范时间的百分比是规范时间与工作日之比。

工序作业时间＝基本工作时间＋辅助工作时间＝基本工作时间÷（1－辅助时间所占百分比）

规范时间＝准备与结束工作时间＋不可避免的中断时间＋休息时间

定额时间＝工序作业时间÷（1－规范时间所占百分比）

【解】

工序作业时间＝6÷（1－2%）＝6.12h

规范时间所占百分比＝3%＋2%＋18%＝23%

定额时间＝工序作业时间÷（1－规范时间%）＝6.12÷（1－23%）＝7.95h

则该人工挖土二类土的时间定额＝7.95÷8＝0.994 工日/m^3

【题 3-2】 产量定额计算案例

根据计时观测资料得知，每平方米标准砖墙勾缝时间为 10min，辅助工作时间占工序作业时间的比例为 5%，准备结束时间、不可避免中断时间、休息时间占工作班时间的比例分别为 3%、2%、15%。则每立方米砌体 1 标准砖厚砖墙勾缝的产量定额为多少立方米/工日？

【解题思路】 先计算出时间定额，产量定额与时间定额互为倒数。

【解】

1 砖厚的砖墙，其每立方米砌体墙面面积的换算系数为 $\frac{1}{0.24}=4.17m^2$

则每立方米砌体所需的勾缝时间＝4.17×10＝41.7min

每立方米砌体 1 标准砖厚砖墙勾缝的工序作业时间＝41.7/（1－5%）＝43.895min

每立方米砌体 1 标准砖厚砖墙勾缝的定额时间＝43.895/（1－3%－2%－15%）＝54.869min＝0.114 工日

则每立方米砌体 1 标准砖厚砖墙勾缝的产量定额＝1/0.114＝8.772m^3/工日

【题 3-3】 施工定额中材料消耗量的计算案例

1. 砖墙、砂浆消耗量计算案例

砌筑一砖厚砖墙，砖的尺寸为 240mm×115mm×53mm，灰缝厚度为 10mm，砖的施工损耗率为 1.5%，砂浆的损耗率为 1%，则每立方米砖墙工程中砖的定额消耗量和每立方米一砖厚砖墙的砂浆消耗量为多少立方米？

【解题思路】 材料损耗率＝损耗量/净用量×100%；材料损耗量＝材料净用量×损耗率

材料消耗量＝材料净用量＋损耗量；材料消耗量＝材料净用量×(1＋损耗率)

$$1m^3 \text{ 砖墙体中砖的净用量(块)} = \frac{2 \times \text{墙厚的砖数}}{\text{墙厚} \times (\text{砖长} + \text{灰缝}) \times (\text{砖厚} + \text{灰缝})}$$

砖消耗量＝砖净用量×(1＋损耗率)

砂浆消耗量＝(1－砖净用量×每块砖体积)×(1＋损耗率)

【解】

$1m^3$ 砖净用量(块)＝(1×2)/[0.24×(0.24＋0.01)×(0.053＋0.01)]＝529 块

砖消耗量＝529×(1＋1.5%)＝537 块

则 $1m^3$ 砖墙体中砂浆的净用量＝1－529.10×(0.24×0.115×0.053)＝0.226m³

则 $1m^3$ 砖墙体中砂浆的消耗量＝0.226×(1＋1%)＝0.228m³

2. 瓷砖消耗量的确定

1:3 水泥砂浆贴 152mm×152mm×5mm 瓷砖墙面，结合层厚 10mm，灰缝宽 2mm，瓷砖损耗率为 6%，砂浆损耗率为 2%，计算每 100m² 墙面瓷砖与砂浆的总耗量。

【解题思路】 材料消耗量＝材料净用量＋损耗量

【解】

$$\text{瓷砖的净用量(块)} = \frac{100}{(0.152 + 0.002) \times (0.152 + 0.002)} = 4217 \text{ 块}/100m^2$$

$$\text{瓷砖的总耗量(块)} = \frac{4216.6}{(1 - 6\%)} = 4485.7 \text{ 块}/100m^2$$

结合层砂浆净用量＝100×0.01＝1m³

灰缝砂浆净用量＝(100－0.152×0.152×4216.6)×0.005＝0.013m³

$$\text{砂浆总消耗量} = \frac{(1 + 0.013)}{(1 - 2\%)} = 1.033m^3/100m^2$$

【题 3-4】 周转性材料的摊销量的计算

预制钢筋混凝土梁，根据选定的图纸，计算出每 10m³ 构件模板面积为 85m²，每 10m² 需板材用量为 1.063m³，方木为 0.14m³，制作损耗率为 5%，周期次数为 30 次，试计算其模板摊销量。

【解题思路】 掌握模板摊销量的计算方法。

【解】

板材的摊销量＝85×1.063/[10×30×(1－5%)]＝0.317m³

方木的摊销量＝85×0.14/[10×30×(1－5%)]＝0.042m³

【题 3-5】 吊顶材料用量计算的案例分析

某房间净尺寸为 6.6m×3.9m，采用木龙骨硅酸钙板吊平顶（吊在混凝土板下），木吊筋为 40mm×50mm，高度为 350mm，大龙骨断面 55mm×40mm，中距 600mm（沿 3.9m 方向布置），小龙骨断面 30mm×30mm，中距 400mm（双向布置），硅酸钙板规格为 1.22m×2.44m，厚 8mm，四周采用 50mm×50mm 红松阴角线条，板缝用自粘胶带粘贴，清油封底、满刮腻子 2 遍，并刷白色乳胶漆 3 遍，计算该顶棚各项目消耗量和板材、线材的用量（木材损耗率和硅酸钙板损耗率均为 5％）。

【解题思路】 对于装饰材料的定额消耗量的计算应掌握，在设计与所选用定额的消耗量不同时会换算，换算时不要忘记材料的损耗率。

【解】

(1) 木龙骨的材料消耗量计算：

吊筋的用量：[(6.6÷0.6＋1)×(3.9÷0.6＋1)×0.35]×(1＋0.05)＝35.28m

吊筋的材积：35.28×0.04×0.05＝0.0706m³

大木龙骨的用量：(3.9÷0.6＋1)×3.9×(1＋0.05)＝32.76m

大木龙骨的材积：32.76×0.055×0.04＝0.0721m³

小木龙骨的用量：[(6.6÷0.4＋1)×3.9＋(3.9÷0.4＋1)×6.6]×(1.0＋0.05)＝149.94m

小木龙骨的材积：149.94×0.03×0.03＝0.135m³

(2) 硅酸钙板的工程量：6.6×3.9＝25.74m²

硅酸钙板的用量：25.74×(1＋0.05)÷(1.22×2.44)＝10 块

(3) 顶棚红松阴角线的工程量：(6.6＋3.9)×2＝21m

红松阴角线的用量：21×(1＋0.05)＝22.05m

红松阴角线的材积：21×(1＋0.05)×0.05×0.05＝0.055m³

【题 3-6】 预算定额机械台班消耗量计算

已知某挖土机挖土，一次正常循环工作时间是 40s，每次循环平均挖土量 0.3m³，机械正常利用系数为 0.8，机械幅度差为 25％。则该机械挖土方 1000m³ 的预算定额机械耗用台班量为多少台班？

【解题思路】 根据机械定额台班计算的步骤顺次计算，并弄清楚各种定额之间的逻辑关系，不要把产量定额与时间定额的关系弄反。

机械纯工作 1h 循环次数＝(60×60)/一次循环的正常延续时间

机械纯工作 1h 正常生产率＝机械纯工作 1h 正常循环次数×一次循环生产的产品数量

机械正常利用系数＝机械在一个工作班内纯工作时间/一个工作班延续时间(8h)

施工机械台班产量定额＝机械 1h 纯工作正常生产率×工作班延续时间(8h)×机械正常利用系数

预算定额机械耗用台班＝施工定额机械耗用台班×(1＋机械幅度差系数)

【解】

该挖土机纯工作 1h 循环次数＝60×60÷40＝90 次

该挖土机纯工作 1h 正常生产率＝90×0.3＝27m³

该挖土机台班产量定额＝27×8×0.8＝172.8m³/台班

该机械挖土 1000m³ 的施工定额机械耗用台班＝1000÷172.8＝5.79 台班

该机械挖土 1000m³ 的预算定额机械耗用台班＝5.79×(1＋25％)＝7.23 台班

【题 3-7】 预算定额和施工定额人材机消耗量的计算案例

某工程需砌筑一段毛石护坡拟采用 M5 水泥砂浆砌筑,现场测定每 $10m^3$ 砌体人工工日、材料、机械台班消耗相关技术参数如下:

砌筑 $1m^3$ 毛石砌体需工时参数为:基本工作时间为 10.6h,辅助工作时间、准备与结束时间、不可避免的中断时间和休息时间分别占工作延续时间的 3%、2%、2% 和 20%,人工幅度差系数为 10%。

砌筑 $10m^3$ 毛石砌体需各种材料净用量为:毛石 $7.50m^3$;M5 水泥砂浆 $3.10m^3$;水 $7.50m^3$;毛石和砂浆的损耗率分别为:3%、1%。预算定额比施工定额中的所有材料消耗量多考虑 2% 的工艺损耗。

砌筑 $10m^3$ 毛石砌体需 200L 砂浆搅拌机 5.5 台班,机械幅度差为 15%。

(1) 计算每 $10m^3$ 毛石砌体的施工定额中人材机的消耗量。

(2) 计算每 $10m^3$ 毛石砌体的预算定额中人材机的消耗量。

(3) 预算定额中人工单价为 60 元/工日,毛石的预算单价为 55 元/m^3,M5 水泥砂浆的预算单价为 256 元/m^3,水的预算单价为 4.4 元/m^3,200L 砂浆搅拌机的台班单价为 170.35 元/m^3。计算预算定额中 $10m^3$ 毛石砌体的人材机的基价。

【解题思路】 这里首先要注意的是:施工定额和预算定额在人工材料、机械台班消耗量的区别,预算定额中的人工材料机械台班消耗量比施工定额中的相应消耗量多了人工幅度差、机械幅度差等内容。

【解】

(1) 施工定额中的人工消耗量:人工工作延续时间=10.6/(1−3%−2%−2%−20%)=14.52h

劳动定额(时间)=14.52/8×10=18.2 工日/$10m^3$

砌体材料消耗量=材料的净用量×(1+损耗率)

施工定额中毛石的材料消耗量=7.5×(1+3%)=7.73m^3/$10m^3$

施工定额中 M5 水泥砂浆的材料消耗量=3.10×(1+1%)=3.13m^3/$10m^3$

施工定额中水的材料消耗量=7.50m^3/$10m^3$

施工定额中 200L 砂浆搅拌机的台班消耗量=5.5 台班/$10m^3$

(2) 预算定额中每 $10m^3$ 砌体的人工消耗量=劳动定额消耗量×(1+人工幅度差系数)

$$=18.2×(1+10%)=20.02 工日/10m^3$$

预算定额中材料的消耗量=施工定额中材料的消耗量×(1+多于施工定额的损耗率)

预算定额中毛石的材料消耗量=7.73×(1+2%)=7.88m^3/$10m^3$

预算定额中 M5 水泥砂浆的材料消耗量=3.13×(1+2%)=3.19m^3/$10m^3$

预算定额中水的材料消耗量=7.50×(1+2%)=7.65m^3/$10m^3$

预算定额中机械台班的消耗量=施工定额机械台班消耗量×(1+机械幅度差)

$$=5.5×(1+15%)=6.33 台班/10m^3$$

(3) 预算定额中 $10m^3$ 毛石砌体的人工费=人工消耗量×人工单价=20.02×60=1201.2 元/$10m^3$

预算定额中 $10m^3$ 毛石砌体的材料费=∑材料消耗量×材料单价

$$=7.88×55+3.19×256+7.65×4.4=1283.70$$

元/10m³

预算定额中 10m³ 毛石砌体的机械费＝∑机械台班消耗量×机械台班单价

$$= 6.33 \times 170.35 = 1078.32 \ 元/10m^3$$

【题 3-8】 人工工日单价的确定案例

某安装企业高级工人的平均月工资 3000 元，工资性补贴标准分别为：部分补贴按年发放，标准为 3000 元/年；另一部分按月发放，标准 260 元/月；某项补贴按工作日发放，标准为 18 元/日，年奖金平均为 4000 元。已知全年日历天数为 365 天，设法定假日为 114 天，则该企业高级工人工日单价中，日工资单价为多少元？

【解题思路】 掌握人工工日单价的构成内容。计算公式如下：

$$日工资单价 = \frac{生产工人平均月工资(计时、计件)+平均月(奖金+津贴补贴+特殊情况下支付的工资)}{年平均每月法定工作日}$$

根据 2013 年《建安工程费用项目组成》（建标 44 文），此公式主要适用于施工企业投标报价时自主确定人工费，也是工程造价管理机构编制计价定额确定定额人工单价或发布人工成本信息的参考依据。

【解】

日工资单价＝［3000＋（4000＋3000）/12＋260］/［（365－114）/12］＋18＝201.72 元

【题 3-9】 材料预算单价构成的计算

某装修公司采购一批花岗石，运至施工现场，已知该花岗石出厂价为 1000 元/m²，由花岗石生产厂家业务员在施工现场推销并签订合同，包装费 4 元/m²，运杂费 30 元/m²，当地供销部门手续费率为 1‰，采购及保管的费率为 1‰，试问该花岗石的预算价格每平方米为多少元？

【解题思路】 需要掌握材料预算单价的组成及计算公式。

【解】

材料原价＝材料出厂价＝1000 元/m²

供销部门手续费＝材料原价×1‰＝10 元/m²

材料预算价格＝（材料原价＋供销部门手续费＋包装费＋运杂费）×（1＋采购及保管费率）

$$=(1000+10+4+30)\times(1+1‰)=1054.44 \ 元/m^2$$

【题 3-10】 机械台班费用构成的计算案例

1. 机械台班人工费的确定

某载重汽车配司机 1 人，当年制度工作日为 250 天，年工作台班为 230 台班，人工日工资单价为 50 元。则该载重汽车的台班人工费为多少元/台班？

【解题思路】 台班人工费＝人工消耗量×［1＋（年制度工作日－年工作台班）/年工作台班］×人工工日单价

【解】

台班人工费＝1×［1＋（250－230）/230］×50＝54.35 元/台班

2. 确定机械台班大修理费的案例

某施工机械耐用总台班为 800 台班，大修周期数为 4，每次大修理费用为 1200 元，则该机械的台班大修理费为多少元？

【解题思路】 掌握机械台班大修理次数和大修理费的计算公式：

$$大修理次数＝大修周期－1$$
$$台班大修理费＝一次大修理费×寿命周期内大修理次数/耐用总台班$$

【解】

$$大修理次数＝大修周期－1＝3 次$$
$$台班大修理费＝3×1200/800＝4.5 元/台班$$

3. 确定机械台班经常修理费的案例

某运输设备预算价格 38 万元，年工作 220 台班，折旧年限 8 年，寿命期大修 2 次，一次大修理费为 3 万元，经常修理费系数 $K＝3$，该机械台班经常修理费为多少元/台班？

【解题思路】 掌握台班经常修理费的公式：

台班经常修理费＝[（各级保养一次费用×寿命期各级保养总次数）＋临时故障排除费]/耐用总台班＋替换设备和工具附具台班摊消费＋例保辅料费

当台班经常修理费计算公式中各项数值难以确定时，也可按下列公式计算：

台班经常修理费＝台班大修费×K，K 为经常修理费系数。

【解】

$$先计算台班大修理费＝2×30000/220＝272.73 元/台班$$
$$台班经常修理费＝272.73×3＝818.19 元/台班$$

【题 3-11】 企业定额编制与应用的综合案例

某项毛石护坡砌筑工程，某企业进行测定资料如下：

（1）完成每立方米毛石砌体需要 1.437 工日/m³。

（2）每 10m³ 毛石砌体需要 M5 水泥砂浆 3.93m³，毛石 11.22m³，水 0.79m³。

（3）每 10m³ 毛石砌体需要 200L 砂浆搅拌机 0.66 台班。

（4）该地区有关资源的现行价格如下：

人工工日单价为 50 元/工日；M5 水泥砂浆单价为 120 元/m³；毛石单价为 58 元/m³；水单价 4 元/m³；200L 砂浆搅拌机台班单价为 88.50 元/台班。

问题：（1）编制该分项工程的预算工料单价。

（2）若毛石护坡砌筑砂浆设计变更为 M10 水泥砂浆。该砂浆现行单价 130 元/m³，定额消耗量不变，应如何换算毛石护坡的工料单价？换算后的单价是多少？

【解题思路】

本案例主要考核工料单价的组成和确定方法。分析思路如下：

问题（1）按工料单价的组成，编制砌筑 10m³ 毛石护坡的工料单价。

$$工料单价＝人工费＋材料费＋机械费$$
$$材料费＝\Sigma（材料消耗指标×相应材料的市场信息价格）$$
$$机械费＝\Sigma（机械台班消耗指标×相应机械的台班信息价格）$$

问题（2）换算工料单价的方法是：从原工料单价中减去 M5 砂浆的费用，加上 M10 砂浆的费用，便得到了换算后新的工料单价。

【解】

（1）企业定额人工费＝定额人工消耗指标×人工工日单价

$$=14.37\times50=718.50 \text{ 元}/10m^3$$

企业定额材料费$=3.93\times120+11.22\times58+0.79\times4=471.6+650.76+3.16$

$$=1125.52 \text{ 元}/10m^3$$

企业定额机械费$=0.66\times88.50=58.41 \text{ 元}/10m^3$

该分项工程工料单价＝人工费＋材料费＋机械费

$$=718.50+1125.52+58.41=1902.43 \text{ 元}/10m^3$$

（2）毛石护坡砌体改用 M10 水泥砂浆后，换算工料单价的计算：

M10 水泥砂浆毛石护坡单价＝M5 毛石护坡单价＋砂浆用量×（M10 单价－M5 单价）

$$=1902.43+3.93\times(130-120)=1941.73 \text{ 元}/10m^3$$

【题 3-12】 费用法进行方案选择的案例

某工程有两个备选施工方案，采用方案一时，固定成本为 160 万元，与工期有关的费用为 35 万元/月；采用方案二时，固定成本为 200 万元，与工期有关的费用为 25 万元/月。两方案除方案一机械台班消耗以外的工程费用相关数据见表 3-1 所列。

两个施工方案工程费用的相关数据　　　　　　表 3-1

	方案一	方案二
材料费（元/m³）	700	700
人工消耗（工日/m³）	1.8	1
机械台班消耗（台班/m³）		0.375
工日单价（元/工日）	100	100
台班费（元/台班）	800	800

为了确定方案一的机械台班消耗，采用预算定额机械台班消耗量确定方法进行实测确定。测定的相关资料如下：完成该工程所需机械的一次循环的正常延续时间为 12min，一次循环生产的产量为 0.3m³，该机械的正常利用系数为 0.8，机械幅度差系数为 25%。

问题：

（1）计算按照方案一完成每立方米工程量所需的机械台班消耗指标。

（2）方案一和方案二每 1000m³ 工程量的人材机之和的费用分别为多少万元？

（3）当工期为 12 个月时，试分析两方案适用的工程量范围。

（4）若本工程的工程量为 9000m³，合同工期为 10 个月，计算确定应采用哪个方案？若方案二可缩短工期 10%，应采用哪个方案？

【解题思路】 掌握机械台班消耗量的计算方法；人材机之和的计算公式：人材机之和＝人工消耗量×人工单价＋材料消耗量×材料单价＋机械消耗量×机械台班单价；掌握方案比选的方法。首先找出两方案费用相等时对应的工程量，然后根据题目给定的工程量判断。

【解】

（1）按照方案一完成单位工程量机械台班消耗量：

机械纯工作 1h 的正常生产率为：$60/12\times0.3=1.5m^3/h$

施工机械台班产量定额为：$1.5\times8\times0.8=9.6m^3/$台班

施工机械台班时间定额为：$1/9.6=0.104$ 台班$/m^3$

预算定额的机械台班消耗指标：$0.104 \times (1+25\%) = 0.13$ 台班/m^3

（2）方案一每 1000m^3 工程量的人材机的费用为：

$$(700+1.8 \times 100+0.13 \times 800) \times 1000 = 984000 \text{ 元} = 98.4 \text{ 万元}$$

方案二每 1000m^3 工程量的人材机的费用为：

$$(700+1 \times 100+0.375 \times 800) \times 1000 = 1100000 = 110 \text{ 万元}$$

（3）以 1000m^3 为工程量单位，设工程量为 Q，当工期为 12 个月时：

方案一的费用 $C_1 = 98.4Q + 35 \times 12 + 160 = 98.4Q + 580$ 万元

方案二的费用 $C_2 = 110Q + 25 \times 12 + 200 = 110Q + 500$ 万元

令 $C_1 = C_2$（或：$98.4Q + 580 = 110Q + 500$），解得 $Q = 6.9 \times 1000\text{m}^3$

因此，当 $Q < 6.9 \times 1000\text{m}^3$ 时，$C_2 < C_1$ 应采用方案二；当 $Q = 6.9 \times 1000\text{m}^3$，$C_2 = C_1$，采用方案一、方案二均可；当 $Q > 6.90 \times 1000\text{m}^3$ 时，$C_1 < C_2$ 应采用方案一。

（4）当工程量为 9000m^3，合同工期为 10 个月时：

方案一的费用 $C_1 = 98.4 \times 9 + 35 \times 10 + 160 = 1395.6$ 万元

方案二的费用 $C_2 = 110 \times 9 + 25 \times 10 + 200 = 1440.00$ 万元

因为 $C_1 < C_2$，所以应采用方案一。

若方案二可缩短工期 10%，方案二的费用 $C'_2 = 110 \times 9 + 25 \times 10 \times (1-10\%) + 200 = 1415.00$ 万元，因为 $C_1 < C'_2$，所以仍应采用方案一。

第4章 工程量清单计价

本章说明：本章节例题如未特别说明，工程量清单的编制均是依照《建设工程工程量清单计价规范》（GB 50500—2013）、《房屋建筑与装饰工程工程量计算规范》（GB 50854—2013），为了说明某些报价工程量和清单工程量的计算规则可能不一致的情况如何报价的问题，在报价时采用了某企业定额，相应的定额计算规则在相应例题中进行阐述，报价时土建工程的管理费率为 5.0%，利润率为 4.0%，计算基数为人材机之和。装饰工程的管理费率和利润率根据题目要求，计算基数为人工费。

【题 4-1】 工程量清单计价过程综合案例

某办公楼工程采用工程量清单招标。采用《建设工程工程量清单计价规范》（GB 50500—2013）、《房屋建筑与装饰工程工程量计算规范》（GB 50854—2013）的规定，按工程所在地的计价依据规定，措施费和规费均以分部分项工程费中人工费为计算基础，经计算该工程分部分项工程费总计为 630 万元，其中人工费为 126 万元。单价措施项目费总计为 308112 元，其他有关工程造价方面的背景材料如下：

（1）条形砖基础工程量 160m³，基础深 3m，采用 M5 水泥砂浆砌筑，多孔砖的规格 240mm×115mm×90mm，实心砖内墙工程量 1200m³，采用 M5 混合砂浆砌筑，蒸压灰砂砖规格 240mm×115mm×53mm，墙厚 240mm。

（2）现浇钢筋混凝土矩形梁模板及支架工程量 420m²，现浇钢筋混凝土有梁板模板及支架工程量 800m²，梁截面 250mm×400mm，梁底支模高度 2.6m，板底支模高度 2.9m。

（3）安全文明施工费费率 25%，夜间施工费费率 2%，二次搬运费费率 1.5%，冬雨期施工费费率 1%。按合理的施工组织设计，该工程需大型机械进出场及安拆费 26000 元，施工排水费 2400 元，施工降水费 22000 元，垂直运输费 12 万元，脚手架费 166000 元。以上各项费用中已包含管理费和利润。

（4）招标文件中载明，该工程暂列金额 33 万元，材料暂估价 10 万元，计日工费用 2 万元，总承包服务费 2 万元。

（5）规费中的住房公积金费率 6%，工程排污费费率为 0.48%，社会保险费中养老保险费费率 16%，失业保险费费率 2%，医疗保险费费率 6%，工伤保险费费率 3%，生育保险费费率为 1%，税金费率 3.48%。

问题：

依据《建设工程工程量清单计价规范》（GB 50500—2013）的规定，结合工程背景资料及所在地计价依据的规定，完成下列内容。

（1）编制砖基础和实心砖内墙的分部分项工程量清单及计价，项目编码：砖基础 010401001，实心砖墙 010401003，综合单价：砖基础 340.18 元/m³，实心砖内墙 349.11 元/m³。

（2）编制工程措施项目清单及计价，项目编码：矩形梁模板及支架 011702006，有梁板模板及支架 011702014；综合单价：梁模板及支架 65.60 元/m²，有梁板模板及支架 63.20 元/m²。

(3) 编制工程其他项目清单及计价。

(4) 编制工程规费和税金项目清单及计价。

(5) 编制工程招标控制价汇总表及计价，根据以上计算结果，计算该工程的招标控制价。

【解题思路】 这是一个综合练习招标控制价形成的案例，首先要明白其构成内容：分部分项工程费、措施项目费、其他项目费、规费和税金五部分构成。并清楚每部分详细的构成。采用费率的项目要找到计算基础。在编制砖基础和实心砖内墙的工程量清单时，虽然给出了项目编码，但不能直接使用，项目编码应是 12 位。这里应注意的是：(1) 能够计算单价的措施项目有单独的项目编码和计算规则，计价表和分部分项工程的计价表使用相同的表格。(2) 材料暂估价不能在其他项目清单计价表中计入，其暂估价应计入到分部分项工程的综合单价中。

【解】

(1) 砖墙和砖基础的分部分项工程量清单及计价表见表 4-1 所列。

分部分项工程和单价措施项目清单与计价表

表 4-1

工程名称：某办公楼

第 1 页共 1 页

序号	项目编码	项目名称	项目特征描述	单位	工程量	金额（元）		
						综合单价	合价	其中：暂估价
1	010401001001	砖基础	1. 砖品种、规格、强度等级：多孔砖、240mm×115mm×90mm 2. 基础类型：条形基础 3. 基础深度：埋深 3m 4. 砂浆强度等级：M5 水泥砂浆	m³	160.00	340.18	54428.80	
2	010401003001	实心砖墙	1. 砖品种、规格、强度等级：蒸压灰砂砖 240mm×115mm×53mm 2. 墙体类型：内墙 3. 墙体厚度：240mm 4. 砂浆强度等级：M5 混合砂浆	m³	1200.00	349.11	418932.00	
合计								

(2) 措施项目清单及报价编制时应注意的问题是：计价规范中规定的能够计算工程量并有计算规则的措施项目如模板项目应采用"分部分项工程和单价措施项目清单与计价表"的格式，而不能计算工程量的措施项目采用"总价措施项目清单计价表"的格式进行编制，分别见表 4-2 和表 4-3 的内容。

分部分项工程和单价措施项目清单与计价表

表 4-2

工程名称：某办公楼

序号	项目编码	项目名称	项目特征描述	单位	工程量	金额（元）		
						综合单价	合价	其中：暂估价
1	011702006001	梁模板及支架	矩形梁、支模高度 3m	m²	420.00	65.60	27552.00	
2	011702014001	有梁板模板及支架	梁截面 250mm×400mm、梁底支模高度 2.6m、板底支模高度 2.9m	m²	800.00	63.20	50560.00	
		合　计					78112.00	

总价措施项目清单与计价表

表 4-3

工程名称：某办公楼

序号	项目名称	计算基础	费率（%）	金额（元）	调整费率（%）	调整后金额	备注
1	安全文明施工费	人工费 1260000 元	25	315000.00			
2	夜间施工费	人工费 1260000 元	2	25200.00			
3	二次搬运费	人工费 1260000 元	1.5	18900.00			
4	冬雨期施工	人工费 1260000 元	1	12600.00			
5	大型机械设备进出场及安拆费			26000.00			
6	施工排水			2400.00			
7	施工降水			22000.00			
8	脚手架			166000.00			
9	垂直运输机械			120000.00			
	合计			708100.00			

（3）其他项目清单与计价表的编制见表 4-4 所列。这里应注意：不能把材料暂估价计入到其他项目费中。

其他项目清单与计价汇总表

表 4-4

工程名称：某办公楼

序号	项目名称	计量单位	金额（元）	结算金额（元）	备注
1	暂列金额	元	330000.00		
2	暂估价				
2.1	材料暂估价	元	—		计入综合单价
2.2	专业工程暂估价	元	—		
3	计日工	元	20000.00		
4	总承包服务费	元	20000.00		
	合　计		370000.00		

（4）规费和税金项目清单与计价表的编制见表4-5所列。

规费、税金项目清单与计价表

表 4-5

工程名称：某办公楼

序号	项目名称	计算基础	计算基数	费率（%）	金额（元）
1.1	社会保险费	（1）＋（2）＋（3）＋（4）＋（5）			352800.00
（1）	养老保险费	人工费	1260000	16	201600.00
（2）	失业保险费	人工费	1260000	2	25200.00
（3）	医疗保险费	人工费	1260000	6	75600.00
（4）	工伤保险费	人工费	1260000	3	37800.00
（5）	生育保险费	人工费	1260000	1	12600.00
1.2	住房公积金	人工费	1260000	6	75600.00
1.3	工程排污费	人工费	1260000	0.48	6048.00
1	规费小计（1.1＋1.2＋1.3）				434448.00
2	税金	分部分项工程费＋措施项目费＋其他项目费＋规费－按规定不计税的工程设备金额	6300000.00＋708100.00＋308112.00＋370000.00＋434448.00＝8120660.00	3.48	282598.97
	合　计				717046.97

（5）汇总分部分项工程费、措施项目费、其他项目费、规费和税金，得到招标控制价的汇总见表4-6所列。

单位工程招标控制价汇总表

表 4-6

工程名称：某办公楼

序号	汇 总 内 容	金额（元）	其中：暂估价（元）
1	分部分项工程费	6300000.00	100000
2	措施项目	1016212.00	
2.1	单价措施项目费	308112.00	
2.2	总价措施项目费	708100.00	
3	其他项目	370000.00	
3.1	暂列金额	330000.00	
3.2	专业工程暂估价	—	
3.3	计日工	20000.00	
3.4	总承包服务费	20000.00	
4	规费	434448.00	
5	税金	282598.97	
	招标控制价合计＝1＋2＋3＋4＋5	8403258.97	

注：本题改编自2009造价工程师《工程造价案例分析》真题

【题 4-2】 平整场地清单及报价工程量计算的案例分析

某工程的首层平面图如图 4-1 所示，内外墙厚均为 240mm，计算建筑物平整场地的清单工程量及定额工程量。

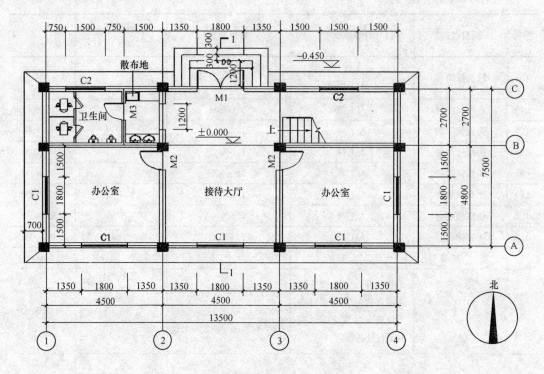

图 4-1 某建筑物首层平面图

【解题思路】 按设计图示尺寸平整场地清单计算规则是以建筑物首层面积计算的。某企业定额规定：人工平整场地是指建筑场地挖、填土方厚度在 ±30cm 以内及找平；平整场地工程量是按建筑物外墙外边线每边各加 2m，以平方米计算。人工平整场地工程量可由下面两个公式计算：

（1）规则的矩形平面可按建筑平面长、宽各加 2m 后的长乘以宽计算，如图 4-2 所示。

$$S_{平} = (a+4) \times (b+4)$$

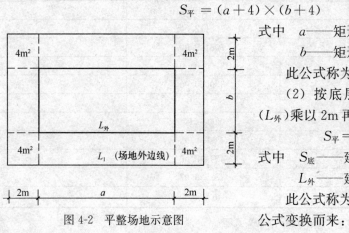

图 4-2 平整场地示意图

式中 a——矩形平面长度（外边线尺寸）；

b——矩形平面宽度。

此公式称为基本面积公式。

（2）按底层建筑面积（$S_{底}$）加外边线（$L_{外}$）乘以 2m 再加 16m² 计算：

$$S_{平} = S_{底} + L_{外} \times 2 + 16$$

式中 $S_{底}$——建筑物底层建筑面积；

$L_{外}$——建筑物外墙外边线。

此公式称为外边线公式，是由基本面积公式变换而来：

$$S_{\text{平}} = (a+4) \times (b+4) = ab + 4a + 4b + 16 = ab + 2(2a+2b) + 16$$
$$= S_{\text{底}} + L_{\text{外}} \times 2 + 16$$

对于一般矩形建筑物，二者应用难易程度相当，但对于平面复杂建筑物应用公式（2）会更简单些，尤其是在统筹法计算时，$S_{\text{底}}$、$L_{\text{外}}$ 在"三线一面"的计算中已计算完毕，这里套用一下公式即可快速计算出平整场地的定额工程量。

【解】

（1）编制平整场地的分部分项工程量清单。

清单工程量计算规则：按设计图示尺寸以建筑物首层建筑面积计算。

清单工程量 $= (13.5+0.24) \times (7.5+0.24) = 106.35\text{m}^2$

分部分项工程和单价措施项目清单与计价表见表 4-7 所列。

分部分项工程和单价措施项目清单与计价表 　　　　　　表 4-7

工程名称：某工程　　　　　　　　　　　　　　　　　　　第 1 页共 1 页

序号	项目编码	项目名称	项目特征	计量单位	工程量	金额（元）		
						综合单价	合价	其中：暂估价
1	010101001001	平整场地	土壤类别：三类土	m²	106.35			

（2）平整场地工程量清单计价。

平整场地清单项目包含的工程内容：1）土方挖填；2）场地找平；3）运输。根据企业消耗量定额计算规则报价。

定额工程量计算：

方法一：$S = (13.5+0.24+4) \times (7.5+0.24+4) = 208.28\text{m}^2$

方法二：$S = (13.5+0.24) \times (7.5+0.24) + (13.5+0.24+7.5+0.24) \times 2 + 16 = 208.28\text{m}^2$

套用企业定额 1-4-1，每 10m^2 人材机的基价为 33.39 元，人材机的总价款 $= 20.828 \times 33.39 = 695.45$ 元，平整场地的总价 $= 695.45 \times (1+5\%+4\%) = 758.04$ 元。

平整场地的综合单价 $= 758.04 \div 106.35 = 7.13$ 元/m^2

【题 4-3】　土石方开挖清单及报价工程量计算的案例分析

某建筑物地下室挖土方工程，内容包括：挖基础土方和基础土方回填，基础平面图和剖面图如图 4-3、图 4-4 所示。基础土方回填采用打夯机夯实，除基础回填所需土方外，余土全部用自卸汽车外运 800m 至弃土场。提供的施工场地，已按设计室外地坪 -0.2m 平整。土质为三类土，采取施工排水措施。土方开挖方案为：基坑除 1-1 剖面边坡按 1：0.3 放坡开挖外，其余边坡均采用坑壁支护垂直开挖，采用挖掘机开挖基坑。假设施工坡道等附加挖土忽略不计，有关施工内容的企业定额人材机费用单价见表 4-8 所列。

企业定额人材机费用单价表 　　　　　　　　表 4-8

序号	项目名称	单位	人材机单价组成（元）			
			人工费	材料费	机械费	单价
1	挖掘机挖土	m³	0.28		2.57	2.85

序号	项目名称	单位	人材机单价组成（元）			
			人工费	材料费	机械费	单价
2	土方回填夯实	m³	14.11		2.05	16.16
3	自卸汽车运土（800m）	m³	0.16	0.07	8.60	8.83
4	坑壁支护	m²	0.75	6.28	0.36	7.39
5	施工排水					

　　企业定额计算规则是：挖基础土方工程量按基础垫层外皮尺寸加工作面宽度的水平投影面积乘以挖土深度，另加放坡工程量，以立方米计算；坑壁支护按支护外侧垂直投影面积以平方米计算。挖、运、填土方计算均按天然密实土计算。清单工程量的计算是根据《建设工程工程量清单计价规范》（GB 50500—2013）、《房屋建筑与装饰工程工程量计算规范》（GB 50854—2013）的规定。

　　问题：

　　（1）假定土方回填土工程量 190.23m³，计算挖基础土方清单工程量，编制挖基础土方和土方回填的分部分项工程量清单。

　　（2）计算挖掘机挖土、土方回填夯实、自卸汽车运土、坑壁支护的企业定额工程量。

　　（3）计算挖基础土方的工程量清单综合单价，并编制综合单价分析表。

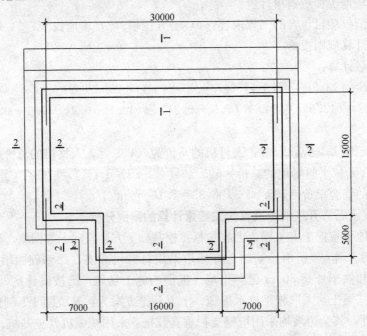

图 4-3　基础平面图

　　【解题思路】　根据《房屋建筑与装饰工程工程量计算规范》（GB 50854—2013）的规定，应注意：（1）在基础挖土方清单子目的套用时，要注意区分挖沟槽、挖基坑、挖一般土方的区别。底宽≤7m且底长>3倍底宽的为沟槽；底长≤3倍底宽且底面积≤150m² 的为基坑；超出上述范围的则为一般土方。故此题挖土方清单子目应按"挖一般土方"子目

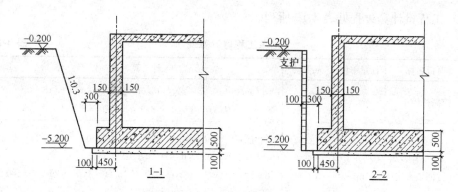

图 4-4 基础剖面图

套用。(2) 土方开挖清单与企业定额的计算规则不同,报价时应分别计算工程量。并应注意:挖基础土方的报价内容包括:排地表水、土方开挖、挡土板支拆、基底钎探、土方运输这五部分内容,所以运土没有单独的清单子目,其费用是计入到挖土中的。关于土方回填夯实项目,如果该项目考虑坑壁支护拆除后再回填,该项目工程量将增加坑壁支护工程量,按此理解也是正确的。(3) 分部分项子目的综合单价形成有两种方法:一种是"正算法",另一种是"倒算法",二者都可以计算出综合单价。

【解】

(1) 编制挖基础土方和土方回填的分部分项工程量清单

1) 挖一般土方清单工程量计算规则:按设计图示以体积计算。这里按基础垫层底面积乘以挖土深度计算。工程内容:①排地表水;②土方开挖;③挡土板支拆;④基底钎探;⑤运输。

挖土深度:$5.2 - 0.2 + 0.1 = 5.1$m

垫层底面积 $= (7 + 16 + 7 + 0.55 \times 2) \times (15 + 5 + 0.55 \times 2) - 7 \times 5 \times 2 = 586.21$m^2

基础土方清单工程量 $= 586.21 \times 5.10 = 2989.67$m^3

2) 基础土方回填清单工程量计算规则:按设计图示尺寸以体积计算,为挖方清单项目工程量减去自然地坪以下埋设的基础体积(包括基础垫层及其他构筑物)。

土方回填的清单工程量 $= 190.23$m^3

分部分项工程量清单与计价表见表 4-9 所列。

分部分项工程和单价措施项目清单与计价表　　　　　　　　　　表 4-9

工程名称:某工程　　　　　　　　　　标段:　　　　　　　　　　第 1 页共 1 页

序号	项目编码	项目名称	项目特征	计量单位	工程量	综合单价	合价	其中:暂估价
						金额(元)		
1	010101002001	挖一般土方	三类土;满堂基础;挖土深度:5.10m;弃土运距:800m	m^3	2989.67			
2	010103001001	土方回填	1. 土质:素土 2. 夯填:夯填	m^3	190.23			

(2) 工程量计算过程见表 4-10 所列。

清单工程量计算表　　　　　　　　　　表 4-10

序号	项目名称	计量单位	工程量	计 算 过 程
1	挖掘机挖土	m³	3251.10	$[(30.00+0.85×2)×(15.00+0.75+0.85)+(16.00+0.85×2)$ $×5]×5+1/2(30+0.85×2)×5.00×0.3×5.00+58.62=3251.10$
2	土方回填夯实	m³	451.66	扣底板：$[(30.00+0.45×2)×(15.00+0.45×2)+(16.00+$ $0.45×2)×5.00]×0.50=287.91$ 扣基础：$[(30.00+0.15×2)×(15.00+0.15×2)+(16.00+0.15$ $×2)×5.00]×4.50=2452.9l$ $3251.10-(58.62+287.91+2452.91)=451.66$
3	自卸汽车运土	m³	2799.44	$3251.10-451.66=2799.44$
4	坑壁支护	m²	382.00（或：374.5）	$[(15.00+0.75+0.85)×2+5.00×2+30.00+0.85×2]×5.00$ $×1/2×0.3×5.00×2×5.00=382.00$ 或：$[(15.00+0.75+0.85)×2+5.00×2+30.00+0.85×2]×$ $5.00=374.5$

(3)挖基础土方的综合单价分析表

首先要明确的是根据工程内容，挖一般土方的工程量清单报价中包括挖掘机挖土的费用和自卸汽车运土的费用，下面分"倒算法"和"正算法"分别说明一下综合单价的形成过程。

1)采用"倒算法"。倒算法的含义是先算出总价，再除以清单工程量，得到清单中的综合单价。

挖掘机挖土的人工费为 0.28 元/m³，机械费为 2.57 元/m³，材料费为 0，管理费和利润为 $(0.28+0+2.57)×(5\%+4\%)=0.26$ 元/m³，人材机管理费利润之和的费用为：

$3251.10×[(0.28+0+2.57)×(1+5\%+4\%)]=10099.54$ 元

自卸汽车运土(800m)的人材机管理费利润之和的费用为：

$2799.44×[(0.16+0.07+8.60)×(1+5\%+4\%)]=26943.77$ 元

挖一般土方的合价为：$10099.54+269543.77=37043.31$ 元

挖一般土方的综合单价为：$37043.31÷2989.67=12.39$ 元/m³

具体计算过程见表 4-11 所列。

工程量清单综合单价分析表（倒算法）　　　　　　　　表 4-11

项目编码	010101002001	项目名称		挖一般土方		计量单位		m²	
清单综合单价组成明细									
定额编号	定额名称	定额单位	数量	单价（元）				合价（元）	

定额编号	定额名称	定额单位	数量	人工费	材料费	机械费	管理费和利润	人工费	材料费	机械费	管理费和利润
一	挖掘机挖土	m³	3251.10	0.28		2.57	0.26	910.31		8355.33	845.29

定额编号	定额名称	定额单位	数量	单价（元）				合价（元）			
				人工费	材料费	机械费	管理费和利润	人工费	材料费	机械费	管理费和利润
—	自卸汽车运土(800m)	m³	2799.44	0.16	0.07	8.60	0.79	447.91	195.96	24075.18	2211.56
人工单价			小计					1358.22	195.96	32430.5l	3056.85
元/工日			未计价材料费					—			
清单项目综合单价								(1358.22+195.96+32430.5l +3056.85)÷2989.67=12.39			
材料费明细（略）											

2）采用"正算法"，正算法的含义是先算定额工程量和清单工程量的比值，然后再计算综合单价。

基础挖一般土方的清单工程量为 2989.67m³，挖掘机挖土的定额工程量为 3251.10m³，每单位清单工程量中对应的定额工程量是 3251.10/2989.67=1.09，自卸汽车运土的定额工程量（800m）为 2799.44m³，每单位清单工程量中对应的定额工程量是 2799.44/2989.67=0.94，

挖掘机挖土的人材机管理费利润之和的单价为：

$1.09 \times [(0.28+0+2.57) \times (1+5\%+4\%)] = 3.39 \ 元/m^3$

自卸汽车运土(800m)的人材机管理费利润之和的费用为：

$0.94 \times [(0.16+0.07+8.60) \times (1+5\%+4\%)] = 9.05 \ 元$

挖一般土方的综合单价为：$3.39+9.05=12.43 \ 元/m^3$

具体计算过程见表 4-12 所列。

工程量清单综合单价分析表（正算法）　　　　表 4-12

项目编码	010101002001	项目名称		挖一般土方		计量单位		m³			
清单综合单价组成明细											
定额编号	定额名称	定额单位	数量	单价（元）				合价（元）			
				人工费	材料费	机械费	管理费和利润	人工费	材料费	机械费	管理费和利润
—	挖掘机挖土	m³	1.09	0.28		2.57	0.26	0.31		2.80	0.28
—	自卸汽车运土(800m)	m³	0.94	0.16	0.07	8.60	0.79	0.15	0.07	8.08	0.74
人工单价			小计					0.46	0.07	10.88	1.02
元/工日			未计价材料费					—			
清单项目综合单价								12.43			
材料费明细（略）											

表 4-11 和 4-12 中的综合单价不一致，是由于计算过程中小数点保留的原因，含义和内容是一致的。

注：改编自造价工程师《工程造价案例分析》2010 年考试真题。

【题 4-4】 土钉支护清单及报价工程量计算的案例分析

某边坡工程采用土钉支护，如图 4-5、图 4-6 所示。平均深度为 2m，每平方米 1 个，钻孔直径为 90mm，孔内灌注 M5 水泥砂浆，钻孔植入，土钉为 1 根直径为 25mm 的 HRB335 钢筋，挂网钢筋为 $\phi 6.5@200$ 的钢筋网。四周边坡采用 C25 喷射混凝土，厚度为 80mm，并上翻至设计室外地坪外伸平面处 1m，上翻处不设土钉和钢筋网。周边护坡土层为碎石土（四类土），编制土钉及面层的工程量清单并报价。

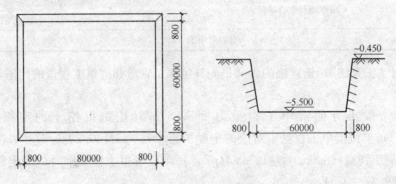

图 4-5 土钉支护的平面和剖面图

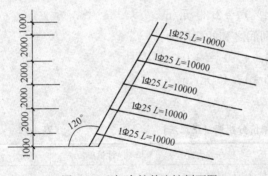

图 4-6 土钉支护的边坡剖面图

【解题思路】 了解土钉报价的方法和内容。识图时要注意辨别土钉和锚杆的区别，二者的作用机理不同，清单的编制及报价的费用差别较大。另外应注意喷射混凝土上翻至平面并延伸 1m，喷射混凝土表面报价时应注意其厚度。报价时应注意在土钉清单的工程内容中包括了土钉的制作、安装，所以土钉报价要包括土钉施工的费用和土钉本身的费用，挂设钢筋网的费用不能放在喷射混凝土项目中，应按照钢筋子目单独列示清单项目。报价时钢筋应按钢筋的市场价格，注意如何在市场价和预算价之间进行换算。

【解】

1. 编制工程量清单

（1）土钉的清单工程量计算规则是：按设计图示尺寸以钻孔深度以米计量；或按设计图示数量以根计算。

边坡四周的面积 $=(80.80+60.80)\times 2\times[0.82+(5.5-0.45)\times 2]\times 0.5=1447.99\text{m}^2$

土钉工程量 $=1448$ 根，或长度 $=1448\times 2=2896\text{m}$

（2）喷射混凝土的工程量清单计算规则是：按设计图示尺寸以面积计算。

喷射混凝土的工程量 = 边坡四周的面积 + 上翻 1m 宽的面积

$$=1447.99+(81.6+1+61.6+1)\times2\times1=1738.39m^2$$

（3）钢筋的清单计算规则为：按设计图示钢筋(钢筋网)长度(面积)乘单位理论质量计算。

$\phi6.5$ 钢筋的工程量$=(1/0.2\times2)\times1447.99\times0.26=3765kg=3.765t$

2. 工程量清单计价

（1）土钉的清单项目工程内容：钻孔、浆液制作、运输、压浆；土钉制作、安装；土钉施工平台搭设、拆除。企业定额计算规则和清单相同，$L=2896m$，企业定额中土层砂浆土钉（钻孔灌浆）的人材机基价为245.58元/10m，但这仅是钻孔灌浆的费用，还应计算土钉本身的费用。

土钉螺纹钢筋$\phi25$的工程量$=2896\times3.85=11150kg=11.15t$，现浇构件螺纹钢筋$\phi25$的人材机单价为4942.22元/t。

土钉的总价$=(2896\times24.558+11.15\times4942.22)\times(1+5\%+4\%)=137586.04$元

土钉的综合单价$=137586.04\div2896=47.51$元/m

（2）喷射混凝土的工程内容：修整边坡；混凝土（砂浆）制作、运输、喷射、养护；钻排水孔、安装排水管；喷射施工平台搭设、拆除。企业定额计算规则与清单相同，工程量$=1738.90m^2$，企业定额中C25现浇混凝土喷射混凝土护坡50mm厚人材机的基价为270.36元/10m^2，C25现浇混凝土喷射混凝土护坡每增减10mm的人材机的基价为52.10元/10m^2。

喷射混凝土的总价$=1738.39\times(27.06+5.210\times3)\times(1+5\%+4\%)=80890.94$元

喷射混凝土的综合单价$=80890.94\div1738.39=46.53$元/$m^2$

（3）钢筋清单项目的工程内容：钢筋制作、运输；钢筋安装；焊接（绑扎），企业定额计算和清单相同，$\phi6.5$钢筋网工程量$=3.765t$，企业定额中现浇构件圆钢筋$\phi6.5$的人材机基价为6156.90元/t。钢筋的预算单价为4300元/t，钢筋消耗率为3%，目前$\phi6.5$圆钢筋的市场单价为4500元/t，需要调整钢筋基价为：$6156.90+(-4300+4500)\times1.03=6362.90$元/t。

钢筋的总价$=6362.90\times3.765\times(1+5\%+4\%)=26112.39$元

钢筋的综合单价$=26112.9\div3.765=6935.56$元/t

分部分项工程量清单见表4-13所列。

分部分项工程和单价措施项目清单与计价表　　　　　　　表4-13

工程名称：某工程

序号	项目编码	项目名称	项目特征	计量单位	工程量	金额（元）		
						综合单价	合价	暂估价
1	010202008001	土钉	1. 地层情况：四类土 2. 钻孔深度：2m 3. 钻孔直径：90mm 4. 植入方法：钻孔植入 5. 杆体材料品种、规格、数量：1根直径为25mm的HRB335级的钢筋 6. 浆液种类、强度等级：M30水泥砂浆	m	2896	47.51	137586.04	

序号	项目编码	项目名称	项目特征	计量单位	工程量	金额（元）		
						综合单价	合价	暂估价
2	010202009001	喷射混凝土	1. 部位：边坡四周并上翻平面 1m 2. 厚度：80mm 3. 材料种类：喷射混凝土 4. 混凝土种类、强度等级：C25	m²	1738.9	46.53	80890.94	
3	010515003001	钢筋网片	钢筋规格种类 φ6.5@200	t	3.765	6935.56	26112.39	

【题 4-5】 桩基础清单及报价工程量计算的案例分析

某单独招标打桩工程，断面及示意图如图 4-7 所示，设计静力压桩预应力方桩 75 根，设计桩长 $L=18$m，$h=0.8$m，桩边长 $A=B=400$mm，自然地面标高 -0.45m，桩顶标高 -2.10m，成品方桩市场信息价为 2500 元/m³。编制预制混凝土方桩的工程量清单并报价。

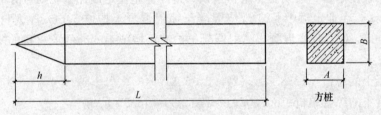

图 4-7 预制混凝土方桩示意图

【解题思路】 （1）了解预制混凝土桩的报价中含有压桩、送桩、接桩的费用；（2）根据清单计价规范的规定，预制方桩、管桩项目以成品桩编制，应包括成品桩购置费；（3）注意：有的省份预算定额中，打桩、压桩定额中一般是不包含桩本身的制作费用的，混凝土桩需要另行计算其费用。

【解】

1. 编制预制钢筋混凝土桩工程量清单

打桩清单计算规则是按设计图示尺寸以桩长（包括桩尖）计算的；或者按设计图示截面积乘以桩长（包括桩尖）的实体积以立方米计量；或按设计图示数量以根计量。

工程量：

桩长度＝18×75＝1350m 或 75 根或 0.4×0.4×18×75＝216m³

分部分项工程量清单见表 4-14 所列。

分部分项工程和单价措施项目清单与计价表　　　　　　　　　表 4-14

工程名称：某工程　　　　　　　　　　　　　　　　　　　　第 1 页共 1 页

序号	项目编码	项目名称	项目特征	计量单位	工程量	金额（元）		
						综合单价	合价	其中：暂估价
1	010301001001	预制钢筋混凝土方桩	1. 单桩长度、根数：桩长 18m，75 根 2. 桩截面：直径 400mm 3. 送桩深度：1.65m	根/m	75/1350			

桩顶标高为－2.10m，设计室外地坪是－0.45m，送桩深度 2.1－0.45＝1.65m。

2. 预制桩工程量清单计价

预制桩清单项目包含的工程内容：工作平台搭拆；桩机竖拆、移位；沉桩；接桩；送桩。根据企业定额计算规则报价。

（1）静力压桩计算：预制钢筋混凝土桩按设计桩长（包括桩尖）乘以桩断面面积，以立方米计算。预制钢筋混凝土桩工程量＝1350×（0.4×0.4）＝216m³。

企业定额中静力压桩施工每 10m³ 人工费 401.21 元，材料费 180.32 元，机械费 1965.50 元，人材机的基价为 2547.03 元/10m³。送桩工程量：打送桩时，送桩深度 2m 以内相应定额人工、机械乘以系数 1.25。

桩顶标高距离室外地坪（2.1－0.45）m，送桩深度＝2.1－0.45＝1.65m，选择送桩深度 2m 以内，换算定额，每 10m³ 人工费＝401.21×1.25＝501.51 元，机械费＝1965.50×1.25＝2456.88 元，换算后每 10m³ 的人材机的基价＝501.51＋180.32＋2456.88＝3138.71 元

（2）成品方桩市场信息价为 2500 元/m³

静力压预制混凝土桩人材机合价＝216×（313.87＋2500）＝607795.92 元

打预制混凝土桩合价＝607795.92×（1＋5％＋4％）＝662497.55 元

打预制混凝土桩综合单价＝662497.55÷1350＝490.74 元/m

【题 4-6】 砖基础工程量清单及报价的案例分析

某单位传达室基础平面图和剖面图如图 4-8、图 4-9 所示。根据地质勘探报告，土壤类别为三类，无地下水。该工程设计室外地坪标高为－0.30m，室内地坪标高为±0.000，防潮层标高－0.06m，基础底的标高为－1.6m，防潮层做法为五层防水砂浆，防潮层以下用 M7.5 水泥砂浆砌标准砖基础，垫层的宽度是 1200mm，防潮层以上为多孔砖墙身，三七灰土垫层的厚度为 300mm，编制砖基础的工程量清单并报价。

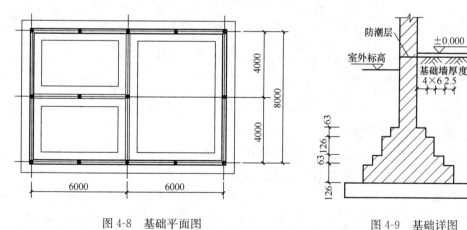

图 4-8　基础平面图　　　　　　　　　图 4-9　基础详图

【解题思路】 （1）首先要弄清楚砖基础与砖墙身（室内砖柱）划分，以设计室内地坪为界（有地下室者，以地下室室内地坪为界），设计室内地坪以下为基础，以上为墙（柱）身。（2）砖基础清单工程量计算时，不是按砖基础的实际长度计算，外墙按中心线长度，内墙按墙体之间的净长线长度计算，这里应注意的是内墙基础长度的计算不是按照

基础之间的净长度。（3）砖基础的清单项目工程内容中含防潮层，防潮层的报价可以计入在砖基础中，需在项目特征中详细描述防潮层的做法。（4）垫层需要单独列示清单项目，单独报价。

【解】

1. 砖基础工程量清单的编制

清单工程量计算规则：按设计图示尺寸以体积计算。包括附墙垛基础宽出部分体积，扣除地梁（圈梁）、构造柱所占体积，不扣除基础大放脚 T 形接头处的重叠部分及嵌入基础内的钢筋、铁件、管道、基础砂浆防潮层和单个面积 $\leqslant 0.3m^2$ 的孔洞所占体积，靠墙暖气沟的挑檐不增加。基础长度：外墙按外墙中心线，内墙按内墙净长线计算。

$L_{外} = (6+6+8) \times 2 = 40m$，$L_{内} = 6-0.24+8-0.24 = 13.52m$

$S = 1.6 \times 0.24 + 0.0625 \times 2 \times 0.126 + 0.0625 \times 4 \times 0.126$

$\quad + 0.0625 \times 6 \times 0.126 + 0.0625 \times 8 \times 0.126$

$\quad = 0.542m^2$

砖基础清单工程量 $= (40+13.52) \times 0.542 = 29.01m^3$

垫层清单计算规则：按设计图示尺寸以立方米计算。外墙按中心线，内墙按垫层的净长线乘以断面积计算。垫层清单工程量 $= (40+6+8-1.2-1.2) \times 0.3 \times 1.2 = 18.58m^3$

分部分项工程量清单见表 4-15 所列。

分部分项工程和单价措施项目清单与计价表　　　　表 4-15

工程名称：某工程　　　　　　　　　　　　　　　　　　　　第 1 页共 1 页

序号	项目编码	项目名称	项目特征	计量单位	工程量	金额（元）		
						综合单价	合价	暂估价
1	010401001001	砖基础	1. 砖品种、规格、强度等级：实心砖、240mm × 115mm×53mm 2. 基础类型：条形基础 3. 基础深度：埋深 1.3m 4. 砂浆强度等级：M7.5 水泥砂浆	m³	29.01	290.34		
2	010404001001	垫层	三七灰土垫层，300mm 厚	m³	18.58	36.17		

2. 砖基础工程量清单计价

砖基础清单项目包含的工程内容：砂浆制作、运输；砌砖；防潮层铺设；材料运输。某企业定额的工程量的计算规则与清单工程量相同。

砖基础工程量 $= 29.01m^3$，套用定额，每 $10m^3$ 人材机的基价为 2605.28 元。砖基础人材机合价 $= 29.01 \times 260.528 = 7557.92$ 元；基础中还应包括防水砂浆的费用，企业定额的计算规则是：外墙按中心线长度，内墙按内墙净长度乘以墙体宽度以面积计算。防水砂浆工程量 $= (40+13.52) \times 0.24 = 12.84m^2$，企业定额中每 $10m^2$ 人材机的基价为 131.83 元。防水砂浆人材机合价 $= 12.84 \times 13.183 = 169.27$ 元。

砖基础合价 $= (7557.92+169.27) \times (1+5\%+4\%) = 8422.63$ 元；砖基础综合单价 $= 8422.63 \div 29.01 = 290.34$ 元/m³。

垫层清单项目包含的工作内容：垫层材料的拌制；垫层铺设；材料运输。计价工程量的计算规则与清单工程量相同，为 18.58m³，每 10m³ 人材机的基价为 331.83 元，合价＝1.858×331.83×(1＋5%＋4%)＝672.03 元；防水砂浆综合单价＝672.03÷18.58＝36.17 元/m³。

【题 4-7】 砖墙、构造柱、过梁清单及报价工程量计算的案例分析

某单层建筑物平面图和剖面图如图 4-10、图 4-11 所示，墙身为 M5 混合砂浆砌筑 MU7.5 标准砖，墙厚 240mm，外墙贴面砖，GZ 从地圈梁到女儿墙顶，预制混凝土过梁。M1：1500mm × 2700mm，M2：1000mm × 2700mm，C1：1800mm × 1800mm，C2：1500mm×1800mm，构造柱均带马牙槎，断面为 240mm×240mm，出槎宽度为 60mm，

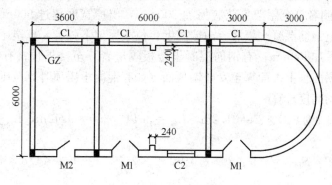

图 4-10 建筑物平面图

编制砖墙、构造柱、过梁的混凝土工程量清单并报价，模板报价单列，不在相应混凝土子目内。

【解题思路】 (1) 砖外墙、内墙的清单工程量的计算高度不同，计算时应分别计算，弧形墙的报价与直行墙不同应分开列项。(2) 构造柱的计算应按马牙槎的混凝土体积计算。(3) 计算内外墙高度时，注意不能把过梁的高度从墙体的高度中减去，而是应该先计算过梁的体积，从墙体的体积中减掉。(4) 因砖墙中应扣除构造柱、过梁、门窗洞口等所占的体积，故应先计算出扣除项目的工程量。

【解】

1. 砖墙、构造柱、过梁清单工程量的编制

(1) 构造柱工程量清单计算规则：按设计图示尺寸以体积计算。构造柱按全高计算，嵌接墙体部分（马牙槎）并入柱身体积。

角柱：$V_1＝0.24×(0.24＋0.06)×3.6×2＝0.52m^3$

T 形：$V_2＝0.24×(0.24＋0.06＋0.03)×3.6×4＝1.14m^3$

女儿墙中的构造柱：$V_3＝0.18×(0.18＋0.06)×0.5×6＝0.13m^3$

$$V＝V_1＋V_2＋V_3＝0.52＋1.14＋0.13＝1.79m^3$$

(2) 过梁工程量清单计算规则：按设计图示尺寸以体积计算。伸入墙内的梁头、梁垫并入梁体积内。根据设计图纸，过梁

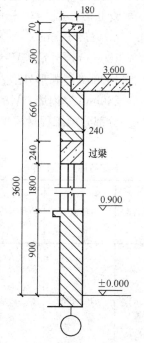

图 4-11 建筑物剖面图

长度设计没有要求，按洞口尺寸每边加上 250mm 计算。

$V_1 = 0.24 \times 0.24 \times (2.0 \times 2 + 1.5 \times 1) + 0.24 \times 0.24 \times (2.3 \times 4 + 2.0 \times 1) = 0.96 \text{m}^3$

（3）砖墙清单工程量计算规则：按设计图示尺寸以体积计算。扣除门窗洞口、过人洞、空圈、嵌入墙内的钢筋混凝土柱、梁、圈梁、挑梁、过梁及凹进墙内的壁龛、管槽、散热器槽、消火栓箱所占体积。不扣除梁头、板头、插头、垫木、木楞头、沿椽木、木砖、门窗走头、砖墙内加固钢筋、木筋、铁件、钢管及单个面积 0.3m² 以内的孔洞所占体积。凸出墙面的腰线、挑檐、压顶、窗台线、虎头砖、门窗套的体积亦不增加。凸出墙面的砖垛并入墙体体积内计算。墙长度：外墙按中心线，内墙按净长计算。外墙高度：斜（坡）屋面无檐口顶棚者，算至屋面板底；有屋架且室内外均有顶棚者算至屋架下弦底另加 200mm；无顶棚者算至屋架下弦底另加 300mm，出檐宽度超过 600mm 时按实砌高度计算；平屋面算至钢筋混凝土板底。内墙高度：位于屋架下弦者，算至屋架下弦底；无屋架者算至顶棚底另加 100mm；有钢筋混凝土楼板隔层者算至楼板顶；有框架梁时算至梁底。女儿墙：从屋面板上表面算至女儿墙顶面（如有混凝土压顶时算至压顶下表面）。内、外山墙：按其平均高度计算。

$L_{\text{中}} = 6 + (3.6 + 6 + 3) \times 2 = 31.2 \text{m}$，$L_{\text{弧}} = 3.14 \times 3.0 = 9.42 \text{m}$，$L_{\text{内}} = (6 - 0.24) \times 2 = 11.52 \text{m}$

门窗洞口面积：$S_{\text{门窗}} = 1.5 \times 2.7 \times 2 + 1.0 \times 2.7 \times 1 + 1.8 \times 1.8 \times 4 + 1.5 \times 1.8 \times 1 = 26.46 \text{m}^2$

240mm 厚直行外墙：$V = (L_{\text{中}} \times H - S_{\text{门窗}}) \times B + V_{\text{垛}} - V_{\text{混凝土构件}}$

$V = [31.2 \times (3.6 - 0.12) - 26.46] \times 0.24 + 0.24 \times 0.24 \times (3.6 - 0.12) \times 2 - 0.96 - 1.79 = 17.36 \text{m}^3$

240mm 厚弧形外墙：$V = L_{\text{弧}} \times H \times B = 9.42 \times (3.6 - 0.12) \times 0.24 = 7.87 \text{m}^3$

女儿墙：$L_{\text{中}} = (6 + 0.06) + (3.63 + 6 + 3) \times 2 = 31.32 \text{m}$，$L_{\text{弧}} = 3.14 \times (3.0 + 0.03) = 9.51 \text{m}$，$H = 0.5 \text{m}$

180mm 厚外墙：$V = (31.32 - 0.24 \times 6) \times 0.5 \times 0.18 = 2.69 \text{m}^3$

180mm 厚弧形外墙：$V = L_{\text{弧}} \times H \times B = 9.51 \times 0.5 \times 0.18 = 0.86 \text{m}^3$

240mm 厚内墙：$V = (11.52 - 0.03 \times 2 \times 2) \times 3.6 \times 0.24 = 9.85 \text{m}^3$

分部分项工程量清单见表 4-16 所列。

分部分项工程和单价措施项目清单与计价表   表 4-16

工程名称：某工程   第 1 页共 1 页

序号	项目编码	项目名称	项目特征	计量单位	工程量	金额（元）		
						综合单价	合价	其中：暂估价
1	010401003001	实心砖墙	1. 砖品种、规格、强度等级：实心砖、240mm × 115mm×53mm、MU7.5 2. 墙体类型：外墙 3. 墙体厚度：240mm 4. 砂浆强度等级：M5 混合砂浆	m³	17.36	304.60		

序号	项目编码	项目名称	项目特征	计量单位	工程量	金额（元）		
						综合单价	合价	其中：暂估价
2	010401003002	实心砖墙	1. 砖品种、规格、强度等级：实心砖，240mm×115mm×53mm、MU7.5 2. 墙体类型：弧形外墙 3. 墙体厚度：240mm 4. 砂浆强度等级：M5混合砂浆	m³	7.87	316.62		
3	010401003003	实心砖墙	1. 砖品种、规格、强度等级：实心砖，240mm×115mm×53mm、MU7.5 2. 墙体类型：女儿墙 3. 墙体厚度：180mm 4. 砂浆强度等级：M5混合砂浆	m³	2.69	328.52		
4	010401003004	实心砖墙	1. 砖品种、规格、强度等级：实心砖，240mm×115mm×53mm、MU7.5 2. 墙体类型：弧形女儿墙 3. 墙体厚度：180mm 4. 砂浆强度等级：M5混合砂浆	m³	0.86	340.54		
5	010401003005	实心砖墙	1. 砖品种、规格、强度等级：实心砖，240mm×115mm×53mm、MU7.5 2. 墙体类型：内墙 3. 墙体厚度：240mm 4. 砂浆强度等级：M5混合砂浆	m³	9.85	304.60		
6	010502002001	构造柱	1. 柱高度：4.1m 2. 混凝土强度等级：C20	m³	1.79	371.09		
7	010503005001	过梁	混凝土强度等级：C20	m³	0.96	393.06		

2. 砖墙、构造柱、过梁的工程量清单计价

（1）构造柱清单项目包含的工程内容：混凝土制作、运输、浇筑、振捣、养护。计价工程量的计算规则与清单工程量相同，$V = 1.79\text{m}^3$。

企业定额每 10m^3 构造柱人材机的基价为 3404.49 元，合价＝$1.79 \times 340.45 \times (1 + 5\% + 4\%) = 664.25$ 元；构造柱综合单价＝$664.25 \div 1.79 = 371.09$ 元/m^3。

（2）过梁清单项目包含的工程内容：混凝土制作、运输、浇筑、振捣、养护。计价工程量的计算规则与清单工程量相同，$V = 0.96\text{m}^3$。

企业定额每 $10m^3$ 人材机的基价为 3606.10 元，合价 $=0.96×360.61×(1+5\%+4\%)=377.34$ 元；过梁综合单价 $=377.34÷0.96=393.06$ 元/m^3。

（3）砖墙清单项目包含的工程内容：砂浆制作、运输；砌砖；勾缝；砖压顶砌砖；材料运输。企业定额中计价工程量的计算规则与清单工程量计算规则在高度上计算不同。对于平屋顶的外墙高度算至板顶，内墙高度算至板底。

240mm 厚直形外墙：

$$V=(31.2×3.6-26.46)×0.24+0.24×0.24×3.6×2-0.96-1.79=18.51m^3$$

企业定额每 $10m^3$ 人工费 815.14 元，材料费 1953.15 元，机械费 26.21 元，合价 $=(815.14+1953.15+26.21)×(1+5\%+4\%)×1.851=5638.16$ 元；砖墙综合单价 $=5638.16÷18.51=304.60$ 元/m^3。

240mm 厚弧形外墙：$V=L_弧×H×B=9.42×3.6×0.24=8.14m^3$

企业定额砌直行墙人材机的基价为 2794.50 元。弧形砖墙另加工料，每 $10m^3$ 人材机的基价为 110.31 元。合价 $=8.14×(279.45+11.031)×(1+5\%+4\%)=2577.32$ 元，弧形墙综合单价 $=2577.32÷8.14=316.62$ 元/m^3。

女儿墙的计算未变化，同清单工程量。直形女儿墙工程量 $=2.69m^3$，每 $10m$ 人材机的基价为 3013.91 元。合价 $=2.69×301.391×(1+5\%+4\%)=883.71$ 元，综合单价 $=883.71÷2.69=328.52$ 元/m^3。

弧形女儿墙工程量 $=0.86m^3$，直行墙每 $10m$ 人材机的基价为 3013.91 元。弧形砖墙另加工料，每 $10m^3$ 人材机的基价为 110.31 元，合价 $=0.86×(301.391+11.031)×(1+5\%+4\%)=292.86$ 元，综合单价 $=292.86÷0.86=340.54$ 元/m^3。

240mm 厚内墙：$V=(11.52-0.03×2×2)×(3.6-0.12)×0.24=9.52m^3$，单价同直形砖墙。

【题 4-8】 轻质墙清单及报价工程量计算的案例分析

某单层建筑物，框架结构、尺寸如图 4-12、图 4-13 所示，墙身用 M5.0 混合砂浆砌筑加气混凝土砌块，女儿墙砌筑煤矸石空心砖，混凝土压顶断面 240mm×60mm，墙厚均为 240mm，石膏空心条板墙 80mm 厚。框架柱断面 240mm×240mm 到女儿墙顶，框架梁

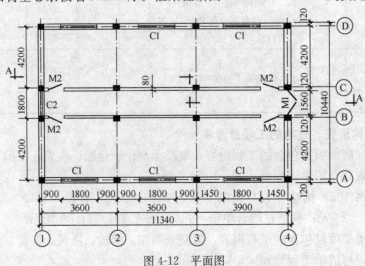

图 4-12 平面图

KL1 断面 240mm×500mm，KL2 断面 240mm×400mm，门窗洞口上均采用现浇钢筋混凝土过梁，断面 240mm×180mm。M1：1560mm×2700mm，M2：1000mm×2700mm，C1：1800mm×1800mm，C2：1560mm×1800mm。编制轻质墙体的工程量清单并报价。

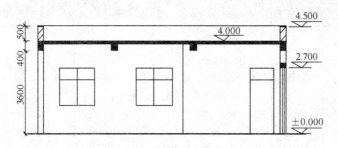

图 4-13　A-A 剖面图

【解题思路】　（1）清单的工程量计算规则是按设计图示尺寸以体积计算的。计算时不要忘记需要扣除门窗洞口、过人洞、空圈、嵌入墙内的钢筋混凝土柱、梁、圈梁、挑梁、过梁及凹进墙内的壁龛、管槽、散热器槽、消火栓箱所占体积。（2）框架间轻质墙体的计算与实心墙体或者其他结构墙体计算有所不同：框架间墙高度，内外墙自框架梁顶面算至上一层框架梁底面；有地下室者，自基础底板（或基础梁）顶面算至上一层框架梁底。长度按设计框架柱间净长线计算。

【解】

1. 轻质墙体清单工程量计算

清单的计算规则同实心砖墙，框架间墙，不分内外墙按墙体净尺寸以体积计算。所以在计算时，框架结构的墙体高度应算至梁底，墙长应算至柱边。

（1）加气混凝土砌块墙工程量：[(11.34−0.24+10.44−0.24−0.24×6)×2×3.6−1.56×2.7−1.8×1.8×6−1.56×1.8]×0.24−[1.56(窗 C2、门 M1 过梁长)×2+(1.8+0.25+0.25)(窗 C1 过梁长)×6]×0.24×0.18=27.24m³

（2）煤矸石空心砖女儿墙工程量(11.34−0.24+10.44−0.24−0.24×6)×2×(0.50−0.06)×0.24=4.19m³

（3）80mm 厚石膏空心条板墙工程量 = [(11.34−0.24−0.24×3)×3.6−1.00×2.70×2]×2×0.08=5.12m²

分部分项工程量清单见表 4-17 所列。

分部分项工程和单价措施项目清单与计价表

表 4-17

工程名称：某工程　　　　　　　　　　　　　　　　　　　　　　　　　　第 1 页共 1 页

序号	项目编码	项目名称	项目特征	计量单位	工程量	金　额（元）		
						综合单价	合价	其中：暂估价
1	010402001001	砌块墙	1. 墙体类型：框架间外墙 2. 墙体厚度：240mm 3. 砌块品种：加气混凝土砌块 4. 砂浆强度等级、配合比：M5.0 混合砂浆	m³	27.24	238.25		

序号	项目编码	项目名称	项 目 特 征	计量单位	工程量	金 额（元）		
						综合单价	合价	其中：暂估价
2	010402001002	砌块墙	1. 墙体类型：女儿墙 2. 墙体厚度：240mm 3. 砌块品种：煤矸石空心砖 4. 砂浆强度等级、配合比：M5.0 混合砂浆	m³	4.19	258.65		
3	010402001003	砌块墙	1. 墙体类型：框架间内墙 2. 墙体厚度：80mm 3. 砌块品种：石膏空心条板墙 4. 砂浆强度等级、配合比：M5.0 混合砂浆	m³	63.94	108.25		

2. 轻质墙体分部分项工程量清单计价表的编制

轻质墙体清单项目发生的工程内容包括：砂浆制作、运输；砌块；勾缝；材料运输。企业定额计算规则与清单相同。

（1）加气混凝土砌块墙工程量 = 27.24m³，企业定额每 10m³ 人材机的价格为 2185.78 元，总价 = 27.24 × 218.578 ×（1 + 5% + 4%）= 6489.93 元，综合单价 = 6489.93 ÷ 27.24 = 238.25 元/m³。

（2）煤矸石空心砖女儿墙工程量 = 4.19m³，企业定额每 10m³ 人材机的价格为 2372.90 元，总价 = 4.19 × 237.29 ×（1 + 5% + 4%）= 1083.73 元，综合单价 = 1083.73 ÷ 4.19 = 258.65 元/m³。

（3）石膏空心条板墙工程量 = 63.94m²，企业定额每 10m² 人材机的价格为 993.09 元，总价 = 63.94 × 99.309 ×（1 + 5.0% + 4.0%）= 6921.30 元，综合单价 = 6921.30 ÷ 63.94 = 108.25 元/m³。

【题 4-9】 混凝土条形基础、独立基础工程量清单及报价的案例分析

某工程基础平面图如图 4-14、图 4-15 所示，采用现浇钢筋混凝土条形基础、独立基础，混凝土垫层强度等级为 C15，混凝土基础强度等级为 C30，按外购商品混凝土考虑。混凝土垫层支模板浇筑，工作面宽度 300mm，槽坑底面用电动夯实机夯实，费用计入混凝土垫层中。人材机费用单价内容见表 4-18 所列，企业定额内容见表 4-19 所列。

人材机费用单价表　　　　　　　　　表 4-18

序号	项目名称	计量单位	费用组成（元）			
			人工费	材料费	机械使用费	单价
1	带形基础组合钢模板	m²	8.85	21.53	1.60	31.98
2	独立基础组合钢模板	m²	8.32	19.01	1.39	28.72
3	垫层木模板	m²	3.58	21.64	0.46	25.68

项 目			基础槽底夯实	现浇混凝土基础垫层	现浇混凝土条形基础
名称	单位	单价（元）	100m²	10m²	10m²
综合人工	工日	52.36	1.42	7.33	9.56
混凝土 C15	m³	252.40		10.15	
混凝土 C20	m³	266.05			10.15
草袋	m³	2.25		1.36	2.52
水	m³	2.92		8.67	9.19
电动打夯机	台班	31.54	0.56		
混凝土振动器	台班	23.51		0.61	0.77
翻斗车	台班	154.80		0.62	0.78

依据《建设工程工程量清单计价规范》（GB 50500—2013）计算原则，报价以人工费、材料费和机械使用费之和为基数，取管理费费率 5%、利润率 4%。计算：

（1）编制现浇混凝土带形基础、独立基础的分部分项工程量清单并报价。

（2）列出带形基础及其垫层的综合单价分析表。

（3）编制带形基础、独立基础模板（坡面不计算模板工程量）和基础垫层的模板工程量清单并报价。

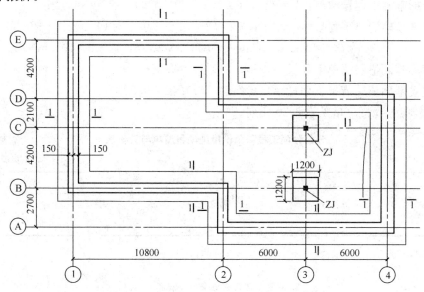

图 4-14 基础平面图

【解题思路】（1）掌握独立基础混凝土棱台体积公式为 $V = 1/3 \times h \times (a^2 + b^2 + a \times b)$。注意：独立基础的坡面不计算模板工程量。（2）模板需要根据单独的清单项目编码列示清单，如果单独列示清单子目，则模板的费用不能再包含在混凝土子目的报价内。（3）对于综合单价的组成应掌握其组价方法。计取管理费和利润的基数可以是人工费或人工费＋机械费，也可以是人材机之和，本题的要求是按人材机之和为基数计算的。（4）条形基础垫层和独立基础垫层的报价也会不同，应分别列示清单项目。（5）基槽底夯实的费用由

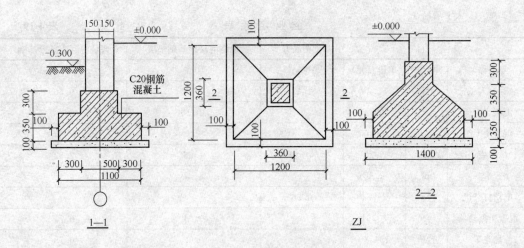

图 4-15 基础剖面图

于没有单独的清单项目编码，这里把夯实的费用报价在垫层子目中。

【解】（1）带形、独立基础混凝土及垫层的工程量清单

带形、独立基础混凝土及垫层的工程量计算规则：按设计图示尺寸以体积计算。不扣除伸入承台基础的桩头所占体积。

外墙中心线长度 $L_{中}$ ＝(10.8＋6＋6＋2.7＋4.2＋2.1＋4.2)×2＝72m

1）带形基础工程量清单：V＝(1.1×0.35＋0.5×0.3)×72＝38.52m³

2）独立基础清单工程量＝[1.2×1.2×0.35＋1/3×0.35×(1.2×1.2＋0.36×0.36＋1.2×0.36)＋0.36×0.36×0.3]×2＝1.55m³

3）带形基础垫层清单工程量＝1.3×0.1×72＝9.36m³

4）独立基础垫层清单工程量＝1.4×1.4×0.1×2＝0.39m³

分部分项工程量清单见表 4-20 所列。

分部分项工程和单价措施项目清单与计价表

表 4-20

工程名称：某工程　　　　　　　　　　　　　　　　　　　　　　第 1 页共 1 页

序号	项目编码	项目名称	项 目 特 征	计量单位	工程量	金　额（元）		
						综合单价	合价	其中：暂估价
1	010501002001	带形基础	1. 混凝土强度等级：C30 混凝土 2. 混凝土拌合料要求：外购商品混凝土	m³	38.52			
2	010501001001	条形基础垫层	1. 混凝土强度等级：C30 混凝土 2. 混凝土拌合料要求：外购商品混凝土 3. 垫层材料种类、厚度：C15 混凝土，100mm 厚	m³	9.36			

序号	项目编码	项目名称	项 目 特 征	计量单位	工程量	金 额（元）综合单价	合价	其中：暂估价
3	010501003001	独立基础	1. 混凝土强度等级：C30 混凝土 2. 混凝土拌合料要求：外购商品混凝土	m³	1.55			
4	010501001002	独立基础垫层	1. 混凝土强度等级：C30 混凝土 2. 混凝土拌合料要求：外购商品混凝土 3. 垫层材料种类、厚度：C15 混凝土，100mm 厚	m³	0.39			

（2）编制带形基础工程量清单计价表

带形基础及垫层清单项目的工程内容包括：混凝土制作、运输、浇筑、振捣、养护；模板制作安拆等。这里不再计算模板的费用。

1）带形基础混凝土综合单价计算：

带形基础工程量 = 38.52m³

人工费 = 0.956×52.36×38.52 = 1928.16 元

材料费 = (1.015×266.05+0.919×2.92+0.252×2.25)×38.52 = 10527.18 元

机械费 = (0.077×23.51+0.078×154.80)×38.52 = 534.84 元

混凝土带形基础人材机总价 = 1928.16+10527.18+534.84 = 12990.18 元

管理费 = 12990.18×5% = 649.51 元，利润 = 12990.18×4% = 519.61 元

混凝土基础的综合单价 = (12990.18+649.51+519.61)÷38.52 = 367.58 元

2）混凝土条形垫层综合单价计算

槽底夯实工程量计算：槽底面积 = (1.30+0.3×2)×72 = 136.8m²

人工费 = 0.0142×52.36×136.8 = 101.71 元

机械费 = 0.0056×31.54×136.8 = 24.16 元

垫层混凝土工程量 = 1.30×0.1×72 = 9.36m³

人工费 = 0.733×52.36×9.36 = 359.24 元

材料费 = (1.015×252.40+0.867×2.92+0.136×2.25)×9.36 = 2424.46 元

机械费 = (0.061×23.51+0.062×154.80)×9.36 = 103.26 元

混凝土垫层人材机总价 = (101.71+359.24)+2424.46+(24.16+103.26) = 3012.83 元

管理费 = 3012.83×5% = 150.64 元，利润 = 3012.83×4% = 120.51 元

混凝土垫层的综合单价 = (3012.83+150.64+120.51)÷9.36 = 350.85 元

分部分项工程量清单见表 4-21 所列。

表 4-21

分部分项工程和单价措施项目清单与计价表

工程名称：某工程　　　　　　　　标段：　　　　　　　　第 1 页共 1 页

序号	项目编码	项目名称	项目特征	计量单位	工程量	金额（元）		
						综合单价	合价	其中：暂估价
1	010501002001	带形基础	1. 混凝土强度等级：C30 混凝土 2. 混凝土拌合料要求：外购商品混凝土	m³	38.52	367.58	14159.18	
2	010501001001	条形基础垫层	1. 混凝土强度等级：C30 混凝土 2. 混凝土拌合料要求：外购商品混凝土 3. 垫层材料种类、厚度：C15 混凝土，100mm 厚	m³	9.36	350.85	3283.96	

（3）带形基础工程量清单综合单价分析表见表 4-22 所列。

表 4-22

分部分项工程量清单综合单价分析表

工程名称：××工程　　　　　　　　标段：　　　　　　　　第 1 页共 1 页

项目编码		010501002001		项目名称	带形基础		计量单位	m³

清单综合单价组成明细

定额编号	定额名称	定额单位	数量	单价（元）				合价（元）			
				人工费	材料费	机械费	管理费和利润	人工费	材料费	机械费	管理费和利润
	现浇混凝土带形基础	10m³	0.1	500.56	2732.9	138.85	303.51	50.056	273.29	13.885	30.351
人工单价		小计						50.056	273.29	13.885	30.351
80 元/工日		未计价材料费						—			
清单项目综合单价								367.58			

	主要材料名称、规格、型号	单位	数量	单价（元）	合价（元）	暂估单价（元）	暂估合价（元）
材料费明细	混凝土 C30	m³	1.015	266.05	270.04		
	草袋	m³	0.252	2.25	0.567		
	水	m³	0.919	2.92	2.683		
	其他材料费				—		
	未计价材料费小计				—		

（4）模板工程量清单编制

模板清单工程量的计算规则是：按模板与混凝土的接触面积计算。

带形基础组合钢模板工程量＝（0.35＋0.3）×2×72＝93.6m²

独立基础组合钢模板工程量＝（0.35×1.2＋0.3×0.36）×4×2＝4.22m²

垫层木模板工程量＝0.1×2×72＋1.4×0.1×4×2＝15.52m²

模板的工程量清单编制见表4-23所列。

分部分项工程和单价措施项目清单与计价表

表4-23

工程名称：某工程　　　　　　　　　　　标段：　　　　　　　　　第1页共1页

序号	项目编码	项目名称	项 目 特 征	计量单位	工程量	金　额（元）		
						综合单价	合价	其中：暂估价
1	011702001001	现浇混凝土带形基础模板	带形基础，组合钢模板	m²	93.6			
2	011702001002	现浇混凝土独立基础模板	独立基础，组合钢模板	m²	4.22			
3	011702001003	垫层模板	基础垫层木模板	m²	15.51			

（5）模板报价的编制

1）带形基础组合钢模板工程量＝93.6m³

混凝土带形基础组合钢模板人材机总价＝31.98×93.6＝2993.33元

管理费＝2993.33×5％＝149.67元，利润＝2993.33×4％＝119.73元

条形基础模板的综合单价＝（2993.33＋149.67＋119.73）÷93.6＝34.86元

2）独立基础组合钢模板工程量＝4.22m³

混凝土独立基础组合钢模板人材机总价＝28.72×4.22＝121.20元

管理费＝121.20×5％＝6.06元，利润＝121.20×4％＝4.85元

独立基础模板的综合单价＝（121.20＋6.06＋4.85）÷4.22＝31.31元

3）基础垫层木模板工程量＝15.51m³

基础垫层木模板人材机总价＝25.68×15.51＝398.30元

管理费＝398.30×5％＝19.91元，利润＝398.30×4％＝15.93元

混凝土垫层木模板的综合单价＝（398.30＋19.91＋15.93）÷15.51＝27.99元

模板报价的编制见表4-24所列。

分部分项工程和单价措施项目清单与计价表

表4-24

工程名称：某工程　　　　　　　　　　　标段：　　　　　　　　　第1页共1页

序号	项目编码	项目名称	项 目 特 征	计量单位	工程量	金　额（元）		
						综合单价	合价	其中：暂估价
1	011702001001	现浇混凝土带形模板	带形基础，组合钢模板	m²	93.6	34.86	3262.73	

序号	项目编码	项目名称	项 目 特 征	计量单位	工程量	综合单价	合价	其中：暂估价
						金　额(元)		
2	011702001002	现浇混凝土独立模板	独立基础，组合钢模板	m²	4.22	31.31	132.11	
3	011702001003	垫层模板	带形基础、独立基础垫层木模板	m²	15.51	27.99	434.14	

注：改编自造价工程师《工程造价案例分析》2008 年考试真题。

【题 4-10】 混凝土满堂基础及其土方工程量清单及报价的案例分析

某办公楼为三类工程，其地下室如图 4-16、图 4-17 所示。设计室外地坪标高为 −0.30m，地下室的室内地坪标高为 −1.50m。现某土建单位投标该办公楼土建工程。已知该工程采用满堂基础，C30 钢筋混凝土，垫层为 C15 素混凝土，垫层底标高为 −1.90m，垫层施工前原土打夯，所有混凝土均采用商品混凝土。地下室墙外壁做防水层。施工组织设计确定用人工平整场地，反铲挖掘机（斗容量 1m³）挖土，土壤为四类干土，机械挖土坑上作业，不装车，人工修边坡按总挖方量的 10% 计算。该地区清单工程量计算规定，深度超过 1.5m 起放坡，放坡系数为 1：0.33，工作面宽度应以防水层面的外表面算至地槽边 1000mm。编制该工程：（1）挖土的工程量清单并报价；（2）满堂基础及垫层的工程量清单并报价，模板项目单独报价。

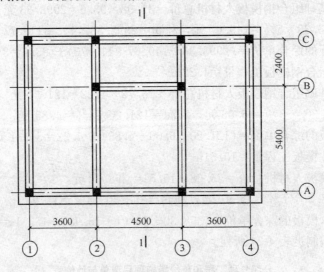

图 4-16　满堂基础平面图

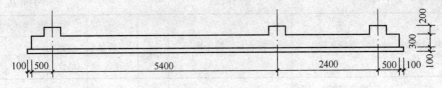

图 4-17　1-1 断面图

【解题思路】 （1）满堂基础挖土，属于基础大开挖，清单工程量计算时需要考虑放坡和工作面的土方量。（2）基础需要做防水层时的放坡、工作面的规定，即基础垂直面做防水层时，工作面宽度应以防水层面的外表面算至地槽边1000mm。放坡系数按题意规定，挖土高度从垫层底标高算至室外地坪标高并掌握基础大开挖土方的计算公式。（3）满堂基础工程量计算应包括底板和翻梁的体积之和，垫层应单独设置工程量清单项目。（4）机械土方、基础回填土的工程量计算方法，机械挖土按题意区分机械挖土量和人工修边坡量，基础回填土工程量应用挖方总和减去室外地坪以下混凝土构件及地下室所占体积。（5）满堂基础垫层的综合单价应包括混凝土垫层及基坑原土打底夯的费用总和。（6）如果挖出的土不能用于回填，则需买土回填，回填的报价中应包括买土的费用。

【解】

1. 混凝土满堂基础及垫层清单工程量计算

其清单计算规则均为：按设计图示尺寸以体积计算。不扣除伸入承台基础的桩头所占体积。

基础垫层：$(3.6×2+4.5+0.5×2+0.1×2)×(5.4+2.4+0.5×2+0.1×2)×0.1$
$=11.61m^3$

满堂基础：底板：$(3.6×2+4.5+0.5×2)×(5.4+2.4+0.5×2)×0.3=33.53m^3$

上翻梁：$0.4×0.2×((3.6×2+4.5+5.4+2.4)×2+(7.4×2+4.5-0.4))=4.63m^3$

满堂基础工程量合计：$33.53+4.63=38.16m^3$

2. 满堂基础及垫层分部分项工程量清单计价表的编制

满堂基础及垫层清单项目发生的工程内容包括：混凝土制作、运输、浇筑、振捣、养护。企业定额工程量计算和清单相同。分部分项工程量清单见表4-25所列。

（1）满堂基础工程量$=38.16m^3$，套用企业定额并换算为商品混凝土的价格，每$10m^3$满堂基础人材机的基价为：3743.88元，总价$=38.16×374.388×（1+5％+4％）$$=15572.44$元，满堂基础的综合单价$=15572.44÷38.16=408.08$元/$m^3$。

（2）无筋混凝土垫层的工程量$=11.61m^3$，套用企业定额并换算为商品混凝土的价格，每$10m^3$C15无筋混凝土垫层人材机的基价为2805.26元。

基坑原土打底夯工程量$=13.7×9.8=134.26m^3$，企业定额每$10m^3$原土打夯人材机的基价为6.30元。

总价$=(11.61×280.526+134.26×0.63)×(1+5％+4％)=3642.23$元

混凝土垫层的综合单价$=3642.23÷11.61=313.71$元/m^3。

分部分项工程和单价措施项目清单与计价表　　　　表4-25

工程名称：某工程　　　　　　　　　　　　　　　　　　　　第1页共1页

序号	项目编码	项目名称	项 目 特 征	计量单位	工程量	金　额（元）		
						综合单价	合价	其中：暂估价
1	010501004001	满堂基础	1. 混凝土强度等级：C30 2. 混凝土拌合料要求：商品混凝土	m^3	38.16	408.08	15572.44	

序号	项目编码	项目名称	项目特征	计量单位	工程量	金额（元）		
						综合单价	合价	其中：暂估价
2	010501001001	垫层	1. 混凝土强度等级：C15 2. 混凝土拌合料要求：商品混凝土 3. 其他：基坑底原土打夯	m³	11.61	313.71	3642.23	

3. 挖土工程量清单编制

挖基础土方清单工程量计算规则：按设计图示以体积计算。考虑放坡和工作面因素。

(1) 根据题意确定放坡系数为 0.33，工作面为基础面 1.0m，挖土高度 H＝垫层底标高－室外地坪标高＝1.9－0.3＝1.6m

基坑下口：a＝3.6＋4.5＋3.6＋0.4（算至基础外墙外边线）＋1×2＝14.1m，b＝5.4＋2.4＋0.4（算至基础外墙外边线）＋1.0×2＝10.2m

基坑上口：A＝14.1＋1.6×0.33×2＝15.16m，B＝10.2＋1.6×0.33×2＝11.26m

$$挖土体积＝1/6×H[a×b＋(A＋a)×(B＋b)＋A×B]$$
$$＝1/6×1.6×[14.1×10.2＋(15.16＋14.1)×(10.2＋11.26)$$
$$＋15.16×11.26]$$
$$＝251.32m^3$$

(2) 回填土方工程量＝251.32－(3.6×2＋4.5＋0.4)×(5.4＋2.4＋0.4)(算至基础外墙外边线)×(1.9－0.3)－33.258－11.61＝47.70m³

4. 挖一般土方工程量计价

土方的开挖、运输，均按开挖前的天然密实体积以立方米计算。工程内容：排地表水、土方开挖、挡土板支拆、基底钎探、运输。

(1) 挖一般土方工程量

根据题意其中机械挖土工程量＝251.32×0.90＝226.19m³，企业定额机械挖基础土方人材机的基价为 143.70 元/10m³。

人工修边坡工程量＝251.32×0.10＝25.13m³，企业定额人工修边坡人材机的基价为 230.55 元/10m³。

挖土方的总价＝(226.19×14.37＋25.13×23.055)×(1＋5%＋4%)＝4174.40 元，综合单价＝4174.40÷251.32＝16.61 元/m³。

(2) 回填土工程量计算：挖土方－地下室体积－满堂基础－垫层＝47.70m³，企业定额每 10m³ 人工夯填槽边人材机的基价为 106.68 元(就地取土)。回填土方的总价＝47.70×10.668×(1＋5%＋4%)＝554.66 元，综合单价＝554.66÷47.70＝11.63 元/m³。

分部分项工程量清单见表 4-26 所列。

分部分项工程和单价措施项目清单与计价表

表 4-26

工程名称：某工程　　　　　　　　　　　　　　　　　　　　　　　　　　　

序号	项目编码	项目名称	项 目 特 征	计量单位	工程量	综合单价	合价	其中：暂估价
						金 额（元）		
1	010101002001	挖一般土方	1. 土壤类别：四类干土 2. 基础类型：满堂基础 3. 垫层底宽、底面积：116.1m² 4. 挖土深度：1.6m 5. 弃土运距：槽边	m³	251.32	16.61	4174.40	
2	010103001001	土方回填	1. 土质要求：普通土 2. 夯填	m³	47.70	11.63	554.66	

【题 4-11】 柱、梁、板混凝土、模板清单及报价工程量计算的案例分析

某加油库的平面图、剖面图如图 4-18、图 4-19 所示，三类工程，现浇框架结构，柱、梁、板混凝土均为泵送商品混凝土，C30 混凝土，模板采用胶合板模板（柱：500mm×500mm，L1 梁：300mm×550mm，L2 梁：300mm×500mm；现浇板厚：100mm。轴线尺寸为柱和梁中心线尺寸）。编制柱、梁、板的混凝土分部分项工程量清单以及模板措施项目清单并报价。

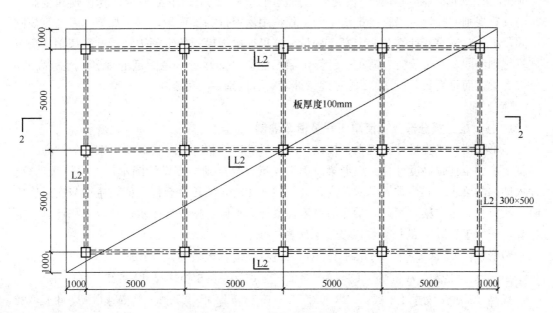

图 4-18　加油库平面图

【解题思路】（1）分清楚混凝土柱与混凝土基础的分界线，是以基础的扩大面为界，柱高应自柱基上表面算至上一层楼板上表面，矩形梁应以柱间净长计算工程量，梁高算至板底。（2）混凝土工程按接触面积计算模板工程量时柱按四周搭设模板计算、梁按底面和

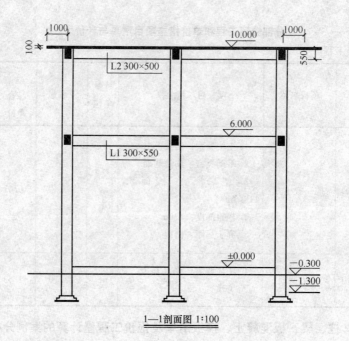

1—1剖面图 1:100

图 4-19 1-1 剖面图 1:100

两侧面搭设模板计算，板按底模加侧边计算。根据清单计算规则，柱梁板交接处的模板不能计算。实际上三者的计算规则是按实际接触面积，没有支设模板的地方不能计算。（3）在模板项目特征描述中应描述支模高度，因为在报价中，一般混凝土框架净高超过3.60m，每增加3m还应计算模板支撑超高费用。（4）如果清单工程量计算规则和企业定额的计算规则一样，可以直接把清单的工程量用做报价的工程量，但是如果二者计算规则不同，报价时需重新计算企业定额工程量，这里柱梁板模板的定额工程量计算规则与清单计算规则不同，在报价时，需重新计算定额工程量。（5）看清楚图纸的内容，在标高 6m处仅有梁，而没有板，L1、L2 的工程量计算会有区别。

【解】

1. 柱、梁、板分部分项清单工程量清单编制

矩形柱清单工程量计算规则：按设计图示尺寸以体积计算。柱高：框架柱的柱高，自柱基上表面至柱顶高度计算。矩形梁清单工程量计算规则：按设计图示尺寸以体积计算。伸入墙内的梁头、梁垫并入梁体积内。梁与柱连接时，梁长算至柱侧面；主梁与次梁连接时，次梁长算至主梁侧面。有梁板清单工程量计算规则：按设计图示尺寸以体积计算，不扣除小于等于 $0.3m^2$ 的柱、垛以及孔洞所占体积。

矩形柱：$0.5 \times 0.5 \times (10.00 + 1.30) \times 15$（柱高度算至板顶）$= 42.375m^3$

矩形梁：标高 6.00m 处：L1：$0.3 \times 0.55 \times (5.0 - 0.5$ 扣柱尺寸$) \times 22 = 16.34m^3$

标高 10.00m 处：L2 梁：$0.3 \times (0.5 - 0.1$ 板厚$) \times (5.0 - 0.5$ 扣柱尺寸$) \times 22 = 11.88m^3$

矩形梁合计：$16.34 + 11.88 = 28.22m^3$

板：$(20 + 1.0 \times 2) \times (10 + 1.0 \times 2) \times 0.1 - 0.5 \times 0.5 \times 0.1 \times 15$（扣除柱体积）$= 9.9m^3$

分部分项工程量清单见表 4-27 所列。

工程名称：某工程　　　　　　　　　　　　　　　　　　　　　　　第 1 页共 1 页

序号	项目编码	项目名称	项 目 特 征	计量单位	工程量	金 额（元）		
						综合单价	合价	其中：暂估价
1	010502001001	矩形柱	1. 混凝土强度等级：C25 混凝土现浇 2. 混凝土拌合料要求：商品混凝土	m³	42.375	505.44		
2	010503002001	矩形梁	1. 混凝土强度等级：C25 混凝土现浇 2. 混凝土拌合料要求：商品混凝土	m³	28.22	481.94		
3	010505001001	有梁板	1. 混凝土强度等级：C25 混凝土现浇 2. 混凝土拌合料要求：商品混凝土	m³	9.9	484.37		

2. 柱、梁、板分部分项清单工程量计价的编制

企业定额计算规则与清单相同。

（1）柱工程量＝42.375m³，企业定额柱混凝土人材机的基价为 3373.91 元/10m³，C30 混凝土的价格为 253.68 元/m³，柱中混凝土的消耗量为 1.0，C30 商品混凝土价格为 380 元/m³，进行定额换算：3373.91＋（380.0－253.68）×10×1.0＝4637.11 元/10m³，柱混凝土总价＝42.357×463.711×（1＋5％＋4％）＝21409.13 元。

柱综合单价＝21409.13÷42.357＝505.44 元/m³。

（2）梁工程量＝28.22m³，企业定额梁混凝土人材机的基价为 3139.32 元/10m³，C30 混凝土的价格为 253.68 元/m³，梁中混凝土的消耗量为 1.015，C30 商品混凝土价格为 380 元/m³，进行定额换算：3139.32＋（380.0－253.68）×10.15＝4421.25 元/10m³，柱混凝土总价＝28.22×442.125×（1＋5％＋4％）＝ 13599.68 元。

梁综合单价＝13599.68 ÷28.22＝481.94 元/m³。

（3）板工程量＝9.9m³，企业定额板混凝土人材机的基价为 3161.64 元/10m³，C30 混凝土的价格为 253.68 元/m³，板中混凝土的消耗量为 1.015，C30 商品混凝土价格为 380 元/m³，进行定额换算：3161.64＋（380.0－253.68）×10.15＝4443.79 元/10m³，板混凝土总价＝9.9×444.379×(1＋5％＋4％)＝4795.29 元。

板综合单价＝4795.29÷9.9＝484.37 元/m³。

3. 列出措施项目工程量清单列项表

(1) 模板清单工程量计算

按模板与混凝土构件的接触面积计算。现浇钢筋混凝土墙、板单孔面积小于等于 0.3m² 的孔洞不予扣除，洞侧壁模板亦不增加；单孔面积大于 0.3m² 时应予扣除，洞侧壁模板面积并入墙、板工程量内计算；现浇框架分别按梁、板、柱有关规定计算；附墙柱、暗梁、暗柱并入墙内工程量计算。柱梁墙板相互连接的重叠部分，均不计算模板面积。

矩形柱模板工程量＝4×0.5×(10.0＋1.30)×15－(0.3×(0.55－0.1)×44＋0.3×(0.5－0.1)×44)(梁头所占的柱模板面积)－0.1×0.5×4×15×2(板所占柱模板面积)＝333.66m²

矩形梁模板工程量：L1梁：(0.3＋2×0.55)×(5－0.5柱宽度)×22＝138.6m²，L2梁：[0.3＋2×(0.5－0.1)]×(5－0.5柱宽度)×22＝108.90m²，合计＝247.50m²

板模板：板底：(5.0×4＋1.0×2)×(5.0×2＋1.0×2)＋(5.0×4＋1.0×2＋5.0×2＋1.0×2)(板边)×2×0.1－0.3×(5.0－0.5柱宽度)×22(扣L2梁底模)－0.5×0.5×15×2(柱所占板模板面积)＝233.60m²

(2) 柱梁脚手架的计算

矩形柱：(4×0.5＋3.6)×(10.0＋1.30)×15＝＝63.28m²

矩形梁：标高6.00m处：(6.0＋0.3)×(5.0－0.5扣柱尺寸)×16＝453.6m²

标高10.00m处：L2梁：(10.0－0.1板厚)×(5.0－0.5扣柱尺寸)×22＝980.1m²

4. 模板报价的编制

根据企业定额工程量计算规则：现浇混凝土柱模板，按柱四周展开宽度承以柱高，以平方米计算。柱、梁相交时，不扣除梁头所占柱模板面积。柱、板相交时，不扣除板厚所占柱模板面积。

现浇混凝土梁(包括基础梁)模板，按梁三面展开宽度乘以梁长，以平方米计算。单梁，支座处的模扳不扣除，端头处的模板不增加。梁与梁相交时，不扣除次梁梁头所占主梁模板面积。梁与板连接时，梁侧壁模板算至板下坪。

现浇混凝土板的模板，按混凝土与模板接触面积，以平方米计算。伸入梁、墙内的板头，不计算模板面积。板与柱相交时，不扣除柱所占板的模板面积。但柱与墙相连时，柱与墙等厚部分(柱的墙内部分)的模板面积，应予扣除。

矩形柱模板工程量＝4×0.5×(10.0＋1.30)×15＝339m²

矩形梁模板工程量：

L1梁：(0.3＋2×0.55)×(5－0.5柱宽度)×22＝138.60m²

L2梁：[0.3＋2×(0.5－0.1)]×(5－0.5柱宽度)×22＝108.90m²

板模板：板底：(5.0×4＋1.0×2)×(5.0×2＋1.0×2)＋(5.0×4＋1.0×2＋5.0×2＋1.0×2)(板边)×2×0.1(扣L2梁底模)－0.3×(5.0－0.5柱宽度)×22＝241.10m²

模板脚手架的报价除了模板本身的价格，还应包括模板支撑超高的费用。

现浇混凝土模板支撑超高。现浇混凝土梁、板、柱、墙是按支模高度3.6m编制的，支模高度超过 3.6m 时，另行计算模板支撑超高部分的工程量，执行相应"每增 3m"子目。支模高度，柱、墙：地（楼）面支撑点至构件顶坪；梁：地（楼）面支撑点至梁底；板：地（楼）面支撑点至板底坪。梁、板（水平构件）模板支撑超高的工程量计算如下式：

超高次数＝（支模高度－3.6）÷3（遇小数进为 1）

超高工程量（m²）＝超高构件的全部模板面积×超高次数

柱、墙（竖直构件）模板支撑超高的工程量计算如下式：

超高次数分段计算：自 3.60m 以上，第一个 3m 为超高 1 次，第二个 3m 为超高 2 次，依次类推；不足 3m，按 3m 计算。

超高工程量（m²）＝∑（相应模板面积×超高次数）

（1）柱模板＝339m²

柱模板的支模高度为 11.30m。3.6～6.6m，超高一次，支撑超高工程量＝4×0.5×3.0×15＝90m²；6.6～9.6m，超高二次，支撑超高工程量＝（4×0.5×3.0）×2×15＝180m²；9.6～11.3m，超高三次，支撑超高工程量＝［4×0.5×（11.3－9.6）］×3×15＝153m²。

支撑超高工程量合计＝90＋180＋153＝423m²，企业定额每 10m² 柱胶合板模板钢支撑人材机的基价为 293.36 元，每 10m² 柱支撑高度超高 3.6m，每增 3m 钢支撑的人材机的基价为 71.03 元。

柱模板总价＝（339×29.336＋423×7.103）×（1＋5％＋4％）＝14114.93 元

柱模板综合单价＝14114.93÷333.66 ＝42.30 元/m²

（2）矩形梁 L1 模板工程量＝ 100.8m²

L1 的支模高度为 6.0－0.5＝5.5m，超高一次，支撑超高工程量＝100.80m²，企业定额每 10m² 梁胶合板模板钢支撑人材机的基价为 319.79 元，每 10m² 梁支撑高度超高 3.6m，每增 3m 钢支撑的人材机的基价为 66.19 元。

梁模板总价＝（138.6×31.979＋138.6×6.619）×（1＋5％＋4％）＝ 5831.15 元

梁模板综合单价＝5831.15÷138.6 ＝42.07 元/m²

（3）矩形梁 L2 模板工程量＝108.90m²

L2 的支模高度为 10.0－0.5＝9.5m，（9.5－3.6）÷3＝1.97，超高二次，支撑超高工程量＝108.90×2＝217.80m²，企业定额每 10m² 梁胶合板模板钢支撑人材机的基价为 319.79 元，每 10m² 梁支撑高度超高 3.6m，每增 3m 钢支撑的人材机的基价为 66.19 元。

梁模板总价＝（108.9×31.979＋217.8×6.619）×（1＋5％＋4％）＝5367.30 元

梁模板综合单价＝5367.30÷108.9 ＝49.29 元/m²

（4）板模板工程量＝ 241.10m²

板模板的支模高度为：10.0－0.1＝9.9m，（9.9－3.6）÷3＝2.1，超高三次，支撑超高工程量＝241.10×3＝723.30m²，企业定额每 10m² 板胶合板模板钢支撑人材机的基价为 426.52 元，每 10m² 板支撑高度超高 3.6m，每增 3m 钢支撑的人材机的基价为 57.94 元。

板模板总价＝（241.10×42.652＋723.30×5.794）×（1＋5％＋4％）＝15776.88 元

板模板综合单价＝15776.88 ÷233.60 ＝67.54 元/m²

模板的清单及计价表见表 4-28 所列。

工程名称：某工程　　　　　　　　标段：　　　　　　　　第 1 页共 1 页

序号	项目编码	项目名称	项 目 特 征	计量单位	工程量	金　额（元）		
						综合单价	合价	其中：暂估价
1	011702002001	现浇混凝土柱模板	矩形柱，胶合板模板，支模高度 11.3m	m²	333.66	42.30	14114.93	
2	011702006001	现浇混凝土梁模板	矩形梁，胶合板模板，断面 300mm×550mm，梁底支模板高度为 5.45m	m²	138.60	42.07	5831.15	
3	011702006002	现浇混凝土梁模板	矩形梁，胶合板模板，断面 300mm×500mm，梁底支模板高度为 9.5m	m²	108.90	49.29	5367.30	
4	011702014001	现浇混凝土板模板	平板，胶合板模板，板底支模板高度为 9.90m	m²	233.60	67.54	15776.88	

【题 4-12】 预制混凝土工程量清单及报价的案例

某拟建项目机修车间，厂房设计方案采用预制钢筋混凝土排架结构，其上部结构系统及 1-1 剖面图、预制柱梁示意图如图 4-20～图 4-22 所示，结构体系中现场预制标准构件和非标准构件的混凝土强度等级、设计控制参考钢筋含量见表 4-29 所列。

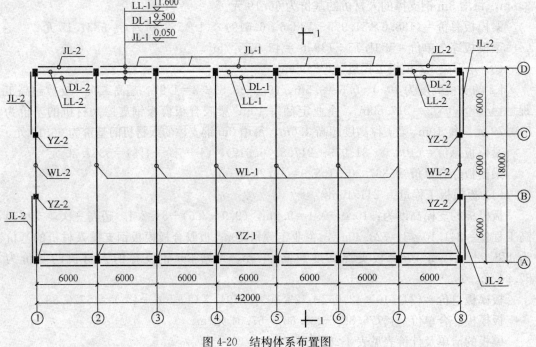

图 4-20　结构体系布置图

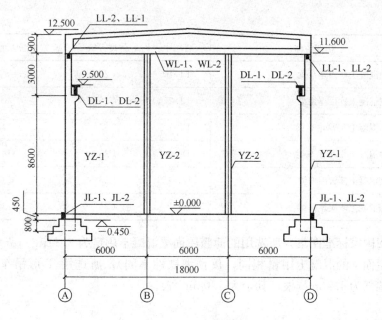

图 4-21　1-1 剖面图

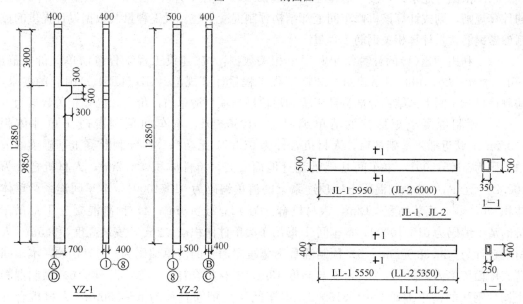

图 4-22　YZ-1、YZ-2、JL-1、JL-2、LL-1、LL-2 示意图

现场预制构件一览表

表 4-29

序号	构件名称	型　号	强度等级	钢筋含量（kg/m³）
1	预制混凝土矩形柱	YZ-1	C30	152.00
2	预制混凝土矩形柱	YZ-2	C30	138.00
3	预制混凝土基础梁	JL-1	C25	95.00
4	预制混凝土基础梁	JL-2	C25	95.00

序号	构件名称	型　号	强度等级	钢筋含量（kg/m³）
5	预制混凝土柱顶连系梁	LL-1	C25	84.00
6	预制混凝土柱顶连系梁	LL-2	C25	84.00
7	预制混凝土 T 形吊车梁	DL-1	C35	141.00
8	预制混凝土 T 形吊车梁	DL-2	C35	141.00
9	预制混凝土薄腹屋面梁	WL-1	C35	135.00
10	预制混凝土薄腹屋面梁	WL-2	C35	135.00

　　另经查阅国家标准图集，所选用的薄腹屋面梁混凝土用量为 3.11m³/榀（厂房中间与两端山墙处屋面梁的混凝土用量相同，仅预埋铁件不同）；所选用 T 形吊车梁混凝土用量，车间两端部为 1.13m³/根，其余为 1.08m³/根。

　　问题：

　　(1) 根据上述条件，按《房屋建筑与装饰工程工程量计算规范》（GB 50854—2013）的计算规则，列式计算该机修车间上部结构预制混凝土柱、梁工程量及根据设计提供的控制参考钢筋含量计算相关钢筋工程量。

　　(2) 利用问题(1)的计算结果和以下相关数据，按《建设工程工程量清单计价规范》（GB 50500—2013）和《房屋建筑与装饰工程工程量计算规范》（GB 50854—2013）的要求，编制该机修车间上部结构分部分项工程和单价措施项目清单与计价表，已知相关数据为：

　　1) 预制混凝土矩形柱的清单编码为 010509001，本车间预制混凝土单件体积 <3.5m³；就近插入基础杯口，人材机合计为 513.71 元/m³；2) 预制混凝土基础梁的清单编码为 010510001，本车间基础梁就近地面安装，单件体积 <1.2m³，人材机合计为 402.98 元/m³；3) 预制混凝土柱顶连系梁的清单编码为 010510001，本车间连系梁单体体积 <0.6m³，安装高度 <12m，人材机合计为 423.21 元/m³；4) 预制混凝土 T 形吊车梁的清单编码为 010510002，本车间 T 形吊车梁单件体积 <1.2m³，安装高度 ≤9.5m，人材机合计为 530.38 元/m³；5) 预制混凝土薄腹屋面梁的清单编码为 010511003，本车间薄腹屋面梁单体体积 <3.2m³，安装高度 13m，人材机合计 561.35 元/m³；6) 预制混凝土构件钢筋的清单编码为 010515002，本车间所用钢筋直径为 6~25mm，人材机合计 6018.70 元/t。以上项目管理费均以人材机为基数按 10% 计算，利润均以人材机和管理费合计为基数按 5% 计算。

　　(3) 利用以下相关数据，编制该机修车间土建单位工程招标控制价汇总表。已知相关数据为：1) 一般土建分部分项工程费用为 785000.00 元；2) 措施项目费用为 62800.00元，其中安全文明施工费为 26500.00 元；3) 其他项目费用为屋顶防水专业分包暂估价70000.00 元；4) 规费以分部分项工程和单价措施项目费、总价措施项目费、其他项目费之和为基数计取，综合费费率为 5.28%；5) 税率为 3.477%。

　　【解题指导】　此题主要考核预制混凝土工程量的计算及工程量清单的编制，对于2013 版《建设工程工程量清单计价规范》的招标控制价的形成过程要有明确的掌握。

【解】

(1) 工程量清单计算表见表 4-30 所列。

清单工程量的计算表　　　　　　　　　　　　　　　　　　　　　　　　　　**表 4-30**

序号	项目名称	单位	数量	计　算　过　程
1	预制混凝土矩形柱	m³	62.95	YZ-1：[0.7×0.4×9.85+0.4×（0.3+0.6）× 0.3/2+0.4×0.4×3]×16＝52.672m³ YZ-2：0.4×0.5×12.85×4＝10.28m³ 合计：52.672+10.28＝62.952m³
2	预制混凝土基础梁	m³	18.81	JL-1：0.35×0.5×5.95×10＝10.41m³ JL-2：0.350.5×6×8＝8.4m³ 合计：10.41+8.4＝18.81m³
3	预制混凝土柱顶连系梁	m³	7.69	LL-1：0.25×0.4×5.55×10＝5.55m³ LL-2：0.25×0.4×5.35×4＝2.14m³ 合计：5.55+2.14＝7.69m³
4	预制混凝土 T 形吊车梁	m³	15.32	DL-1：1.08×10＝10.8m³ DL-2：1.13×4＝4.52m³ 合计：10.8+4.52＝15.32m³
5	预制混凝土薄腹屋面梁	m³	24.88	WL-1：3.11×6＝18.66m³ WL-2：3.11×6＝6.22m³ 合计：18.66+6.22＝24.88m³
6	预制构件钢筋	t	17.38	预制柱：52.672×0.152+10.28×0.138＝9.42t 基础梁：18.81×0.095＝1.79t 柱顶连系梁：7.69×0.084＝0.65t 吊车梁：15.32×0.141＝2.16t 屋面梁：24.88×0.135＝3.36t 合计：9.42+1.79+0.65+2.16+3.36＝17.38t

(2) 分部分项工程和单价措施项目工程量清单与计价表见表 4-31 所示。

1）矩形柱的综合单价为：513.71×（1+10%）×（1+5%）＝593.34 元/m³

2）基础梁的综合单价为：402.98×（1+10%）×（1+5%）＝465.44 元/m³

3）连系梁的综合单价为：423.21×（1+10%）×（1+5%）＝488.81 元/m³

4）T 形吊车梁的综合单价为：530.88×（1+10%）×（1+5%）＝612.59 元/m³

5）薄腹屋面梁的综合单价为：561.35×（1+10%）×（1+5%）＝648.36 元/m³

6）钢筋的综合单价为：6018.70×（1+10%）×（1+5%）＝6951.60 元/m³

表 4-31

分部分项和单价措施项目工程量清单与计价表

工程名称：某工程

序号	项目编码	项目名称	项 目 特 征	计量单位	工程量	金 额（元）		
						综合单价	合价	其中：暂估价
1	010509001001	预制混凝土矩形柱	YZ-1：C30，体积：3.3m³，安装高度：−1.25m；YZ-2：C30，体积：2.57m³，安装高度：±0.00m	m³	62.95	593.34	37350.75	
2	010510001001	预制混凝土基础梁	JL-1：C25，体积：1.04m³，安装高度：−0.45m；JL-2：C25，体积：1.05m³，安装高度：−0.45m	m³	18.81	465.44	8754.93	
3	010510001002	预制混凝土柱顶连系梁	LL-1：C25，体积：0.56m³，安装高度：11.6m；LL-2：C25，体积：0.54m³，安装高度：11.6m	m³	7.69	488.81	3758.95	
4	010510002001	预制混凝土T形吊车梁	DL-1：C35，体积：1.08m³，安装高度：9.5m；DL-2：C35，体积：1.13m³，安装高度：9.5m	m³	15.32	612.59	9384.88	
5	010510003001	预制混凝土薄腹屋面梁	C35，安装高度：12.5m，3.11m³/榀	m³	24.88	648.36	16131.20	
6	010515002001	预制构件钢筋	预制构件钢筋直径6～25mm	t	17.38	6951.60	120818.81	
7	合　　计						196199.52	

（3）单位工程招标控制价汇总表见表 4-32 所列。

单位工程招标控制价汇总表

表 4-32

序号	项 目 名 称	金 额（元）
1	分部分项工程费用合计	785000
2	措施项目费	62800
2.1	安全文明施工费	26500
3	其他项目费	70000
3.1	其中：防水专业分包暂估价	70000
4	规费（1＋2＋3）×5.28%	48459.84
5	税金（1＋2＋3＋4）×3.477%	33596.85
招标控制价合计＝1＋2＋3＋4＋5		999856.69

【题4-13】 独立基础的钢筋计算

如图4-23所示，该独立基础混凝土保护层40mm，柱子尺寸为500mm×500mm，C30混凝土，计算独立基础的钢筋工程量。

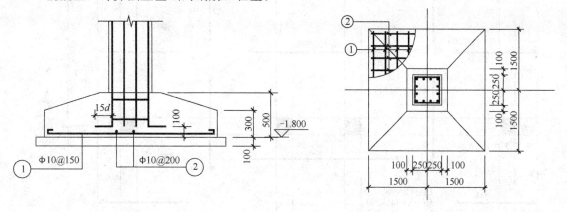

图4-23 独立基础平面剖面图

【解题思路】 根据11G101-3第61页独立基础底板配筋长度减短10%的构造，当独立基础底板长度≥2500mm时，除外侧钢筋外（四周的第一根钢筋），底板钢筋长度可取相应方向底板长度的0.9倍。当非对称独立基础底板长度≥2500mm时，该基础某侧从柱中心至基础底板边缘的距离<1250mm时，钢筋在该侧不应减短。基础钢筋的布置：第一根钢筋距基础边要≤1/2钢筋间距且要≤75mm。

【解】

1. ①号Φ10钢筋

最外侧钢筋长度＝3.0－0.04×2＋6.25×2×0.01＝3.045m，根数＝2根

其余钢筋长度＝(3.0－0.04×2)×0.9＋6.25×2×0.01＝2.753m

根数＝(3－0.075×2)/0.15＋1－2＝18根

Φ10钢筋长度＝3.045×2＋2.753×18＝55.644m

2. ②号Φ10钢筋

最外侧钢筋长度＝3.0－0.04×2＋6.25×2×0.01＝3.045m，根数＝2根

其余钢筋长度＝(3.0－0.04×2)×0.9＋6.25×2×0.01＝2.753m

根数＝(3－0.075×2)/0.2＋1－2＝18根

Φ10钢筋长度＝3.045×2＋2.753×18＝55.644m

Φ10钢筋重量合计＝0.617×55.644×2＝68.665kg

【题4-14】 梁板式筏形基础底板钢筋计算案例

梁板式筏形基础底板平面图如图4-24所示，筏板厚度为500mm，柱的尺寸为800mm×800mm，基础主梁尺寸均为800mm×1200mm，低位板（梁底与板底平），钢筋定尺为8m长，基础保护层底面，顶面和侧面保护层均取40mm，钢筋的搭接长度为40d，计算基础底板中所有钢筋的工程量。

【解题思路】 基础底板钢筋的布置与上部混凝土梁、板的布置不同。计算板钢筋根数时，应注意：板的第一根筋的布置，距基础梁边为1/2板筋间距，且不大于75mm。板的上下贯通钢筋在外伸末端的下弯折长度为12d。根据12G901-3的内容，板边应有封边措

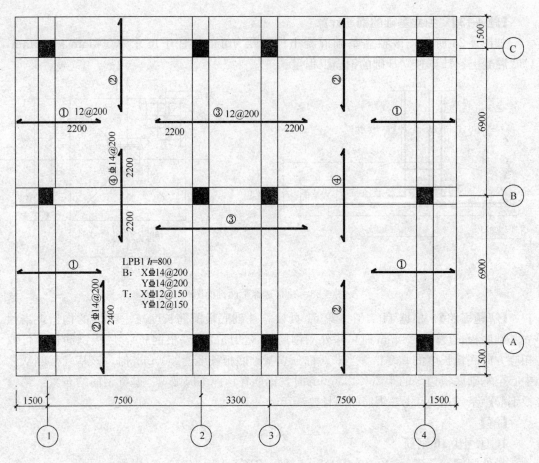

图 4-24　筏形基础底板平面图

施。按钢筋的定尺长度 8m 计算搭接个数。要注意①、②、③、④号筋中标注的尺寸是到轴线而不是到梁边的距离。注意钢筋汇总时不同型号、规格的钢筋分别汇总，因为价格不同。

【解】

1. X 向下部贯通 Φ 14 钢筋

根据 11G101-3 第 79 页的内容，顶部钢筋在支座边 $l_n/4$ 内钢筋连接。根据第 80 页的内容，对于本题中属于端部等截面外伸构造，板上部、下部钢筋伸至基础外皮弯折 12d，当从支座内边算起至外伸端头$\leqslant l_a$ 时，基础平板下部钢筋应伸至端部后弯折 15d。根据第 84 页的规定，端部外伸构造中需要有板边缘封边构造，可采用 U 形构造封边筋弯折段应满足$\geqslant$15d 且$\geqslant$200mm。也可采用底部与顶部纵筋弯折段交错 150mm 的封边做法。本题采用 U 形构造封边筋计算，采用 Φ 12@200 的钢筋。

长度＝(1.5＋7.5＋3.3＋7.5＋1.5)－2×0.04＋2×12×0.014＋40×2×0.014
＝22.676m

根数＝[(1.5－0.4－0.075－0.04)/0.2＋1]×2＋[(6.9－0.4×2－0.075－0.075)/0.2＋1]×2＝12＋62＝74 根

Φ 14 钢筋长度＝22.676×74＝1678.02m

248

2. Y 向下部贯通⊕ 14 钢筋

长度=(1.5+6.9+6.9+1.5)−2×0.04+2×12×0.014+40×2×0.014=18.176m

根数=[(1.5−0.4−0.075−0.04)/0.2+1]×2+[(7.5−0.4×2−0.075−0.075)/0.2+1]×2+[(3.3−0.4×2−0.075−0.075)/0.2+1]×1=12+68+13=93 根

⊕ 14 钢筋长度=18.176×93=1690.37m

3. X 向上部贯通⊕ 12 钢筋

长度=(1.5+7.5+3.3+7.5+1.5)−2×0.04+2×12×0.012+40×2×0.012=22.468m

根数=[(1.1−0.075−0.04)/0.15+1]×2+[(6.9−0.4×2−0.15)/0.15+1]×2=16+82=98 根

⊕ 12 钢筋长度=22.468×98=2201.86m

4. Y 向上部贯通⊕ 12 钢筋

长度=(1.5+6.9+6.9+1.5)−2×0.04+2×12×0.012+40×2×0.012=17.968m

根数=[(1.1−0.075−0.04)/0.15+1]×2+[(7.5−0.4×2−0.15)/0.15+1]×2+[(3.3−0.4×2−0.15)/0.15+1]×1=16+90+17=123 根

⊕ 12 钢筋长度=17.968×123=2210.06m

5. ①号⊕ 12 下部非贯通筋

长度=2.2+1.5−0.04=3.66m

根数=[(1.1−0.075−0.04)/0.2+1]×2+[(6.9−0.4×2−0.15)/0.2+1]×2=12+62=74 根

⊕ 12 钢筋长度=3.66×74=270.84m

6. ②号⊕ 14 下部非贯通筋

长度=2.4+1.5−0.04=3.86m

根数=[(1.1−0.075−0.04)/0.15+1]×4+[(7.5−0.4×2−0.15)/0.15+1]×4+[(3.3−0.4×2−0.15)/0.15+1]×2=32+180+56=268 根

⊕ 14 钢筋长度=3.86×268=1034.48m

7. ③号⊕ 12 下部非贯通筋

长度=2.2+3.3+2.2=7.7m

根数=[(1.1−0.075−0.04)/0.2+1]×2+[(6.9−0.4×2−0.15)/0.2+1]×2=12+62=74 根

⊕ 12 钢筋长度=7.7×74=569.80m

8. ④号⊕ 14 下部非贯通筋

长度=2.2+2.2=4.4m

根数=[(1.1−0.075−0.04)/0.2+1]×2+[(7.5−0.4×2−0.15)/0.2+1]×2+[(3.3−0.4×2−0.15)/0.2+1]×1=12+68+13=93 根

⊕ 14 钢筋长度=4.4×93=409.20m

9. ⊕12 封边钢筋的计算

封边钢筋应用于上下钢筋间距相同的筏板配筋中。这里只计算长度，布置在筏板周边，根数为 X、Y 向的根数之和。

长度＝0.5−0.04×2＋0.2＋0.2＝0.82m

10. 各类钢筋汇总

Φ12 钢筋重量＝0.888×（2201.86＋2210.06＋270.84＋569.80）＝4664.27kg

Φ14 钢筋重量＝1.208×（1678.02＋1690.37＋1034.48＋409.20）＝5812.98kg

【题 4-15】 平法柱钢筋的计算案例

如图 4-25 所示，某地上四层带地下一层现浇框架柱平法施工图的柱截面示意图，混凝土框架设计抗震等级为二级。已知柱混凝土强度等级为 C30，基础底板厚度为 800mm，每层的框架梁高均为 400mm。柱中纵向钢筋均采用套筒接头。嵌固部位在基础顶面。$L_{aE}=33d$，柱钢筋保护层 30mm；其余未知条件按图集 11G101-1 中的内容规定。

图 4-25　柱截面示意和角柱示意图

计算：（一）KZ1 为中柱时的钢筋工程量；（二）KZ1 为角柱时的钢筋工程量。

结构层标高和层高表　　　　　　　　　　　　　　表 4-33

屋面	15.870	
4	12.270	3.6
3	8.670	3.6
2	4.470	4.2
1	−0.030	4.5
−1	−4.530	4.5
层号	标高（m）	层高

【解题思路】 本题为套筒连接，每层一个接头，因此不考虑搭接长度以及错开搭接长度。基础层插筋计算可参见图集 11G101-3 第 59 页"柱插筋在基础中锚固构造（一）"的相关规定：基础深度＝800mm＞$L_{aE}=35×20=700$mm，基础主筋应插至基础板底部支在底板钢筋网上，弯折长度为 $6d=6×20=120$mm，且≥150mm，取 150mm。KZ1 为中柱，根据图集 11G101-1 第 60 页的规定，柱主筋伸至柱顶，且≥$0.5l_{abE}$。判断纵筋直锚长度梁高−保护层＝0.4−0.03＝0.37m，抗震最小锚固长度为 L_{aE}：35×0.020＝0.7m，即内侧纵筋顶层直锚长度小于 L_{aE}，则顶层梁顶需要加长度为 12d 的弯锚长度。

计算箍筋长度时，箍筋弯钩长度＝max（10d，75）＋1.9d＝11.9d。

【解】

（一）KZ1 为中柱时钢筋计算

1. Φ20 柱钢筋计算

根数＝12 根

长度计算分为两种方法：

方法（一）

简化计算公式为：

（基础内弯折长度＋底板基础厚度−基础保护层厚度）＋柱高−柱顶保护层＋12d＝0.15＋（0.8−0.04）＋（4.5＋4.5＋4.2＋3.6＋3.6−0.03＋12×0.02）＝21.52m

250

$\Phi 20$ 钢筋长度＝$12\times 21.52＝258.24$m

方法（二）

根据实际的施工下料方法，考虑钢筋的截断位置。根据 11G101-1 第 57 页的内容，选取基础顶面为柱子的嵌固部位，基础顶面非连接区的长度为 $l_n/3$，其他楼面非连接区域的位置为梁高、梁下 [max（柱长边尺寸，$H_n/6$，500）]、每层柱子根部 [max（柱长边尺寸，$H_n/6$，500）] 等三个部位，机械连接时，相邻纵筋连接应错开 $\geqslant 35d$ 的距离，这里取纵向钢筋的搭接接头百分率为 50%，即柱纵筋分为两批截断，并且接头之间的距离 $\geqslant 35d$。

（1）基础内插筋的长度

第一批插筋伸出基础顶面 $l_n/3$ 处截断，$l_n/3＝$（层高-梁高）$/3＝(4.5-0.4)/3＝$ 1.367m，第二批插筋伸出基础顶面 $l_n/3+35d$（$＝1.367+35\times 0.02＝2.067$m）处截断。

第一批 6 根截断的插筋的长度＝伸入基础内的长度＋伸出基础顶面的长度

$$＝(0.8-0.04+0.15)+1.367＝2.277\text{m}$$

第二批 6 根截断的插筋长度＝伸入基础内的长度＋伸出基础顶面的长度

$$＝(0.8-0.04|0.15)+2.067－2.977\text{m}$$

（2）-1 层钢筋的长度

第一批钢筋伸出 1 层楼面[max（柱长边尺寸，$H_n/6$，500）]处截断，[max（柱长边尺寸，$H_n/6$，500)]＝[max(0.6，$(4.5-0.4)/6$，500)]＝0.683m，第二批钢筋伸出 1 层楼面[max（柱长边尺寸，$H_n/6$，500）]$+35d$（$＝0.683+35\times 0.02＝1.383$m）处截断。

第一批 6 根截断的-1 层钢筋长度＝-1 层的层高-伸出基础顶面的长度＋伸出 1 层楼面的长度＝$4.5-1.367+0.683＝3.816$m

第二批 6 根截断的-1 层钢筋长度＝-1 层的层高-伸出基础顶面的长度＋伸出 1 层楼面的长度＝$4.5-2.067+1.383＝3.816$m

（3）1 层钢筋的长度

第一批钢筋伸出 2 层楼面[max（柱长边尺寸，$H_n/6$，500）]处截断，[max（柱长边尺寸，$H_n/6$，500)]＝[max(0.6，$(4.2-0.4)/6$，500)]＝0.633m，第二批钢筋伸出 2 层楼面[max（柱长边尺寸，$H_n/6$，500）]$+35d$（$＝0.633+35\times 0.02＝1.333$m）处截断。

第一批 6 根截断的 1 层钢筋长度＝1 层的层高-本层钢筋露出的长度＋伸出 2 层楼面的长度＝$4.5-0.683+0.633＝4.45$m

第二批 6 根截断的 1 层钢筋长度＝1 层的层高-本层钢筋露出的长度＋伸出 2 层楼面的长度＝$4.5-1.383+1.333＝4.45$m

（4）2 层钢筋的长度

第一批钢筋伸出 3 层楼面[max（柱长边尺寸，$H_n/6$，500）]处截断，[max（柱长边尺寸，$H_n/6$，500)]＝[max(0.6，$(3.6-0.4)/6$，500)]＝0.6m，第二批钢筋伸出 3 层楼面[max（柱长边尺寸，$H_n/6$，500）]$+35d$（$＝0.6+35\times 0.02＝1.3$m）处截断。

第一批 6 根截断的 2 层钢筋长度＝2 层的层高-本层钢筋露出的长度＋伸出 3 层楼面的长度＝$4.2-0.633+0.6＝4.167$m

第二批 6 根截断的 2 层钢筋长度＝2 层的层高-本层钢筋露出的长度＋伸出 3 层楼面的长度＝$4.2-1.333+1.3＝4.167$m

(5)3 层钢筋的长度

第一批钢筋伸出 4 层楼面[max(柱长边尺寸，$H_n/6$，500)]处截断，[max(柱长边尺寸，$H_n/6$，500)]=[max(0.6，(3.6−0.4)/6，500)]=0.6m，第二批钢筋伸出 4 层楼面[max(柱长边尺寸，$H_n/6$，500)]+35d(=0.6+35×0.02=1.3m)处截断。

第一批 6 根截断的 3 层钢筋长度=3 层的层高−本层钢筋露出的长度+伸出 4 层楼面的长度=3.6−0.6+0.6=3.6m

第二批 6 根截断的 3 层钢筋长度=3 层的层高−本层钢筋露出的长度+伸出 4 层楼面的长度=3.6−1.3+1.3=3.6m

(6)4 层钢筋的长度

根据 11G101-1 第 60 页的规定，中柱的钢筋伸至柱顶弯折 12d。

第一批 6 根截断的 4 层钢筋长度=4 层的层高−本层钢筋露出的长度−保护层+12d=3.6−0.6−0.03+12×0.02=3.21m

第二批 6 根截断的 4 层钢筋长度=4 层的层高−本层钢筋露出的长度−保护层+12d=3.6−1.3−0.03+12×0.02=2.51m

(7)钢筋总长度=基础插筋长度+−1 层钢筋长度+1 层钢筋长度+2 层钢筋长度+3 层钢筋长度+4 层钢筋长度

第一批 6 根截断钢筋总长度=2.277+3.816+4.45+4.167+3.6+3.21=21.52m

第二批 6 根截断钢筋总长度=2.977+3.816+4.45+4.167+3.6+2.51=21.52m

钢筋的总长度=6×21.52+6×21.52=258.24m

对比方法(一)和方法(二)可以看出，钢筋计算出的总长度是相同的，方法(一)可用于简化手工计算，而方法(二)是实际每层钢筋下料的参考长度。

2. 套筒个数

每层一个，总个数为 12×5=60 个

3. 柱箍筋Φ8 长度的计算

(1)1 号箍筋

长度=(a−2c)×2+(b−2c)×2+11.9d×2

= (0.6−2×0.03)×2+(0.6−2×0.03)×2+11.9×0.008×2=2.41m

(2)2 号箍筋

长度=[(0.6−2×0.03−2×0.008−0.02)/3×1+0.02+2×0.008]×2+(0.60−2×0.03)×2+11.9×0.008×2=1.678m

4. 计算柱箍筋根数

(1) 基础插筋在基础中的箍筋根数：

(0.8−0.04)/0.5+1=2 根，此时箍筋为非复合箍筋形式，仅有 1 号箍筋，无 2 号箍筋。

(2) 负一层箍筋根数：现在根据设计选取柱根部为嵌固部位。

确定加密区长度=底层柱根加密区+梁截面高度+梁底下部分三选一最高值

= ($H_n/3$)+(H 梁高)+[max(柱长边尺寸，$H_n/6$，500)]

= (4.5−0.4)/3+0.4+max[0.6，(4.5−0.4)/6，500]

= 1.367+0.4+0.683=2.45m

非加密区长度＝层高－加密区长度＝4.5－2.45＝2.05m

根数为：加密区/0.1＋非加密区/0.2＋1＝2.45/0.1＋2.05/0.2＋1＝（逢小数进1）37 根

（3）一层箍筋：

确定加密区长度＝板上部三选一最高值＋梁截面高度＋梁底下部三选一最高值

＝[max（柱长边尺寸，$H_n/6$，500）]＋（H 梁高）＋[max（柱长边尺寸，$H_n/6$，500）]

＝ max[0.6，（4.5－0.4）/6，500]＋0.4＋ max[0.6，（4.5－0.4）/6，500]

＝0.683＋0.4＋0.683＝1.766m

非加密区长度＝层高－加密区长度＝4.5－1.766＝2.734m

根数为：加密区/0.1＋非加密区/0.2＋1＝1.766/0.1＋2.734/0.2＋1＝33 根（逢小数进1）

（4）二层箍筋根数：

加密区长度＝max[0.6，（4.2－0.4）/6，500]＋0.4＋ max[0.6，（4.2－0.4）/6，500]

＝0.633＋0.4＋0.633＝1.666m

非加密区长度＝层高－加密区长度＝4.2－1.666＝2.534m

根数为：加密区/0.1＋非加密区/0.2＋1＝1.666/0.1＋2.534/0.2＋1＝31 根（逢小数进1）

（5）三、四层箍筋根数：

长度＝ max[0.6，（3.6－0.4）/6，500]＋0.4＋max[0.6，（3.6－0.4）/6，500]

＝0.6＋0.4＋0.6＝1.6m

非加密区长度＝层高－加密区长度＝3.6－1.6＝2.0m

根数为：加密区/0.1＋非加密区/0.2＋1＝1.6/0.1＋2.0/0.2＋1＝27 根（逢小数进1）

（6）箍筋总重量：

1 号箍筋总根数＝3＋（37＋33＋31＋27＋27）＝158 根

2 号箍筋总根数＝（37＋33＋31＋27＋27）×2＝310 根

箍筋总长度＝2.41×158＋1.678×310＝900.96m

5. 钢筋重量合计

Φ20 钢筋总重量＝258.24×3.85＝994.22kg

套筒个数：60 个

柱箍筋 Φ8 的重量＝0.395×900.96＝355.88kg

（二）当 KZ1 为角柱时

如图 4-25 中角柱与梁连接的示意图，角柱纵筋工程量计算除顶层外，其他层的纵筋计算和箍筋计算与中柱完全相同，这里我们仅计算纵筋工程量。

根据 11G101-1 第 59 页的内容，这里选择常用的 B 和 C 节点作为梁柱节点。计算时应把 KZ1 的纵筋分为三部分：（1）不少于柱外侧全部纵筋面积的 65％伸入梁内。从梁底位置开始伸至柱顶并弯折≥15d 的平直段，总长度为 $1.5l_{abE}$，柱外侧纵向钢筋配筋率＞1.2％时需要间隔≥20d 后分两批截断；（2）其余柱外侧纵筋伸至柱内边向下弯折 8d；（3）柱内侧纵筋同中柱柱顶纵向钢筋锚固。

柱外侧共有 7 根纵筋，7×65％＝5 根需要伸入梁内。

柱外侧纵向钢筋配筋率＝柱外侧纵向钢筋面积/柱断面积＝(5×3.14×0.01×0.01)/(0.6×0.6)＝0.44％＜1.2％，这 5 根钢筋可在同一位置截断。

(1) 5 根柱外侧纵筋的长度＝基础内长度＋柱高－顶层梁高＋$1.5l_{abE}$＝(0.15＋0.8－0.04)＋(4.5＋4.5＋4.2＋3.6＋3.6)－0.4＋1.5×33×0.02＝21.90m

(2) 2 根柱外侧纵筋的长度＝基础内长度＋柱高－柱顶保护层＋(柱宽－2×柱保护层)＋8d＝(0.15＋0.8－0.04)＋(4.5＋4.5＋4.2＋3.6＋3.6)－0.03＋(0.6－0.03×2)＋8×0.02＝21.98m

(3) 5 根柱内侧纵筋的长度＝KZ1 中柱纵筋的长度＝基础内长度＋柱高－柱顶保护层＋12d＝(0.15＋0.8－0.04)＋(4.5＋4.5＋4.2＋3.6＋3.6)－0.03＋12×0.02＝21.52m

(4) 角柱全部Φ20 纵筋的重量

Φ20 纵筋的重量＝2.47×(5×21.90＋2×21.98＋5×21.52)＝644.82kg

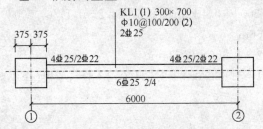

图 4-26　单跨框架梁钢筋示意图

【题 4-16】　单跨框架梁钢筋的计算案例

框架梁 KL1，如图 4-26 所示，混凝土强度等级为 C30，三级抗震设计，当梁筋 d＞22mm 时，选择电渣压力焊连接，柱的断面均为 500mm×500mm，柱梁保护层均为 25mm。锚固长度为 38d（钢筋理论重量Φ25＝3.85kg/m，Φ22＝2.98kg/m），计算梁中所有钢筋的重量。

【解题思路】　会识图，具体内容参见图集 11G101-1 中的规定，注意主筋在柱梁接头处的锚固长度的计算，对于支座负筋应掌握长度的计算。

【解】

(1) 上部通常钢筋 2Φ25，单根长度＝左右支座锚固长度＋净跨长

首先判断直锚还是弯锚：38d＝950mm＞750mm，需要弯锚。

左右锚固长度＝支座宽－保护层＋15d＝0.75－0.025＋15×0.025＝1.100mm

单根长＝0.6－0.75＋1.100×2＝7.45m

上部Φ25 钢筋总长度为 7.45×2＝14.9m

(2) 上部端支座负筋 2Φ25/2Φ22：

单根长度＝第一排：净跨长/3＋左右支座锚固长度

第二排单根长度＝净跨长/4＋左右支座锚固长度

2Φ25 单根长＝(0.6－0.75)/3＋1.100×2＝3.95m

2Φ22 单根长＝(0.6－0.75)/4＋1.100×2＝3.51m

支座负筋Φ25 钢筋长度为：3.95×2×2＝15.80m

支座负筋Φ22 钢筋长度为：3.51×2×2＝14.04m

(3) 下部 6Φ25 通长筋计算同上部通长筋。

单根长＝0.6－0.750＋1.100×2＝7.45m

下部Φ25 钢筋长度为：7.45×6＝44.7m

(4) Φ10箍筋的计算：

箍筋的长度＝(0.3−0.025×2＋0.7−0.025×2)×2＋2×1.9×0.01＋2×max{75mm，10d}＝2.038m

箍筋的根数＝[(1.5×0.7−0.05)/0.1＋1]×2＋(6−0.75−1.5×0.7×2)/0.2−1＝37根

Φ10箍筋的总长度为＝2.038×37＝75.406m

(5)钢筋重量汇总：

Φ25钢筋总重量为：(14.9＋15.80＋44.7)×3.85＝290.29kg

Φ22钢筋总重量为：14.04×2.98＝41.84kg

Φ10箍筋的总重量为：0.617×75.406＝46.53kg

【题4-17】 框架连续梁钢筋计算并编制工程量清单实例

框架连续梁KL1，如图4-27所示，混凝土强度等级为C30，三级抗震设计，钢筋定尺为8m，当梁通筋d>22mm时，选择套筒机械连接，柱的断面均为600mm×600mm，梁保护层25mm，计算梁中所有钢筋的重量。

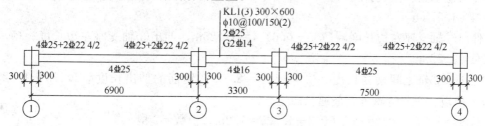

图4-27 框架连续梁钢筋示意图

【解题思路】 首先要清楚地识图，掌握平法识图的基本规则，然后计算时不要漏掉所有图中未表示出的钢筋。此框架梁的上部钢筋在边支座处锚固，中间支座处有支座负筋，下部主筋在边支座和中间支座处均锚固。在梁柱节点主筋锚固时，注意的问题是：首先判断钢筋是否直锚？如果是弯锚，从哪里下弯以便计算长度，对于下部钢筋，因都在支座处锚固，需要按跨分别计算钢筋长度。如图4-27所示，第一排非通长筋及与跨中直径不同的通长筋从柱（梁）边起伸出至$l_n/3$位置；第二排非通长筋伸出至$l_n/4$位置。l_n的取值规定为：对于端支座，l_n为本跨的净跨值；对于中间支座，l_n为支座两边较大一跨的净跨值。下部钢筋标注在原位标注中；下部钢筋每跨布置，在每一跨分别锚入相邻支座。下部钢筋在端跨内一端同端支座的锚固计算，另一端为直锚；在中间跨，两端都是直锚，具体直锚和弯锚的长度同上部通长筋的计算。中部构造钢筋锚入支座的锚固长度是15d。

编制钢筋的工程量清单要注意，不同种类、不同规格的钢筋应分别编制清单项。如果采用焊接接头，则单独对焊接接头清单列项，钢筋计算长度不能计算搭接长度。

【解】

根据11G101-1图集，三级抗震，C30混凝土的L_{aE}＝37d＝37×25＝925mm>(500−30＝470mm)需要弯锚。

1. 上部钢筋计算

(1) Φ25上部通长钢筋

长度＝(6.9＋3.3＋7.5＋0.6−0.025×2＋15×0.025×2)＝19m，根数＝2根

(2) ① 轴支座第一排Φ25 筋

长度：(6.9−0.6)/3+0.6−0.025+15×0.025 = 3.05m，根数=2 根

(3) ① 轴支座第二排Φ22 筋

长度=(6.9−0.6)/4+0.6−0.025+15×0.025=2.525m，根数=2 根

(4) ②、③轴支座第一排Φ25 筋

伸出②轴支座左边长度=(6.9−0.6)/3=2.1m，伸出 2 轴支座左边长度=(6.9−0.6)/3=2.1m

伸出③轴支座左边长度=(7.5−0.6)/3=2.3m，伸出 3 轴支座左边长度=(7.5−0.6)/3=2.3m

在②—③轴之间钢筋长度=3.3−0.6=2.7m＜钢筋的伸出长度=2.1+2.3=4.4m，所以②—③轴处钢筋通长而过。

长度=2.1+0.3+3.3+0.3+2.3=8.3m，根数=2 根

(5) ②、③轴支座第二排Φ22 筋

伸出②轴支座左边长度=(6.9−0.6)/4=1.575m，伸出②轴支座左边长度=(6.9−0.6)/4=1.575m

伸出③轴支座左边长度=(7.5−0.6)/4=1.725m，伸出③轴支座左边长度=(7.5−0.6)/4=1.725m

在②—③轴之间钢筋长度=3.3−0.6=2.7m＜钢筋的伸出长度=1.575+1.725=3.3m，所以②轴—③轴处钢筋通长而过。

长度=1.575+0.3+3.3+0.3+1.725=7.2m，根数=2 根

(6) ④轴支座第一排Φ25 筋

长度：(6.9−0.6)/3+0.6−0.025+15×0.025=3.05m，根数=2 根

(7) ④轴支座第二排Φ22 筋

长度=(6.9−0.6)/4+0.6−0.025+15×0.025=2.525m，根数=2 根

上部Φ25 钢筋长度合计=19×2+3.05×2+8.3×2+3.05×2=66.80m

上部Φ22 钢筋长度合计=2.525×2×2+7.2×2=24.50m

2. 下部钢筋计算

(1) ①—②轴Φ25 钢筋

长度：6.9−0.6+(0.6−0.025+15×0.025)+37×0.025=8.175m，根数=4 根

(2) ②—③轴Φ16 钢筋

长度：3.3−0.6+37×0.016×2=3.884m，根数=4 根

(3) ③—④轴Φ25 钢筋

长度：7.5−0.6+37×0.025×2=8.75m，根数=4 根

下部Φ25 钢筋长度合计=8.175×4+8.75×4=67.70m

下部Φ16 钢筋长度合计=3.884×4=15.536m

3. 中部Φ14 构造钢筋计算

长度=(6.9−0.6+30×0.014)+(3.3−0.6+30×0.014)+(7.5−0.6+30×0.014)=16.16m

根数=2 根

4. Φ10 箍筋的计算

箍筋弯钩长度$=\max(10d，75)+1.9d=11.9d$

箍筋长度$=(0.3-0.025\times2+0.6-0.025\times2)\times2+11.9\times0.01\times2=1.838$m

箍筋的加密区间$=\max(1.5h_b，500)=900$mm

根数$=[(0.9-0.05)/0.1+1]\times2+[(6.9-0.6-1.8)/0.15-1]\times1+[(0.9-0.05)/0.1+1]\times2+[(3.3-0.6-1.8)/0.15-1]\times1+[(0.9-0.05)/0.1+1]\times2+[(7.5-0.6-1.8)/0.15-1]\times1=20+29+20+5+20+33=127$ 根

Φ10 箍筋长度$=1.838\times127=233.43$m

5. 拉筋计算

梁宽$=300$mm<350mm，拉筋直径 $d=6.5$mm

拉筋的弯钩长度$=\max(10d，75)+1.9d=0.075+1.9\times0.006=0.0864$m

拉筋长度$=(0.3-0.025\times2)+2\times0.0864=0.423$m

拉筋根数$=(6.9-0.6-0.05\times2)/0.3+1+(3.3-0.6-0.05\times2)/0.3+1+(7.5-0.6-0.05\times2)/0.3+1=55$ 根

Φ6.5 拉筋长度$=0.423\times55=23.265$m

6. 钢筋重量合计

Φ25 钢筋的重量为：$3.85\times(66.80+67.70)=517.825$ kg

Φ22 钢筋的重量为：$2.98\times24.50=73.01$ kg

Φ16 钢筋的重量为：$1.58\times15.536=24.547$kg

Φ14 钢筋的重量为：$1.21\times(16.16\times2)=39.107$ kg

Φ10 箍筋重量为：$0.617\times233.43=144.02$kg

Φ6.5 箍筋重量为：$0.26\times23.265=6.05$kg

钢筋工程的分部分项工程量清单编制表见表 4-34。

分部分项工程和单价措施项目清单与计价表

表 4-34

工程名称：某工程　　　　　　　　　　　　　　　　　　　　　　　　　　第 1 页共 1 页

序号	项目编码	项目名称	项 目 特 征	计量单位	工程量	综合单价	合价	其中：暂估价
1	010515001001	现浇构件钢筋	Φ6.5 箍筋	t	0.006			
2	010515001002	现浇构件钢筋	Φ10 箍筋	t	0.144			
3	010515001003	现浇构件钢筋	Φ14 钢筋	t	0.039			
4	010515001004	现浇构件钢筋	Φ16 钢筋	t	0.025			
5	010515001005	现浇构件钢筋	Φ22 钢筋	t	0.073			
6	010515001006	现浇构件钢筋	Φ25 钢筋	t	0.518			

【题 4-18】 钢筋混凝土板平法标准板钢筋计算

某建筑物现浇混凝土楼板 LB1、LB2 的配筋如图 4-28 所示，C30 混凝土，支撑在梁

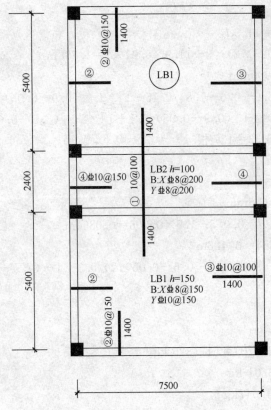

图 4-28　现浇混凝土楼板 LB1、LB2 的配筋

上，梁尺寸为 300mm×500mm，柱尺寸为 500mm×500mm，外围三边的梁与柱外侧平齐，其余梁居中布置，锚固长度为 31d，梁保护层 30mm，板保护层 15mm，图中未注明的分布筋为 Φ6.5@250，计算 LB1、LB2 中全部钢筋清单工程量。

【解题思路】　根据 11G101-1 在 92 页关于有梁楼盖楼（屋）面板配筋构造，见图的内容可知：

（1）板的上部贯通钢筋在板的跨中区域（板跨－左右两端的非连接区段）内连接。板纵筋可采用搭接连接、机械连接或焊接连接。下部钢筋在距支座 1/4 净跨内连接。

（2）当板端支座为框架梁、剪力墙、圈梁时，板下部钢筋锚入支座内的锚固长度取 max（5d，0.5×支座宽度）；当板端支座为砌体墙时，锚固长度取 max（120，板厚 h）。下部钢筋在中间支座处锚固，这里要注意：锚固的长度要大于等于 5d 并且至少要到梁的中线。

（3）板钢筋的排列是：从距离支座（梁边）为 1/2 板筋间距时开始排第一根，如本例中，板筋间距是 100mm，那么从距离支座（梁边）50mm 处开始排第一根。根据 12G901-1 第 110 页的内容，板钢筋是从距离支座（梁边）50mm 处开始排第一根。本题统一采用 50mm。

（4）对于端支座下部纵筋的锚固，同中间支座，锚固的长度要大于等于 5d 并且至少要到梁的中线。

（5）对于端支座上部纵筋的锚固：要解决好下面四个问题：

1）首先要判断是直锚还是弯锚？① 当锚入的直段长度大于等于 l_a 时，可直锚；②当锚入的直段长度小于 l_a 时，需要弯锚。2）其次，上部纵筋开始下弯的位置？当端支座为梁设计成铰接时，开始下弯的位置是锚入支座的长度大于等于 $0.35l_{ab}$ 时即可；充分利用钢筋的抗拉强度是，开始下弯的位置是锚入支座的长度大于等于 $0.6l_{ab}$ 时即可，一般在计算时，纵筋应伸至支座（梁、圈梁或剪力墙）外侧纵筋内侧后弯折。注意：如果端部支座不为梁，那么开始下弯的位置会有所不同。具体见 11G101-1 92 页图 3）下弯的长度是多少？下弯长度为 15d。4）锚入的平直段＋15d 是否要大于 l_a？不需要，只有直锚时才需要。

（6）板中非贯通钢筋的标注值是自梁（支座）中线开始的。竖直弯折部分通常为直接放置在板底部，故弯折长度取值为：板厚－板保护层×2

（7）注意不要忘记负筋下面的分布筋。分布筋的长度计算＝净跨长－左负筋长度－右

负筋长度+0.15（与负筋的搭接长度）×2

根据 12G901-1 第 116 页的内容，分布筋从支座边 50mm 开始排第一根，布筋区域为伸入板内的净长度。

【解】

1. LB1 中 X 向下部± 8钢筋

锚固长度=max{5d, 1/2 梁宽}=0.15m

长度=板净跨+左锚固长度+右锚固长度=7.5-0.15+0.25-0.3+0.15×2=7.6m

根数=（板净跨-2×0.05）/板筋间距+1=[（5.4-0.15+0.25-0.3-2×0.05）/0.15+1]×2=70 根

± 8钢筋长度=7.6×70=532.00m

2. LB1 中 Y 向± 10钢筋：

长度=板净跨+左锚固长度+右锚固长度

=5.4-0.15+0.25-0.3+0.15×2=5.5m

根数=（板净跨-2×0.05）/板筋间距+1=[（7.5-0.15+0.25-0.3-2×0.05）/0.15+1]×2=98 根

± 10钢筋长度=5.5×98=539.00m

3. LB2 中 X 向± 8钢筋

长度=板净跨+左锚固长度+右锚固长度=7.5-0.15+0.25-0.3+0.15×2=7.6m

根数=（板净跨-2×0.05）/板筋间距+1=（2.4-0.15-0.15-2×0.05）/0.2+1=9 根

± 8钢筋长度=7.6×9=68.4m

4. LB2 中 Y 向± 8钢筋

长度=板净跨+左锚固长度+右锚固长度=2.4-0.15-0.15+0.15×2=2.40m

根数=（板净跨-2×0.05）/板筋间距+1=（7.5-0.15+0.25-0.3-2×0.05）/0.2+1=37 根

± 8钢筋长度=2.4×37=88.80m

5. ①号± 10上部负弯矩筋

长度=标注长度+弯折长度×2=1.4+2.4+1.4+（0.15-0.015×2）×2=5.44m

根数=（净跨-2×0.05）/板筋间距+1=（7.5-0.15-0.05-2×0.05）/0.1+1=73 根

± 10钢筋长度=5.44×73=397.12m

6. ②号± 10上部负弯矩筋

长度=板内尺寸+锚固长度=（1.4-0.15）+（0.3-0.025+15×0.01）+（0.15-0.015×2）= 1.79m

根数=[（7.5-0.15-0.05-2×0.05）/0.15]×2+[（5.4-0.15-0.05-2×0.05）/0.15]×2=164 根

± 10钢筋长度=1.79×164=293.56m

7. ③号± 10上部负弯矩筋

钢筋长度=板内尺寸+锚固长度=（1.4-0.15）+（0.3-0.03+15×0.01）+（0.15-

$0.015 \times 2) = 1.79m$

根数 $= [(5.4-0.15-0.05-2 \times 0.05)/0.10] \times 2 = 102$ 根

Φ10 钢筋长度 $= 1.79 \times 102 = 182.58m$

8. ④号Φ10 上部负弯矩筋

长度 $=$ 板内尺寸 $+$ 锚固长度 $= (1.4-0.15) + (0.3-0.03+15 \times 0.01) + (0.1-0.015 \times 2) = 1.74m$

根数 $= [(2.4-0.15-0.15-2 \times 0.05)/0.15] \times 2 = 28$ 根

Φ10 钢筋长度 $= 1.74 \times 28 = 48.72m$

9. ①号上部负弯矩筋下面的 Φ6.5@250 的分布筋

长度 $=$ 净跨长 $-$ 左负筋长度 $-$ 右负筋长度 $+ 0.15 \times 2$

$= (7.5+0.25-0.15) - 1.4 - 1.4 + 0.15 \times 2 = 5.1m$

根数 $= (2.4-0.15-0.15-0.05-0.05)/0.25 + 1 = 9$ 根

①号负筋下的 Φ6.5@250 总长度 $= 5.1 \times 9 = 45.90m$

10. ②号上部负弯矩筋下面的 Φ6.5@250 的分布筋

长度 $= (5.4+0.25-0.15) - 1.4 - 1.4 + 0.15 \times 2 = 3.0m$

另一个方向钢筋长度 $= (7.5+0.25-0.15) - 1.4 - 1.4 + 0.15 \times 2 = 5.1m$

根数 $= (1.4-0.15-0.05)/0.25 + 1 = 6$ 根

②号负筋下的 Φ6.5@250 总长度 $= 3.0 \times (6+6) + 5.1 \times (6+6) = 97.20m$

11. ③号上部负弯矩筋下面的 Φ6.5@250 的分布筋

长度 $= (5.4+0.25-0.15) - 1.4 - 1.4 + 0.15 \times 2 = 3.0m$

根数 $= (1.4-0.15-0.05)/0.25 + 1 = 6$ 根

③号负筋下的 Φ6.5@250 总长度 $= 3.0 \times (6+6) = 36.00m$

12. ④号上部负弯矩筋下面的 Φ6.5@250 的分布筋

④号上部负筋下无分布筋,因为上部有通长的①号负筋。

钢筋合计:

Φ8 钢筋重量 $= (532.00+68.4+88.80) \times 0.395 = 272.23kg$

Φ10 钢筋重量 $= (539+397.12+293.56+182.58+48.72) \times 0.617 = 901.42kg$

Φ6.5 钢筋的重量 $= 0.26 \times (45.90+97.20+36.00) = 46.57kg$

【题 4-19】 剪力墙钢筋的计算案例

如图 4-29 所示,结构抗震等级为三级,C30 混凝土,墙体保护层为 20mm,轴线居中,墙身钢筋锚固长度为 $33d$,墙身外侧水平钢筋在转角处搭接,基础顶标高 $-1.53m$,基础的底标高为 $-2.33m$,基础高度为 800mm,墙身采用绑扎搭接,拉筋为矩形排布,每层剪力墙上均有暗梁 AL:300mm×500mm,上部、下部均配 3Φ22 钢筋,箍筋 Φ8@200(2),暗梁、连梁顶均与板顶平齐,计算图中 Q1、LL1、Q1 上 AL 的钢筋工程量。

结构层楼面标高和层高 表 4-35

层号	标高 (m)	层高
屋面	15.870	
4	11.970	3.9

层号	标高（m）	层高
3	8.070	3.9
2	4.170	3.9
1	−0.030	4.2

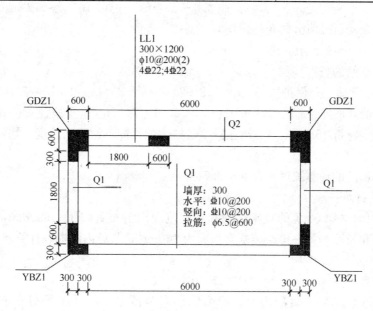

图 4-29　剪力墙连梁钢筋示意图

【解题思路】

图中的标注是剪力墙截面注写的平法标注方法，计算剪力墙身水平筋的根数，重点在于理解水平筋从基础到屋面的布置情况，剪力墙水平筋就像框架柱的箍筋，是从基础一直到墙顶连续布置的，在连梁、暗梁、边框梁的高度范围内，水平钢筋也是连续布置的，竖向钢筋连续穿过暗梁或连梁。根据 11G101-1 第 74 页的规定，对于连梁纵筋锚固长度取值应注意：墙肢长度≥max（l_{aE}，600），采用直锚形式，锚固长度＝max（l_{aE}，600）；墙肢长度＜max（l_{aE}，600），采用弯锚形式，锚固长度＝支座宽度－保护层＋15d。剪力墙连梁箍筋在中间层的布筋范围为洞口范围；连梁箍筋顶层布筋范围有两部分：洞口范围内的箍筋（按设计要求的箍筋直径和间距计算）；支座或墙肢范围（箍筋直径同跨中钢筋，箍筋间距为 150mm）。

【解】

1. 计算 Q1 的钢筋工程量

（1）计算 Q1 墙身Φ10 水平钢筋：

1）长度的计算：

根据 11G101-1 第 69 页的规定，当墙体水平钢筋伸入端柱内侧的直锚长度≥l_{aE}时，可不必上下弯折，但必须伸至端柱对边竖向钢筋的内侧位置。其他情况，墙体水平钢筋必须伸入端柱对边竖向钢筋内侧位置，然后弯折 15d。根据 11G101-1 第 53 页的规定，三级抗震 C30 混凝土三级钢查找到其基本锚固长度 $l_{abE}=37d$，受拉钢筋的锚固长度不需要修正，故 $l_{aE} = 37d = 37 \times 0.01 = 0.37$m，端柱长 900mm $>$ 370mm，故 B 轴交 1 轴、2 轴处剪力墙伸入端柱内侧的水平钢筋不需要弯折，但伸至端柱对边锚固，外侧钢筋伸入端柱对边后仍需要弯折。外侧水平钢筋在 A 轴的外墙转交处一侧搭接，搭接接头的面积百分率为 50%，搭接长度 $l_{lE} = 1.4 l_{aE}$。

外侧水平钢筋长度 = （墙长 - 2 × 保护层）+（墙长 - 2 × 保护层）+ 搭接长度 × 搭接次数
$$= (7.2 - 2 \times 0.02) + (3.6 - 2 \times 0.02 + 0.015 \times 2) \times 2 + 2 \times 37 \times 1.4 \times$$
$$0.010（转角处搭接）$$
$$= 15.616 \text{m}$$

内侧水平钢筋的长度：

1 轴处长度 = 墙长 - 保护层 + 15d = 7.2 - 2 × 0.02 + 2 × 15 × 0.010 = 7.46m

A 轴、B 轴处长度 = 3.6 - 2 × 0.02 + 15 × 0.01 = 3.71m（这里应注意：在端柱一侧直锚即可，不需要弯折 15d，但另一侧在转角暗柱中的锚固不论锚固长度，均需伸至暗柱边并弯折 15d）

内侧水平钢筋的计算长度 = 7.46 + 3.71 × 2 = 14.88m

2）根数的计算：

根据 11G101-3 第 58 页的规定，基础高度范围内需布置间距 ≤ 500mm，且不少于两道水平分布筋和拉筋，第一排距离基础顶面为 100mm，基础内的根数计算 = （基础高度 - 0.1 - 基础保护层）/0.5 + 1

基础内根数 = (0.8 - 0.1 - 0.04)/0.5 + 1 = 2 根

根据 12G901-1 第 73 页的内容，剪力墙层高范围最下一排水平分布筋距底部板顶 50mm，最上一排水平分布筋局顶部板顶不大于 100mm，这里也取 50mm。则水平钢筋的根数 = （层高 - 0.05 - 0.05）/间距 + 1，下面分层计算根数：

首层根数 = (4.2 + 1.5 - 0.05 - 0.05)/0.2 + 1 = 29 根

第二层根数 = (3.9 - 0.05 - 0.05)/0.2 + 1 = 20 根

第三层根数 = (3.9 - 0.05 - 0.05)/0.2 + 1 = 20 根

第四层根数 = (3.9 - 0.05 - 0.05)/0.2 + 1 = 20 根

总根数 = 2 + 29 + 20 + 20 + 20 = 91 根

Φ 10 钢筋的重量 = 0.617 × (15.616 + 14.88) × 91 = 1712.26kg

（2）剪力墙 Q1 的竖向钢筋长度计算：

参见图集（11G101-1）第 70 页，采用剪力墙竖向分布钢筋连接构造图（一）的规定，这里取搭接长度为 $1.4 l_{aE}$，每层的竖向钢筋长度 = 层高 - 露出本层的高度 + 伸出本层楼面外露长度 + 与上层钢筋连接

由于竖向钢筋从基础插筋至顶层布置，也可不分层计算。

基础插筋：锚固长度 $l_{aE} = 33d = 33 \times 10 = 330$mm

墙插筋在基础中的锚固详见 11G101-3 图集第 58 页的规定：因基础深度 800mm $> l_{aE}$ = 330mm，插筋插至基础板底部支在底板钢筋网上，并弯折 $\{6d, 150\text{mm}\}$ 取大值。

基础内插筋的长度：0.8 - 0.04（基础保护层）+ 0.15 = 0.91m

基础顶面至顶层钢筋长度 = （总高度 - 柱顶保护层 + 1.4 l_{aE}（搭接长度）× 搭接次数 + 弯折 12d）

$$=15.87+1.5-0.02+1.4\times37\times0.010\times4+12\times0.010$$
$$=19.542m$$

竖向钢筋的总长度＝0.91＋19.542＝20.452m

竖向钢筋的根数＝（墙净长－起步距离×2）/间距＋1；起步距离＝1/2间距
$$=[(1.8-0.2)/0.2+1]\times2+[(6.0-0.2)/0.2+1]\times1=48\text{ 根}$$

Φ10 钢筋的重量＝0.617×20.452×48＝605.71kg

（3）剪力墙 Q1 拉筋Φ6.5 的计算：

拉筋长度＝墙厚－2×保护层＋max(75mm＋1.9d，11.9d)×2＝0.3－2×0.02＋11.9×0.01×2＝0.498m

根据 12G901-1 第 86 页的规定，剪力墙层高范围内最下一排拉筋位于底部板顶以上第二排分布筋位置处，最上一排拉筋位于层顶部板底以下第一排水平分布筋位置处。墙身宽度范围内由距边缘构件第一排墙身竖向分布筋处开始设置。位于边缘构件范围的水平分布筋也应设置拉筋，且此范围内拉筋间距不大于墙身拉筋间距。

分层计算拉筋的根数，拉筋采用矩形布置。

根据 12G901-1 第 15 页的规定，在基础内应布置间距≤500mm，且不小于两道水平分布筋与拉筋。这里有 2 道拉筋。

基础内拉筋的根数＝{(7.2－0.02×2)/0.6＋1＋[(3.6－2×0.02)/0.6＋1]×2}×2＝(13＋7×2)×2＝54 根

首层根数＝水平方向根数×竖向根数
$$=\{(7.2-0.02\times2)/0.6+1+[(3.6-2\times0.02)/0.6+1]\times2\}\times[(4.2+1.5-0.05$$
$$-0.2-0.05-0.2)/0.6+1]=(13+7\times2)\times10=270\text{ 根}$$

第二层根数＝{(7.2－0.02×2)/0.6＋1＋[(3.6－2×0.02)/0.6]×2}×[(3.9－0.05－0.2－0.05－0.2)/0.6＋1]＝(13＋7×2)×7＝189 根

第三、四层根数与第二层相等。

拉筋总根数 54＋270＋189×3＝891 根

Φ6.5 钢筋的重量＝0.26×0.498×891＝115.367kg

2. 计算 LL1 的钢筋工程量

（1）LL1 中纵筋三级 22 的钢筋

根据 12G901-1 第 78 页的规定，中间层端部洞口连梁的纵向钢筋及顶层端部洞口连梁的下部纵向钢筋，当伸入端支座的直锚长度≥l_{aE}时，可不必上下弯锚，但应伸至边缘构件外边竖向钢筋内侧位置。

锚固长度：连梁纵筋的锚固为 l_{aE}＝33×0.022＝0.726m

剪力墙连梁一端锚入墙肢内的长度为 max(600，l_{aE})＝726mm

剪力墙连梁另一端锚入端柱内，因端柱宽度＝600mm＜726mm，需弯折 15d，锚固长度＝0.6－0.02＋15×0.022＝0.91m

纵筋长度＝左锚固长度＋洞口长度＋右锚固长度＝1.800＋0.726＋0.91＝3.436m

共四层连梁，每层上下部钢筋共 8 根。

Φ22 钢筋重量＝2.98×3.436×8×4＝327.66kg

（2）LL1 中箍筋Φ10 的钢筋计算

2~4 层箍筋长度＝(0.3－2×0.02＋1.2－2×0.02)×2＋2×11.9×0.01＝3.078m

2~4 层箍筋根数＝[(洞口宽度－2×50)/间距＋1]×3＝[(1.8－2×0.05)/0.2＋1]×3＝30 根

根据 11G101-1 第 74 页的规定，顶层连梁在锚固区域内的箍筋也要布置，从洞口边 100mm 开始排第 1 根箍筋，间距 150mm。

顶层箍筋长度＝(0.3－2×0.02＋1.2－2×0.02)×2＋2×11.9×0.01＝3.078m

顶层箍筋根数＝左支座内箍筋根数＋洞口上箍筋根数＋右墙肢内箍筋根数

＝[(左侧锚固长度水平段－100)/150＋1]＋[(洞口宽度－50)/间距＋1]＋[(右侧锚固长度水平段－100)/150＋1]

＝[(0.6－0.02－0.1)/0.15＋1]＋[(1.8－2×0.05)/0.2＋1]＋[(0.748－0.1)/0.15＋1]＝19 根

箍筋Φ 10 的重量＝0.617×3.078×(30＋19)＝93.06kg

3. 计算 Q1 上部 AL 的钢筋

(1) 一、二、三层中 AL 中纵筋Φ 22 的钢筋

根据 12G901-1 第 81 页的规定，中间层暗梁的纵向钢筋及顶层暗梁的下部纵向钢筋，当伸入端支座的直锚长度≥l_{aE}时，可不必上下弯锚，但应伸至边缘构件外边竖向钢筋内侧位置。

锚固长度：暗梁纵筋的锚固为 l_{aE}＝33×0.022＝0.726m

A 轴处剪力墙暗梁一端锚入墙肢内的长度为 max(600，l_{aE})＝726mm

剪力墙连梁另一端锚入端柱内，因端柱宽度＝600mm＜726mm，需弯折 15d，锚固长度＝0.6－0.02＋15×0.022＝0.91m

纵筋长度＝左锚固长度＋净长＋右锚固长度＝0.91＋6.0＋0.91＝7.82m

1 轴处剪力墙暗梁两端锚入端柱内，因端柱宽度＝900mm＞726mm，不需弯折 15d，但应伸至构件边缘竖向钢筋内侧，锚固长度＝0.9－0.02＝0.88m

纵筋长度＝左锚固长度＋净长＋右锚固长度＝0.88＋1.8＋0.88＝3.56m

2 轴处纵筋长度＝3.56m

首层Φ 22 钢筋的长度＝(7.82＋3.56＋3.56)×6＝89.64m

二层、三层Φ 22 钢筋的长度＝(7.82＋3.56＋3.56)×6＝89.64m

Φ 22 钢筋重量＝2.98×89.64×3＝801.38kg

(2) 顶层暗梁Φ 22 的钢筋

A 轴处上部 3 根Φ 22 钢筋的长度

＝(0.5－0.02＋0.6－0.02＋6.0＋0.6－0.02＋0.5－0.02)×3＝24.36m

下部 3 根Φ 22 钢筋的长度＝(0.91＋6.0＋0.91)×3＝23.46m

1 轴处上部 3 根Φ 22 钢筋的长度＝(0.5－0.02＋0.9－0.02＋1.8＋0.9－0.02＋0.5－0.02)×3＝13.56m

下部 3 根Φ 22 钢筋的长度＝(0.88＋1.8＋0.88)×3＝10.68m

Φ 22 钢筋重量＝2.98×[24.36＋23.46＋(13.56＋10.68)×2]＝286.97kg

(3) AL 中箍筋Φ 8 的钢筋计算

根据 12G901-1 第 81 页的规定，暗梁箍筋由剪力墙构造边缘构件或约束边缘构件阴影

区边缘 50mm 处开始设置。

箍筋长度＝$(0.3-2×0.02+0.5-2×0.02)×2+2×11.9×0.008=1.63$m

箍筋根数＝[(净长度－2×50)/间距＋1]＝$[(1.8-2×0.05)/0.2+1]×2+(6.0-2×0.05)/0.2+1=51$ 根

箍筋Φ8 的重量＝$0.395×(1.63×51)×4=131.35$kg

4. Q1、LL1、AL 的钢筋工程量合计

箍筋Φ10 的重量为 93.06kg，Ф10 钢筋重量为 2317.97kg，箍筋Φ6.5 钢筋的重量为 115.367kg，Ф22 钢筋的重量为＝$327.66+801.38+286.97=1416.01$kg，箍筋Φ8 的重量为 131.35kg。

【题 4-20】 钢柱工程量清单及报价的案例分析

某厂房实腹钢柱如图 4-30 所示，共 40 根。运距 5km，刷防锈漆 2 遍，防火漆 3 遍，编制实腹钢柱工程量清单并报价。

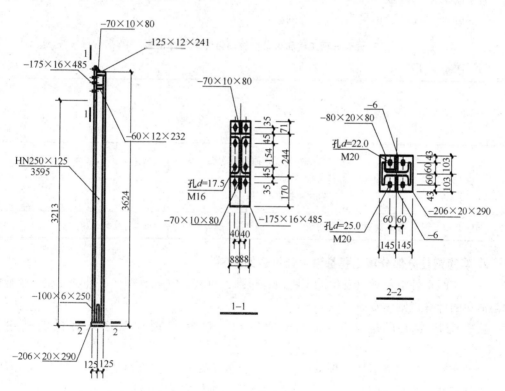

图 4-30 某厂房实腹钢柱

【解题思路】 （1）钢柱的计算规则较简单，需准确清晰的识图，把所有构件分别计算钢构件的质量，加和在一起。（2）报价中需要考虑构件安装、运输的费用。（3）钢柱油漆的工程量需要单列油漆子目计算。

【解】

1. 清单工程数量的计算

（1）实腹钢柱清单计算规则：按设计图示尺寸以质量计算，不扣除孔眼的质量。焊条、铆钉、螺栓等不再另增加质量。依附在钢柱上的牛腿及悬臂梁等并入钢柱工程量内。

HN250×125 型钢质量＝3.595×29.728＝106.87 kg

－6×100×250 钢板质量＝0.1×0.25×47.1×2＝2.36 kg

－10×70×80 钢板质量＝0.07×0.08×78.5×1＝0.44 kg

－12×125×241 钢板质量＝0.125×0.241×94.2×1＝2.84 kg

－12×60×232 钢板质量＝0.06×0.232×94.2×2＝2.62 kg

－16×175×485 钢板质量＝0.175×0.485×125.6×1＝10.66 kg

－20×206×290 钢板质量＝0.206×0.29×157×1＝9.38 kg

钢柱总质量＝（106.87＋2.36＋0.44＋2.84＋2.62＋10.66＋9.38）×40＝5406.8kg
＝5.407t

（2）钢柱油漆清单工程量计算规则为：按设计图示尺寸以吨计算；或按设计展开面积以平方米计算。这里按吨计算。

油漆的清单工程量＝5.407t

分部分项工程量清单见表 4-36 所列。

分部分项工程和单价措施项目清单与计价表　　　　　　　　表 4-36

工程名称：某工程　　　　　　　　　　　　　　　　　　　　　　第 1 页共 1 页

序号	项目编码	项目名称	项目特征	计量单位	工程量	金额（元）		
						综合单价	合价	其中：暂估价
1	010603001001	实腹钢柱	1. 钢材品种、规格：HN250×125 2.单根柱重量：0.135t	t	5.407	10166.67	54971.20	
2	011405001001	金属面油漆	防锈漆 2 遍，防火漆 3 遍	t	5.407	666.76	3605.19	

2. 实腹钢柱分部分项工程量清单计价表的编制

（1）实腹钢柱清单项目发生的工程内容包括：拼装、安装、探伤、补刷油漆。企业定额与清单的计算规则一致。

实腹柱制作工程量＝5.407t，企业定额每吨实腹钢柱制作人材机的基价为8308.07 元。

企业定额金属构件运输工程量＝5.407t，运距 5km，人材机的基价为 919.33 元/10t。

钢柱安装工程量＝5.407t，企业定额每吨实腹钢柱安装人材机的基价为 927.22 元。

实腹钢柱的总价＝5.407×8308.07＋5.407×91.933＋5.407×927.22×（1＋5%＋4%）
　　　　　　＝54971.20 元

实腹钢柱的综合单价＝54971.20÷5.407＝10166.67 元/t。

（2）金属面油漆清单项目发生的工程内容包括：基层清理；刮腻子；刷防护材料、油漆。企业定额工程量＝5.407t，企业定额中金属面刷两遍防火漆的人材机的基价为465.55 元/t，金属面刷两遍红丹防锈漆的人材机的基价为 146.16 元/t。

油漆的总价＝5.407×（465.55＋146.16）×（1＋5%＋4%）＝3605.19 元

油漆的综合单价＝3605.19÷5.407＝666.76 元/t。

【题 4-21】 瓦屋面工程量清单及报价的案例分析

某建筑物的屋面平面图和剖面图如图 4-31、图 4-32 所示。坡屋面的构造做法：钢筋混凝土屋面板清扫干净，素水泥浆一道，20mm 厚，1：3 水泥砂浆找平，刷聚氨酯防水涂料 2 遍，采用 25mm 厚 1：3 干硬性水泥砂浆防水保护层，1：1：4 水泥石灰砂浆铺瓦屋面。根据《建设工程工程量清单计价规范》（GB 50500—2013）和《房屋建筑与装饰工程工程量计算规范》（GB 50854—2013）的规定编制瓦屋面的工程量清单并报价。

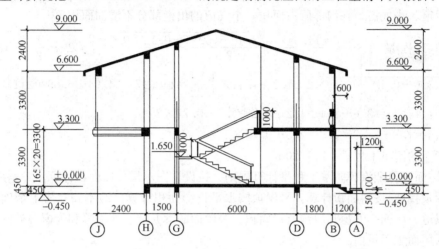

图 4-31　1-1 剖面图

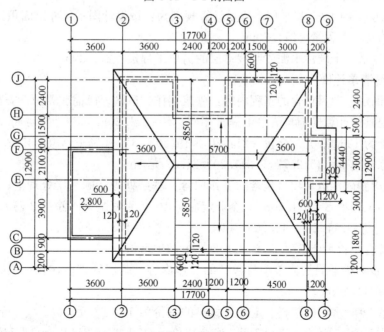

图 4-32　屋顶平面图

【解题思路】 （1）根据瓦屋面的做法，应分别计算防水层和瓦屋面的工程量清单及报价。（2）防水的报价中不应包含找平层的费用，找平层按楼地面装饰工程的内容单独列示清单项目。（3）应掌握瓦屋面斜面积的计算方法。（4）瓦屋面的报价中不再包含安顺水条和挂瓦条、望板、椽子的制作安装的费用。实际发生时，按《房屋建筑与装饰工程工程量计算规范》中 G.3 屋面木基层中的"010703001 屋面木基层"单独列示项目编码并单独报价。

【解】

1. 工程量清单的编制

（1）瓦屋面工程量计算规则：按设计图示尺寸以斜面积计算，不扣除房上烟囱、风帽底座、风道、小气窗、斜沟等所占面积，小气窗的出檐部分不增加面积。

$$清单工程量 = \frac{(5.7+14.34)\times\sqrt{2.4^2+(5.85+0.12+0.6)^2}}{2}\times 2 + \frac{1}{2}\times 13.14 \times$$

$$\sqrt{2.4^2+(3.6+0.12+0.6)^2}\times 2 + 1.2 + 4.44\times\frac{4.94}{4.32} = 140.17+64.94+6.09 = 211.20$$

其中：$14.34 = 3.6+2.4+1.2+1.2+4.5+0.72\times 2$

$13.14 = 1.8+3+3+1.5+2.5+0.72\times 2$

瓦屋面的清单工程量 $= 211.20\text{m}^2$

（2）屋面聚氨酯涂膜防水工程量计算规则：按设计图示尺寸以面积计算。1）斜屋顶（不包括平屋顶找坡）按斜面积计算，平屋顶按水平投影面积计算。2）不扣除房上烟囱、风帽底座、风道、屋面小气窗和斜沟所占面积。3）屋面的女儿墙、伸缩缝和天窗等处的弯起部分，并入屋面工程量内。

涂膜防水的清单工程量 $= 211.20\text{m}^2$

（3）防水层下的 1：3 找平层工程量计算规则为：按设计图示尺寸以面积计算。

找平层的清单工程量 $= 211.20\text{m}^2$

铺瓦下 1：2.5 干硬性水泥砂浆找平层的清单工程量 $= 211.20\text{m}^2$

2. 工程量清单计价

（1）瓦屋面清单项目包含的工程内容：砂浆制作、运输、摊铺、养护；安瓦、做瓦脊。企业定额工程量的计算规则与清单工程量相同。$S=211.20\text{m}^2$，企业定额每 10m^2 瓦屋面人材机的基价为 196.03 元。合价 $=211.20\times 19.603\times(1+5\%+4\%)=4512.77$ 元。

瓦屋面综合单价 $=4512.77\div 211.20 = 21.37$ 元/m²

（2）屋面涂膜防水清单项目包含的工作内容：基层处理；刷基层处理剂；铺布、喷涂防水层。定额工程量 $S=211.20\text{m}^2$；企业定额每 10m^2 聚氨酯防水涂料 2 遍人材机的基价 450.63 元，合价 $=211.20\times 45.063\times(1+5\%+4\%)=10373.86$ 元。

瓦屋面综合单价 $=10373.86\div 211.20 = 49.19$ 元/m²

（3）平面砂浆找平层的清单项目包括的工作内容：基层处理、抹找平层、材料运输。定额工程量 $=211.20\text{m}^2$。

20mm 厚 1：3 水泥砂浆企业定额人材机的基价为 107.68 元/10m²，合价 $=211.20\times 10.768\times(1+5\%+4\%)=2478.88$ 元，综合单价 $=2478.88\div 211.20=11.74$ 元/m²。

25mm 厚 1：3 干硬性水泥砂浆企业定额人材机的基价为 131.31 元/10m²，合价 $=211.20\times 13.131\times(1+5\%+4\%)=3022.86$ 元，综合单价 $=3022.86\div 211.20=14.31$ 元/m²。

分部分项工程量清单的编制见表 4-37 所列。

工程名称：某工程　　　　　　　　标段：　　　　　　　　第 1 页共 1 页

序号	项目编码	项目名称	项目特征	计量单位	工程量	金额(元)		
						综合单价	合价	暂估价
1	010901001001	瓦屋面	瓦品种、规格：英红瓦	m²	211.20	21.37		
2	010902002001	屋面涂膜防水	1. 防水膜品种：聚氨酯 2. 涂膜厚度、遍数：1.2mm 厚，2 遍	m²	211.20	49.19		
3	011101006001	平面砂浆找平层	20mm 厚 1：3 水泥砂浆	m²	211.20	11.74		
4	011101006002	平面砂浆找平层	25mm 厚 1：3 干硬性水泥砂浆	m²	211.20	14.31		

【题 4-22】 地下室地面及外墙面防水工程量清单及报价的案例分析

某地下室工程外防水做法如图 4-33、图 4-34 所示，1：3 水泥砂浆找平 20mm 厚，三元乙丙橡胶卷材防水（冷贴满铺），外墙防水高度做到±0.000。编制基础底面及外墙防水的分部分项工程量清单并报价。

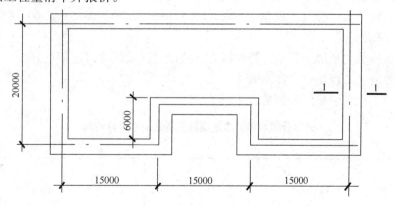

图 4-33　地下室平面图

【解题思路】 （1）墙面卷材防水计算是按外墙铺贴长度乘以铺贴高度计算，这里计算时应注意高度的计算，一般情况下，为保证防水的效果，铺贴至室外地坪以上。（2）地面卷材防水需要和墙面卷材防水分开计算，选用不同的清单项目编码。（3）铺贴时的找平层分别单独计算，选用平面砂浆找平层和立面砂浆找平层子目，不能把它们放入防水层的报价中。（4）防水搭接及附加层用量不另行计算，在综合单价中考虑。

【解】

1. 工程量清单的编制

（1）楼地面卷材防水的工程量计算规则为：按设计图示尺寸以面积计算。按主墙间的

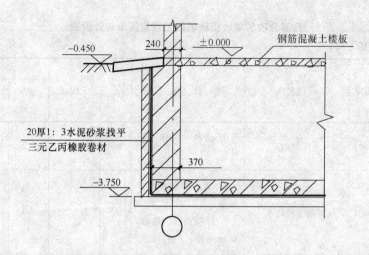

图 4-34 1-1 剖面图

净空面积计算，扣除凸出墙面的构筑物、设备基础等所占面积，不扣除间壁墙及单个面积≤0.3m² 柱、垛、烟囱和孔洞所占面积。防水反边高度≤300mm 算做地面防水，反边高度＞300mm 按墙面防水计算。这里的方式是铺贴在基础下面，按设计图示尺寸计算。

卷材防水（平面）工程量＝（45.00＋0.50）×（20.00＋0.50）－6.00×（15.00－0.50）＝845.75m²

（2）平面砂浆找平层工程量计算规则为：按设计图示尺寸以面积计算。

找平层的清单工程量＝845.75m²

（3）墙面卷材防水清单工程量计算规则是：按设计图示尺寸以面积计算。

外墙面卷材防水（立面）工程量＝（45.00＋0.50＋20.00＋0.50＋6.00）×2×（3.75＋0.12）＝557.28m²

（4）立面砂浆找平层工程量计算规则为：按设计图示尺寸以面积计算。

找平层的清单工程量＝557.28m²

分部分项工程量清单的编制见表 4-38 所列。

分部分项和单价措施项目工程量清单与计价表　　　　　　表 4-38

工程名称：某工程　　　　　　　　　　　　　　　　　　第 1 页共 1 页

序号	项目编码	项目名称	项目特征	计量单位	工程量	金额（元）		
						综合单价	合价	其中：暂估价
1	010904001001	楼（地）面卷材防水	1. 卷材品种、规格：三元乙丙橡胶卷材 2. 防水部位：平面 3. 防水层做法：1：3水泥砂浆找平20mm 厚，三元乙丙橡胶卷材防水（冷贴满铺）	m²	845.75	87.13	73694.09	

序号	项目编码	项目名称	项目特征	计量单位	工程量	金 额（元）		
						综合单价	合价	其中：暂估价
2	011101006001	平面砂浆找平层	20mm 厚 1：3 水泥砂浆	m²	845.75	11.74	9926.67	
3	010903001001	墙面卷材防水	1. 卷材品种、规格：三元乙丙橡胶卷材 2. 防水部位：立面 3. 防水层做法：1：3 水泥砂浆找平层 20mm 厚，三元乙丙橡胶卷材防水（冷贴满铺）	m²	557.28	90.43	50392.82	
4	011201004001	立面砂浆找平层	20mm 厚 1：3 水泥砂浆	m²	557.28	12.57	7004.34	

2. 工程量清单计价表的编制

（1）墙面和楼地面卷材防水清单项目发生的工程内容包括：基层处理；刷胶粘剂；铺防水卷材；接缝、嵌缝。企业定额工程量的计算规则与清单工程量相同。

楼地面防水卷材面积 $S=845.75 m^2$，企业定额每 $10 m^2$ 三元乙丙橡胶卷材防水层平面铺贴人材机的基价为 799.40 元，合价 = 799.40 × 84.575 × （1＋5％＋4％）= 73694.09 元。

综合单价 = 73694.09 ÷ 845.75 = 87.13 元/m²。

外墙面防水卷材面积 $S=557.28 m^2$，企业定额每 $10 m^2$ 三元乙丙橡胶卷材防水层立面铺贴人材机的基价为：829.60 元，合价 = 829.60 × 55.728 × （1＋5％＋4％）= 50392.82 元。

综合单价 = 50392.82 ÷ 557.28 = 90.43 元/m²。

（2）平面和立面砂浆找平层的清单项目包括的工作内容：基层处理、抹找平层、材料运输。企业定额工程量的计算规则与清单工程量相同。

20mm 厚 1：3 平面水泥砂浆企业定额人材机的基价为 107.68 元/10m²，合价 = 845.75 × 10.768 × （1＋5％＋4％）= 9926.67 元，综合单价 = 9926.67 ÷ 845.75 = 11.74 元/m²。

20mm 厚 1：3 立面水泥砂浆企业定额人材机的基价为 115.31 元/10m²，合价 = 557.28 × 11.531 × （1＋5％＋4％）= 7004.34 元，综合单价 = 7004.34 ÷ 557.28 = 12.57 元/m²。

【题 4-23】 屋面保温工程清单及报价工程量计算的案例分析

保温平屋面，尺寸如图 4-35 所示，做法如下：空心板上 1：3 水泥砂浆找平 20mm 厚，刷冷底子油二遍，沥青隔气层一遍，80mm 厚水泥蛭石块保温层，1：10 现浇水泥蛭石找坡，1：3 水泥砂浆找平 20mm 厚，SBS 改性沥青卷材满铺一层，女儿墙周边防水上翻 250mm，C20 细石混凝土刚性防水层 40mm 厚，内设Φ 4 钢筋网 200mm×200mm，表面 1m×1m 分格，并用沥青玛琋脂嵌缝。计算屋面防水及保温层的清单工程量并报价。

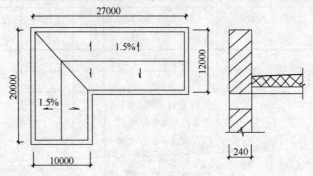

图 4-35　屋顶平面图

【解题思路】　本题是练习在完整屋面做法下需要编制的清单项目及报价的内容，应注意的问题是：（1）防水层、找平层、保温层应分别列示清单项目分别报价。（2）女儿墙上翻的防水工程量应计算并入屋面防水工程量内。（3）屋面保温层因平均厚度计算不相同，报价时应划分为 2 块面积分别计算工程量。并应注意保温层的报价内包括冷底子油、隔气层、找坡层等费用。（4）保温清单工程量是按平面面积，但报价时，需要根据保温层的厚度组价，掌握屋面保温层平均厚度的计算公式：屋面保温层平均厚度＝保温层宽度÷2×坡度÷2＋最薄处厚度。（5）屋面刚性防水层中的钢筋网的费用应包含在其报价中。分格嵌缝的费用同样也要包括在刚性防水屋面中。

【解】

1. 工程量清单的编制

（1）屋面保温层的清单工程量计算

清单工程量计算规则：按设计图示尺寸以面积计算。扣除面积＞0.3m² 孔洞及占位面积。

清单工程量＝（27.00－0.24）×（12.00－0.24）＋（10.00－0.24）×（20.00－12.00）＝392.78m²

（2）屋面卷材防水工程量计算规则：按设计图示尺寸以面积计算。斜屋顶(不包括平屋顶找坡)按斜面积计算，平屋顶按水平投影面积计算。不扣除房上烟囱、风帽底座、风道、屋面小气窗和斜沟所占面积。屋面的女儿墙、伸缩缝和天窗等处的弯起部分，并入屋面工程量内。

卷材防水的清单工程量＝（27.00－0.24）×（12.00－0.24）＋（10.00－0.24）×（20.00－12.00）＋（女儿墙周边上翻）（27.00－0.24＋20.00－0.24）×2×0.25＝416.04m²

（3）平面砂浆找平层工程量计算规则为：按设计图示尺寸以面积计算。

1：3 水泥砂浆找平 20mm 厚找平层的清单工程量＝392.78＋416.04＝808.82m²

（4）刚性防水层的清单计算规则为：按设计图示尺寸以面积计算，不扣除房上烟囱、风帽底座、风道等所占面积。

刚性防水的清单工程量＝392.78m²

分部分项工程量清单的编制见表 4-39 所列。

分部分项工程和单价措施项目工程量清单与计价表　　　　　**表 4-39**

工程名称：某工程

序号	项目编码	项目名称	项 目 特 征	计量单位	工程量	金　额(元)		
						综合单价	合价	其中：暂估价
1	011001001001	保温隔热屋面	1. 保温隔热材料品种、规格：80mm 厚水泥蛭石块保温层，1：10 现浇水泥蛭石找坡 2. 隔气层材料、品种、厚度：沥青隔气层一遍，冷底子油二遍	m²	392.78	41.54	16314.27	
2	010902001001	屋面卷材防水	SBS 改性沥青卷材满铺一层，女儿墙周边防水上翻 250mm	m²	416.04	48.24	20069.37	
3	011101006001	平面砂浆找平层	20mm 厚 1：3 水泥砂浆	m²	808.82	11.74	9495.55	
4	010902003	屋面刚性层	刚性层厚度：40mm；C20 细石混凝土；沥青玛琋脂嵌缝 1m×1m 分格；Φ4 钢筋网 200mm×200mm	m²	392.78	54.03	21222.24	

2. 工程量清单计价

(1)屋面保温层的清单项目包含的工程内容：基层清理；刷胶粘材料；铺粘保温层；铺、刷防护材料。保温层工程量的企业定额计算与清单不相同。

隔气层工程量＝(27.00－0.24)×(12.00－0.24)＋(10.00－0.24)×(20.00－12.00)＝392.78 m²

企业定额石油沥青一遍(含第一遍冷底子油)平面，每 10m² 人材机的基价为 42.88 元。

结合层工程量＝(27.00－0.24)×(12.00－0.24)＋(10.00－0.24)×(20.00－12.00)＝392.78 m²

企业定额第二遍冷底子油，每 10m² 人材机的基价为 11.35 元。

80mm 厚水泥蛭石块保温层工程量按体积计算 V＝392.78×0.08＝31.42 m³

企业定额水泥蛭石块保温层每 10m³ 人材机的基价为 3383.40 元。

找坡工程量＝[(27.00－0.24＋17.00)÷2×(12.00－0.24)]×[(12－0.24)÷2×0.015÷2]＋[(20.00－0.24＋8.00)÷2×(10.00－0.24)]×[(10－0.24)÷2×0.015÷2]＝257.31×0.0441＋135.47×0.0366＝16.31 m³

企业定额 1：10 现浇水泥蛭石保温层每 10m³ 人材机的基价为 1352.87 元。

屋面保温人材机合价＝（392.78×4.288＋392.78×1.135＋31.42×338.34＋16.31×135.287）×（1＋5%＋4%）＝16314.27元

屋面保温综合单价＝16314.27÷392.78＝41.54元/m²

（2）屋面卷材防水清单项目包含的工作内容：基层处理；刷底油；铺油毡卷材、接缝。定额工程量S＝416.04m²；企业定额平面一层SBS改性沥青卷材满铺人材机的基价442.56元/m²，合价＝416.04×44.256×（1＋5%＋4%）＝20069.37元

屋面卷材防水综合单价＝20069.37÷416.04＝48.24元/m²

（3）平面砂浆找平层的清单项目包括的工作内容：基层处理、抹找平层、材料运输。

定额工程量＝808.82m²，企业定额中20mm厚1：3水泥砂浆人材机的基价为107.68元/10m²，合价＝808.82×10.768×（1＋5%＋4%）＝9495.55元。

平面砂浆找平层综合单价＝9495.55÷808.82＝11.74元/m²

（4）屋面刚性层的工程内容包括：基层处理；混凝土制作、运输、铺筑、养护；钢筋制安。

C20细石混凝土的企业定额工程量＝392.78m²，企业定额中C20细石混凝土40mm厚人材机的基价为172.41元/10m²。

沥青玛琋脂嵌缝1m×1m分格；嵌缝的工程量为：（10－0.24）×（20－12）/1＋（27－0.24）×[（12－0.24）/1＋1]＋（12－0.24）×（27－10）/1＋（20－0.24）×[（10－0.24）/1＋1]＝832.08m，企业定额中沥青玛琋脂人材机的基价为128.00元/10m。

Φ4钢筋网200mm×200mm的工程量为：（1/0.2×2）×392.78×0.099＝388.85kg＝0.389t，企业定额中现浇构件圆钢筋Φ4的人材机的基价为6087.24元/t，钢筋的预算单价为4300元/t，钢筋消耗率为3%，但现在Φ4圆钢筋的市场单价为3500元/t，需要调整钢筋基价为：6087.24＋（－4300＋3500）×1.03＝5263.24元/t。

屋面刚性层的合价为：（392.78×17.241＋832.08×12.8＋0.389×5263.24）×（1＋5%＋4%）＝21222.24元

综合单价＝21222.24÷392.78＝54.03元/m²

【题4-24】 块料楼地面清单及报价工程量计算的案例分析

某传达室平面图如图4-36所示，地面采用300mm厚3：7灰土垫层，上铺100mm厚C15无筋混凝土垫层，20mm厚1：3水泥砂浆找平，1：3水泥砂浆铺贴600mm×600mm

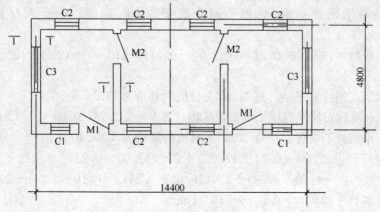

图4-36 传达室平面图

全瓷地砖面层；踢脚线采用同地面相同品质的地砖，踢脚线高 150mm，采用 1：2 水泥砂浆粘贴。M1 的尺寸为：1200mm×2100mm，M2 的尺寸为：1000mm×2100mm，门的厚度 80mm，内外墙体厚均为 240mm，企业管理费和利润率分别是人工费的 50% 和 20%，编制地面的工程量清单及报价。

【解题思路】（1）准确掌握块料面层清单计算规则。（2）弄清楚楼地面清单项目的报价内容，这里需要注意的是地面铺贴时不仅包括找平层、面层，这里的找平层不能单独列示清单项目，"011101006 平面砂浆找平层"项目只适用于仅做找平层的平面抹灰。下面的垫层也需要单独列示清单项目编码单独报价。（3）报价时，垫层、找平层、面层的计算规则一般会有所不同。（4）在有些省份，对于装饰项目，企业管理费、利润的计算基数是人工费，土建项目企业管理费、利润的计算基数是人工费＋材料费＋机械费，其他省份可能还会有自己的规定，计算时应注意。（5）面层的清单项目中不包括踢脚线，踢脚线的清单及报价应另行计算。

【解】

1. 工程量清单的编制

（1）块料地面清单工程量计算规则：按设计图示尺寸以面积计算，门洞、空圈、暖气包槽、壁龛的开口部分并入相应的工程量内。

全瓷地砖的清单工程数量＝(14.40−0.24×3)×(4.8−0.24)＋(门开口部分)0.12×1.2×2＋0.24×1.0×2＝63.15m²

（2）3：7 灰土垫层的清单工程量计算规则：按设计图示尺寸以立方米计算。

灰土垫层的工程量＝(14.40−0.24×3)×(4.8−0.24)×0.3＝1.871m³

（3）无筋混凝土垫层的清单工程量计算规则：按设计图示尺寸以体积计算，不扣除伸入承台基础的桩头所占的体积。

无筋混凝土垫层的工程量＝(14.40−0.24×3)×(4.8−0.24)×0.1＝6.238m³

（4）踢脚板的清单工程量计算规则：按设计图示长度以面积计算；或按延长米计算。这里按面积计算。

踢脚板的工程量＝[(14.4−0.24×3)×2＋(4.8−0.24)×6−1.2×2−1.0×4＋(门边)(0.24−0.08)/2×12]×0.2＝9.86m²

分部分项工程量清单的编制见表 4-40 所列。

分部分项工程和单价措施项目清单与计价表　　　　　　　表 4-40

工程名称：某工程　　　　　　　　　　　　　　　　　　　第 1 页共 1 页

序号	项目编码	项目名称	项 目 特 征	计量单位	工程量	综合单价	合价	其中：暂估价
1	011102003001	块料楼地面	1. 找平层厚度、砂浆配合比：20mm 厚 1：3 水泥砂浆 2. 面层材料、种类：1：3 水泥砂浆铺贴 600mm×600mm 全瓷地砖	m²	63.15	78.26	4942.38	

275

序号	项目编码	项目名称	项 目 特 征	计量单位	工程量	金 额（元）		
						综合单价	合价	其中：暂估价
2	010404001001	灰土垫层	300mm 厚 3：7 灰土垫层	m³	1.871	157.89	295.42	
3	010501001001	混凝土垫层	100mm 厚无筋混凝土垫层	m³	6.238	278.41	1736.69	
4	011105003001	块料踢脚线	200mm 高，1：3 水泥砂浆铺贴全瓷地砖	m²	9.86	68.89	679.27	

2. 工程量清单计价表的编制

(1) 块料地面清单项目发生的工程内容包括：基层清理；抹找平层；面层铺设、磨边；嵌缝；刷防护材料；酸洗、打蜡；材料运输。企业定额计算规则和清单相同。

块料面层工程量＝63.15m²，企业定额每 10m² 地砖人材机的基价为 530.49 元，人工费为 157.41 元/10m²。

地面找平层的定额工程量计算规则为：按主墙间的净面积以平方米计算。不扣除小于 0.3m² 孔洞、柱垛占用的面积，门洞、空圈、暖气包槽、壁龛的开口部分也不增加。找平层的工程量＝(14.40－0.24×3)×(4.8－0.24)＝62.38m²，企业定额中 20mm 厚 1：3 水泥砂浆人材机的基价为 107.68 元/10m²，人工费为 51.48 元/10m²。

块料面层的合价＝63.15×[53.049＋15.741×(50%＋20%)]＋62.38×[10.768＋5.148×(50%＋20%)]＝4942.38 元

块料地面综合单价＝4942.38÷63.15＝78.26 元/m²

(2) 灰土垫层项目发生的工程内容包括：垫层材料的拌制、垫层铺设、材料运输。

企业定额工程量＝1.871m³，企业定额每 10m³ 灰土垫层人材机的基价为 1268.41 元，人工费为 443.61 元/10m²，合价＝1.871×[126.841＋44.361×(50%＋20%)]＝295.42 元。

灰土垫层综合单价＝295.42÷1.871＝157.89 元/m²

(3) 混凝土垫层的工程内容包括：模板及支撑制作、安装、拆除等；混凝土制作、运输、浇筑、振捣、养护。计价的混凝土垫层的工程量＝6.238m³，企业定额 C15 无筋混凝土垫层人材机的基价为 2405.26 元/10m³，人工费为 541.13 元/10m²，合价＝6.238×[240.526＋54.113×(50%＋20%)]＝1736.69 元。

灰土垫层综合单价＝1736.69÷6.238＝278.41 元/m²

(4) 块料踢脚线的工程内容：基层清理；底层抹灰；面层铺贴、磨边；擦缝；磨光、酸洗、打蜡；刷防护材料；材料运输。计价工程量＝9.86m²，企业定额块料踢脚板人材机的基价为 573.2 元/10m²，人工费为 165.31 元/10m²，合价＝9.86×[57.32＋16.531×(50%＋20%)]＝679.27 元。

块料踢脚板综合单价＝679.27÷9.86＝68.89 元/m²

【题 4-25】 块料墙面清单及报价工程量计算的案例分析

某工程外墙面为贴面砖（240mm×60mm），缝宽 10mm 以内，5mm 厚水泥砂浆结合层。

如图 4-37、图 4-38 所示，内墙墙裙高 1200mm，采用 1∶2.5 的水泥砂浆粘贴 300mm×300mm 全瓷墙面砖。内外墙厚均为 240mm，门窗洞口尺寸分别为：M-1：900mm×2000mm；M-2：1200mm×2000mm；M-3：1000mm×2000mm；C-1：1500mm×1500mm；C-2：1800mm×1500mm；C-3：3000mm×1500mm；门窗的厚度按 80mm 考虑，企业管理费和利润率分别是人工费的 50% 和 40%，计算内外墙面贴面砖清单工程量并报价。

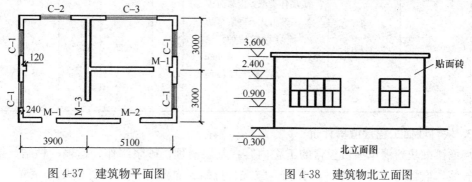

图 4-37　建筑物平面图　　　　　　　图 4-38　建筑物北立面图

【解题思路】　计算墙面块料时，清单的计算规则为图示尺寸，即为实铺面积，门框边、窗框边都要贴，门和窗户的厚度一般按 80mm 厚计算。内墙裙块料计算时，要注意其高度为 1.2m，高过了窗台，应减去部分窗户的面积，内窗台边也要铺贴。

【解】

1. 内外墙贴面砖工程量清单的编制

墙体块料清单工程量计算规则：按镶贴表面积计算。

(1) 外墙面砖工程量 = 外墙面面积 - 门窗洞口面积 + 门窗洞口侧壁面积 = (3.9+5.1+0.24+3×2+0.24)×2×(3.6+0.3) - (1.5×1.5×4+1.8×1.5+3×1.5+0.9×2+1.2×2) + [1.5×4×4+(1.8+1.5)×2+(3.0+1.5)×2+0.9+2×2+1.2+2×2]×[(0.24-0.08)/2] = 104.32m²

(2) 内墙裙全瓷面砖工程量 = [(3.9+5.1-0.24×2)×2+(3×2×4-0.24+0.12×2-0.24-0.24×2×2)+(5.1-0.24)×2-(0.9×3+1.2+1.0×2)]×1.2-(1.5×4+1.8+3)×(1.2-0.9)+(0.3×12+1.5×4+1.8×3.0+0.9×6+1.2×2+1.0×4)×[(0.24-0.08)/2] = 51.25 m²

分部分项工程量清单的编制见表 4-41 所列。

分部分项工程和单价措施项目清单与计价表　　　　　表 4-41

工程名称：某工程　　　　　　　　　　　　　　　　　　　第 1 页共 1 页

序号	项目编码	项目名称	项 目 特 征	计量单位	工程量	综合单价	合价	其中：暂估价
1	011204003001	块料墙面	1. 墙体类型：外墙面砖 2. 安装方式：砂浆粘贴 3. 面层材料品种、规格：面砖 240mm×60mm 4. 缝宽、嵌缝材料种类：缝宽 10mm 以内，水泥砂浆	m²	104.32	85.21	8888.86	

序号	项目编码	项目名称	项 目 特 征	计量单位	工程量	金 额(元)		
						综合单价	合价	其中：暂估价
2	011204003002	块料墙面	1. 墙体类型：内墙面砖 2. 安装方式：砂浆粘贴 3. 面层材料品种、规格：全瓷面砖 300mm×300mm 4. 缝宽、嵌缝材料种类：密缝	m²	51.25	102.97	5277.38	

2. 块料墙面工程量清单计价

墙面镶贴块料清单项目包含的工程内容：基层清理；砂浆制作、运输；粘结层铺贴；面层安装；嵌缝；刷防护材料；磨光、酸洗、打蜡。企业定额的计算规则与清单工程量相同。

(1) 外墙面砖工程量 $S=104.32m^2$，企业定额中 240mm×60mm 水泥砂浆粘贴面砖灰缝 10mm 以内，每 $10m^2$ 人工费 232.14 元，人材机的基价为 643.15 元，合价 $=104.32×[64.315+23.214×(50\%+40\%)]=8888.86$ 元。

外墙面砖综合单价 $=8888.86÷104.32=85.21$ 元/m²

(2) 内墙面砖工程量 $S=51.25m^2$，企业定额中水泥砂浆粘贴 1200mm 以内全瓷墙面砖，每 $10m^2$ 人工费 200.87 元，人材机的基价为 848.95 元，合价 $=51.25×[84.895+20.087×(50\%+40\%)]=5277.38$ 元。

内墙面砖综合单价 $=5277.38÷51.25=102.97$ 元/m²

【题 4-26】 带跌级的天棚吊顶工程量清单及报价的案例

某办公楼第二层层高为 3.3m，天棚为铝合金 U 形轻钢不上人屋面龙骨（450mm×450mm）如图 4-39 所示，跌级处阳角位置采用硬塑料线条装饰，以人工费为基数计算管理费和利润，管理费费率为 50%，利润率为 20%，编制天棚吊顶的工程量清单并报价。

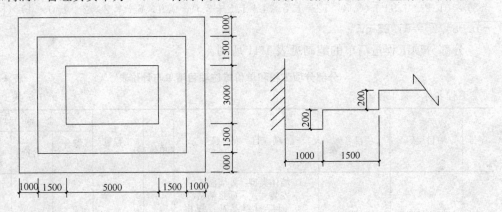

图 4-39 办公楼二层顶平面及剖面图

【解题思路】 龙骨的报价是包含在吊顶报价中的，并且跌级天棚的清单工程量计算是按不展开的面积，要注意清单工程量计算时扣除和不扣除的内容。天棚面层中的油漆防护，应按油漆、涂料、裱糊工程中相应分项工程工程量清单项目编码单独列项，天棚中的压线、装饰线，应按其他工程中相应分项工程工程量清单项目编码列项，天棚中如有检查孔、天棚内的检修走道，应包括在报价内。天棚吊顶不扣除柱垛所占面积，但应扣除独立柱所占面积。柱垛是与墙体相连的柱面突出墙体的部分。

【解】

1. 工程量清单的编制

（1）天棚吊顶清单工程量计算规则均为：按设计图示尺寸以水平投影面积计算。天棚面中的灯槽及跌级、锯齿形、吊挂式、藻井式天棚面积不展开计算。不扣除间壁墙、检查口、附墙烟囱、柱垛和管道所占面积、扣除单个＞0.3m² 的孔洞、独立柱及与天棚相连的窗帘盒所占的面积。

$$吊顶天棚工程量 = （8+2）×（6+2）= 80m²$$

（2）压条的清单工程量计算规则为：按设计图示尺寸以长度计算。工程内容：线条制作、安装；刷防护材料。

$$塑料压条的工程量 = （8+8+6+6）+（8-1.5×2+6-1.5×2）×2 = 44m$$

分部分项工程量清单见表 4-42 所列。

分部分项工程和单价措施项目清单与计价表　　　　　　　　　　表 4-42

工程名称：某工程　　　　　　　　　　标段：　　　　　　　　　　第 1 页共 1 页

序号	项目编码	项目名称	项　目　特　征	计量单位	工程量	综合单价	合价	其中：暂估价
1	011302001001	吊顶天棚	1. 吊顶形式：跌级吊顶 2. 龙骨类型、材料、中距：铝合金 U 形轻钢不上人屋面龙骨 450mm×450mm 3. 面层材料种类、规格：矿棉吸声板	m²	80.00	500.13	40010.47	
2	011502007001	塑料装饰线	跌级处阳角位置采用硬塑料线条	m	44.00	8.51	374.36	

2. 吊顶分部分项工程量清单计价表的编制

吊顶清单项目发生的工程内容包括：基层清理、吊杆安装；龙骨安装；基层板铺贴；面层铺贴；嵌缝；刷防护材料。企业定额配套计算规则与清单不同。

（1）企业龙骨定额工程量的计算规则：吊顶顶棚龙骨按主墙间净空面积以平方米计算；不扣除间壁墙、检查口、附墙烟囱、柱、灯孔、垛和管道所占面积。"二～三级"顶棚龙骨的工程量，按龙骨跌级高差外边线所含最大矩形（以内或以外）面积以平方米计算，套用"二～三级"顶棚龙骨定额项目（顶棚面层不在同一标高，且龙骨有跌级高差者为二～三级顶棚）。若最大跌落线向外距墙边≤1.2m 时，最大跌落线以外全部吊顶为"二～三级"顶棚龙骨；若最小跌落线其任意两边之间的距离（或直径）≤1.8m 时，最小跌落线以内全部吊顶为"二～三级"顶棚龙骨。计算顶棚龙骨时,顶棚中的折线、跌落、高低吊顶槽等面积不展开计算。

一级顶棚龙骨工程量＝(8－1.5×2)×(6－1.5×2)＝15.00 m²

二～三级顶棚龙骨工程量＝(8＋2)×(6＋2)－15.00＝65.00m²

企业定额每 10m² 不上人型装配式 T 形铝合金龙骨网格尺寸为 450mm×450mm,一级的基价为 621.28 元,其中人工费 110.77 元/10m²。每 10m² 不上人型装配式 T 形铝合金龙骨网格尺寸为 450mm×450mm 二～三级的基价为 752.42 元,其中人工费 120.31 元/10m²。

人材机的总价款＝1.50×621.18 ＋6.50×752.42＝5822.50 元

人工费总额＝1.50×110.77 ＋6.50×120.31＝948.17 元

龙骨的总价＝5822.50＋948.17 ×(50％＋20％)＝6486.22 元

(2) 顶棚饰面企业定额工程量按以下规则计算:

顶棚装饰面积,按主墙间设计面积以平方米计算;不扣除间壁墙、检查口、附墙烟囱、附墙垛和管道所占面积,但应扣除独立柱、灯带、大于 0.3m² 的灯孔及与顶棚相连的窗帘盒所占的面积。顶棚中的折线,跌落、拱形、高低灯槽及其他艺术形式顶棚面层均按展开面积计算。

面层的工程量＝(8＋2)×(6＋2)＝80m²,跌落处面层展开面积＝44×0.2＝8.8m²,面层总面积＝80＋8.8＝88.8 m²,企业定额每 10m² 矿棉板搁在龙骨上人材机的基价为 3737.04 元,其中人工费为 54.59 元/10m²,面层的总价＝88.8×[373.704＋5.459×(50％＋20％)]＝33524.25 元。

吊顶天棚的总价＝龙骨的总价＋面层的总价＝6486.22＋33524.25＝40010.47 元

吊顶天棚的综合单价＝40010.47÷80 ＝500.13 元/ m²

(3) 塑料线条的工程量和清单相同,工程量＝44m,企业定额每 10m 硬塑料线条人材机的基价为 77.29 元,其中人工费为 11.13 元/10m²,塑料线条的总价＝44×[7.729＋1.113×(50％＋20％)]＝374.36 元。

塑料线条的综合单价＝ 374.36÷44 ＝8.51 元/ m²

第5章 建设项目决策和设计阶段的工程造价管理

【题 5-1】 用生产能力指数法估算建设项目投资

某拟建化工项目生产能力为年产量 300 万 t。已知已建年产量为 100 万 t 的同类项目的建设投资为 5000 万元，生产能力指数为 0.7，拟建项目建设时期与已建同类项目建设时期相比的综合价格指数为 1.1。则按生产能力指数法估算的拟建项目的建设投资为多少万元？

【解题思路】 掌握生产能力指数法估算投资额的公式。

【解】

$$C_2 = C_1 \left(\frac{x_2}{x_1} \right)^n \times C_f = 5000 \times \left(\frac{300}{100} \right)^{0.7} \times 1.1$$

$$= 11867.18 \ \text{万元}$$

【题 5-2】 投资估算的计算案例

某化工生产系统的生产能力为 C_1，按照生产能力指数法（$x=0.8$，$f=1.1$）。如将设计中的化工生产系统的生产能力提高到 3 倍，投资额将增加多少百分比？

【解题思路】 掌握固定资产投资静态投资部分的估算生产能力指数法的计算公式，并看好题目的要求。应注意题干中的表述方式是"提高到 3 倍"，而不是"提高 3 倍"，因此 x_2/x_1 应为 3，而不是 4。

【解】

$$C_2 = C_1 \times 3^{0.8} \times 1.1 = 2.649 C_1$$

$$C_2 - C_1 = 1.649 C_1$$

所以，投资额将增加 164.9%。

【题 5-3】 综合系数法计算投资估算

某地区 2010 年初拟建一工业项目，有关资料如下：

（1）经估算国产设备购置费为 2000 万元（人民币）。进口设备 *FOB* 价为 2500 万元（人民币），到岸价（货价、海运费、运输保险费）为 3020 万元（人民币），进口设备国内运杂费为 100 万元。

（2）本地区已建类似工程项目中建筑工程费用（土建、装饰）为设备投资的 23%，2007 年已建类似工程建筑工程造价资料及 2010 年初价格信息，见表 5-1 所列，建筑工程综合费费率为 24.74%。设备安装费用为设备投资的 9%，其他费用为设备投资的 8%，由于时间因素引起变化的综合调整系数分别为 0.98 和 1.16。

（3）基本预备费费率按 8% 考虑。

2007 年已建类似工程建筑工程造价资料及 2010 年初价格信息表　　表 5-1

名称	单位	数量	2007 年单价（元）	2010 年单价（元）
人工	工日	24000	28	32
钢材	t	440	2410	4100
木材	m³	120	1251	1250
水泥	t	850	352	383
名称	单位	合价		调整系数
其他材料费	万元	198.50		1.10
机械台班费	万元	66.00		1.06

注：其他材料费是指除钢材、木材、水泥以外的各项材料费之和。

问题：

（1）计算进口设备购置费用。

（2）计算拟建项目设备投资费用。

（3）试计算：

1）已建类似工程建筑工程人材机费用、建筑工程费用。

2）已建类似工程建筑工程中的人工费、材料费、机械台班费分别占建筑工程费用的百分比。

3）拟建项目的建筑工程综合调整系数。

（4）估算拟建项目静态投资。

【解题思路】　此题是一个综合题，用到的知识点：（1）对于进口设备购置费的计算：进口设备购置费＝进口设备抵岸价＋设备国内运杂费；（2）人材机的费用为各自的消耗量乘以各自单价获得，建筑工程费用＝人材机费用×（1＋建筑工程综合费费率）；（3）利用类似工程估算法计算拟建工程费用，其中包括综合调整系数的计算；（4）静态投资的组成包括：设备工器具购置费、建安工程费、工程建设其他费用和基本预备费。

【解】

（1）进口设备购置费＝进口设备抵岸价＋设备国内运杂费

　　　　　　　　＝（到岸价格＋银行财务费＋外贸手续费＋关税＋增值税）

　　　　　　　　　＋国内运杂费

具体计算见表 5-2 所列。

进口设备购置费用计算表　　表 5-2

序号	项目	费率	计算式	金额（万元）
(1)	到岸价格			3020.00
(2)	银行财务费	0.5%	2500×1.5%	12.50
(3)	外贸手续费	1.5%	3020×1.5%	45.30
(4)	关税	10%	3020×10%	302.00
(5)	增值税	17%	（3020＋302）×17%	564.74
(6)	设备国内运杂费			100.00
	进口设备购置费		(1)＋(2)＋(3)＋(4)＋(5)＋(6)	4044.54

（2）拟建项目设备投资费用：

$$4044.54+2000.00=6044.54 \text{ 万元}$$

（3）人工费：$24000 \times 28 = 67.20$ 万元

材料费：$440 \times 2410 + 120 \times 1251 + 850 \times 352 + 1985000 = 349.47$ 万元

则类似已建工程建筑工程人材机之和：$67.20 + 349.47 + 66.00 = 482.67$ 万元

类似已建工程建筑工程费用：$482.67 \times (1 + 24.74\%) = 602.08$ 万元

人工费占建筑工程费用的比例：$67.20 \div 602.08 \times 100\% = 11\%$

材料费占建筑工程费用的比例：$349.47 \div 602.08 \times 100\% = 58\%$

机械费占建筑工程费用的比例：$66.00 \div 602.08 \times 100\% = 11\%$

2010 年拟建项目的建筑工程综合调整系数：

人工费差异系数：$32 \div 28 = 1.14$

拟建工程建筑工程材料费：$440 \times 4100 + 120 \times 1250 + 850 \times 383 + 1985000 \times 1.1 = 446.31$ 万元

材料费差异系数：$446.31 \div 349.47 = 1.28$

机械费差异系数：1.06

建筑工程综合调整系数：$(0.11 \times 1.14 + 0.58 \times 1.28 + 0.11 \times 1.06) \times (1 + 24.74\%) = 1.23$

（4）拟建项目工程建设静态投资估算：

建筑工程费：$6044.54 \times 23\% \times 1.23 = 1710.00$ 万元

安装工程费：$6044.54 \times 9\% \times 0.98 = 533.13$ 万元

工程建设其他费用：$6044.54 \times 8\% \times 1.16 = 560.93$ 万元

基本预备费：$(6044.54 + 1710.00 + 533.13 + 560.93) \times 8\% = 707.89$ 万元

静态投资：$6044.54 + 1700.00 + 533.13 + 560.93 + 707.89 = 9556.49$ 万元

【题 5-4】 建设投资估算的计算案例

某建设项目的工程费由以下内容构成：（1）主要生产项目 1500 万元，其中建筑工程费 300 万元，设备购置费 1050 万元，安装工程费 150 万元。（2）辅助生产项目 300 万元，其中建筑工程费 150 万元，设备购置费 110 万元，安装工程费 40 万元。（3）公用工程 150 万元，其中建筑工程费 100 万元，设备购置费 40 万元，安装工程费 10 万元。项目贷款为 1200 万元，按投资比例分年贷入。

项目建设前期年限为 1 年，项目建设期第 1 年完成投资 40%，第 2 年完成投资 60%。工程建设其他费为 250 万元，基本预备费费率为 10%，年均投资价格上涨为 6%。

（1）计算项目的基本预备费和涨价预备费。

（2）计算项目的建设期贷款利息。

（3）编制建设项目固定资产投资估算表。

【解题思路】（1）基本预备费＝工程建设费×基本预备费费率＝（设备及工、器具购置费＋建筑安装工程费＋工程建设其他费用）×基本预备费费率

（2）涨价预备费（一般采用复利方式计算）$PF = \sum_{i=1}^{n} I_t [(1+f)^i - 1]$

式中　PF——涨价预备费；

n——建设期年份数；

I_t——建设期中第 t 年的投资额，包括设备及工器具购置费、建筑安装工程费、工程建设其他费用及基本预备费；

f——年投资价格上涨率。

（3）建设期贷款利息 $q_j = \left(P_{j-1} + \frac{1}{2}A_j\right)i$

式中　q_j——建设期第 j 年应计利息；

p_{j-1}——建设期第 $(j-1)$ 年末贷款累计金额与利息累计金额之和；

A_j——建设期第 j 年的贷款金额；

i——年利率。

【解】

（1）建设项目工程费 $= 1500 + 300 + 150 = 1950$ 万元

工程建设其他费 $= 250$ 万元

基本预备费 $= (1950 + 250) \times 10\% = 220.00$ 万元

第一年投资额 $= 1950 + 250 + 220 = 2420$ 万元

第一年涨价预备费 $= 2420 \times 40\% \times (1.06 - 1) = 58.08$ 万元

第二年涨价预备费 $= 2420 \times 60\% \times (1.06^2 - 1) = 179.47$ 万元

涨价预备费合计：$58.08 + 179.47 = 237.55$ 万元

（2）建设期第一年贷款利息 $= 1200 \times 40\% / 2 \times 6\% = 14.40$ 万元

建设期第二年贷款利息 $= (1200 \times 40\% + 14.40 + 1200 \times 60\% / 2) \times 6\% = 51.26$ 万元

建设期利息合计：$14.40 + 51.26 = 65.66$ 万元

（3）建设项目固定资产投资估算见表 5-3 所列。

建设项目固定资产投资估算表（万元）　　　　表 5-3

项目名称	建筑工程费	设备购置费	安装工程费	其他费	合计
1. 工程费	550.00	1200.00	200.00		1950.00
1.1 主要项目	300.00	1050.00	150.00		1500.00
1.2 辅助项目	150.00	110.00	40.00		300.00
1.3 公用工程	100.00	40.00	10.00		150.00
2. 工程建设其他费				250.00	250.00
3. 预备费				457.55	457.55
3.1 基本预备费				220.00	220.00
3.2 涨价预备费				237.55	237.55
4. 建设期利息				65.66	65.66
5. 固定资产投资	550.00	1200.00	200.00	773.21	2723.21

【题 5-5】　流动资金估算案例

某项目预计年产量为 3000 万 t，根据已建成同类项目资料，每万吨产品流动资金为

1.3 万元，则用扩大指标法估算的流动资金为：3000×1.3＝3900 万元。

预计项目投产定员 1200 人，每人每年工资和福利费 6000 元，每年的其他费用 530 万元（其中其他制造费用 400 万元）。年外购原材料、燃料动力费为 6500 万元，年修理费为 700 万元。年经营成本为 8300 万元。各项流动资金的最低周转天数分别为：应收账款 30 天，现金 40 天。所需流动资金全部以贷款方式筹集，拟在运营期第 1 年贷入 60％，第 2 年贷入 40％，流动资金贷款年利率 3％（按年计息），还款方式为运营期内每年末只还所欠利息，项目期末偿还本金。用分项详细估算法估算建设项目的流动资金。

【解题思路】 用分项详细估算法估算流动资金：流动资金＝流动资产－流动负债

式中：流动资产＝应收账款＋现金＋存货＋预付账款

流动负债＝应付账款＋预收账款

（1）应收账款＝年经营成本÷年周转次数

（2）现金＝（年工资福利费＋年其他费）÷年周转次数

（3）存货：外购原材料、燃料＝年外购原材料、燃料动力费÷年周转次数

在产品＝（年工资福利费＋年其他制造费＋年外购原料燃料费＋年修理费）÷年周转次数

产成品＝年经营成本÷年周转次数

（4）预付账款＝年预付账款÷年周转次数

（5）应付账款＝外购原材料、燃料、动力费÷年周转次数

（6）预收账款＝年预收账款÷年周转次数

【解】

应收账款＝8300÷（360÷30）＝691.67 万元

现金＝（1200×0.6＋530）÷（360÷40）＝138.89 万元

存货：外购原材料、燃料＝6500÷（360÷40）＝722.22 万元

在产品＝（1200×0.6＋400＋6500＋700）÷（360÷40）＝924.22 万元

产成品＝8300÷（360÷40）＝922.22 万元

存货＝722.22＋924.44＋922.22＝2568.88 万元

应付账款＝6500÷（360÷30）＝541.67 万元

流动资产＝691.67＋138.89＋2568.88＝3399.44 万元

流动负债＝541.67 万元

流动资金估算额＝3399.44－541.67＝2857.77 万元

【题 5-6】 经营成本的计算

某项目在某运营年份的总成本费用是 8000 万元，其中外购原材料、燃料及动力费为 4500 万元，折旧费为 800 万元，摊销费为 200 万元，修理费为 500 万元；该年建设贷款余额为 2000 万元，利率为 8％；流动资金贷款为 3000 万元，利率为 7％；当年没有任何新增贷款。则当年的经营成本为多少万元？

【解题思路】 首先掌握经营成本的计算公式：经营成本＝总成本费用－折旧费－摊销费－利息

【解】

当年利息＝2000×8％＋3000×7％＝370 万元

经营成本＝8000－800－200－370＝6630 万元

【题 5-7】 资金时间价值的计算

1. 单利的计算

某公司以单利方式一次性借入资金 2000 万元,借款期限 3 年,年利率 8%,到期一次还本付息,则第三年末应当偿还的本利和为多少万元?

【解题思路】 掌握单利公式:$F=P(1+ni)$

【解】

第一年利息:$2000 \times 8\% = 160$ 万元;三年总利息:$160 \times 3 = 480$ 万元;三年本利和:$2000 + 480 = 2480$ 万元

或:$F = 2000 \times (1 + 8\% \times 3) = 2480$ 万元

2. 复利的计算

某公司以复利方式借入 1000 元,年利率 8%,四年末偿还,则各年利息和本利和为多少?

【解题思路】 掌握复利公式:$F=P(1+i)^n$

【解】

计算过程见表 5-4 所列。

复利计算分析表(元) 表 5-4

序号	年初款额	年末利息	年末本利和	年末偿还
1	1000	$1000 \times 8\% = 80$	1080	0
2	1080	$1080 \times 8\% = 86.4$	1166.4	0
3	1166.4	$1166.4 \times 8\% = 93.31$	1259.71	0
4	1259.71	$1259.71 \times 8\% = 100.78$	1360.49	1360.49

3. 名义利率与实际利率的计算

(1)某企业从金融机构借款 100 万元,月利率 1%,按月复利计息,每季度付息一次,则该企业一年需向金融机构支付利息为多少万元?

(2)每半年末存款 2000 万元,年利率 4%,每季复利计息一次。第 2 年年末存款本息和为多少万元?

(3)某施工企业希望从银行借款 500 万元,借款期限 2 年,期满一次还本。经咨询有甲、乙、丙、丁四家银行愿意提供贷款,年利率均为 7%。其中,甲要求按月计算并支付利息,乙要求按季度计算并支付利息,丙要求按半年计算并支付利息,丁要求按年计算并支付利息。则对该企业来说,借款实际利率最低的银行是哪一家?

【解题思路】 所谓名义利率 r 是指计息周期利率 i 乘以一年内的计息周期数 m 所得的年利率。计算公式:$r = i \times m$

有效利率是指资金在计息中所发生的实际利率,包括计息周期有效利率和年有效利率两种情况。计息周期有效利率,即计息周期利率 i。计算公式:$i = r/m$

年有效利率,即年实际利率。计算公式:

$$i_{\text{eff}} = \frac{1}{P} = \left(1 + \frac{r}{m}\right)^m - 1$$

【解】

（1）月利率 1%，按月复利计息，每季度付息一次：季度利率为：$(1+1\%)^3-1=3.03\%$；每季度付息一次，一年四季，$100\times3.03\%\times4=12.12$ 万元。

（2）考核内容综合了资金的等值计算和有效利率转换，计算过程如下：季度利率 $=4\%/4=1\%$；半年实际利率 $=(1+1\%)2-1=2.01\%$，

第 2 年年末存款本息和 $=2000\times(F/A, 2.01\%, 4)=8244.45$ 万元

（3）考核名义利率与有效利率的关系。甲、乙、丙三家银行的计息周期都小于一年，则其实际年利率都将大于 7%。只有丁银行的实际利率与名义利率相等，为 7%。所以丁为四家中最小。

4. 资金回收的计算

某项目投资 10000 万元，计划在 10 年内回收全部本利，每年收回率为 8%，问该项目每年应收回多少？

【解题思路】 掌握资金回收公式：$A=F\dfrac{i}{(1+i)^n-1}=P\dfrac{i(1+i)^n}{(1+i)^n-1}$

【解】

$$A=P\frac{i(1+i)^n}{(1+i)^n-1}=10000\times\frac{8\%(1+8\%)^{10}}{(1+8\%)^{10}-1}=1490.3\text{ 万元}$$

5. 偿债基金的计算

若想在第 5 年年底获得 10000 万元，每年存款金额相等，年利率为 10%，则每年需存款多少？

【解题思路】 掌握偿债基金公式：$A=F\dfrac{i}{(1+i)^n-1}$

【解】

$$A=F\frac{i}{(1+i)^n-1}=10000\times\frac{10\%}{(1+10\%)^5-1}=1638\text{ 万元}$$

6. 资金的等值计算

现在的 100 元和 5 年后的 248 元两笔资金在第 2 年末价值相等，若利率不变，则这两笔资金在第 3 年末的价值（　　　）。

A. 前者高于后者　　　B. 前者低于后者　　　C. 两者相等　　　D. 两者不能进行比较

【解题思路】 在考虑资金时间价值的情况下，其不同时间发生的收入或支出是不能直接相加减的。而利用等值的概念，则可以把在不同时点发生的资金换算成同一时点的等值资金，然后再进行比较。

【解】

不同时期、不同数额但其"价值等效"的资金称为等值。在任何时候都是等值的。也可以通过公式计算进行验证。所以这两笔资金在第 3 年年末的价值相等，故选 C。

【题 5-8】 投资方案评价指标的计算

1. 总投资收益率的计算

某投资方案建设投资（含建设期利息）为 8000 万元，流动资金为 1000 万元，正常生产年份的净收益为 1200 万元，正常生产年份贷款利息为 100 万元，则投资方案的总投资收益率为多少？

【解题思路】 总投资收益率（ROI）表示总投资的盈利水平。总投资收益率（ROI）是用来衡量整个投资方案的获利能力，要求项目的总投资收益率（ROI）应大于行业的平均投资收益率；总投资收益率越高，从项目中获得的收益就越多。

计算公式：

$$ROI = \frac{EBIT}{TI} \times 100\%$$

式中 $EBIT$——正常年份的年息税前利润或运营期内年平均息税前利润；

　　　　TI——总投资（包括建设投资、建设期贷款利息和全部流动资金）。

【解】

总投资收益率＝（1200＋100）/（8000＋1000）＝14.44%

2. 项目资本金净利润率的计算

某技术方案的总投资 1500 万元，其中债务资金 700 万元，技术方案在正常年份年利润总额 400 万元，所得税 100 万元，年折旧费 80 万元。则该方案的资本金净利润率为多少？

【解题思路】 需要掌握资本金净利润率的计算。资本金净利润率 ROE：表示项目资本金的盈利水平。$ROE = NP/EC \times 100\%$；其中：NP——项目达到设计生产能力后正常年份的税后净利润或运营期内税后年平均净利润，净利润＝利润总额－所得税；EC——项目资本金。

【解】

NP＝400－100＝300 万元

EC＝1500－700＝800 万元

$ROE = NP/EC \times 100\%$ ＝300/800×100%＝37.5%

3. 静态投资回收期的计算

（1）某项目财务现金流量表的数据见表 5-5 所列，计算该项目的静态投资回收期。

某项目财务现金流量表（万元）　　　　　　　　　　表 5-5

计算期	0	1	2	3	4	5	6	7
现金流入	—	—	—	800	1200	1200	1200	1200
现金流出	—	600	900	500	700	700	700	700

（2）某项目建设投资为 1000 万元，流动资金为 200 万元，建设当年即投产并达到设计生产能力，年净收益为 340 万元。则该项目的静态投资回收期为多少年？

【解题思路】 以项目每年的净收益（净现金流量）回收项目全部投资所需要的时间，是考察项目财务上投资回收能力的重要指标。静态投资回收期的公式如下：

$$\sum_{t=0}^{P_t} (CI - CO)_t = 0$$

式中 P_t——静态投资回收期；

$(CI-CO)_t$——第 t 年的净现金流量。

项目建成后投产后各年的净收益均相同，则净态回收期计算公式为：$P_t = \dfrac{K}{R}$

式中 K——方案的总投资；

R——每年的净收益。

项目建成投产后各年的净收益不相同，则净态回收期计算公式为：

$$P_t = 累计净现金流量开始出现正值的年份 - 1 + \frac{上一年累计净现金流量绝对值}{当年净现金流量}$$

【解】

（1）某项目财务累计净现金流量见表 5-6 所列。

项目财务累计净现金流量（万元）　　　　　　　　　　表 5-6

计算期	0	1	2	3	4	5	6	7
现金流入	—	—	—	800	1200	1200	1200	1200
现金流出	—	600	900	500	700	700	700	700
净现金流量	—	−600	−900	300	500	500	500	500
累计净现金流量	—	−600	−1500	−1200	−700	−200	300	1300

根据静态投资回收期的计算公式，可得：

$$P_t = (6-1) + \frac{|-200|}{500} = 5.4 \ 年$$

（2）静态投资回收期 $= I/A = (1000+200)/340 = 3.53$ 年

4. 财务净现值的计算

已知某项目的净现金流量见表 5-7 所列。若 $i_c = 8\%$，则该项目的财务净现值为多少万元？

项目的净现金流量表（万元）　　　　　　　　　　表 5-7

年份	1	2	3	4	5	6
净现金流量	−4200	−2700	1500	2500	2500	2500

【解题思路】　在计算期内的获利能力。用一个预定的基准收益率，分别把整个计算期内各年所发生的净现金流量都折现到投资方案开始实施时的现值之和。这里要注意的问题是：现金流量表对应的公式是发生在第 1 年年初的现值或年金，做出正确答案的最好的方法是先画出现金流量图。计算公式：

$$FNPV = \sum_{t=0}^{n} (CI - CO)_t (1+i_c)^{-t}$$

评价准则：$FNPV > 0$，方案可行；$FNPV = 0$，方案有待改进；$FNPV < 0$，方案不可行。

【解】

$$FNPV = \sum_{t=0}^{n} \frac{(CI-CO)_t}{(1+i_c)^{-t}}$$

$$= \frac{-4200}{(1+8\%)^1} + \frac{-2700}{(1+8\%)^2} + \frac{1500}{(1+8\%)^3} + \frac{2500}{(1+8\%)^4} + \frac{2500}{(1+8\%)^5} + \frac{2500}{(1+8\%)^6}$$

$$= \frac{-4200}{(1+8\%)^1} + \frac{-2700}{(1+8\%)^2} + \frac{1500}{(1+8\%)^3} + 2500 \times (P/A, 8\%, 3) \times (P/F, 8\%, 3)$$

$$= 101.71 \ 万元$$

$FNPV>0$，方案可行。

5. 财务内部收益率的计算

（1）已知某投资方案现金流量见表 5-8 所列，设 $i_c=8\%$，试计算财务净现值（FNPV）、财务内部收益率（FIRR），并判断项目的可行性。

某投资方案净现金流量（万元）　　　　　　　　表 5-8

年 份	1	2	3	4	5	6	7
净现金流量（万元）	−4200	−4700	1500	2500	2500	2500	2500

（2）某常规技术方案，$FNPV(16\%)=160$ 万元，$FNPV(18\%)=-80$ 万元，则方案的 FIRR 最可能为（　　）。

A. 15.98%　　　　B. 16.21%　　　　C. 17.33%　　　　D. 18.21%

（3）某常规投资方案，$FNPV(i_1=14\%)=160$ 万元，$FNPV(i_2=16\%)=-90$ 万元，则 FIRR 的取值范围为（　　）。

A. <14%　　　B. 14%～15%　　　C. 15%～16%　　　D. >16%

【解题思路】 内部收益率（FIRR）是使投资方案在计算期内各年净现金流量的现值累计等于零时的折现率。取决于项目内部，是投资方案占用的尚未回收资金的获利能力。计算公式为：

$$FNPV(FIRR)=\sum_{t=0}^{n}(CI-CO)_t(1+FIRR)^{-t}=0$$

线性内插法的基本步骤：

（1）根据经验，选定一个适当的折现率 i_0。

（2）根据投资方案的现金流量情况，利用选定的折现率 i_0，求出方案的 FNPV。

（3）若 $FNPV>0$，则适当使 i_0 继续增大；若 $FNPV<0$，则适当使 i_0 继续减小。

（4）重复步骤（3），直到找到这样的两个折线率 i_1 和 i_2，其所对应求出的净现值 $FNPV_1>0$，$FNPV_2<0$，其中 i_2-i_1 一般不超过 2%～5%。

（5）利用公式求出近似解。线性内插法的公式如下：

$$FIRR=i_1+\frac{NPV_1}{NPV_1+|NPV_2|}(i_2-i_1)$$

第 2 小题主要考核点是，常规技术方案的财务净现值（FNPV）与财务内部收益率（FIRR）之间的关系。

第 3 小题主要考核内插法公式的应用。

【解】

（1）应用财务净现值（FNPV）指标评价

$FNPV=-4200(P/F,8\%,1)-4700(P/F,8\%,2)+1500(P/F,8\%,3)+2500(P/F,8\%,4)+2500(P/F,8\%,5)+2500(P/F,8\%,6)+2500(P/F,8\%,7)=242.76$ 万元 >0

由于 $FNPV=242.76$ 万元 >0，所以该方案在经济上可行。

应用财务内部收益率（FIRR）指标评价

$$FNPV(i_1=8\%)=242.76 \text{ 万元}$$

$$FNPV \ (i_2 = 10\%) = -245.7 \ 万元$$

由于 $FIRR = 8.99\% > i_c = 8\%$，所以该方案在经济上可行。

从上述计算可见，对独立方案的评价，应用 $FIRR$ 评价与应用 $FNPV$ 评价其结论是一致的。

（2）常规技术方案的财务净现值（$FNPV$）与基准收益率（i_c）之间呈单调递减关系，$FNPV$ 会随 i_c 的增大，由大变小，由正变负。当 $FNPV = 0$ 时的 i_c 即为财务内部收益率（$FIRR$）。由题意，$FNPV \ (16\%) = 160 \ 万元$，$FNPV \ (18\%) = -80 \ 万元$，则 $FNPV = 0$ 时的 i_c 一定在 $16\% \sim 18\%$ 之间，而且偏 18% 一侧，故选择 C 项。

（3）利用内插法公式计算得：$FIRR = 14\% + 160 / \ (160 + 90) \ \times \ (16\% - 14\%) = 15.28\%$，故选 C。

6. 利息备付率的计算

某项目运营期第 3 年，有关财务数据为：利润总额 1000 万元，全部为应纳税所得额基数，税率 25%；当年折旧 400 万元，摊销不计；当年付息 200 万元，则该项目运营期第 3 年的利息备付率为多少？

【解题思路】 需要掌握利息备付率的公式。利息备付率是项目在借款偿还期内各年可用于支付利息的税息前利润与当期应付利息费用的比值。计算公式：

利息备付率 = 税息前利润 / 当期应付利息费用

税息前利润 = 利润总额 + 计入总成本费用的利息费用

【解】

$$ICR = \frac{EBIT}{PI} = \frac{1000 + 200}{200} = 6$$

7. 偿债备付率的计算

某项目运营期第四年的有关财务数据为：利润总额 2000 万元，全部为应纳所得税额，所得税率为 25%；当年计提折旧 600 万元，不计摊销；当年应还本 1200 万元，付息 300 万元。本年度该项目的偿债备付率为多少？

【解题思路】 需要掌握偿债备付率的公式。偿债备付率指项目在借款偿还期内，各年可用于还本付息的资金（$EBITDA - T_{AX}$）与当期应还本付息金额（PD）的比值。

计算公式：
$$DSCR = \frac{EBITDA - T_{AX}}{PD}$$

式中　$EBITDA$——息税前利润加折旧和摊销；

$\qquad T_{AX}$——企业所得税；

$\qquad PD$——应还本付息的金额。包括当期应还贷款本金额及计入总成本费用的全部利息。

【解】

$$EBITDA = 2000 + 600 + 300 = 2900$$

$$偿债备付率 = (2900 - 2000 \times 25\%) / \ (1200 + 300) = 1.6$$

【题 5-9】　盈亏平衡计算

（1）某技术方案设计年产量为 5000 件，单位产品售价为 2500 元，单位产品变动成本是 750 元，单位产品的营业税及附加为 370 元，年固定成本为 240 万元，该项目达到设计生产能力时年税前利润为多少万元？

（2）某建设项目年设计生产能力 10 万台，单位产品变动成本为单位产品售价的 55%，单位产品销售税金及附加为单位产品售价的 5%，经分析求得产销量盈亏平衡点为年产销量 4.5 万台，若企业要盈利，生产能力利用率至少应保持在多少以上？

（3）某项目设计年生产能力为 10 万台，年固定成本为 1500 万元，单台产品销售价格为 1200 元，单台产品可变成本为 650 元，单台产品营业税金及附加为 150 元。则该项目产销量的盈亏平衡点是多少台？

【解题思路】 基本的损益方程式如下：

$$利润＝销售收入－总成本－税金$$

利润 $＝pQ－C_vQ－C_r－t×Q＝$ 单位售价 × 销量 － 单位变动成本 × 产量 － 固定成本 －（单位产品销售税金 ＋ 单位产品增值税）× 销售量

（1）用产量表示：

$$BEP(Q)＝\frac{年固定总成本}{单位产品销售价格－单位产品可变成本－单位成品销售税金及附加－单位产品增值税}$$

（2）用生产能力利用率表示：$BEP（Q）＝BEP（\%）×$ 设计生产能力

（3）用销售额表示：$BEP（S）＝$ 单位产品销售价格 $×BEP（Q）$

（4）用销售单价表示：

$BEP（p）＝$ 年固定成本/设计生产能力 ＋ 单位可变成本 ＋ 单位产品销售税金及附加 ＋ 单位产品增值税

【解】

（1）$B＝5000×2500－[（750＋370）×5000＋2400000]＝4500000$ 元 $＝450$ 万元

（2）$BEP(\%)＝4.5 / 10 ×100\%＝45\%$

（3）$BEP(Q)＝1500 / （1200－650－150）＝3.75$ 万台

【题 5-10】 敏感性分析案例

某投资方案设计年生产能力为 10 万台，计划总投资为 1200 万元，期初一次性投入，预计产品价格为 35 元/台，年经营成本为 140 万元，方案寿命周期为 10 年，到期时预计设备残值收入为 80 万元，基准折现率为 10%，试就投资额、单位产品价格、经营成本等影响因素对该投资方案进行敏感性分析。

【解题思路】 需要熟悉单因素敏感性分析的步骤，选取净现值作为分析指标，分别变动投资额、单位产品价格、经营成本的比例得出对净现值的影响，然后进行分析。

【解】

$FNPV＝－1200＋（35×10－140）（P/A，10\%，10）＋80（P/F，10\%，10）$

$＝－1200＋（35×10－140）6.1444＋80×0.386$

$＝121.21$ 万元

由于 $FNPV＞0$，该项目确定性分析的结果：初步评价该项目在经济效果上可以接受。

对项目进行敏感性分析：取定三个因素：投资额、产品价格和经营成本，然后令其逐一在初始值的基础上按 ±10%、±20% 的变化幅度变动。分别计算相对应的财务净现值的变化情况。

投资额增加10%时（注意：投资额变动时，其他因素不变，称其为单因素敏感性分析）

$FNPV = -(1200+1200 \times 10\%) + (35 \times 10 - 140) \times (P/A, 10\%, 10) + 80(P/F, 10\%, 10)$

$\quad = -1320 + (35 \times 10 - 140) \times 6.1444 + 80 \times 0.386$

$\quad = 1.21$ 万元

投资额变动+1%时，净现值的变动率为：$(1.21/-121.21)/(121.21 \times 10) = -9.90\%$

对投资额、单位产品价格、经营成本分别变动±10%、±20%，得到如表5-9和图5-1所示的结果。

FNPV 变动表（万元） 表 5-9

项 目	−20%	−10%	0	10%	20%	平均+1%	平均−1%
投资额	361.21	241.21	121.21	1.21	−118.79	−9.90%	9.90%
产品价格	−308.91	−93.85	121.21	336.28	551.34	17.75%	−17.75%
经营成本	293.26	207.24	121.21	35.19	−50.83	−7.10%	7.10%

由表5-9可以看出，产品价格每下降1%，财务净现值下降17.75%，投资额每增加1%，财务净现值将下降9.90%，经营成本每上升1%，财务净现值下降7.10%。

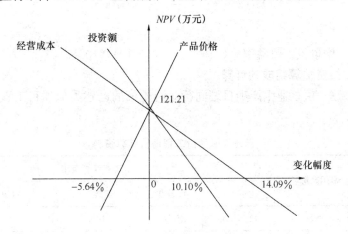

图 5-1　单因素敏感性分析图

由图5-1可以看出，在各个变量因素变化率相同的情况下，产品价格下降幅度超过5.64%时，财务净现值将由正变负，也即项目由可行变为不可行。

当投资额增加的幅度超过10.10%时，财务净现值由正变负，项目变为不可行；

当经营成本上升幅度超过14.09%时，财务净现值由正变负，项目变为不可行。

按财务净现值对各个因素的敏感程度来排序，依次是：产品价格、投资额、经营成本，最敏感的因素是产品价格。

【题5-11】 折算费用法的计算

某工程有甲乙丙丁四个实施方案可供选择。四个方案的投资额依次是60万元、80万元、100万元、120万元。年运行成本依次是16万元、13万元、10万元和6万元，各方案应用环境相同。设基准投资率为 10%。则采用折算费用法选择的最优方案是哪一个？

【解题思路】 计算各方案的年折算费用，将投资额用基准投资回收期分摊到各年，再与各年的年经营成本相加。掌握折算费用法的公式，还要清楚地了解判别方法是，折算费用小的方案为最优方案。

$$Z_j = \frac{I_j}{P_c} + C_j = I_j \times i_c + C_j$$

【解】

Z(甲)＝16＋60×10%＝22 万元；Z(乙)＝13＋80×10%＝21 万元

Z(丙)＝10＋100×10%＝20 万元；Z(丁)＝6＋120×10%＝18 万元

故丁方案是最优方案。

【题 5-12】 增量投资收益率法的计算

某工艺设备原方案的投资额为 10 万元，经营成本为 4.5 万元，新方案的投资额为 14 万元，经营成本为 3 万元，则增量投资收益率为多少？

【解题思路】 增量投资收益率为增量投资所带来的经营成本上的节约与增量投资之比。评价准则：增量投资收益率大于或等于基准收益率，投资大的方案是可行的。

公式：

$$R(2-1) = \frac{C_1 - C_2}{I_2 - I_1} \times 100\%$$

【解】

增量投资收益率＝(4.5－3)/(14－10)×100%＝37.5%

【题 5-13】 投资估算组成的计算

某企业拟兴建一项工业生产项目。同行业同规模的已建类似项目工程造价结算资料，见表 5-10 所列。

已建类似项目工程造价结算资料　　　　　表 5-10

序号	工程和费用名称	工程结算费用				
		建筑工程	设备购置	安装工程	其他费用	合计
一	主要生产项目	11664.00	26050.00	7166.00		44880.00
1	A 生产车间	5050.00	17500.00	4500.00		27050.00
2	B 生产车间	3520.00	4800.00	1880.00		10200.00
3	C 生产车间	3094.00	3750.00	786.00		7630.00
二	辅助生产项目	5600.00	5680.00	470.00		11750.00
三	附属工程	4470.00	600.00	280.00		5350.00
	工程费用合计	21734.00	32330.00	7916.00		61980.00

表 5-10 中，B 生产车间的进口设备购置费为 3800 万元人民币，其余为国内配套设备费；在进口设备购置费中，设备货价（离岸价）为 361.9 万美元（1 美元＝6.3 元人民币），其余为其他从属费用和国内运杂费。

问题：

（1）类似项目建筑工程费用所含的人工费、材料费、机械费和综合税费占建筑工程造价的比例分别为 13.5%、61.7%、9.3%、15.5%，因建设时间、地点、标准等不同，相应的价格调整系数分别为 1.36、1.28、1.23、1.18；拟建项目建筑工程中的附属工程工程量与类似项目附属工程工程量相比减少了 20%，其余工程内容不变。计算建筑工程造价综合差异系数和拟建项目建筑工程总费用。

（2）计算进口设备其他从属费用和国内运杂费占进口设备购置费的比例。

（3）拟建项目 B 生产车间的主要生产设备仍为进口设备，但设备货价（离岸价）为 340 万美元（1 美元＝6.1 元人民币）；进口设备其他从属费用和国内运杂费按已建类似项目相应比例不变；国内配套采购的设备购置费综合上调 25%。B 生产车间以外的其他主要生产项目、辅助生产项目和附属工程的设备购置费均上调 10%。计算拟建项目 B 生产车间的设备购置费、主要生产项目设备购置费和拟建项目设备购置总费用。

（4）假设拟建项目的建筑工程总费用为 30000 万元，设备购置总费用为 40000 万元；安装工程总费用按表 5-10 中数据综合上调 15%；工程建设其他费用为工程费用的 20%，基本预备费率为 5%，拟建项目的建设期涨价预备费为静态投资的 3%。确定拟建项目全部建设投资。

【解题思路】　本题所考核的内容涉及了建设项目投资估算问题的主要内容和基本知识点。投资估算的方法有：单位生产能力估算法、生产能力指数估算法、比例估算法、系数估算法、指标估算法等。首先，用设备系数估算法估算该项目与工艺设备有关的主厂房投资额；用主体专业系数估算法估算与主厂房有关的辅助工程、附属工程以及工程建设的其他投资。其次，估算拟建项目的基本预备费、涨价预备费，得到拟建项目的建设投资。最后，估算建设期贷款利息，并用流动资金的扩大指标估算法，估算出项目的流动资金投资额，得到拟建项目的建设总投资。

【解】

（1）建筑工程造价综合差异系数：

$$13.5\% \times 1.36 + 61.7\% \times 1.28 + 9.3\% \times 1.23 + 15.5\% \times 1.18 = 1.27$$

拟建项目建筑工程总费用：$(21734.00 - 4470.00 \times 20\%) \times 1.27 = 26466.80$ 万元

（2）进口设备其他从属费用和国内运杂费占设备购置费百分比：

$$(3800 - 361.9 \times 6.3)/3800 = 40\%$$

（3）计算拟建项目 B 生产车间的设备购置费：

拟建项目 B 生产车间进口设备购置费：$340 \times 6.1/(1 - 40\%) = 3456.67$ 万元

拟建项目 B 生产车间国内配套采购的设备购置费：

$$(4800.00 - 3800.00) \times (1 + 25\%) = 1250.00 \ 万元$$

拟建项目 B 生产车间设备购置费：$3456.67 + 1250.00 = 4706.67$ 万元

主要生产项目设备购置费：

$$4706.67 + (17500 + 3750) \times (1 + 10\%) = 28081.67 \ 万元$$

拟建项目设备购置总费用：

$$28081.67 + (5680.00 + 600.00) \times (1 + 10\%) = 34989.67 \ 万元$$

（4）拟建项目全部建设投资：

1）拟建项目安装工程费：7916.00×（1+15%）=9103.40 万元

2）拟建项目工程建设其他费用：79103.40×20%=15820.68 万元

3）拟建项目基本预备费：（79103.40+15820.68）×5%=4746.20 万元

4）拟建项目涨价预备费：（79103.40+15820.68+4746.20）×3%=2990.11 万元

5）拟建项目全部建设投资：9103.40+15820.68+4746.20+2990.11=102660.39
万元

【题 5-14】　项目利息利润的计算案例

某项目的相关资料如下：

（1）项目建设期 2 年，运营期 6 年，建设投资 2000 万元，预计全部形成固定资产。

（2）项目资金来源为自有资金和贷款。建设期内，每年均衡投入自有资金和贷款各
500 万元，贷款年利率为 6%。流动资金全部用项目资本金支付，金额为 300 万元，于投
产当年投入。

（3）固定资产使用年限为 8 年，采用直线法折旧，残值为 100 万元。

（4）项目贷款在运营期的 6 年，按照等额还本、利息照付的方法偿还。

（5）项目投产第 1 年的营业收入和经营成本分别为 700 万元和 250 万元，第 2 年的营
业收入和经营成本分别为 900 万元和 300 万元，以后各年的营业收入和经营成本分别为
1000 万元和 320 万元。不考虑项目维持运营投资、补贴收入。

（6）企业所得税税率为 25%，营业税及附加税税率为 6%。

问题：

（1）列式计算建设期贷款利息、固定资产年折旧费和计算期第 8 年的固定资产余值。

（2）计算各年还本、付息额及总成本费用。

（3）计算期内各年的息税前利润以及项目的总投资收益率和资本金净利润率。

（4）列式计算计算期第 3 年的所得税。从项目资本金出资者的角度，列式计算计算期
第 8 年的净现金流量。

【解题思路】　本题考核固定资产投资贷款还本付息估算时，还款方式为等额还本、利
息照付，并编制借款还本付息计划表和总成本费用表。计算总投资收益率时应注意：总投
资=建设投资+建设期贷款利息+全部流动资金，年息税前利润=利润总额+当年应还
利息。

等额还本、利息照付是指在还款期内每年等额偿还本金，而利息按年初借款余额和利
率的乘积计算，利息不等，而且每年偿还的本利和不等，计算步骤如下：

（1）计算建设期末的累计借款本金和未付的资本化利息之和 I_c。

（2）计算在指定偿还期内，每年应偿还的本金 A，$A=I_c/n$（n 为贷款偿还期，不包
括建设期）。

（3）计算每年应付的利息额。年应付利息=年初借款余额×年利率。

（4）计算每年的还本付息总额。年还本付息总额=A+年应付利息。

【解】

（1）建设期借款利息：

第 1 年贷款利息=500/2×6%=15.00 万元

第 2 年贷款利息=［（500+15）+500/2］×6%=45.90 万元

建设期借款利息＝15＋45.90＝60.90 万元

固定资产年折旧费＝（2000＋60.90－100）/8＝245.11 万元

计算期第 8 年的固定资产余值＝固定资产年折旧费×（8－6）＋残值

$$＝245.11×2＋100＝590.22 万元$$

（2）借款还本付息计划见表 5-11 所列。总成本费用估算见表 5-12 所列。

借款还本付息计划表（万元）　　　表 5-11

项 目	计 算 期							
	1	2	3	4	5	6	7	8
期初借款余额		515.00	1060.90	884.08	707.26	530.44	353.62	176.80
当期还本付息			240.47	229.86	219.26	208.65	198.04	187.43
其中：还本			176.82	176.82	176.82	176.82	176.82	176.82
付息			63.65	53.04	42.44	31.83	21.22	10.61
期末借款余额	515.00	1060.90	884.08	707.26	530.44	353.62	176.80	

总成本费用估算表（万元）　　　表 5-12

序号	年份项目	3	4	5	6	7	8
1	年经营成本	250.00	300.00	320.00	320.00	320.00	320.00
2	年折旧费	245.11	245.11	245.11	245.11	245.11	245.11
3	长期借款利息	63.65	53.04	42.44	31.83	21.22	10.61
4	总成本费用	558.76	598.15	607.55	596.94	586.33	575.72

（3）计算期内各年的息税前利润见表 5-13 所列。

某项目利润表的部分数据（万元）　　　表 5-13

序号	项目 \ 年份	3	4	5	6	7	8
1	营业收入	700.00	900.00	1000.00	1000.00	1000.0	1000.00
2	总成本费用	558.76	598.15	607.55	596.94	586.33	575.72
3	营业税金及附加（1）×6%	42.00	54.00	60.00	60.00	60.00	60.00
4	补贴收入						
5	利润总额（1－2－3＋4）	99.24	247.85	332.45	343.06	353.67	364.28
6	弥补以前年度亏损						
7	应纳所得税额（5－6）	99.24	247.85	332.45	343.06	353.67	364.28
8	所得税（7）×25%	24.81	61.96	83.11	85.77	88.42	91.07
9	净利润（5－8）	74.43	185.89	249.34	257.29	265.25	273.21
10	息税前利润＝（5）＋当年应还利息	162.89	300.89	374.89	374.89	374.89	374.89

计算项目的总投资收益率：

运营期的 6 年内，项目正常年份的息税前利润为 374.89 万元。

项目总投资＝建设投资＋建设期借款利息＋全部流动资金

$$＝2000.00＋60.90＋300.00＝2360.90 万元$$

项目的总投资收益率＝正常年份的息税前利润÷项目总投资

$$＝374.89÷2360.90×100\%＝15.88\%$$

计算项目的资本金净利润率：

运营期的 6 年内，项目的年平均净利润计算为：

$$(74.43＋185.89＋249.34＋257.29＋265.25＋273.21)÷6＝1305.41÷6＝217.57 万元$$

项目的资本金＝1000＋300＝1300 万元

资本金净利润率＝年平均净利润÷项目的资本金＝217.57÷1300×100\%＝16.74\%

（4）计算第 8 年的现金流入：

第 8 年的现金流入＝营业收入＋回收固定资产余值＋回收流动资金

$$＝1000＋590.22＋300＝1890.22 万元$$

计算第 8 年的现金流出：

第 8 年所得税＝（1000－1000×6\%－575.72）×25\%＝91.07 万元

第 8 年的现金流出＝借款本金偿还＋借款利息支付＋经营成本＋营业税金及附加＋所得税

$$＝176.82＋10.61＋320＋60＋91.07＝658.50 万元$$

计算第 8 年的净现金流量：

第 8 年的净现金流量＝现金流入－现金流出＝1890.22－658.50＝1231.72 万元

注：此题改编自 2010 造价师工程造价案例分析考试真题。

【题 5-15】 项目的经济效益评价案例

甲企业拟投资建设某项目，项目的设计生产能力为 20 万 t/年，建设期 1 年，生产经营期 5 年且各年均达产。

项目建设投资 20 亿元，其中形成固定资产的投资占 90\%。项目建设投资的 60\% 为自有资金，其余由国内银行贷款解决，贷款年利率为 10\%；项目正常年流动资金 2 亿元，全部使用国内银行贷款，贷款年利率为 8\%。

项目产品的市场销售价格（不含税）为 4000 元/t；各年的经营成本均为 3.5 亿元，年营业税金及附加为 400 万元。由于项目生产符合循环经济和节能减排鼓励政策，政府给予每吨产品 700 元的补贴，同时免征所得税。该项目使用的原料之一是乙企业无偿提供的一种工业废料，由此每年可以为乙企业节省 1 亿元的废料处理费用。此外，项目不产生其他间接费用和效益。

项目各项投入和产出的价格均能反映其经济价值，所有流量均发生在年末；固定资产折旧年限为 5 年，净残值率为 10\%；无形资产和其他资产在经营期全部摊销完毕，甲企业设定的项目投资财务基准收益率为 10\%，折现率为 8\%。

问题：

（1）分项列出该项目投资现金流量表中的现金流入、现金流出的组成内容。

（2）计算该项目投资现金流量表中各年净现金流量，以及项目投资财务净现值。

（3）分项列出该项目经济效益、经济费用的组成内容。

（4）计算该项目各年经济效益流量以及项目经济净现值，判断该项目的经济合理性。

【解题指导】 应掌握划归现金流入及现金流出的内容；掌握项目财务净现值的计算公式；并熟悉项目经济效益、经济费用的组成内容，并掌握判断项目经济性的原则。

【解】

（1）该项目投资现金流量表中的现金流入、现金流出的组成内容见表5-14所列。

项目投资现金流量表（万元）　　　　　　　　　　　　表5-14

年份 项目	1	2	3	4	5	6
（一）现金流入		94000	94000	94000	94000	132000
1. 销售收入		80000	80000	80000	80000	80000
2. 补贴收入		14000	14000	14000	14000	14000
3. 回收固定资产余值						18000
4. 回收流动资产						20000
（二）现金流出	200000	55400	35400	35400	35400	35400
1. 建设投资	200000					
2. 流动资金		20000				
3. 经营成本		35000	35000	35000	35000	35000
4. 营业税金及附加		400	400	400	400	400
（三）净现金流量	−200000	38600	58600	58600	58600	96600

销售收入＝20×4000＝80000万元

补贴收入＝20×700＝14000万元

回收固定资产余值＝200000×90％×10％＝18000万元

（2）该项目投资现金流量表中各年净现金流量：

第1年的净现金流量＝0−200000＝−200000万元

第2年的净现金流量＝94000−55400＝38600万元

第3年的净现金流量＝94000−35400＝58600万元

第4年的净现金流量＝94000−35400＝58600万元

第5年的净现金流量＝94000−35400＝58600万元

第6年的净现金流量＝132000−35400＝96600万元

项目投资财务净现值＝−200000×0.9091＋38600×0.8264＋58600×0.7513＋58600×0.6830＋58600×0.6209＋96600×0.5645＝25044万元

（3）该项目经济效益、经济费用的组成内容见表5-15所列。

序号	项目	计算期（年）					
		1	2	3	4	5	6
1	效益流量		90000	90000	90000	90000	128000
1.1	项目直接效益		80000	80000	80000	80000	80000
1.2	回收固定资产余值						18000
1.3	回收流动资金						20000
1.4	项目间接效益		10000	10000	10000	10000	10000
2	费用流量	200000	55000	35000	35000	35000	35000
2.1	建设投资	200000					
2.2	流动资金		20000				
2.3	经营费用		35000	35000	35000	35000	35000
2.4	项目间接费用						
3	净效益流量	−200000	35000	55000	55000	55000	93000

（4）第 1 年的净效益流量＝0－200000＝−200000 万元

第 2 年的净效益流量＝90000－55000＝35000 万元

第 3 年的净效益流量＝90000－35000＝55000 万元

第 4 年的净效益流量＝90000－35000＝55000 万元

第 5 年的净效益流量＝90000－35000＝55000 万元

第 6 年的净效益流量＝128000－35000＝93000 万元

项目经济净现值＝−200000×0.9091＋35000×0.8264＋55000×0.7513＋55000×0.6830＋55000×0.6209＋93000×0.5645＝12639 万元

由于经济净现值大于零，因此该项目的经济是合理的。

【题 5-16】 采用类似工程预算法编制设计概算

新建一幢办公大楼，建筑面积为 8600m²，根据下列类似工程施工图预算的有关数据，用类似工程预算编制设计概算。已知数据如下：

（1）类似工程的建筑面积为 7000m²，预算造价 3640000 元。

（2）类似工程各种费用占预算成本的权重是：人工费 12％、材料费 54％、机械费 11％、措施费 8％、间接费 8％、其他费 7％。

（3）拟建工程地区与类似工程地区造价之间人工费、材料费、机械费、措施费间接费、其他费的差异系数分别为 1.05、1.08、0.96、1.01、0.98、0.91。

（4）利税率 12％。

计算拟建工程的概算造价。

【解题思路】 需要先计算出类似工程的单方造价，然后计算出类似工程和拟建工程的综合调整系数。最后再计算出拟建工程的概算造价。

【解】

（1）综合调整系数为：

K＝12％×1.05＋54％×1.08＋11％×0.96＋8％×1.01＋8％×0.98＋7％×0.91＝1.0377

（2）类似工程预算造价为：3640000×（1+12%）=4076800 元

（3）类似工程预算单方造价为：4076800/7000=582.4 元/m²

（4）拟建教学楼工程单方概算造价为：582.4×1.0377=604.36 元/m²

（5）拟建教学楼工程的概算造价为：604.36×8600=5197496 元

【题 5-17】概算指标的计算

拟建某教学楼，与概算指标略有不同，概算指标拟定工程外墙面贴瓷砖，教学楼外墙面干挂花岗石。该地区外墙面贴瓷砖的预算单价为 80 元/m²，花岗石的预算单价为 280 元/m²。教学楼工程和概算指标拟定工程每 100m² 建筑面积中外墙面工程量均为 80m²。概算指标土建工程人材机费单价为 2000 元/m²，措施费为 170 元/m²。则拟建教学楼土建工程人材机费单价为多少元/m²？

【解题思路】 设计概算的编制方法可以采用类似工程进行相应指标的换算。

【解】

结构变化修正概算指标（元/m²）$=J+Q_1P_1-Q_2P_2$

$=2000+0.8×280-0.8×80=2160$ 元/m²

【题 5-18】概算指标换算案例分析

某学生宿舍建筑面积 2400m²，按概算指标计算每平方米建筑面积的人材机的费用为 850 元。因设计图纸与所选用的概算指标有差异，每 100m² 建筑面积发生了见表 5-16 所列的变化，则修正后的单位人材机费用为多少元？

概算指标变化表   表 5-16

	项目名称	单位	数量	工料单价（元）	合价（元）
概算指标 （换出部分）	A	m²	80	12	960
	B	m²	150	6	900
设计规定 （换入部分）	C	m²	65	18	1170
	D	m²	45	14	630

【解题思路】 修正后的单位人材机费用=概算指标－换出部分的费用+换入部分的费用。

【解】

修正后的单位人材机费用=850 －（960 ＋ 900)/100 ＋ (1170+630)/100 = 849.40 元

【题 5-19】设计概算审查的案例

某政府投资项目已批准的投资估算为 8000 万元，其总概算投资为 9000 万元，则概算审查处理办法应是（   ）。

A. 查明原因，调减至 8000 万元以内　　B. 对超投资估算部分，重新上报审批

C. 查明原因，重新上报审批　　　　　　D. 如确实需要，即可直接作为预算控制依据

【解题思路】 审查概算时需要审查工程概算的内容，其中包括：审查建设规模（投资规模、生产能力等）、建设标准（用地指标、建筑标准等）、配套工程、设计定员等是否符合原批准的可行性研究报告或立项批文的标准。对总概算投资超过批准投资估算10%以上的，应查明原因，重新上报审批。

【解】

根据上述分析，答案是 C。

【题 5-20】 工程造价指数的确定

某典型工程，其建筑工程造价的构成及相关费用与上年度同期相比的价格指数见表 5-17 所列。和去年同期相比，计算该典型工程的建筑工程造价指数。

价格指数表   表 5-17

用费名称	人工费	材料费	机械使用费	措施费	间接费	利润	税金	合计
造价（万元）	110	645	55	40	50	66	34	1000
指数（%）	128	110	105	110	102	—	—	—

【解题思路】

$$建筑安装工程造价指数 = \frac{报告期建筑安装工程费}{\frac{报告期人工费}{人工费指数} + \frac{报告期材料费}{材料费指数} + \frac{报告期施工机械使用费}{施工机械使用费指数} + \frac{报告期措施费}{措施费指数} + \frac{报告期间接费}{间接费指数} + 税润 + 税金}$$

【解】

$$建筑安装工程造价指数 = \frac{1000}{\frac{100}{128\%} + \frac{645}{110\%} + \frac{55}{105\%} + \frac{40}{110\%} + \frac{50}{110\%} + 66 + 34} = 109.9\%$$

【题 5-21】 工器具价格指数的确定

某工程在建设期初预计和建设期第一年末实际发生的设备、工器具购置情况见表 5-18 所列。与建设期初相比，第一年末的设备、工器具价格指数为多少？

设备、工器具购置情况表   表 5-18

时间	甲类设备		乙类设备		丙类设备		工器具	
	单价（元）	数量（台）	单价（元）	数量（台）	单价（元）	数量（台）	单价（元）	数量（台）
建设期初	100	5	75	7	50	10	8	60
第一年末	110	5	78	8	48	12	10	65

【解题思路】

$$设备、工器具价格指数 = \frac{\sum(报告期设备工器具单价 \times 报告期购置数量)}{\sum(基期设备工器具单价 \times 报告期购置数量)}$$

【解】

$$设备、工器具价格指数 = \frac{5 \times 110 + 8 \times 78 + 12 \times 48 + 65 \times 10}{5 \times 100 + 8 \times 75 + 12 \times 50 + 65 \times 8} \times 100\% = 108.11\%$$

【题 5-22】 设备价格指数计算案例

某建设项目需购置甲、乙两种生产设备，设备甲基期购置数量 3 台，单价 2 万元/台；报告期购置数量 2 台，单价 2.5 万元/台。设备乙基期购置数量 2 台，单价 4 万元/台；报告期购置数量 3 台，单价 4.5 万元/台。该建设项目设备价格指数为多少？

【解题思路】 设 $K_p = \dfrac{p_1}{p_2}$ 表示价格指数，派氏价格指数 $= \dfrac{\sum q_1 p_1}{\sum q_1 p_0} = \dfrac{\sum q_1 p_1}{\sum \frac{1}{K_p} q_1 p_1}$，此式为

派氏综合指数变形后的加权调和平均数指数。

【解】

甲的个体价格指数 $K_p = 2.5/2 = 1.25$

乙的个体价格指数 $K_p = 4.5/4 = 1.125$

该建设项目的设备价格指数 $= \dfrac{2 \times 2.5 + 3 \times 4.5}{\dfrac{1}{1.25} \times 2 \times 2.5 + \dfrac{1}{1.125} \times 3 \times 4.5} = 18.5/16 = 1.156$

【题 5-23】 设计方案优选案例

某咨询公司受业主委托，对某设计院提出屋面工程的三个设计方案进行评价。相关信息见表 5-19 所列。

设计方案信息表　　　　　　　　　　　　　　表 5-19

序号	项　　目	方案一	方案二	方案三
1	防水层综合单价（元/m²）	合计 260.00	90.00	80.00
2	保温层综合单价（元/m²）		35.00	35.00
3	防水层寿命（年）	30	15	10
4	保温层寿命（年）		50	50
5	拆除费用（元/m²）	按防水层、保温层费用的 10% 计	按防水层费用的 20% 计	按防水层费用的 20% 计

拟建工业厂房的使用寿命为 50 年，不考虑 50 年后其拆除费用及残值，不考虑物价变动因素。基准折现率为 8%。

问题：

（1）分别列式计算拟建工业厂房寿命期内屋面防水保温工程各方案的综合单价现值。用现值比较法确定屋面防水保温工程经济最优方案。

（2）为控制工程造价和降低费用，造价工程师对选定的方案，以 3 个功能层为对象进行价值工程分析。各功能项目得分及其目前成本见表 5-20 所列。

功能项目得分及其目前成本表　　　　　　　　表 5-20

功能项目	得分	目前成本（万元）
找平层	14	16.8
保温层	20	14.5
防水层	40	37.4

计算各功能项目的价值指数，并确定各功能项目的改进顺序。

【解题思路】 掌握方案评价方案比选的方法，这里要求采用现值，现值比较的前提是各方案的运行年限是相同的，这三个方案的屋面防水层、保温层的使用年限不相同，而且一个方案中包括两个指标。掌握价值指数的计算公式，并会判断，价值指数小于 1 的是重点和首选的改进功能项目。

【解】

（1）拟建工业厂房寿命期内屋面防水保温工程各方案的综合单价现值计算如下：

方案一：$260\times[1+(P/F,8\%,30)]+260\times10\%\times(P/F,8\%,30)=288.42$ 元/m^2

方案二：$90\times[1+(P/F,8\%,15)+(P/F,8\%,30)+(P/F,8\%,45)]+90\times20\%\times[(P/F,8\%,15)+(P/F,8\%,30)+(P/F,8\%,45)]+35=173.16$ 元/m^2

方案三：$80\times[1+(P/F,8\%,10)+(P/F,8\%,20)+(P/F,8\%,30)+(P/F,8\%,40)]+80\times20\%\times[(P/F,8\%,10)+(P/F,8\%,20)+P/F,8\%,30)+(P/F,8\%,40)]+35=194.02$ 元/m^2

方案二为最优方案，因其综合单价现值最低。

(2) 找平层的成本指数＝16.8/(16.8＋14.5＋37.4)＝0.245

找平层的功能指数＝14/(14＋20＋40)＝0.189

找平层的价值指数＝0.189/0.245＝0.771

保温层的成本指数＝14.5/(16.8＋14.5＋37.4)＝0.211

保温层的功能指数＝20/(14＋20＋40)＝0.270

保温层的价值指数＝0.27/0.211＝1.280

防水材料测成本指数＝37.4/(16.8＋14.5＋37.4)＝0.544

防水层的功能指数＝40/(14＋20＋40)＝0.541

防水层的价值指数＝0.541/0.544＝0.994

改进顺序应按照功能指数远小于1的功能项目开始依次进行：找平层、防水层、保温层。

注：本题参考注册造价工程师《工程造价案例分析》2011年真题。

【题5-24】 价值系数法用于工程成本改进对象的选择

某施工单位承接了某项工程的总包施工任务，该工程由A、B、C、D四项工作组成，施工场地狭小。为了进行成本控制，项目经理部对各项工作进行了分析，其结果见表5-21所列。

工作评分和预算成本表　　　　　　　　　　　　　　　　　表5-21

工作	功能评分	预算成本（万元）
A	15	650
B	35	1200
C	30	1030
D	20	720
合计	100	3600

问题：(1) 计算A、B、C、D四项工作的功能系数、成本系数和价值系数。

(2) 在A、B、C、D四项工作中，施工单位应首选哪项工作作为降低成本的对象？说明理由。

【解题思路】 价值工程的成本有两种，一种是现实成本，是指目前的实际成本；另一种是目标成本。功能评价就是找出实现功能的最低费用作为功能的目标成本，以功能目标成本为基准，通过与功能现实成本的比较，求出两者的比值（功能价值）和两者的差异值（改善期望值），然后选择功能价值低、改善期望值大的功能作为价值工程活动的重点对象。

【解】

（1）各工作功能系数、成本系数和价值系数见表 5-22 所列。

工作功能系数、成本系数和价值系数　　　表 5-22

工　作	功能评分	预算成本（万元）	功能系数	成本系数	价值系数
A	15	650	0.15	0.18	0.83
B	35	1200	0.35	0.33	1.06
C	30	1030	0.30	0.29	1.03
D	20	720	0.20	0.20	1.00
合计	100	3600	1.00	1.00	

（2）施工单位应首选 A 工作作为降低成本的对象。

理由是：A 工作价值系数低，降低成本潜力大。

【题 5-25】　0-1 评分法的应用

某咨询公司受业主委托，对某设计院提出的 $8000m^2$ 工程量的屋面工程的 A、B、C 三个设计方案进行评价。该工业厂房的设计使用年限为 40 年。咨询公司评价方案中设置功能实用性（F1）、经济合理性（F2）、结构可靠性（F3）、外形美观性（F4）、与环境协调性（F5）等五项评价指标。该五项评价指标的重要程度依次为：F1、F3、F2、F5、F4，各方案的每项评价指标得分见表 5-23 所列。

各方案评价指标得分表　　　表 5-23

方案指标	A	B	C
F1	9	8	10
F2	8	10	9
F3	10	9	8
F4	7	9	9
F5	8	10	8

问题：（1）用 0-1 评分法确定各项评价指标的权重。

（2）列式计算 A、B、C 三个方案的加权综合得分，并选择最优方案。

【解题思路】　需要弄清楚 0-1 评分法的含义。一个功能比另一个功能重要，重要者得 1 分，不重要者得 0 分。0-1 评分法得分总和为 $\dfrac{n(n-1)}{2}$，n 为对比的零件数量。并计算出各功能的权重。

【解】

（1）用 0-1 评分法确定各项评价指标的权重见表 5-24 所列。

各评价指标权重计算表　　　表 5-24

	F1	F2	F3	F4	F5	得分	修正得分	权重
F1	×	1	1	1	1	4	5	0.333
F2	0	×	0	1	1	2	3	0.200

	F1	F2	F3	F4	F5	得分	修正得分	权重
F3	0	1	×	1	1	3	4	0.267
F4	0	0	0	×	0	0	1	0.067
F5	0	0	0	1	×	1	2	0.133
合计						10	15	1.000

（2）A 方案综合得分：$9×0.333+8×0.200+10×0.267+7×0.067+8×0.133=8.80$

B 方案综合得分：$8×0.333+10×0.200+9×0.267+9×0.067+10×0.133=9.00$

C 方案综合得分：$10×0.333+9×0.200+8×0.267+9×0.067+8×0.133=8.93$

所以，B 方案为最优方案。

【题 5-26】 0-4 评分法及价值指数法进行方案优选

某业主邀请若干厂家对某商务楼的设计方案进行评价，经专家讨论确定的主要评价指标分别为：功能适用性（F1）、经济合理性（F2）、结构可靠性（F3）、外形美观性（F4）、与环境协调性（F5）五项评价指标，各功能之间的重要性关系为：F3 比 F4 重要得多，F3 比 F1 重要，F1 和 F2 同等重要，F4 和 F5 同等重要，经过筛选后，最终对 A、B、C 三个设计方案进行评价，三个设计方案评价指标的评价得分结果和估算总造价见表 5-25 所列。

各方案评价指标的评价结果和估算总造价表 表 5-25

功 能	方案 A	方案 B	方案 C
功能适用性（F1）	9 分	8 分	10 分
经济合理性（F2）	8 分	10 分	8 分
结构可靠性（F3）	10 分	9 分	8 分
外形美观性（F4）	7 分	8 分	9 分
与环境协调性（F5）	8 分	9 分	8 分
估算总造价（万元）	6500	6600	6650

问题：

（1）用 0-4 评分法计算各功能的权重。

（2）用价值指数法选择最佳设计方案。

（3）若 A、B、C 三个方案的年度使用费用分别为 340 万元、300 万元、350 万元，设计使用年限均为 50 年，基准折现率为 10%，用寿命周期年费用法选择最佳设计方案。

【解题思路】 需要弄清楚 0—4 评分法的含义。采用 0—4 评分法对评价对象进行一一比较时，分为四种情况：非常重要的功能得 4 分，很不重要的功能得 0 分，比较重要的功能得 3 分，不太重要的功能得 1 分，两个功能重要程度相同时各得 2 分，自身对比不得分。掌握寿命周期年费用法的含义，寿命周期年费用包括年度使用费和年投资成本，需要把初始造价分摊到寿命周期各年中，每年的年度使用费加和后得寿命周期内的年费用。

【解】

(1) 权重系数的计算见表 5-26 所列。

权重系数计算表 表 5-26

	F1	F2	F3	F4	F5	得分	权重
F1	×	3	1	3	3	10	0.250
F2	1	×	0	2	2	5	0.125
F3	3	4	×	4	4	15	0.375
F4	1	2	0	×	2	5	0.125
F5	1	2	0	2	×	5	0.125
合计						40	1.000

(2) 功能指数、成本指数、价值指数的计算分别见表 5-27~表 5-29 所列。

功能指数计算表 表 5-27

方案功能	功能权重	方案功能加权得分		
		A	B	C
F1	0.250	9×0.250=2.250	8×0.250=2.000	10×0.250=2.500
F2	0.125	8×0.125=1.000	10×0.125=1.250	8×0.125=1.000
F3	0.375	10×0.375=3.750	9×0.375=3.375	8×0.375=3.000
F4	0.125	7×0.125=0.875	8×0.125=1.000	9×0.125=1.125
F5	0.125	8×0.125=1.000	9×0.125=1.125	8×0.125=1.000
合计		8.875	8.750	8.625
功能指数		0.338	0.333	0.329

成本指数计算表 表 5-28

方案	A	B	C	合计
估算总造价（万元）	6500	6600	6650	19750
成本指数	0.329	0.334	0.337	1.000

价值指数计算表 表 5-29

方案	A	B	C
功能指数	0.338	0.333	0.329
成本指数	0.329	0.334	0.337
价值指数	1.027	0.996	0.977

由计算可知 A 的价值指数最大，故最佳设计方案为 A。

(3) 计算各方案寿命周期年费用：

A 方案：$6500×(A/P，10\%，50)+340=6500×0.1×1.1^{50}/(1.1^{50}-1)+340=995.58$ 万元

B 方案：$6600×(A/P，10\%，50)+340=6600×0.1×1.1^{50}/(1.1^{50}-1)+300=$

965.67 万元

C 方案：$6650 \times (A/P, 10\%, 50) + 340 = 6650 \times 0.1 \times 1.1^{50}/(1.1^{50} - 1) + 350 = 1020.71$ 万元

B 方案的寿命周期年费用最低，故最佳设计方案为 B。

【题 5-27】 分别采用 0-1 评分法和 0-4 评分法优选方案

某工程有 A、B、C 三个设计方案，有关专家决定从四个功能（分别以 F1、F2、F3、F4 表示）对不同方案进行评价，并得到以下结论：A、B、C 三个方案中，F1 的优劣顺序依次是 B、A、C，F2 的优劣顺序依次为 A、C、B，F3 的优劣顺序依次为 C、B、A，F4 的优劣顺序依次为 A、B、C，经进一步研究，专家确定三个方案各功能的评价计分标准均为：最优者得 3 分，居中者得 2 分，最差者得 1 分。

据造价工程师估算，A、B、C 三个方案的造价分别为 8500 万元、7600 万元、6900 万元。

问题：

(1) 计算 A、B、C 三个方案各功能的得分。

(2) 若四个功能之间的重要性关系排序为 F2＞F1＞F4＞F3，采用 0-1 评分法确定各功能的权重。

(3) 已知 A、B 两方案的价值指数分别为 1.127、0.961，在 0-1 评分法的基础上计算 C 方案的价值指数，并根据价值指数的大小选择最佳设计方案。

(4) 若四个功能之间的重要性关系为：F1 与 F2 同等重要，F1 相对 F4 较重要，F2 相对 F3 很重要。采用 0-4 评分法确定各功能的权重。

解题指导：这里是考核 0-1、0-4 方法对方案比选时得分的区别，0-4 评分法是对 0-1 评分法的改进，它更能反映功能之间的真实差别。

【解】 (1) A、B、C 三个方案各功能的得分见表 5-31 所列。

功能得分表　　　　　　　　　　　　　　　表 5-30

	A	B	C
F1	2	3	1
F2	3	1	2
F3	1	2	3
F4	3	2	1

(2) 采用 0-1 评分法确定各功能的权重计算见表 5-31 所列。

采用 0-1 评分法确定各功能权重计算表　　　　　　表 5-31

	F1	F2	F3	F4	功能得分	修正得分	功能重要性系数
F1	×	0	1	1	2	3	0.3
F2	1	×	1	1	3	4	0.4
F3	0	0	×	0	0	1	0.1
F4	0	0	1	×	1	2	0.2
合计					6	10	1

（3）A 的功能权重得分＝2×0.3＋3×0.4＋1×0.1＋3×0.2＝2.5

B 的功能权重得分＝3×0.3＋1×0.4＋2×0.1＋2×0.2＝1.9

C 的功能权重得分＝1×0.3＋2×0.4＋3×0.1＋1×0.2＝1.6

C 的功能指数＝1.6/（2.5＋1.9＋1.6）＝0.267

C 的成本指数＝6900/（8500＋7600＋6900）＝0.3

C 的价值指数＝0.267/0.3＝0.89

通过比较，A 方案的价值指数最大，所以选择 A 方案为最优方案。

（4）采用 0-4 评分法确定各功能的权重计算见表 5-32 所列。

采用 0-4 评分法确定各功能的权重计算表　　　　　　　　　表 5-32

	F1	F2	F3	F4	功能得分	功能重要系数
F1	×	2	4	3	9	0.375
F2	2	×	4	3	9	0.375
F3	0	0	×	1	1	0.042
F4	1	1	3	×	5	0.208
合计						1

【题 5-28】 利用价值工程进行方案的优选

某市为改善越江交通状况，提出以下两个方案。

方案 1：在原桥基础上加固、扩建。该方案预计投资 40000 万元，建成后可通行 20 年。这期间每年需维护费 1000 万元。每 10 年需进行一次大修，每次大修费用为 3000 万元，运营 20 年后报废时没有残值。

方案 2：拆除原桥，在原址建一座新桥。该方案预计投资 120000 万元，建成后可通行 60 年。这期间每年需维护费 1500 万元。每 20 年需进行一次大修，每次大修费用为 5000 万元，运营 60 年后报废时可回收残值 5000 万元。

不考虑两方案建设期的差异，基准收益率为 6%。

主管部门聘请专家对该桥应具备的功能进行了深入分析，认为从 F1、F2、F3、F4、F5 共 5 个方面对功能进行评价。表 5-33 是专家采用 0—4 评分法对 5 个功能进行评分的部分结果，表 5-34 是专家对两个方案的 5 个功能的评分结果。计算所需系数参见表 5-35 所列。

功能评分表　　　　　　　　　表 5-33

	F1	F2	F3	F4	F5	得分	权重
F1		2	3	4	4		
F2			3	4	4		
F3				3	4		
F4					3		
F5							
			合计				

<table>
<tr><th colspan="3" align="center">功能评分结果表</th><th align="right">表 5-34</th></tr>
</table>

功能评分结果表　　　　　　　　　　　　　　　　　　　　表 5-34

功能方案	方案 1	方案 2
F1	6	10
F2	7	9
F3	6	7
F4	9	8
F5	9	9

计算所需系数　　　　　　　　　　　　　　　　　　　　　　表 5-35

n	10	20	30	40	50	60
$(P/F, 6\%, n)$	0.5584	0.3118	0.1741	0.0972	0.0543	0.0303
$(A/P, 6\%, n)$	0.1359	0.0872	0.0726	0.0665	0.0634	0.0619

问题：

（1）计算各功能的权重。

（2）列式计算两方案的年费用。

（3）若采用价值工程方法对两方案进行评价，分别列式计算两方案的成本指数（以年费用为基础）、功能指数和价值指数，并根据计算结果确定最终应入选的方案。

（4）该桥梁未来将通过收取车辆通行费的方式收回投资和维持运营，若预计该桥梁机动车年通行量不会少于 1500 万辆，分别列式计算两方案每辆机动车的平均最低收费额。

【解题思路】　学会计算方案的年费用，并会用价值工程进行方案的比选。

【解】

（1）功能的权重系数见表 5-36 所列。

功能的权重系数表　　　　　　　　　　　　　　　　　　　表 5-36

	F1	F2	F3	F4	F5	得分	权重
F1	×	2	3	4	4	13	0.325
F2	2	×	3	4	4	13	0.325
F3	1	1	×	3	4	9	0.225
F4	0	0	1	×	3	4	0.100
F5	0	0	0	1	×	1	0.025
合计						40	1.000

（2）方案 1 的年费用 $=1000+40000\times(A/P, 6\%, 20)+3000\times(P/F, 6\%, 10)\times(A/P, 6\%, 20)=1000+40000\times0.0872+3000\times0.5584\times0.0872=4634.08$ 万元

方案 2 的年费用 $=1500+120000\times(A/P, 6\%, 60)+5000\times(P/F, 6\%, 20)\times(A/P, 6\%, 60)+5000\times(P/F, 6\%, 40)\times(A/P, 6\%, 60)-5000\times(P/F, 6\%, 60)\times(A/P, 6\%, 60)=1500+120000\times0.0619+5000\times0.3118\times0.0619+5000\times0.0972\times0.0619-5000\times0.0303\times0.0619=9045.21$ 万元

或：

方案 1 的年费用 $=1000+[40000+3000\times(P/F,6\%,10)]\times(A/P,6\%,20)=$
$1000+(40000+3000\times0.5584)\times0.0872=4634.08$ 万元

方案 2 的年费用 $=1500+[120000+5000\times(P/F,6\%,20)+5000\times(P/F,6\%,40)-5000\times(P/F,6\%,60)]\times(A/P,6\%,60)=1500+(120000+5000\times0.3118+5000\times0.0972-5000\times0.0303)\times0.0619=9045.21$ 万元

(3) 方案 1 的成本指数 $=4634.08/(4634.08+9045.20)=0.339$

方案 2 的成本指数 $=9045.20/(4638.08+9045.20)=0.661$

方案 1 的功能得分 $=6\times0.325+7\times0.325+6\times0.225+9\times0.100+9\times0.025=6.700$

方案 2 的功能得分 $=10\times0.325+9\times0.325+7\times0.225+8\times0.100+9\times0.025=8.775$

方案 1 的功能指数 $=6.700/(6.700+8.775)=0.433$

方案 2 的功能指数 $=8.775/(6.700+8.775)=0.567$

方案 1 的价值指数 $=0.433/0.339=1.277$

方案 2 的价值指数 $=0.567/0.661=0.858$

因为方案 1 的价值指数大于方案 2 的价值指数，所以应选择方案 1。

(4) 方案 1 的最低收费 $=4634.08/1500=3.09$ 元/辆

方案 2 的最低收费 $=9045.20/1500=6.03$ 元/辆

【题 5-29】 采用实物法和预算单价法编制工程预算的案例

选取某省消耗量定额对某住宅部分工程量编制预算书，分别采用预算单价法和实物法进行编制。

第一种方法，采用预算单价法进行编制，编制内容见表 5-37 所列。

采用预算单价法编制某住宅楼基础工程预算书　　　表 5-37

序号	定额编码	子目名称	单位	数量	单价	合价
1	1-4-1	人工场地平整	10m²	58.6	33.39	1956.65
2	1-2-12	人工挖沟槽坚土深 2m 内	10m³	12.56	337.04	4233.22
3	1-4-12	槽、坑人工夯填土	10m³	11.03	106.68	1176.68
4	3-3-26	M5.0 混浆加气混凝土砌块墙 240mm	10m³	12.935	2185.78	28273.06
5	4-2-4	C20 现浇混凝土无梁式带形基础	10m³	3.478	2407.88	8374.61
6	4-2-17	C25 现浇矩形柱	10m³	2.532	3211.21	8130.78
7	4-2-24	C25 现浇单梁、连续梁	10m³	3.978	2965.04	11794.93
8	4-2-36	C25 现浇有梁板	10m³	4.598	2935.68	13498.26
9	4-1-106	现浇构件螺纹钢筋Φ12	t	3.12	5296.32	16524.52
10	4-1-110	现浇构件螺纹钢筋Φ20	t	24.53	5023.5	123226.46
11	4-1-112	现浇构件螺纹钢筋Φ25	t	12.38	4961.32	61421.14
12	4-1-53	现浇构件箍筋Φ8	t	5.32	5618.69	29891.43
13	4-1-54	现浇构件箍筋Φ10	t	1.38	5290.39	7300.74

序号	定额编码	子目名称	单位	数量	单价	合价
		(一)项目人材机费用合计				315802.48
		(二)措施费		(一)×9%		28422.22
		(三)企业管理费和规费合计		[(一)+(二)]×12%		41306.96
		(四)利润		[(一)+(二)+(三)]×7%		26987.22
		(五)税金		[(一)+(二)+(三)+(四)]×3.48%		14355.66
		造价总计		(一)+(二)+(三)+(四)+(五)		426874.54

注：上表中的单价都是定额内的单价而不是实时的动态的市场价格。

第二种方法，采用实物法进行编制，上述分部分项工程的人工材料机械汇总表以及编制内容见表5-38所列。

采用实物法编制某住宅楼基础工程预算书   表5-38

序号	人工、材料、机械	单位	数量	当时当地单价	合价
一	人工				
1	综合工日(土建)	工日	759.67	80	60773.82
	小计				60773.82
二	材料				
1	钢筋	t	47.67	4800	228816.00
6	普通硅酸盐水泥	t	59.78	410	24508.62
7	加气混凝土块	千块	3.78	6440	24324.01
8	石灰	t	0.46	195	90.55
9	黄砂	m³	62.66	120	7519.69
10	碎石	m³	139.2	60	8352.00
13	电焊条	kg	406.51	9	3658.61
14	镀锌钢丝	kg	132.55	7.27	963.61
15	草袋	m²	85.08	5.29	450.07
16	水	m³	77.92	4.4	342.87
17	M5.0混浆	m³	8.44	217.93	1839.91
18	C252现浇混凝土	m³	147.67	261.61	38631.95
19	水泥砂浆	m³	0.38	358.82	136.28
	小计				298999.39
三	机械				
1	电动夯实机 20~62N·m	台班	0.23	27.39	6.19
2	单筒慢速电动卷扬机 50kN	台班	6.33	118.11	747.97
3	灰浆搅拌机 200L	台班	1.16	93.27	108.38
4	混凝土振捣器(插入式)	台班	7.78	11.27	87.68
5	混凝土振捣器(平板式)	台班	1.61	13.42	21.6

序号	人工、材料、机械	单位	数量	当时当地单价	合价
6	钢筋切断机 $\phi40$	台班	4.78	45.53	217.72
7	钢筋弯曲机 $\phi40$	台班	12.35	25.32	312.82
8	对焊机 75kV·A	台班	3.44	135.15	465.36
9	交流电焊机 30kV·A	台班	17.44	99.93	1742.49
10	电	kW·h	2682.11	0.9	2413.9
	小计				3710.19
	(一)项目人材机费用合计				363730.57
	(二)措施费			(一)×9%	32735.75
	(三)企业管理费和规费			[(一)+(二)]×12%	47575.96
	(四)利润			[(一)+(二)+(三)]×7%	31082.96
	(五)税金			[(一)+(二)+(三)+(四)]×3.48%	16534.36
	造价总计			(一)+(二)+(三)+(四)+(五)	491659.60

表5-38 中的人工、材料、机械台班的价格都是实时的动态的价格,所以和按照预算单价法的造价不一致。

第6章 建设项目招投标阶段的工程造价管理

【题6-1】 关于资格预审流程的案例

某培训中心办公楼工程为依法必须进行招标的项目，招标人采用国内公开招标方式组织该项目施工招标，在资格预审公告中表明选择不多于7名的潜在投标人参加投标。资格预审文件中规定资格审查分为"初步审查"和"详细审查"两步，其中初步审查中给出了详细的评审因素和评审标准，但详细审查中未规定具体的评审因素和标准，仅注明"在对实力、技术装备、人员状况、项目经理的业绩和现场考察的基础上进行综合评议，确定投标人名单"。

该项目有10个潜在投标人购买了资格预审文件，并在资格预审申请截止时间前递交了资格预审申请文件。招标人依照相关规定组建了资格审查委员会，对递交的10份资格预审文件进行了初步审查，结论为"合格"。在详细审查过程中，资格审查委员会没有依据资格预审文件对初步审查的申请人逐一进行评审和比较，而采取了去掉3个评审最差的申请人的方法。其中1个申请人为区县级施工企业，有评委认为其实力差；还有1个申请人据说爱打官司，合同履约信誉差，审查委员会一致同意将这两个申请人判为不通过资格审查。

审查委员会对剩下的8个申请人找不出理由确定哪个申请人不能通过资格审查，一致同意采用抓阄的方式确定最后1个不通过资格审查的申请人，从而确定了剩下的7个申请人为投标人，并据此完成了审查报告。

问题：

(1) 招标人在上述资格预审过程中存在哪些不正确的地方？为什么？

(2) 审查委员会在上述审查过程中存在哪些不正确的做法？为什么？

【解题思路】 熟悉资格预审的要求、原则和程序，评审的原则需要遵循公平、公正、科学、择优，应按照资格预审文件中确定的资格审查标准和方法进行审查，也不能包含投标人实现歧视性的条款，违反了公平、公正性的原则。

【解】

(1) 本题中，招标人编制的资格预审文件中，采用"在对实力、技术装备、人员状况、项目经理的业绩和现场考察的基础上进行综合评议，确定投标人名单"的做法。实际上没有载明资格审查标准和办法，违反了《工程建设项目施工招标投标办法》的规定。

(2) 本题中，资格审查委员会存在以下三方面不正确的做法：

1) 审查的依据不符合法规规定。本案在详细审查过程中，审查委员会没有依据对资格预审文件中确定的资格审查标准和方法，对资格预审申请文件进行审查，如审查委员会没有对申请人技术装备、人员状况、项目经理的业绩和现场情况等审查因素进行审查。又如在没有证据的情况下，采信了某个申请人"爱打官司，合同履约信誉差"的说法等；同时审查过程不完整，如审查委员会仅对末位申请人进行了审查，而没有对其他 7 位投标人的实力、技术装备、人员状况、项目经理的业绩和现场考察进行审查就直接确定为通过资格审查申请人的做法等。

2) 对申请人实行了歧视性待遇，如认为区县级施工企业实力差的做法。

3) 以不合理条件排斥限制潜在投标人，如"采用抓阄的方式确定最后 1 个不通过资格审查的申请人"的做法等。

【题 6-2】　资格预审合格单位的取舍

某大型工程项目实行国际竞争性招标。在刊出邀请资格预审通告后，有 20 家承包商按规定时间和要求递交资格预审申请书。招标机构采用"定项评分法"进行评分预审，结果有 12 家承包商的总分达到最低标准。招标人认为获得投标资格的申请人太多，考虑到这些申请人准备投标的费用太高，遂决定再按得分高低，取总分前 6 名的申请人前来购买招标文件，通知其他申请人未能通过资格预审。

问题： 该招标人的做法是否合适？

【解题思路】 按照惯例，所有符合资格预审标准的申请人都应允许购买招标文件参加投标。这 12 家申请人既然都已经达到最低分数标准，说明都具有投标承包工程的能力，因此应获得同等购买招标文件的资格。若投标，这 12 家承包商都有中标的可能。因此，招标人如果要取前 6 名，就应事先规定，而不能事后做决定，否则是不公平的。我国《工程建设项目招标投标办法》规定：任何单位和个人不得以行政手段或者其他不合理方式限制投标人的数量。

【解】 根据上述的分析可知该案例中招标人的做法是不合适的。

【题 6-3】　单价合同案例

某工程总报价为 270 万元，投标书中混凝土的单价为 550 元/m³，工程量为 1000m³，合价为 55000 元。

（1）评标时承包商的评标价应为多少？

（2）如果实际承包商按图纸完成了 1200m³ 的混凝土量，实际混凝土的结算价格应为多少？

（3）如果承包商将混凝土的单价 550 元/m³ 误写成 50 元/m³，结算时的价格应为多少？

【解题思路】 应清楚地掌握单价合同的内涵、特点、性质。单价合同的特点是单价优先，在工程结算时，按实际发生的工程量乘以单价来支付价款，所以在评标时要考虑计算错误对总价的影响。

【解】

（1）由于单价合同是单价优先，实际上承包商混凝土的合价为 55 万元，所以评标时应将总报价修正。承包商的正确报价为：

$$2700000 + (550000 - 55000) = 3195000 \text{ 元}$$

（2）如果实际承包商按图纸完成了 1200m³ 的混凝土量（由于业主的工作量表是错的，或业主指令增加工程量），单价优先，则实际混凝土的结算价格为：550×1200＝660000 元。

（3）单价的风险由承包商承担，如果承包商将 550 元/m³ 误写成 50 元/m³，则按 50

元/m³ 结算。

【题 6-4】 总价合同案例

某建筑构件厂因上海某项目的钢结构工程与上海某超市有限公司签订建设工程施工合同，合同约定为固定总价合同，总价款 800 万元。工程按期完成，质量合格。承包商在施工过程中较工程量清单少用钢材 40t（价值人民币约 80 万元），在结算时业主以承包商少用钢材为由拒付该部分工程款，酿成了纠纷。最后处理结果：按合同结算。

【解题思路】 任何承包商在签订固定总价工程合同后，在保证质量的情况下，采用新技术、新工艺、新方法节约材料不仅是为了企业自身利益的需要，也是符合包括业主等整个社会的价值取向，其行为是应该鼓励的。如果业主认为承包商报价过高，那也属于签订合同之前的问题，合同一经签订就应该严格履行，不能因为承包商的节约而获利，也不能为自己签约时的过失推卸责任。

【解】

根据上面的分析我们可知，按合同支付工程款 800 万元是符合合同规定的。

【题 6-5】 成本加酬金合同案例

某市因传染疫情严重，为了使传染病人及时隔离治疗，临时将郊区的一座疗养院改为传染病医院，投资概算为 2500 万元，因情况危急，建设单位决定邀请三家有医院施工经验的一级施工总承包企业进行竞标，设计和施工同时进行，采用了成本加酬金的合同形式，通过谈判，选定一家施工企业，按实际成本加 15％的酬金比例进行工程价款的结算，工期为 40 天。合同签订后，因时间紧迫，施工单位加班加点赶工期，工程实际支出为 2800 万元，建设单位不愿承担多出概算的 300 万元。

问题：（1）该工程采用成本加酬金的合同形式是否合适？为什么？

（2）成本增加的风险应由谁来承担？

（3）采用成本加酬金合同的不足之处？

【解题思路】 需要清楚成本加酬金合同形式的内涵和适用范围。

【解】

（1）本工程采用成本加酬金的合同形式是合适的。因工程紧迫，设计图纸尚未出来，工程造价无法准确计算。

（2）该项目的风险应由建设单位来承担。成本加酬金合同中，建设单位需承担项目发生的实际费用，也就承担了项目的全部风险，施工单位只是按 15％提取酬金，无需承担责任。

（3）工程总价不容易控制，建设单位承担了全部风险，施工单位往往不注意降低成本，施工单位的酬金一般较低。

【题 6-6】 关于综合评分法的应用计算案例

某市政府拟投资建一大型垃圾焚烧发电站工程项目。该项目除厂房及有关设施的土建工程外，还有成套进口垃圾焚烧发电设备及垃圾处理专业设备的安装工程。厂房范围内地质勘察资料反映地基条件复杂，地基处理采用钻孔灌注桩。招标单位委托某咨询公司进行全过程投资管理。该项目厂房土建工程更有 A、B、C、D、E 共五家施工单位参加投标，资格预审结果均合格。招标文件要求投标单位将技术标和商务标分别封装。评标原则及方法如下：

（1）采用综合评分法，按照得分高低排序，推荐三名合格的中标候选人。

（2）技术标共 40 分，其中施工方案 10 分，工程质量及保证措施 15 分，工期、业绩信誉、安全文明施工措施分别为 5 分。

（3）商务标共 60 分。1）若最低报价低于次低报价 15％以上（含 15％），最低报价的商务标得分为 30 分，且不再参加商务标基准价计算；2）若最高报价高于次高报价 15％以上（含 15％），最高报价的投标按废标处理；3）人工、钢材、商品混凝土价格参照当地有关部门发布的工程造价信息，若低于该价格 10％以上时，评标委员会应要求该投标单位作必要的澄清；4）以符合要求的商务报价的算术平均数作为基准价（60 分），报价比基准价每下降 1％扣 1 分，最多扣 10 分，报价比基准价每增加 1％扣 2 分，扣分不保底。各投标单位的技术标得分和商务标报价见表 6-1、表 6-2 所列。

各投标单位技术标得分汇总表 表 6-1

投标单位	施工方案	工期	质保措施	安全文明施工	业绩信誉
A	8.5	4	14.5	4.5	5
B	9.5	4.5	14	4	4
C	9.0	5	14.5	4.5	4
D	8.5	3.5	14	4	3.5
E	9.0	4	13.5	4	3.5

各投标单位报价汇总表 表 6-2

投标单位	A	B	C	D	E
报价（万元）	3900	3886	3600	3050	3784

评标过程中又发生 E 投标单位不按评标委员会要求进行澄清和说明补正。

问题：

（1）该项目应采取何种招标方式？如果把该项目划分成若干个标段分别进行招标，划分时应当综合考虑的因素是什么？本项目可如何划分？

（2）按照评标办法，计算各投标单位商务标得分。

（3）按照评标办法，计算各投标单位综合得分并推荐合格的中标候选人，并排序。

【解题思路】（1）我国的《招标投标法》规定的招标方式有两种，即公开招标和邀请招标。同时规定，在中华人民共和国境内，下列工程建设项目包括项目的勘察、设计、施工、监理以及工程建设有关的重要设备、材料等的采购，必须进行招标：大型基础设施、公用事业等社会公共利益、公共安全的项目；全部或部分使用国家资金投资或国家融资的项目；使用国际组织或外国政府贷款、援助资金的项目。

（2）计算各投标单位商务标得分需要掌握一些基本的公式。

最低报价与次低报价比＝（次低报价－最低报价）/次低报价

最高报价与次高报价比＝（最高报价－次高报价）/次高报价

基准价＝$(B_1 + B_2 + \cdots\cdots + B_n)/n$，其中：$B_1$、$B_2$、$\cdots\cdots$、$B_n$ 为符合要求的商务报价。

（3）计算投标单位的综合得分，需要将技术得分与商务得分加总。

【解】

(1) 1) 应采取公开招标方式。因为根据有关规定，垃圾焚烧发电站项目是政府投资项目，属于必须公开招标的范围。2) 标段划分应综合考虑以下因素：招标项目的专业要求、招标项目的管理要求、对工程投资的影响、工程各项工作的衔接，但不允许将工程肢解成分部分项工程进行招标。3) 本项目可划分成：土建工程、垃圾焚烧发电进口设备采购、设备安装工程三个标段招标。

(2) 计算各投标单位商务标得分：

1) 最低 D 与次低 C 报价比：$(3600-3050)/3600=15.28\% > 15\%$，最高 A 与次高 B 报价比：$(3900-3886)/3886=0.36\% < 15\%$，承包商 D 的报价（3050 万元）在计算基准价时不予以考虑，且承包商 D 商务标得分 30 分。

2) E 投标单位不按评委要求进行澄清和说明，按废标处理。

3) 基准价 = $(3900+3886+3600)/3=3795.33$ 万元

4) 计算各投标单位商务标得分，见表 6-3 所列。

投标单位商务标得分   表 6-3

投标单位	报价（万元）	报价与基准价比例（%）	扣分	得分
A	3900	$3900 \div 3795.33=102.76$	$(102.76-100) \times 2=5.52$	54.48
B	3886	$3886 \div 3795.33=102.39$	$(102.39-100) \times 2=4.78$	55.22
C	3600	$3600 \div 3795.33=94.85$	$(100-94.85) \times 1=5.15$	54.85
D	3050			30
E	3784	按废标处理		

(3) 计算各投标单位综合得分，见表 6-4 所列。

投标单位综合得分   表 6-4

投标单位	技术标得分	商务标得分	综合得分
A	$8.5+4+14.5+4.5+5=36.5$	54.48	90.98
B	$9.5+4.5+14+4+4=36.00$	55.22	91.22
C	$9.0+5+14.5+4.5+4=37.00$	54.85	91.85
D	$8.5+3.5+14+4+3.5=33.50$	30	63.5
E	按废标处理		

所以，推荐中标候选人及排序：C、B、A。

【题 6-7】 关于联合体投标的案例

某政府投资项目，主要分为建筑工程、安装工程和装修工程三部分，项目投资为5000 万元，其中，估价为 80 万元的设备由招标人采纳。招标文件中规定，建筑工程应由具有一级以上资质的企业承包，安装工程和装修工程应由具有二级以上资质的企业承包，招标人鼓励投标人组成联合体投标。

在参加投标的企业中，A、B、C、D、E、F 为建筑公司，G、H、J、K 为安装公司，L、N、P 为装修公司，除了 K 公司为二级企业外，其余均为一级企业，上述企业分别组成联合体投标，各联合体具体组成见表 6-5 所列。

318

联合体编号	I	II	III	IV	V	VI	VII
联合体组成	A、L	B、C	D、K	E、H	G、N	F、J、P	E、L

在上述联合体中，某联合体协议中约定：若中标，由牵头人与招标人签订合同，之后将该联合体协议送交招标人；联合体所有与业主的联系工作以及内部协调工作均由牵头人负责；各成员单位按投入比例分享利润并向招标人承担责任，且需向牵头人支付各自所承担合同额部分 1% 的管理费。

问题：

（1）按联合体的编号，判别各联合体的投标是否有效？若无效，说明原因。

（2）指出上述联合体协议内容中的错误之处，说明理由或写出正确的做法。

【解题思路】 对联合体投标的规定：联合体各方均应当具备规定的相应资格条件。由同一专业的单位组成的联合体，按照资质等级较低的单位确定资质等级。联合体各方应当签订共同投标协议，明确约定各方拟承担的工作和责任，并将共同投标协议连同投标文件一并提交招标人。联合体各方签订共同投标协议后，不得再以自己的名义单独投标，也不得组成新的联合体或参加其他联合体在同一项目中投标。联合体中标的，联合体各方应当共同与招标人签订合同，就中标项目向招标人承担连带责任。联合体参加资格预审并获通过的，其组成的任何变化都必须在提交投标文件截止之日前征得招标人的同意。联合体投标的，应当以联合体各方或者联合体中牵头人的名义提交投标保证金。以联合体中牵头人名义提交的投标保证金，对联合体各成员具有约束力。

【解】

（1）答案：1）联合体 I 的投标无效，因为投标人不得参与同一项目下不同的联合体投标，而投标人 L 同时参与 I 和 VII 的联合体投标。

2）联合体 II 的投标有效。

3）联合体 III 的投标有效。

4）联合体 IV 的投标无效，因为投标人不得参与同一项目下不同的联合体投标，而投标人 E 同时参与 IV 和 VII 的联合体投标。

5）联合体 V 的投标无效，因为缺少建筑公司（或 G、N 公司分别为安装公司和装修公司），若其中标，主体结构工程必然要分包，而主体结构工程分包是违法的。

6）联合体 VI 的投标有效。

7）联合体 VII 的投标无效，因为投标人不得参与同一项目下不同的联合体投标，而投标人 E 同时参与 IV 和 VII 的联合体投标。

（2）答案：1）由牵头人与招标人签订合同错误，应由联合体各方共同与招标人签订合同。

2）签订合同后将联合体协议送交招标人错误，联合体协议应当与投标文件一同提交给招标人。

3）各成员单位按投入比例向业主承担责任错误，联合体各方应就承包的工程向业主承担连带责任。

【题 6-8】　关于招标过程的案例

某市政府投资的建设项目，法人单位委托招标代理机构采用公开招标方式代理招标，并委托有资质的工程造价咨询企业编制了招标控制价为 5000 万元。招投标过程中发生了如下事件：

事件 1. 招标信息在招标信息网上发布后，招标人考虑到该项目建设工期紧，为缩短招标时间，而改为邀请招标方式，并要求在当地承包商中选择中标人。

事件 2. 资格预审时，招标代理机构只审查了各个潜在投标人的专业、技术资格和技术能力。

事件 3. 招标代理机构设定招标文件出售的起止时间为 2 个工作日；要求投标保证金为 120 万元。

事件 4. 开标后，招标代理机构组建了评标委员会，由技术专家 2 人、经济专家 3 人、招标人代表 1 人、该项目主管部门主要负责人 1 人组成。

事件 5. 招标人向中标人发出中标通知书后，向其提出降价要求，双方经多次谈判，签订了书面合同，合同价比中标价降低 2%。招标人在与中标人签订合同 3 周后，退还了未中标的其他投标人的投标保证金。

问题： 指出事件 1、事件 2、事件 3、事件 4、事件 5 中的不妥之处。

【解题思路】 要分析案例中的不妥之处，需要掌握工程招投标过程中的基础知识。招标代理机构在进行资质审查时，需要审查：潜在投标人的专业、技术资格和技术能力；资质证书和营业执照；资金、设备和其他物质设施状况，管理能力，经验、信誉和相应的从业人员情况；是否处于被责令停业，投标资格被取消，财产被接管、冻结，破产状态；近 3 年内是否有骗取中标和严重违约及重大工程质量事故问题；是否符合法律、行政法规规定的其他资格条件。必须清晰地掌握《招标投标法》和《招标投标法实施条例》中对于招标文件的发售时间不得少于 5 日的规定、投标保证金不得大于估算总价的 2%、评标委员会的人数组成、合同签订后不得再签订背离合同实质的协议等要求。

【解】

事件 1 中：

(1)"改为邀请招标方式"不妥，因政府投资的建设项目应当公开招标，如果项目技术复杂，经有关主管部门批准，才能进行邀请招标。

(2)"要求在当地承包商中选择中标人"不妥，因招标人不得对投标人实行歧视待遇。

事件 2 中：

招标代理机构还需要审查：资质证书和营业执照；资金、设备和其他物质设施状况，管理能力，经验、信誉和相应的从业人员情况；是否处于被责令停业，投标资格被取消，财产被接管、冻结，破产状态；近 3 年内是否有骗取中标和严重违约及重大工程质量事故问题；是否符合法律、行政法规规定的其他资格条件。

事件 3 中：

(1)"招标文件出售的起止时间为 2 个工作日"不妥，因招标文件自出售之日起停止出售之日不得少于 5 日。

(2)"要求投标保证金为 120 万元"不妥，因投标保证金不得超过投标总价的 2%。

事件 4 中：

(1)"开标后组建评标委员会"不妥，因评标委员会应于开标前组建。

(2)"招标代理机构组建了评标委员会"不妥，评标委员会应由招标人负责组建。

(3)"项目主管部门主要负责人1人"不妥，项目主管部门的人员不得担任评委。

事件5中：

(1)"向其提出降价要求"不妥，因确定中标人后，不得就报价、工期等实质性内容进行变更。

(2)"双方经多次谈判，签订了书面合同，合同价比中标价降低2%"不妥，因中标通知书发出后的30日内，招标人与中标人依据招标文件与中标人的投标文件签订合同，不得再行订立背离合同实质内容的其他协议。

(3)"招标人在与中标人签订合同3周后，退还了未中标的其他投标人的投标保证金"不妥，应在签订合同后的5日内，退还未中标的其他投标人的投标保证金。

【题6-9】 关于决策树在投标中应用的案例

某承包商经研究决定参与某工程投标。经造价工程师估价，该工程估算成本为1500万元，其中材料费占60%。经研究有高、中、低三个报价方案，其利润率分别为10%、7%、4%，根据过去类似工程的投标经验，相应的中标概率分别为0.3、0.6、0.9。编制投标文件的费用为5万元。该工程业主在招标文件中明确规定采用固定总价合同。据估计，在施工过程中材料费可能平均上涨3%，其发生概率为0.4。

问题：该承包商应按哪个方案投标？相应的不含税报价为多少？

【解题思路】 本案例考核的是决策树方法在投标中的运用。由于采用固定总价合同，故材料涨价将导致报价中的利润减少，且各方案利润减少额度和发生概率相同，从而使承包后的效果有好（材料不涨价）和差（材料涨价）两种。所以解答该题时先计算各投标方案的利润，然后画出决策树，计算各机会点上的期望值，最后综合考虑作出决策。

【解】

(1) 计算各投标方案的利润。

1) 投高标材料不涨价时的利润：$1500 \times 10\% = 150$ 万元

2) 投高标材料涨价时的利润：$150 - 1500 \times 60\% \times 3\% = 123$ 万元

3) 投中标材料不涨价时的利润：$1500 \times 7\% = 105$ 万元

4) 投中标材料涨价时的利润：$105 - 1500 \times 60\% \times 3\% = 78$ 万元

5) 投低标材料不涨价时的利润：$1500 \times 4\% = 60$ 万元

6) 投低标材料涨价时的利润：$60 - 1500 \times 60\% \times 3\% = 33$ 万元

将以上计算结果填入表6-6中。

方案评价参数汇总表　　　　　　　　　　　　　　　表6-6

方　案	效　果	概　率	利润（万元）
高　标	好	0.6	150
	差	0.4	123
中　标	好	0.6	105
	差	0.4	78
低　标	好	0.6	60
	差	0.4	33

(2) 画出决策树，标明各方案的概率和利润，如图6-1所示。

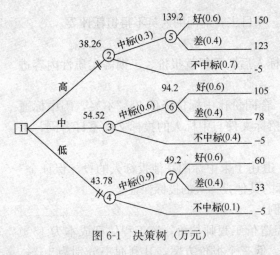

图 6-1 决策树（万元）

（3）计算图中各机会点的期望值（将计算结果标在各机会点上方）

点⑤：$150 \times 0.6 + 123 \times 0.4 = 139.2$ 万元

点②：$139.2 \times 0.3 - 5 \times 0.7 = 38.26$ 万元

点⑥：$105 \times 0.6 + 78 \times 0.4 = 94.2$ 万元

点③：$94.2 \times 0.6 - 5 \times 0.4 = 54.52$ 万元

点⑦：$60 \times 0.6 + 33 \times 0.4 = 49.2$ 万元

点④：$49.2 \times 0.9 - 5 \times 0.1 = 43.78$ 万元

（4）决策

因为点③的期望利润最大，故应投中标。

相应的不含税报价为 $1500 \times (1 + 7\%) = 1605$ 万元

【题 6-10】　工程招投标案例

某工业项目厂房主体结构工程的招标公告中规定，投标人必须为国有一级总承包企业，且近 3 年内至少获得过 1 项该项目所在省优质工程奖；若采用联合体形式投标，必须在投标文件中明确牵头人并提交联合投标协议，若某联合体中标，招标人将与该联合体牵头人订立合同。该项目的招标文件中规定，开标前投标人可修改或撤回投标文件，但开标后投标人不得撤回投标文件；采用固定总价合同，每月工程款在下月末支付；工期不得超过 12 个月，提前竣工奖为 30 万元/月，在竣工结算时支付。假定每月完成的工程量相等，月利率按 1% 计算。承包商 C 准备参与该工程的投标。经造价工程师估算，总成本为 1000 万元，其中材料费占 60%。预计在该工程施工过程中，建筑材料涨价 10% 的概率为 0.3，涨价 5% 的概率为 0.5，不涨价的概率为 0.2。

问题：

（1）该项目的招标活动中有哪些不妥之处？逐一说明理由。

（2）按预计发生的总成本计算，若希望中标后能实现 3% 的期望利润，不含税报价应为多少？该报价按承包商原估算总成本计算的利润率为多少？

（3）若承包商 C 以 1100 万元的报价中标，合同工期为 11 个月，合同工程内不考虑物价变化，承包商 C 工程款的现值为多少？

（4）若承包商 C 每月采取加速施工措施，可使工期缩短 1 个月，每月底需额外增加费用 4 万元，合同工期内不考虑物价变化，则承包商 C 工程款的现值为多少？承包商 C 是否应采取加速施工措施？

【解题思路】　问题 1 需要熟悉了解《中华人民共和国招标投标法》和《中华人民共和国招标投标法实施条例》的具体内容。

问题 2 可以采用多种方法计算，第一种方法可以列方程，第二种方法直接算，第三种方法要对材料涨价与否的三种情况具体分析，分别求出三种情况的不含税报价，然后求出综合不含税报价，随之求出利润率。

问题 3 和问题 4 需要掌握工程经济学中的基本公式。

一次支付复利公式：$F = P(1+i)^n = P(F/P, i, n)$

一次支付现值公式：$P = F\left[\dfrac{1}{(1+i)^n}\right] = F(P/F, i, n)$

等额支付系列复利公式：$F = A\left[\dfrac{(1+i)^n - 1}{i}\right] = A(F/A, i, n)$

等额支付系列积累基金公式：$A = F\left[\dfrac{i}{(1+i)^n - 1}\right] = F(A/F, i, n)$

等额支付系列资金恢复公式：$A = P\left[\dfrac{i(1+i)^n}{(1+i)^n - 1}\right] = P(A/P, i, n)$

等额支付系列资金恢复公式：$P = A\left[\dfrac{(1+i)^n - 1}{i(1+i)^n}\right] = A(P/A, i, n)$

年有效利率 i 为：$i = \dfrac{P\left(1 + \dfrac{r}{n}\right)^n - p}{p} = \left(1 + \dfrac{r}{n}\right)^n - 1$

式中 i——利率；

　n——计息期数；

　P——现在值，即相对于将来值的任何较早时间的价值；

　F——将来值，即相对于现在值的任何以后时间的价值；

　A——n 次等额支付系列中的一次支付，在各计息期末实现；

　G——等差额（或梯度），含义是当各期的支出或收入是均匀递增或均匀递减时，相临两期资金支出或收入的差额。

【解】

(1) 该项目的招标活动中有下列不妥之处：

1) 要求投标人为国有企业不妥，因为这不符合《招标投标法》规定的公平、公正的原则（或限制了民营企业参与公平竞争）；

2) 要求投标人获得过项目所在省优质工程奖不妥，因为这不符合《招标投标法》规定的公平、公正的原则，限制了外省市企业参与公平竞争；

3) 规定开标后不得撤回投标文件不妥，提交投标文件截止时间后到招标文件规定的投标有效期终止之前不得撤回；

4) 规定若联合体中标，招标人与牵头人订立合同不妥，因为联合体各方应共同与招标人签订合同。

(2) 设不含税报价为 x 万元，则：

$x - 1000 - 1000 \times 60\% \times 10\% \times 0.3 - 1000 \times 60\% \times 5\% \times 0.5 = 1000 \times 3\%$，解得 $x = 1063$ 万元

相应的利润率为 $(1063 - 1000)/1000 = 6.3\%$

另一种方法：

材料不涨价时，不含税报价为：$1000 \times (1 + 3\%) = 1030$ 万元

材料涨价 10% 时，不含税报价为：$1000 \times (1 + 3\%) + 1000 \times 60\% \times 10\% = 1090$ 万元

材料涨价 5% 时，不含税报价为：$1000 \times (1 + 3\%) + 1000 \times 60\% \times 5\% = 1060$ 万元

综合确定不含税报价为：$1030 \times 0.2 + 1090 \times 0.3 + 1060 \times 0.5 = 1063$ 万元

相应利润率为：$(1063 - 1000)/1000 = 6.3\%$

(3) 按合同工期施工，每月完成的工作量为 $A = 1100/11 = 100$ 万元，则工程款的现

值为：

$$PV = 100(P/A,1\%,11)/(1+1\%)$$

$$= 100 \times \{[(1+1\%) \times 11 - 1]/[1\% \times (1+1\%) \times 11]\}/(1+1\%) = 1026.50 \text{ 万元}$$

（4）加速施工条件下，工期为 10 个月，每月完成的工作量为 $A' = 1100/10 = 110$ 万元，则工程款现值为：

$$PV' = 110(P/A,1\%,10)/(1+1\%) + 30/(1+1\%) - 4(P/A,1\%,10)$$

$$= 1031.53 + 26.89 - 37.89$$

$$= 1020.53 \text{ 万元}$$

因为 $PV' < PV$，所以该承包商不宜采取加速施工措施。

【题 6-11】　有关招标组织程序及时间计划的案例

某政府投资的项目，采用邀请招标方式组织。招标人对招标过程时间计划如下：

（1）2012 年 8 月 9 日～2012 年 8 月 14 日发售招标文件（8 月 9 日、10 日为周末）；

（2）2012 年 8 月 16 日上午 9：00 组织投标预备会；

（3）2012 年 8 月 16 日下午 4：00 为投标人要求澄清招标文件的截止时间；

（4）2012 年 8 月 17 日上午 9：00 组织现场考察；

（5）2012 年 8 月 20 日发出招标文件的澄清与修改，修改了几个关键参数；

（6）2012 年 8 月 29 日下午 4：00 为投标人递交投标保证金截止时间；

（7）2012 年 8 月 30 日上午 9：00 投标截止；

（8）2012 年 8 月 30 日上午 9：00～11：00，招标人与行政监督机构审查投标人的资质等级、合同业绩等原件；

（9）2012 年 8 月 30 日上午 11：00 开标；

（10）2012 年 8 月 30 日下午 1：30～2012 年 8 月 30 日下午 5：30，评标委员会评标；

（11）2012 年 9 月 1 日～2012 年 9 月 3 日，评标结果公示；

（12）2012 年 9 月 4 日发出中标通知书；

（13）2012 年 10 月 5 日，签订供货合同。

问题：逐一指出上述时间安排、程序中的不妥之处，说明理由。

【解题思路】　有关招投标过程中的几个重要的时间规定要掌握：

投标有效期从投标人提交投标文件截止之日起计算，投标保证金有效期应当与投标有效期一致；招标文件中内容的修改应当在招标文件规定提交投标文件截止时间至少 15 日之前通知所有投标人；勘察现场一般安排在投标预备会议的前 1～2 天。投标准备时间（即从开始发出招标文件之日起，至投标人提交投标文件截止之日止）最短不得少于 20 天。招标人应当按招标公告或者投标邀请书规定的时间、地点出售招标文件或资格预审文件。自招标文件或者资格预审文件出售之日起至停止出售之日止，最短不得少于 5 日；自中标通知书发出之日起 30 日之内，招标人与中标人应签订工程承包合同，招标人与中标人签订合同后 5 日内，应当向中标人和未中标人退还投标保证金；招标文件的澄清将在投标截止时间 15 天前以书面形式发给所有购买招标文件的投标人，但不指明澄清问题的来源。如果澄清发出的时间距投标截止时间不足 15 天，相应延长投标截止时间；开标时间即为提交投标文件截止时间。

另外，一定要注意招投标过程中规定的日期单位，是工作日还是日历日，工作日要减去日历日中的"双休日"和法定的节假日。

【解】

招标人组织本次招标的时间计划和程序存在以下不妥之处：

（1）采用邀请招标方式不妥，因为这是政府投资的项目，按照规定要采用公开招标的方式。

（2）2012年8月16日上午9：00组织投标预备会不妥。投标预备会议的目的是澄清潜在投标人在投标过程中对招标文件及相关内容的疑问，应安排在投标人要求澄清招标文件的截止时间和现场考察时间之后，以便于统一对投标人在现场考察和对招标文件提出的问题进行澄清。

（3）2012年8月20日发出招标文件的澄清与修改，2012年8月30日上午10：00投标截止不妥，因为不满足《招标投标法》至少在招标文件要求提交投标文件的截止时间至少15日前发出的规定。如果必须在2012年8月20日发出招标文件的澄清与修改，招标人应相应顺延投标截止时间，及延长到2012年9月4日，以满足法律对招标文件澄清与修改发出时间的规定。

（4）要求2012年8月29日下午4：00前递交投标保证金不妥。投标保证金是投标文件的一部分，除现金外，还包括转账支票、投标保函等形式。投标截止日前，投标人均可与投标文件一起递交。

（5）2012年8月30日上午9：00投标截止，2012年8月30日上午11：00组织开标不妥。《招标投标法》规定，开标时间为投标截止时间的同一时间。

（6）2012年8月30日上午9：00～11：00，招标人与监管机构审查投标人的资质等级、合同业绩等原件的做法不妥，审查是评标委员会的工作。此时应组织开标。

（7）2012年10月5日，签订合同不妥，应在中标通知书发出之日起30日内签订合同。

【题6-12】 关于投标文件有效性的案例

政府投资的某工程，监理单位承担了施工招标代理和施工监理任务。该工程采用无标底公开招标方式选定施工单位。工程招标时，A、B、C、D、E、F、G共7家投标单位通过资格预审，并在投标截止时间前提交了投标文件。评标时，发现A投标单位的投标文件虽加盖了公章，但没有投标单位法定代表人的签字，只有法定代表人授权书中被授权人的签字（招标文件中对是否可由被授权人签字没有具体规定）；B投标单位的投标报价明显高于其他投标单位的投标报价，分析其原因是施工工艺落后造成的；C投标单位以招标文件规定的工期380天作为投标工期，但在投标文件中明确表示如果中标，合同工期按定额工期400天签订；D投标单位投标文件中的总价金额汇总有误。

问题： 分别指出A、B、C、D投标单位的投标文件是否有效？说明理由。

【解题思路】 投标文件是否有效，首先要响应招标文件的实质性要求，还要符合招投标法、招投标实施条例、评标委员会和评标办法暂行规定等的要求。这里说明一下D单位的投标文件的所属情况是有效的，《评标委员会和评标办法暂行规定》中第十九条规定，评标委员会可以书面方式要求投标人对投标文件中含义不明确、对同类问题表述不一致或者有明显文字和计算错误的内容作必要的澄清、说明或者补正。澄清、说明或者补正应以书面方式进行并不得超出投标文件的范围或者改变投标文件的实质性内容。第二十条规定，细微偏差是指投标文件在实质上响应招标文件要求，但在个别地方存在漏项或者提供了不完整的技术信息和数据等情况，并且补正这些遗漏或者不完整不会对其他投标人造成不公平的结果。细微偏差不影响投标文件的有效性。

【解】

（1）A单位的投标文件有效。招标文件对此没有具体规定，签字人有法定代表人的授权书。

（2）B单位的投标文件有效。招标文件中对高报价没有限制。

（3）C单位的投标文件无效。没有响应招标文件的实质性要求（或：附有招标人无法接受的条件）。

（4）D单位的投标文件有效。总价金额汇总有误属于细微偏差（或：明显的计算错误允许补正）。

【题6-13】 关于投标过程及内容的案例

某市政府拟采用通用技术建设一体育场，采用公开招标方式选择承包商。在资格预审后，招标人向A、B、C、D、E、F、G七家投标申请人发出了资格预审合格通知书，并要求各投标申请人在提交投标文件的同时提交投标保证金。

2013年2月12日，招标人向七家投标申请人发售了招标文件，并在同一张表格上进行了投标登记和招标文件领取签收。招标文件规定：投标截止时间为2013年2月27日10时；评标采用经评审的最低投标价法；工期不得长于18个月。

七家投标申请人均在投标截止时间前提交了投标文件。

F投标人在2月27日上午11：00以书面形式通知招标人撤回其全部投标文件，招标人没收了其投标保证金。由于招标人自身原因，评标工作不能在投标有效期结束日30个工作日前完成，招标人以书面形式通知所有投标人延长投标有效期30天。G投标人拒绝延长，招标人退回其投标文件，但没收了其投标保证金。

各投标人的投标报价和工期承诺汇总见表6-7所列，投标文件的技术部分全部符合招标文件要求和工程建设强制性标准的规定。

投标人的投标报价和工期承诺汇总表　　　　表6-7

投标人	基础工程		结构工程		装饰工程		结构工程与装饰工程搭接时间（月）	备 注
	报价（万元）	工期（月）	报价（万元）	工期（月）	报价（万元）	工期（月）		
A	4200	4	10000	10	8000	6	0	各分部工程每月完成的工程量相等（匀速施工）
B	3900	3.5	10800	9.5	9600	5.5	1	
C	4000	3	11000	10	10000	5	1	
D	4600	3	10600	10	10000	5	2	
E	3800	3.5	8000	9.5	8000	6	3	

问题：

（1）指出上述招标活动和招标文件中的不妥之处，并说明理由。

（2）招标人没收F和G投标人的投标保证金是否合适？说明理由。

（3）本项目采用"经评审的最低投标价法"评标是否恰当？说明理由。

（4）招标人应选择哪家投标人作为中标人（要求列出计算分析过程）？签订的合同价应为多少万元？

【解题指导】 掌握《招标投标法》、《招标投标法实施条例》及相关文件中关于招投标流程的相关规定，投标保证金的缴纳时间和金额要求，经评审的最低投标价法的适用范围，并熟悉投标价、评标价和签约合同价之间的关系。

【解】

（1）各投标人在同一张表格上进行投标登记和招标文件领取签收不妥；违反了"招标人不得向他人透露已获取招标文件的潜在投标人的名称和数量"的规定（或招标人对潜在投标人名称和数量有保密的义务）。

把"2月27日10点为投标截止时间"不妥；因自发售招标文件开始至投标截止时间不得少于20天。

（2）招标人没收F的投标保证金正确，因为属于投标人在投标截止时间之后（或在投标有效期内）任意撤回投标文件。

招标人没收G的投标保证金不妥，因投标人有权拒绝延长投标有效期。

（3）恰当。该项目属于采用通用技术、性能标准建设的项目，且招标人对丁技术、性能没有特殊的要求。

（4）招标人应选择E投标人中标。

计算分析过程：

①A投标人：承诺工期4+10+6＝20个月，大于招标文件规定的18个月，属于重大偏差，作为废标处理。

②B投标人：承诺工期：3.5+9.5+5.5－1＝17.5个月

报价：3900＋10800＋9600＝24300万元

③C投标人：承诺工期3＋10＋5－1＝17个月

报价：4000＋11000＋10000＝25000万元

④D投标人：承诺工期：3＋10＋5－2＝16个月

报价：4600＋10600＋10000＝25200万元

⑤E投标人：承诺工期：3.5＋9.5＋6－3＝16月

报价：3800＋8000＋8000＝19800万元

⑥B、C、D、E为有效投标文件，其中E的报价最低，因此确定E中标。

签订的合同价为19800万元。

【题6-14】 国际招标项目的评标价计算

利用国内资金采购的某机电产品国际招标项目，招标文件规定采用最低评标价法评标，评标价量化因素及评标价格调整方法如下：

（1）以招标文件规定的交货时间为基础，每延期交货一周，其评标价将在其投标总价的基础上增加0.25%，不足一周按一周计算，提前交货不考虑降低评标价。

（2）一般技术条款规定每存在一项负偏离，其评标价将在其投标总价的基础上增加1%，负偏离项数最多不得超过8项。

（3）投标时按规定可以使用的汇率为1美元＝93.5日元，1美元＝6.8元人民币。

（4）设备进口关税税率为4%，增值税税率为17%，国内运输保险费为完税后货价的

0.2%。评标委员会经过评审，发现：

投标人 A 投标报价为 12762750 日元，无折扣声明及算术性错误，价格条件为 CIF 天津。投标报价中未包含备品备件价格，其他有效标中该项内容的报价分别为 3500 美元和 5100 美元。投标报价中包含了招标文件未要求的附加功能软件，该软件的报价为 467500 日元。

投标人 A 的交货时间超过规定的交货时间 25 天，投标设备一般技术条款及参数存在 5 项负偏离，国内运输费为 22100 元人民币。

计算投标人 A 的评标价应是多少？

【解题思路】 掌握基本公式。

CIF 投标价格（折合美元）＝CIF 投标价格（原币值）/汇率

进口关税＝CIF 投标价格×进口关税税率

进口增值税＝（CIF 投标价格＋进口关税＋消费税）×进口增值税税率

国内运输费＝国内运输费（原币值）/汇率

国内运输保险费＝（CIF 投标价格＋进口关税＋进口增值税）×国内运输保险费率

供货范围偏离调整＝其他有效标中该项的最高价

技术偏离调整＝CIF 投标价格×加价幅度×负偏离项数

商务偏离调整（延期交货）＝CIF 投标价格×加价幅度×偏离期

评标价＝CIF 投标价格＋进口环节税＋国内运输费＋同内运输保险费＋供货范围偏离调整＋技术偏离调整（延期交货）

【解】

CIF 投标价格（折合美元）＝CIF 投标价格（原币值）/汇率＝12762750 日元/93.5 美元/日元＝136500 美元

进口关税＝CIF 投标价格×进口关税税率＝136500 美元×4％＝5460 美元

进口增值税＝（CIF 投标价格＋进口关税＋消费税）×进口增值税税率＝（136500＋5460）美元×17％＝24133.20 美元

国内运输费＝国内运输费（原币值）/汇率＝22100 元人民币/6.8 美元/人民币＝3250 美元

国内运输保险费＝（CIF 投标价格＋进口关税＋进口增值税）×国内运输保险费费率＝（136500＋5460＋24133.20）美元×0.2％＝332.19 美元

供货范围偏离调整＝其他有效标中该项的最高价＝5100 美元

技术偏离调整＝CIF 投标价格×加价幅度×负偏离项数
＝136500 美元×1％×5＝6825 美元

商务偏离调整（延期交货）＝CIF 投标价格×加价幅度×偏离期＝136500 美元×0.25×4
＝1365 美元

所以，评标价＝CIF 投标价格＋进口环节税＋国内运输费＋同内运输保险费＋供货范围偏离调整＋技术偏离调整（延期交货）
＝136500＋5460＋24133.20＋3250 ＋332.19＋5100＋6825＋1365
＝182965.39 美元

注：本题由 2010 年全国招标师执业水平考试第七题改编。

【题 6-15】 关于设备评标价格

某大型机电设备采用国际公开招标方式进行招标。经备案同意的招标文件中规定采用最低评标价法评标，同时规定评标价量化因素及评标价格调整方法：

（1）以招标文件规定的交货时间为基础，每超过交货时间一周，其评标价格将在其投标总价的基础上增加 0.5%，不足一周按一周计算，提前交货不考虑降低评标价。

（2）一般条款或参数任何一项存在偏离，其评标价格将在其投标意中人的基础上增加 0.5%，偏离条款或参数累计超过 10 项的，将导致废标。

（3）W 功能是招标内容要求的设备配置功能，U 功能不是招标内容要求的设备配置功能。若投标人不是提供招标文件要求的功能、部件或服务，按其他有效标的投标人提供的该项目功能、部件或服务的最高的投标价格对其评标价格进行加价。

（4）招标文件还规定投标有效期为 90 天。

现共有 A、B、C、D 四个投标人进入评标程序。各投标文件相关内容如下：

投标人 A 的投标文件：投标价格为 101 美元 CIF 上海。投标人随开标一览表递交了一份降价声明，承诺在投标价的基础上优惠 5%。交货时间超过规定的交货时间 22 天，投标设备一般参数存在 6 项偏离，3 项参数优于招标文件要求。投标价格含 W 功能且 W 功能报价 3 万美元。投标有效期 90 天。

投标人 B 的投标文件：投标价格为 87 万美元 CIF 上海。投标设备一般参数存在 6 项目偏离。投标价格含 W 功能且 W 功能 2 万美元。投标有效期 90 天。

投标人 C 的投标文件：投标价格为 600 万元人民币。"□"号的技术存在 2 项偏离。投标价格含 W 功能且 W 功能 30 万元人民币。投标有效期 90 天。

投标人 D 的投标文件：投标价格为 98 万美元 CIF 上海。但开标一览表中大写金额为玖拾捌万捌仟美元。交货时间比规定的交货时间提前 10 天。投标设备一般参数存在 6 项偏离，6 项参数优于招标文件要求。投标有效期 90 天。投标价格含 W 功能及报价，但包括 U 功能，U 功能报价是 1 万美元。

在评标过程的价格评议中招标人认为：投标人 A 的一般参数存在 6 项偏离，但有 3 项优于招标文件要求，偏离与优于参数抵减后，实际只存在 3 项偏离，其评标价格应按 3 项偏离计算加价。

问题：

（1）确定不能进入价格评议的投标人，并说明理由。

（2）招标人代表在评标中针对投标人 A 的上述意见是否正确？为什么？

（3）投标人 D 的投标报价中包含了招标文件未要求的 U 功能，在计算投标人 D 的评标价格时，可否在投标价格基础上核减 1 万美元？为什么？

（4）答案：1）确定商务评议、技术评议合格的投标人；

2）分别计算其经过算术错误修正和降价声明修正后的投标价格；

3）分别计算其供货范围偏差、技术偏差和商务偏差的价格调整额。

【解题思路】 了解关于设备评标的方法、标价调整等内容。对于设备评标的技术要求中关于废标的条件，加注星号"＊"的主要参数是必须要满足的条件，并掌握标价调整的方法。

【解】

（1）不能进入价格评议的投标人是 C。理由：技术评标过程中，投标文件不满足招标文件技术规格中加注星号"＊"的主要参数要求或加注星号"＊"的主要参数无技术资料支持的，应做废标处理。

（2）招标人代表在评标 A 中针对投标人 A 的上述意见不正确。理由：不可以抵减。

（3）在计算投标人 D 的评标价格时，不可以在投标价格基础上核减 1 万美元。理由：U 功能不是招标内容要求的设备配置功能，投标人的报价包含了招标文件要求以外的项目内容，不予核减。

（4）商务评议合格的投标人为投标人 A、投标人 B、投标人 C、投标人 D；技术评议合格的投标人为投标人 A、投标人 B、投标人 D。

投标人 D 经过算术错误修正的投标价格为 98.8 万美元。投标人 A 经过降价声明修正后的投标价格＝101 万美元×（1－5％）＝95.95 万美元

投标人 D 供货范围偏差的价格调整为 3 万美元。

投标人 A 的技术偏差的价格调整额＝101 万美元×0.5％×6＝3.03 万美元

投标人 B 的技术偏差的价格调整额＝87 万美元×0.5％×6＝2.61 万美元

投标人 D 的技术偏差的价格调整额＝98 万美元×0.5％×6＝2.94 万美元

投标人 A 的商务偏差的价格调整额＝101 万美元×0.5％×4＝2.02 万美元

【题 6-16】 招标文件的内容及规定的案例

某国有资金投资的大型建设项目，建设单位采用工程量清单公开招标方式进行施工招标。建设单位委托具有相应资质的招标代理机构编制了招标文件，招标文件包括如下规定：

（1）招标人设有最高投标限价和最低投标限价，高于最高投标限价或低于最低投标限价的投标人报价均按废标处理。

（2）投标人应对工程量清单进行复核，招标人不对工程量清单的准确性和完整性负责。

（3）招标人将在投标截止日后的 90 日内完成评标和公布中标候选人工作。

投标和评标过程发生如下事件：

事件 1：投标人 A 对工程量清单中某分项工程工程量的准确性有异议，并于投标截止时间 15 日前向投标人书面提出了澄清申请。

事件 2：投标人 B 在投标截止时间前 10 分钟以书面形式通知招标人撤回已递交的投标文件，并要求招标人 5 日内退还已经递交的投标保证金。

事件 3：在评标过程中，投标人 D 主动对自己的投标文件向评标委员会提出书面澄清、说明。

事件 4：在评标过程中，评标委员会发现投标人 E 和投标人 F 的投标文件中载明的项目管理成员中有一人为同一人。

问题：（1）招标文件中，除了投标人须知、图纸、技术标准和要求、投标文件格式外，还包括哪些内容？

（2）分析招标代理机构编制的招标文件中(1)～(3)项规定是否妥当，并说明理由。

（3）针对事件 1 和事件 2，招标人应如何处理？

（4）针对事件 3 和事件 4，评标委员会应如何处理？

【解题指导】 本题的考核点包括：招标文件的组成内容，一份完整的招标文件应该包括的内容。对于投标保证金的退还和串标的界定应有明确的认识。

【解】

（1）招标文件内容还应该包括：招标公告、工程量清单、评标标准和方法、施工合同条款。

（2）1）"招标人设有最高投标限价，高于最高投标限价的投标人报价按废标处理"妥当。

《招标投标法实施条例》规定，招标人可以设定最高投标限价；且根据《建设工程工程量清单计价规范》规定，国有资金投资建设项目必须编制招标标控制价（最高投标限价），高于招标标控制价的投标人报价按废标处理。

"招标人设有最低投标限价"不妥，《招标投标法实施条例》规定招标人不得规定最低投标限价。

2）"投标人应对工程量清单进行复核"妥当，投标人复核招标人提供的工程量清单的准确性和完整性是投标人科学投标的基础。

"招标人对清单的准确性和完整性不负责任"不妥。根据《建设工程工程量清单计价规范》规定，工程量清单必须作为招标文件的组成部分，其准确性和完整性由招标人负责。

3）"招标人将在投标截止日后的 90 日内完成评标和公布中标候选人工作"妥当，我国招标投标相关法规规定，招标人根据项目实际情况（规模、技术复杂程度等）合理确定评标时间，本题招标文件对评标和公布中标候选人工作时间的规定，并未违反相关限制性规定。

（3）针对事件 1，招标人应受理投标人 A 的书面澄清申请，并在复核工程量后作出书面回复。同时招标人应将书面回复送达所有投标人。

针对事件 2，招标人应允许投标人 B 撤回投标文件，并应在收到投标人书面撤回通知之日起 5 日内退还已收取的投标保证金。

（4）针对事件 3，评标委员会不得接受投标人 D 主动提出的澄清、说明和补正。

针对事件 4，评标委员会应视同投标人 E 和投标人 F 相互串通投标，投标人 E 和投标人 F 相互串通投标，投标人 E 和投标人 F 的投标均按废标处理。

第7章 建设项目施工阶段的工程造价管理

【题 7-1】 工程合同价款组成的计算案例

某工程施工合同约定，合同工期为 30 周，合同价为 827.28 万元（含规费 38 万元），其中，管理费为分部分项工程和措施项目的人工费、材料费、机械费之和的 18%，利润率为人材机、管理费之和的 5%，营业税税率、城市维护建设税税率、教育附加税税率和地方教育附加费费率分别为 3%、7%、3% 和 2%，因通货膨胀导致价格上涨时，业主只对人工费、主要材料费和机械费（三项费用占合同价的比例为 22%、40% 和 9%）进行调整，因设计变更产生的新增工程，业主既补偿成本又补偿利润。

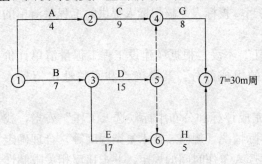

图 7-1　施工进度计划（周）

该工程的 D 工作和 H 工作安排使用同一台施工机械，机械每天工作一个台班，机械台班单价为 1000 元/台班，台班折旧费为 600 元/台班，施工单位编制的施工进度计划，如图 7-1 所示。

施单工过程中发生如下事件：

事件 1：考虑物价上涨因素，业主与施工单位协议对人工费、主要材料费和机械费分别上调 5%、6% 和 3%。

事件 2：因业主设计变更新增 F 工作，F 工作为 D 工作的紧后工作，为 H 工作的紧前工作，持续时间为 6 周。经双方确认，F 工作的分部分项工程和措施项目的人工费、材料费、机械费之和为 126 万元，规费为 8 万元。

事件 3：G 工作开始前，业主对 G 工作的部分施工图纸进行修改，由于未能及时提供给施工单位，致使 G 工作延误 6 周。经双方协商，对仅因业主延迟提供的图纸而造成的工期延误，业主按原合同工期和价格确定分摊的每周管理费标准补偿施工单位管理费。

上述事件发生后，施工单位在合同规定的时间内向业主提出索赔并提供了相关资料。

问题：

（1）事件 1 中，调整后的合同价款为多少万元？

（2）事件 2 中，应计算 F 工作的工程价款为多少万元？

（3）事件 2 发生后，以工作表示的关键线路是哪一条？列式计算应批准延长的工期和可索赔的费用（不含 F 工程价款）。

（4）按合同工期分摊的每周管理费应为多少万元？发生事件 2 和事件 3 后，项目最终的工期是多少周？业主应批准补偿的管理费为多少万元？

【解题指导】 需要掌握合同价款的调整公式，并且对于各个税种和税率，应明确综合税率的计算方法。对于管理费的分摊，会倒推出每周的管理费额度。

【解】

(1) 不调值部分占合同价比例：$1-22\%-40\%-9\%=29\%$

调整后的合同价款为：

$827.28\times[0.29+22\%\times(1+5\%)+40\%\times(1+6\%)+9\%\times(1+3\%)]=858.47$ 万元

(2) 先计算出综合税率

$$综合税率(\%)=\frac{1}{1-3\%(1+7\%+3\%+2\%)}-1=3.48\%$$

F 工作的工程价款为：

$$[126\times(1+18\%)\times(1+5\%)+8]\times(1+3.48\%)=169.82 \text{ 万元}$$

(3) 1) 若仅发生事件 2，关键线路为：B-D-F-H。

2) 应批准延长的工期为：$(7+15+6+5)-30=3$ 周

增加 F 工作导致 H 工作较原计划晚开工 4 周，造成 H 工作机械窝工台班为：$4\times7=28$ 台班，可索赔的费用为：$28\times600=16800$ 元。

(4) 设人材机之和为 X，$[X\times(1+18\%)\times(1+5\%)+38]\times(1+3.48\%)=827.28$，解得：$X=614.58$ 万元，每周管理费$=614.58\times0.18/30=3.69$ 万元

事件 2、3 发生后，最终工期是 36 周，因为题目所给条件为"对仅因业主延迟提供的图纸而造成的工期延误"，业主才补偿，事件 2 发生后，合同工期是 33 周，事件 3 发生后，应补偿工期 $36-33=3$ 周，应补偿管理费$=3.69\times3=11.07$ 万元。

【题 7-2】 采用价格指数法调整合同价款的案例

某工程约定采用价格指数法调整合同价款，具体约定见表 7-1 的数据，本期完成合同价款为 1600000 元，其中已按现行价格计算的计日工价款为 6000 元，发承包双方确认应增加的索赔额为 5000 元，计算应调整的合同价款差额。

承包人提供材料和工程设备一览表　　　　　　　　　　表 7-1

工程名称：某办公楼　　　　　　　　　　　　　　　　　　　　　第 1 页共 1 页

序号	名称、规格、型号	变值权重 B	基本价格指数 F	现行价格指数 F	备注
1	人工费	0.20	110%	120%	
2	钢材	0.15	4000 元/t	5000 元/t	
3	预拌混凝土 C30	0.20	340 元/m³	380 元/t	
4	花岗石	0.05	180 元/m²	200 元/m²	
5	机械费	0.10	100%	100%	
	定值权重	0.30	—	—	
	合计	1	—	—	

【解题指导】 本题应掌握价格指数法调整合同价款的原理，合同中首先要约定采用此种方法并且发包人在招标文件中提供的"承包人提供材料和工程设备一览表"中发包人应该填写完整"名称、规格、型号"列和"基本价格指数"列的内容，招标人在填写"基本价格指数时"应优先采用工程造价管理机构发布的价格指数。承包人在投标报价时需要完整填写"变值权重"列，定值权重＝1－变值权重，按发承包方确认后的价格指数或价格填写在"现行价格指数 F"列，现行价格指数应按约定的付款证书相关周期最后一天的前

42天的各项价格指数填写，首先采用工程造价管理机构发布的价格指数，没有时，可采用发布的材料、机械等价格代替。

【解】 （1）本期完成合同价款应扣除已按现行价格计算的计日工价款和确认的索赔金额。

$$1600000-5000-6000=1589000 \text{ 元}$$

应用公式：$\Delta P = P_0\left[A+\left(B_1 \times \dfrac{F_{t1}}{F_{01}}+B_2 \times \dfrac{F_{t2}}{F_{02}}+B_3 \times \dfrac{F_{t3}}{F_{03}}+\cdots+B_n \times \dfrac{F_{tn}}{F_{0n}}\right)\right]$

$$\Delta P = 1589000 \times (0.30+0.20 \times 120/110+0.15 \times 5000/4000$$
$$+0.20 \times 380/340+0.05 \times 200/180+0.10 \times 100/100-1)$$
$$=134694.42 \text{ 元}$$

本期应增加合同价款 134694.42 元。

（2）若合同中约定人工费单独进行调整时，则应扣除人工费所占变值权重，将其列入定值权重，则：$\Delta P=1589000 \times (0.50+0.15 \times 5000/4000+0.20 \times 380/340+0.05 \times 200/180+0.10 \times 100/100-1)=105803.51 \text{ 元}$

本期应增加合同价款 105803.51 元。

【题 7-3】 合同调值公式应用

2011 年 3 月，实际完成的某工程基准日期的价格为 1500 万元。调值公式中的固定系数为 0.3，相关成本要素中，水泥的价格指数上升了 20%，水泥的费用占合同调值部分的 40%，其他成本要素的价格均未发生变化。2011 年 3 月应调整的合同价的差额为多少万元？

【解题思路】 要特别注意题目中"调值公式中的固定系数为 0.3，水泥的费用占合同调值部分的 40%"，因此，合同调值部分占的比例是 70%，水泥的费用占总费用的比例是 70%×40%。

【解】

根据调值公式进行计算如下：

$$P=1500 \times (0.3+0.7 \times 0.4 \times 120\%/100\%+0.7 \times 0.6)=1584 \text{ 万元}$$
$$1584-1500=84 \text{ 万元}$$

【题 7-4】 关于合同价款调值公式应用的案例

某项目有效合同价为 2000 万元，第一个分项工程土石方费用为 460 万元，第二个分项工程钢筋混凝土费用为 1540 万元，各指标费用占土石方、钢筋混凝土两个分项工程比例见表 7-2 所列，不调值的费用占工程价款的 15%。

各分项工程费用比例、有关物价指标及指数表　　　　　　　表 7-2

项目	人工	机械	钢筋	水泥
土石方	40.5%	59.5%		
钢筋混凝土	30%	15%	35%	20%
2011 年 1 月指数	100	156.4	155.4	156.5
2011 年 8 月指数	115	163.5	189.5	178.4
2011 年 9 月指数	118	169.3	192.4	180.2

若 2011 年 9 月完成的工程价款占合同价的 10％，试计算该月的调价额为多少？

【解题思路】 调值公式法（动态结算公式法）是利用调值公式来调整价差的。它首先将总费用分为固定部分、人工部分和材料部分，然后分别按照各部分在总费用中所占的比例及人工、材料的价格指数变化情况，用调值公式进行价差调整。需要掌握具体的调值公式。

具体的调值公式为：$P = P_0 \times (a_0 + a_1 A/A_0 + a_2 B/B_0 + a_3 C/C_0 + a_4 D/D_0)$

式中　　　P——调值后合同价款或工程实际结算款；

P_0——合同价款中工程预算进度款；

a_0——固定要素，代表合同支付中不能调整的部分；

a_1、a_2、a_3、a_4——代表有关成本要素（如：人工费用、钢材费用、水泥费用、运输费用等）在合同总价中所占的比重 $a_0 + a_1 + a_2 + a_3 + a_4 = 1$；

A_0、B_0、C_0、D_0——基准日期与 a_1、a_2、a_3、a_4 对应的各项费用的基期价格指数或价格；

A、B、C、D——与特定付款证书有关的期间，最后一天的 49 天前与 a_1、a_2、a_3、a_4 对应的各成本要素的现行价格指数或价格。

【解】

各项参加调值的费用占工程价值的比例为：

人工费权重系数：$a = 40.5\% \times \dfrac{460}{2000} + 30\% \times \dfrac{1540}{2000} = 0.324$

机械费权重系数：$b = 59.5\% \times \dfrac{460}{2000} + 15\% \times \dfrac{1540}{2000} = 0.252$

钢费权重系数：$c = 0 \times \dfrac{460}{2000} + 35\% \times \dfrac{1540}{2000} = 0.271$

水泥费权重系数：$d = 0 \times \dfrac{460}{2000} + 20\% \times \dfrac{1540}{2000} = 0.154$

2011 年 9 月的调价额为：

$$P = 2000 \times 10\% \times \left(0.15 + 0.324 \times \frac{115}{100} \times 0.85 + 0.252 \times \frac{163.5}{156.4} \times 0.85 \right.$$
$$\left. + 0.271 \times \frac{189.5}{155.4} \times 0.85 + 0.154 \times \frac{178.4}{156.5} \times 0.85 - 1 \right)$$
$$= 23.95 \text{ 万元}$$

【题 7-5】　造价信息调整价格差额法调整材料单价案例

某工程采用预拌混凝土由承包人提供，承包人提供主要材料和工程设备一览表见表 7-3 所列，发包人提供了表 7-3 中的前六列，投标人在投标报价时填报表 7-3 中的第七列，规定采用造价信息差额调整法进行合同价款的调整。在施工期间，在采购预拌混凝土时，其单价分别为 C25：327 元/m³，C30：335 元/m³，C35：360 元/m³，合同约定的材料单价如何调整（如何填写表 7-3 中的第八列）？

【解题指导】 要掌握造价信息调整价格差额法的调整原理，在此种价格调整方法中，发包人需要事先在招标文件中给出需要承包人采购的材料、数量、基准单价、约定的风险范围，只有这样在施工期间承包人实际采购价格与投标价格、基准价格不一致需要调整时，才有调整的依据。另外还应注意的是：采购前承包人应将采购数量和采购单价报发包人审核确认，否则不能调整合同价格。

【解】

(1) C25 预拌混凝土：投标单价低于基准单价，涨幅以基准单价为基础进行调整，$(327-310)/310=5.45\%$，已超过约定的风险系数，应予调整：$308+[327-310\times(1+5\%)]=309.5$ 元/m^3。

(2) C30 预拌混凝土：投标单价高于基准单价，涨幅以投标单价为基础进行调整，$(335-325)/325=3.08\%$，未超过约定的风险系数，不能调整单价，仍按投标单价 325 元/m^3 计取。

(3) C35 预拌混凝土：投标单价等于基准单价，涨幅以基准单价为基础进行调整，$(360-340)/340=5.88\%$，已超过约定的风险系数，应予调整：$340+[360-340\times(1+5\%)]=343$ 元/m^3。

承包人提供主要材料和工程设备一览表 表 7-3

工程名称：某办公楼 第 1 页共 1 页

序号	名称、规格、型号	单位	数量	风险系数（%）	基准单价（元）	投标单价（元）	发包人确认单价（元）	备注
1	预拌混凝土 C25	m^3	210	≤5	310	308	309.5	
2	预拌混凝土 C30	m^3	500	≤5	323	325	325	
3	预拌混凝土 C35	m^3	300	≤5	340	340	343	

【题 7-6】 备料款的计算

设某住宅楼施工图预算造价为 480 万元，计划工期为 200 天，预算价格中材料费占 65%，材料储备期为 100 天，计算甲方应向乙方付备料款的金额为多少？

【解题思路】

$$工程备料款的支付金额 = \frac{工程造价 \times 材料费占比重}{合同工期} \times 材料储存天数$$

$$其中，某材料的储备天数 = \frac{经常储备量 + 安全储备量}{平均日常用量}$$

实际工作中，建设规模较大的工程（或者说跨年度的工程），备料款的预付额度，建设工程一般不超过当年建筑工程工作量的 30%，采用预制构件较多，以及工期在六个月以内的工程，可以适当增加，安装工程一般不得超过当年安装工程量的 10%，安装材料较大的工程，可以适当增加。按照合同规定由甲方供应的材料，这部分材料，乙方不得收取备料费。

【解】

甲方应向乙方预付备料款的金额为：

$$\frac{480 \times 65\%}{200} \times 100 = 156 \text{ 万元}$$

【题 7-7】 关于赶工费的计算

某分包商承包了某专业分项工程，分包合同中规定：工程量为 2400m^3，合同工期为

30 天，6 月 11 日开工，7 月 10 日完工，逾期违约金为 1000 元/天。

该分包商根据企业定额规定：正常施工情况下（按计划完成每天安排的工作量），采用计日工资的日工资标准为 60 元/工日（折算成小时工资为 7.5 元/小时），延时加班，每小时按小时工资标准的 120% 计，夜间加班，每班按日工资标准的 130% 计。

该分包商原计划每天安排 20 人（按 8 小时计算）施工，由于施工机械调配出现问题，致使该专业分项工程推迟到 6 月 18 日才开工。为了保证按合同工期完工，分包商可采取延时加班（每天延长工作时间，不超过 4 小时）或夜间加班（每班按 8 小时计算）两种方式赶工。延时加班和夜间加班的人数与正常作业的人数相同。

问题：

（1）若该分包商采取每天延长工作时间方式赶工，延时加班时间内平均降效 10%，每天需增加多少工作时间（按小时计算）？每天需额外增加多少费用？

（2）若采取夜间加班方式赶工，加班期内白天施工平均降效 5%，夜间施工平均降效 15%，需加班多少天？

（3）若夜间施工每天增加其他费用 100 元，每天需额外增加多少费用？

（4）从经济角度考虑，该分包商是否应该采取赶工措施？说明理由。假设分包商需赶工，应采取哪一种赶工方式？

【解题思路】 是否采用赶工及采用什么方式赶工，只要赶工费用少于逾期违约的费用即可。题目中有多种计算方法，注意未知数恒等式的运用。

【解】

（1）每天需增加的工作时间：

方法一：计划工效为：$2400/30＝80 m^3/$天$＝80/8＝10 m^3/$小时

设每天延时加班需增加的工作时间为 x 小时，则

$$(30－7)×[80＋10×(1－10\%)]＝2400$$

解得 $x＝2.71$，则每天需延时加班 2.71 小时。

方法二：$7×8－(1－10\%)＋23＝2.71$ 小时

每天需额外增加的费用为：$20×2.71×7.5×20\%＝81.3$ 元

（2）需要加班的天数：

方法一：设需夜间加班 y 天，则 $80(23－y)＋80y(1－5\%)＋80y(1－15\%)＝2400$

解得：$y＝8.75≈9$ 天，需夜间加班 9 天。

方法二：$(30－23)/(1－5\%－15\%)＝8.75≈9$ 天

方法三：$1×(1－5\%)＋1×(1－15\%)－1＝0.8$ 工日

$$7÷0.8＝8.75≈9 天$$

（3）每天需额外增加的费用为：$20×60×30\%＋100＝460$ 元

（4）采取每天延长工作时间的方式赶工，需额外增加费用 $81.3×23＝1869.9$ 元。

采取夜间加班方式赶工，需额外增加费用共 $460×9＝4140$ 元。

因为两种赶工方式所需增加的费用均小于逾期违约金 $1000×7＝7000$ 元。

所以该分包商应采取赶工措施。因采取延长工作时间方式费用最低，所以采取每天延长工作时间的方式赶工。

【题 7-8】 全费用综合单价形成与调整的案例

某实施监理的工程，实行全费用综合单价的形式，招标文件中工程量清单标明的混凝土工程量为 2400m³，投标文件综合单价分析表显示：人工单价 100 元/工日，人工消耗量 0.40 工日/m³；混凝土损耗率为 1.5%，材料单价 275 元/m³，其他材料费为 14 元/m³，机械台班消耗量 0.025 台班/m³，机械台班单价 1200 元/台班。措施费费率为 5%，企业管理费费率为 5%，利润率为 8%，三者均以人材机费用之和为计算基础，规费费率为 4%，计算基数为人材机之和＋管理费＋利润，综合计税系数为 3.48%。施工合同约定，实际工程量超过清单工程量 15% 时，超过部分的混凝土全费用综合单价调整为 450 元/m³。施工过程中发生以下事件：

事件一：基础混凝土浇筑时局部漏振，造成混凝土质量缺陷，专业监理工程师发现后要求施工单位返工。施工单位拆除存在质量缺陷的混凝土 60m³，发生拆除费用 3 万元，并重新进行了浇筑。

事件二：主体结构施工时，建设单位提出改变使用功能使该工程混凝土量增加到 2600m³。施工单位收到变更后的设计图纸时，原设计浇筑完成的 300m³ 混凝土需要拆除，发生拆除费用 5.3 万元。

问题：

（1）计算混凝土工程全费用综合单价。

（2）事件一中，因拆除混凝土发生的费用是否应计入工程价款？说明理由。

（3）事件二中，该工程混凝土工程量增加到 2600m³，对应的工程结算价款是多少万元？

（4）事件二中，因拆除混凝土发生的费用是否应计入工程价款？说明理由。

（5）计入结算的混凝土工程量是多少？混凝土工程的实际结算价款是多少万元？

【解题思路】 掌握全费用单价的组成，全费用综合单价的组成＝人工费＋材料费＋机械费＋管理费＋利润＋规费＋税金。并注意全费用综合单价和清单计价规范中应用的综合单价的区别，全费用综合单价法的造价＝Σ（分项工程量×分项工程全费用单价）；清单综合单价法的建安工程预算造价＝（Σ分项工程量×分项工程不完全单价）＋措施项目不完全价格＋其他项目费＋规费＋税金。

【解】

（1）全费用综合单价的组成＝人工费＋材料费＋机械费＋管理费＋利润＋规费＋税金

人工费＝100×0.4＝40 元/m³；材料费＝275×(1+1.5%)+14＝293.13 元/m³；机械费＝1200×0.025＝30 元/m³；措施费中的人材机＝(40+293.13+30)×5%＝18.16 元/m³

人材机之和＝40+293.13+30+18.16＝381.29 元/m³

企业管理费＝381.29×5%＝19.06 元/m³；利润＝381.29×8%＝30.50 元/m³

规费＝(381.29+19.06+30.50)×4%＝17.23 元/m³

税金＝(381.29+19.06+30.50+17.23)×3.48%＝15.59 元/m³

全费用综合单价＝381.29+19.06+30.50+17.23+15.59＝463.67 元/m³

（2）否。理由：施工质量缺陷造成损失，属于施工单位责任范围。

（3）因为 2600<2400×(1+15%)=2760，仍按原综合单价结算。

结算价款＝463.67×2600＝1205542 元

（4）是。理由：建设单位提出工程变更，造成拆除混凝土，属于建设单位承担的责任范围。

（5）计入结算混凝土工程量＝2600＋300＝2900m³

超过 15％的部分：2900－2760＝140m³，应按 450 元/m³ 结算。

实际结算价＝2760×463.67＋140×450＋53000＝1395729.20 元

【题 7-9】 工程进度款的计算案例

某工程项目由 A、B、C 三个分项工程组成，采用工程量清单招标确定中标人，合同工期 5 个月。各月计划完成工程量及综合单价见表 7-4 所列，承包合同规定：

（1）开工前发包方向承包方支付分部分项工程费的 15％作为材料预付款。预付款从工程开工后的第 2 个月开始分 3 个月均摊抵扣。

（2）工程进度款按月结算，发包方每月支付承包方应得工程款的 90％。

（3）措施项目工程款在开工前和开工后第 1 个月末分两次平均支付。

（4）分项工程累计实际完成工程量超过计划完成工程量的 10％时，该分项工程超出部分的工程量的综合单价调整系数为 0.95。

（5）措施项目费以分部分项工程费用的 2％计取，其他项目费为 20.86 万元，规费费率为 3.5％（以分部分项工程费、措施项目费、其他项目费之和为基数），税金率为 3.35％。

各月计划完成工程量及综合单价表 表 7-4

工程名称	第 1 月 工程量（m³）	第 2 月 工程量（m³）	第 3 月 工程量（m³）	第 4 月 工程量（m³）	第 5 月 工程量（m³）	综合单价 （元/m³）
分项工程名称 A	500	600				180
分项工程名称 B		750	800			480
分项工程名称 C			950	1100	1000	375

问题：（1）工程合同价为多少万元？

（2）列式计算材料预付款。

（3）根据表 7-5 计算第 1、2 月造价工程师应确认的工程进度款各为多少万元？

第 1、2、3 月实际完成的工程量表 表 7-5

工程名称	第 1 月工程量（m³）	第 2 月工程量（m³）	第 3 月工程量（m³）
分项工程名称 A	630	600	
分项工程名称 B		750	1000
分项工程名称 C			950

【解题思路】 掌握单价调整和工程量之间的关系，掌握清单计价模式下投标价格形成的基本公式：工程合同价＝（分部分项工程费＋措施项目费＋其他项目费）×（1＋规费费率）×（1＋税金率）；材料预付款＝分部分项工程费×约定比例。

【解】

(1) 工程合同价＝（分部分项工程费＋措施项目费＋其他项目费）×（1＋规费费率）×（1＋税金率）＝[（1100×180＋1550×480＋3050×375）×（1＋2%）＋208600]×（1＋3.5%）×（1＋3.35%）

＝（2085750.00＋41715.00＋208600）×1.0696725＝2498824.49 元

(2) 材料预付款：2085750.00×15%＝312862.50 元

(3) 1、2月份工程进度款计算：

1月：（630×180＋41715.00×50%）×1.0696725×90%＝129250.40 元

2月：

A分项：630＋600＝1230m³＞（500＋600）×（1＋10%）＝1210 m³

则：（580×180＋20×180×0.95）×1.0696725＝115332.09 元

B分项：750×480×1.0696725＝385082.10 元

A与B分项小计：115332.09＋385082.10＝500414.19 元

进度款：500414.19×90%－312862.50/3＝346085.27 元

【题 7-10】 工程价款支付的计算案例

某工程建设项目施工承包合同中有关工程价款及其支付约定如下：

(1) 签约合同价：82000 万元；合同形式：可调单价合同。

(2) 预付款：签约合同价的 10%，按相同比例从当月应支付的工程进度款中抵扣，到竣工结算时全部扣消。

(3) 工程进度款：按月支付，进度款金额包括：当月完成的清单子目的合同价款；当月确认的变更、索赔金额；当月价格调整金额；扣除合同约定应当抵扣的预付款和扣留的质量保证金。

(4) 质量保证金：从当月进度付款中按 5% 扣留，质量保证金限额为签约合同价的 5%。

(5) 价格调整：采用价格指数法，公式如下：

$$\Delta P = P_0(0.16 + 0.17 \times L/158 + 0.67 \times M/117 - 1)$$

式中　ΔP——价格调整金额；

P_0——当月完成的清单子目的合同价款和当月确认的变更与索赔金额的总和；

L——当期人工费价格指数；

M——当期材料设备综合价格指数。

该工程当年 4 月开始施工，前 4 个月的有关数据见表 7-6 所列。

前 4 个月的有关数据　　　　　　　　　　　　表 7-6

月　　份		4 月	5 月	6 月	7 月
截至当月累计完成的清单子目合同价款（万元）		1200	3510	6950	9840
当月确认的变更金额（万元）		0	60	—110	100
当月确认的索赔金额（万元）		0	10	30	50
当月适用的价格指数	L	162	175	181	189
	M	122	130	133	141

问题：

（1）计算该4个月完成的清单子目的合同价款。

（2）计算该4个月各月的价格调整金额。

（3）计算6月份实际应拨付给承包人的工程款金额。

【解题思路】 建设工程价款调整方法有：工程造价指数调整法、实际价格调整法、调价文件计算法和调值公式法。本案例主要考核工程价款调整的调值公式法的应用。

【解】

（1）该4个月完成的清单子目的合同价款：

4月份完成的清单子目的合同价款为：1200万元

5月份完成的清单子目的合同价款为：3510－1200＝2310万元

6月份完成的清单子目的合同价款为：6950－3510＝3440万元

7月份完成的清单子目的合同价款为：9840－6950＝2890万元

（2）4月份的价格调整金额：$1200 \times (0.17 \times 162/158 + 0.67 \times 122/117 - 0.84)$＝39.52万元

5月份的价格调整金额：$(2310+60+10) \times (0.17 \times 175/158 + 0.67 \times 130/117 - 0.84)$＝220.71万元

6月份的价格调整金额：$(3440-110+30) \times (0.17 \times 181/158 + 0.67 \times 133/117 - 0.84)$＝391.01万元

7月份的价格调整金额：$(2890+100+50) \times (0.17 \times 189/158 + 0.67 \times 141/117 - 0.84)$＝519.20万元

（3）6月份应扣预付款：$(3440-110+30+391.01) \times 10\%$＝378.10万元

6月份应扣质量保证金：$(3440-110+30+391.01) \times 5\%$＝187.55万元

6月份实际应拨付给承包人的工程款金额为：$3440-110+30+391.01-378.10-187.55$＝3185.36万元

【题7-11】 工程价款的支付案例

某工程项目业主采用工程量清单招标方式确定了承包人，双方签订了工程施工合同，合同工期4个月，开工时间为2013年4月1日。该项目的主要价款信息及合同付款条款如下：

（1）承包商各月计划完成的分部分项工程费、措施费见表7-7所列。

各月计划完成的分部分项工程费、措施费（万元）　　　　表7-7

月份	4月	5月	6月	7月
计划完成分部分项工程费	55	75	90	60
措施费	8	3	3	2

（2）措施项目费16万元，在开工后的前两个月平均支付。

（3）其他项目清单中包括专业工程暂估价和计日工，其中专业工程暂估价为18万元；计日工表中包括数量为100个工日的某工种用工，承包商填报的综合单价为120元/工日。

（4）工程预付款为合同价的20%，在开工前支付，在最后两个月平均扣回。

（5）工程价款逐月支付，经确认的变更金额、索赔金额、专业工程暂估价、计日工金额等与工程进度款同期支付。

（6）业主按承包商每次应结算款项的90％支付。

（7）工程竣工验收后结算时，按总造价的5％扣留质量保证金。

（8）规费综合费率为3.55％，税金率为3.41％。

施工过程中，各月实际完成工程情况如下：

（1）各月均按计划完成计划工程量。

（2）5月业主确认计日工35个工日，6月业主确认计日工40个工日。

（3）6月业主确认原专业工程暂估价款的实际发生分部分项工程费合计为8万元，7月业主确认原专业工程暂估价款的实际发生分部分项工程费合计为7万元。

（4）6月由于业主设计变更，新增工程量清单中没有的一项分部分项工程，经业主确认人工费、材料费、机械费之和为10万元，参照其他分部分项工程量清单项目确认的管理费费率为10％（以人工费、材料费、机械费之和为计费基础），利润率为7％（以人工费、材料费、机械费、管理费之和为计费基础），措施费10000元。

（5）6月因监理工程师要求对已验收合格的某分项工程再次进行质量检验，造成承包商人员窝工费5000元，机械闲置费2000元，该分项工程持续时间延长1天（不影响总工期）。检验表明该分项工程合格。为了提高质量，承包商对尚未施工的后续相关工作调整了模板形式，造成模板费用增加10000元。

问题：（1）该工程预付款是多少？

（2）每月承包商应得工程价款是多少？若工程在8月初进行结算，工程结算值为多少？还应支付承包商多少？

（3）若承发包双方如约履行合同，列式计算6月末累计已完成的工程价款和累计已实际支付的工程价款。

（4）填写承包商2013年6月的"工程款支付申请表"。

【解题思路】 掌握投标报价合同价格的组成：工程合同价款＝（分部分项工程项目费用＋措施项目费用＋其他项目费用）×（1＋规费费率）×（1＋税金率）；每月的工程价款的计算应注意：预付款的扣还、质量保证金的扣减，还应包括应计入的专业工程、计日工、索赔、变更的费用。另外应了解并会填写工程价款支付申请表。

【解】

（1）分部分项工程费＝55＋75＋90＋60＝280万元

措施项目费＝8＋3＋3＋2＝16万元

其他项目费＝专业工程暂估价＋计日工＋总承包服务费＝180000＋100×120＝19.2万元

规费＝（分部分项工程费＋措施项目费＋其他项目费）×3.55％

    ＝（280＋16＋19.2）×3.55％＝11.19万元

税金＝（分部分项工程费＋措施项目费＋其他项目费＋规费）×3.41％

    ＝（280＋16＋19.2＋11.19）×3.41％＝11.13万元

该工程的合同价款＝280＋16＋19.2＋11.19＋11.13＝337.52万元

预付款＝337.52×20％＝675040元

（2）在4月份应支付的价款包括：分部分项工程费550000元，措施项目费160000

元，在开工前 2 个月平均支付，即在 4 月、5 月份各付 50%，4 月份的措施项目费＝160000×50%＝80000 元，其他项目费为 0，加上规费和税金。并按全部应付进度价款 90% 的比例支付。

4 月份应得的价款＝（550000＋80000＋0）×（1＋3.55%）×（1＋3.41%）×90%
　　　　　　　　　＝607149.58 元

在 5 月份应得到的价款包括：分部分项工程费 750000 元，5 月份的措施项目费＝160000×50%＝80000 元，这里不能按 30000 元，其他项目费为：计日工费用为 35×120＝4200 元，加上规费和税金。并按全部应付进度价款 90% 的比例支付。

5 月份应得的价款＝（750000＋80000＋4200）×（1＋3.55%）×（1＋3.41%）×90%
　　　　　　　　　＝803943.14 元

在 6 月份应支付的价款包括：

①分部分项工程费 900000 元。

②6 月份的措施项目费为 0。

③其他项目费为：计日工费用为 40×120＝4800 元，

经确认的专业工程价款＝80000 元

承包商窝工索赔的人工费和机械费：5000＋2000＝7000 元

新增项目的分部分项工程费和措施费：100000×（1＋10%）×（1＋7%）＋10000＝127700 元

为了提高质量，承包商对尚未施工的后续相关工作调整了模板形式，造成模板费用增加 10000 元不能计入，属于承包商自己应承担的费用。

④加上规费和税金。并按全部应付进度价款 90% 的比例支付。还要扣还 50% 的预付款为：675040×50%＝337520 元

6 月份应得的价款＝（900000＋0＋4800＋80000＋7000＋127700）×1.0355×1.0341×90%－337520＝741375.17 元

承包商在 7 月份应得的价款包括：分部分项工程费 600000 元，7 月份的措施项目费为 0，其他项目费为：确认的专业工程价款 70000 元，加上规费和税金。扣还 50% 的预付款为：675040×50%＝337520 元。

除了 7 月份完成的内容，7 月份应得价款还应包括以前未付完的 10% 进度款，并按总造价的 5% 扣留质量保证金。

7 月份应得的价款＝（600000＋0＋70000）×（1＋3.55%）
　　　　　　　　　×（1＋3.41%）×90%－337520
　　　　　　　　　＝308178.76 元

8 月初进行结算，结算总造价为：

分部分项工程费＝550000＋750000＋900000＋600000＝2800000 元

措施项目费＝80000＋30000＋30000＋20000＝160000 元

其他项目费＝4200＋4800＋80000＋7000＋127700＋70000＝293700 元

加上规费和税金。

工程结算总值＝（2800000＋160000＋293700）×1.0355×1.0341＝3482413.96 元

7 月末累计已付给承包商的工程款

$$=675040+607149.58+803943.14+741375.17+308178.76=3135686.65\ 元$$

8月初还应付给承包商的价款＝工程总造价×（1−5％）−已付价款

$$=3482413.96×（1−5％）−3135686.65=172606.61\ 元$$

（3）6月末累计已完成的工程价款包括：

分部分项工程费＝550000＋750000＋900000＝2200000 元

措施项目费＝80000＋30000＋30000＝140000 元

其他项目费＝4200＋4800＋80000＋7000＋127700＝223700 元

加上规费和税金。

6月末累计已完成的工程价款＝（2200000＋140000＋223700）×1.0355×1.0341＝2745237.01 元

6月末累计已实际支付的工程价款为工程预付款以及各月已支付价款之和：

675040＋607149.58＋803943.14＋741375.17＝2827507.89 元

（4）2013年6月的工程款支付申请表见表7-8所列。

2013 年 6 月工程款支付申请表　　　　　　　　　　表 7-8

序号	名　称	金额（元）	备注
1	累计已完成的工程价款（含本周期）	2745237.01	
2	累计已实际支付的工程价款	675040＋607149.58＋803943.14＝2086132.72	
3	本周期已完成的分部分项和措施项目工程价款	（900000＋30000）×1.0355×1.0341＝995853.81	
4	本周期已完成的计日工金额	4800×1.0355×1.0341＝5139.89	
5	本周期应增加的变更金额	127700×1.0355×1.0341＝136742.51	
6	本周期应增加的索赔金额	7000×1.0355×1.0341＝7495.67	
7	本周期应抵扣的预付款	337520	
8	本周期应扣减的质保金	—	
9	本周期应增加的其他金额	80000×1.0355×1.0341＝85664.84	
10	本周期实际应支付的工程价款	741375.17	

【题 7-12】　固定总价合同结算调整

某土石方工程，施工承包采用固定总价合同形式，合同约定，除了设计变更外，其他情况不予调整总价。根据地质资料，设计文件估算的工程量为 $17000m^3$，单价是 20 元/m^3，在机械施工过程中，由于局部超挖、边坡垮塌等原因，实际工程量为 $18000m^3$；并且由于租赁费的上涨，单价调整为 22 元/m^3 才能保证利润，基础施工前，业主对基础设计方案进行了变更，需要扩大开挖范围，增加土石方工程量 $2000m^3$。则结算时应对合同总价如何调整？

【解题思路】　首先要清楚地知道固定总价合同的含义。固定总价合同的价格计算是以设计图纸、工程量及规范等为依据，发承包双方就承包工程协商一个固定的总价。只有在设计和工程范围发生变更的情况下才能随之作相应的变更，除此之外，合同总价一般不能变动。包括材料的上涨和机械费的上涨。

【解】　固定总价合同中签订了 $17000m^3$，如果没有变更，结算的工程量为 $17000m^3$，价格不能变化，仍然要按 20 元/m^3 结算。超挖的（18000−17000＝$1000m^3$）不予调整。

设计变更增加的 2000m³ 应计入结算，因合同中没有对工程量变化和单价调整的关系作具体约定，这里增加部分的单价也应按 20 元/m³ 结算。所以结算总额为：

$$（17000＋2000）×20＝380000 元$$

【题 7-13】 结算价格调整的案例

某采用工程量清单计价的基础工程，土方开挖清单工程量为 24000m³，综合单价为 45 元/m³，措施费、规费和税金合计为 20 万元。招标文件中有关结算条款如下：

（1）基础工程土方开挖完成后可进行结算。

（2）非施工单位原因引起的工程量增减，变动范围 10% 以内时执行原综合单价，工程量超过 10% 以外的部分，综合单价调整系数为 0.9。

（3）发生工程量增减时，相应的措施费、规费和税金合计按投标清单计价表中的费用比例计算；措施费、规费和税金合计占分部分项工程费的 20%。

（4）由建设单位原因造成施工单位人员窝工补偿为 10 元/工日，设备闲置补偿为 200 元/台班。工程实施过程中发生如下事件：

事件 1：合同谈判时，建设单位认为基础工程远离市中心且施工危险性小，要求施工单位减少合同价款中的安全文明施工费。

事件 2：原有基础土方开挖完成、尚未开始下道工序时，建设单位要求增加部分基础工程以满足上部结构调整的需要。经设计变更，新增土方开挖工程量 4000m³，开挖条件和要求与原设计完全相同。施工单位按照总监理工程师的变更指令完成了新增基础的土方开挖工程。

事件 3：由于事件 2 的影响，造成施工单位部分专业工种人员窝工 3000 工日，设备闲置 200 个台班。人员窝工与设备闲置得到项目监理机构的确认后，施工单位提交了人员窝工损失、设备闲置损失及施工管理费增加的索赔报告。

问题：

（1）事件 1 中，建设单位的要求是否合理？说明理由。

（2）事件 2 中，新增基础土方开挖工程的工程费用是多少？相应的措施费、规费和税金合计是多少？

（3）逐项指出事件 3 中施工单位提出的索赔是否成立？说明理由。项目监理机构应批准的索赔费用是多少？

（4）基础土方开挖完成后，应纳入结算的费用项目有哪些？结算的费用是多少？

【解题指导】 安全文明施工费虽然属于措施费，但是在计价规范中明确规定其为不可竞争费用，意思是在每个省份一般都有强制性的安全文明施工费的计取标准，每个投标人不能自由竞报此项目。对于在工程变更的情况下，价款的调整原则是：单价的调整与工程量的变动幅度相关，在合同约定的工程量变动幅度内，单价不变动；超过约定的变动幅度后，按约定的单价调整的方法仅调整超过部分的价格。

【解】（1）不合理。理由是：1）根据招投标法规定，中标通知书对招标人和中标人具有法律效力。招标人和中标人应当按照招标文件和中标人的投标文件订立书面合同。招标人和中标人不得再行订立背离合同实质性内容的其他协议。2）安全文明施工措施费属于不可竞争性费用。

（2）新增基础土方开挖工程的工程费用：

1）土方开挖清单工程量为 24000m³，经设计变更，新增土方开挖工程量为 4000m³，土方开挖总量为 28000m³，工程量超过 10％以外的部分为：28000－24000×（1＋10％）＝1600m³，新增基础土方开挖工程的工程费用为：2400×45＋1600×45×0.9＝172800 元

2）相应的措施费、规费和税金合计：172800×20％＝34560 万元

3）变更增加合同工程款：172800＋34560＝207360 元

（3）施工单位提出的索赔成立。理由是建设单位要求的设计变更原因造成的。项目监理机构应批准的索赔费用是：

1）窝工补偿费＝3000×50＝150000 元

2）闲置机械补偿费＝200×200＝40000 元

3）管理费不予批准。所有人工窝工和机械闲置费不计取管理费和利润。

项目监理机构应批准的索赔费用＝150000＋40000＝190000 元

（4）结算的费用项目和金额为：

1）工程量清单中土方分部分项工程费用＝24000×45＝1080000 元

2）工程量清单中土方措施费、规费和税金合计＝1080000×20％＝216000 元

3）设计变更增加土方合同工程款＝207360 元

4）设计变更补偿费用＝190000 元

基础土方开挖完成后，结算费用＝1080000＋216000＋207360＋190000＝1693360 元

【题 7-14】 合同价款调整的综合案例

某工程项目，建设单位通过公开招标方式确定某施工单位为中标人，双方签订了工程承包合同，合同工期 3 个月。

合同中有关工程价款及其支付的条款如下：

（1）分项工程清单中含有两个分项工程，工程量分别为甲项 4500m³，乙项 31000m³，清单报价中，甲项综合单价为 200 元/m³，乙项综合单价为 12.93 元/m³，当某一分项工程实际工程量比清单工程量增加超出 10％时，应调整单价，超出部分的单价调整系数为 0.9；当某一分项工程实际工程量比清单工程量减少 10％以上时，对该分项工程的全部工程量调整单价，单价调整系数为 1.1。

（2）措施项目清单共有 7 个项目，其中环境保护等 3 项措施费用 4.5 万元，这 3 项措施费用以分部分项工程量清单计价合计为基数进行结算。剩余的 4 项措施费用共计 16 万元，一次性包死，不得调价。全部措施项目费在开工后的第 1 个月末和第 2 个月末按措施项目清单中的数额分两次平均支付，环境保护措施等 3 项费用调整部分在最后一个月结清，多退少补。

（3）其他项目清单中只包括招标人暂列金额 5 万元，实际施工中用于处理变更洽商，最后一个月结算。

（4）规费综合费率为 4.89％，其取费基数为分部分项工程费、措施项目费和其他项目费之和；税金的综合税率为 3.47％。

（5）工程预付款为签约合同价款的 10％，在开工前支付，开工后的前两个月平均扣除。

（6）该项工程的质量保修金为签约合同价款的 3％，自第 1 个月起，从承包商的进度款中，按 3％的比例扣留。

合同工期内，承包商每月实际完成并经工程师签证确认的工程量见表 7-9 所列。

承包商每月实际完成工程量　　　　　　　　表 7-9

月　份	1 月	2 月	3 月
甲项工程量（m³）	1600	1600	1000
乙项工程量（m³）	8000	9000	8000

问题：（1）该工程签约时的合同价款是多少万元？预付款是多少万元？质量保修金是多少万元？

（2）各月的分部分项工程量清单计价合计是多少万元？并对计算过程作必要的说明。

（3）各月需支付的措施项目费是多少万元？

（4）承包商第 1 个月应得的进度款是多少万元？

【解题思路】　（1）掌握工程量偏差与单价调整的关系，实际工程量比清单工程量增加超出 10% 时，超出部分的单价调整系数为 0.9；实际工程量比清单工程量减少 10% 以上时，对该分项工程的全部工程量调整单价，单价调整系数为 1.1。（2）措施项目费根据题目说明全部措施项目费在开工后的第 1 个月末和第 2 个月末按措施项目清单中的数额分两次平均支付，即：措施项目清单中的数额平均支付×（1＋规费综合费率）×（1＋税金的税率）。（3）3 月份，环境保护等三项措施费费率＝环境保护等三项措施费/分部分项工程量清单计价合计；3 月份措施项目清单计价合计＝各个月分部分项工程量清单计价合计之和×环境保护等三项措施费费率－环境保护等三项措施费。（4）计算 1 月份进度款时应扣除质量保修金和预付款。

【解】

（1）该工程签约合同价款＝（4500×200＋31000×12.93＋45000＋160000＋50000）×（1＋4.89%）(1＋3.47%)＝168.85 万元

工程预付款＝168.85×10%＝16.89 万元

质量保修金＝168.85×3%＝5.07 万元

（2）第 1 个月的分部分项工程量清单计价合计＝1600×200＋8000×12.93＝42.34 万元

第 2 个月的分部分项工程量清单计价合计＝1600×200＋9030×12.93＝43.64 万元

截至第 3 个月末，甲分项工程累计完成工程量 1600＋1600＋1000＝4200m³，与清单工程量 4500m³ 相比，（4500－4200)/4500＝6.67%＜10%，应按原价结算；乙分项工程累计完成工程量 25000m³，与清单工程量 31000m³ 相比，（31000－25000)/31000＝19.35%＞10%，按合同条款，乙分项工程的全部工程量应按调整后的单价计算，第 3 个月的分部分项工程量清单计价合计＝1000×200＋25000×12.93×1.1－（8000＋9000)×12.93＝33.58 万元

（3）第 1 个月措施项目清单计价合计＝（4.5＋16）÷2＝10.25 万元

须支付措施费＝10.25×1.0489×1.0347＝11.12 万元

第 2 个月须支付措施费：同第 1 个月＝11.12 万元

第 3 个月，环境保护等三项措施费费率＝45000÷（4500×200＋31 000 ×12.93）×

$100\%=3.46\%$，措施项目清单计价合计 $=(42.34+43.64+33.58)\times3.46\%-4.5=-0.36$ 万元

须支付措施费 $=-0.36\times1.0489\times1.0347=-0.39$ 万元

按合同多退少补，即应在第 3 个月末扣回多支付的 0.39 万元的措施费。

(4) 施工单位第 1 个月应得进度款 $=(42.34+10.25)\times(1+4.89\%)(1+3.47\%)\times(1-3\%)-16.89\div2=46.92$ 万元

【题 7-15】 确定工程用工索赔的案例

某工程施工中由于工程师指令错误，使承包商的工人窝工 30 工日，增加配合用工 5 个工日，机械一个台班，合同约定人工单价为 50 元/工日，机械台班为 360 元/台班，人员窝工补贴为 30 元/工日，含税的综合费率为 17%。则承包商可得的该项索赔为多少？

【解题思路】 注意窝工和增加配合用工使用不同的单价标准；另外，窝工时只考虑窝工费，而增加配合用工和机械时还应考虑管理费、利润和税金等。窝工费＝工人窝工工日×窝工补贴/日；增加用工＝（增加用工费＋机械台班费）×（1+综合费率）

【解】

窝工导致的索赔 $=30\times30\times(1+17\%)=1053$ 元

增加用工导致的索赔 $=(50\times5+360)\times(1+17\%)=713.7$ 元

该项索赔的总额 $=1053+713.7=1766.7$ 元

【题 7-16】 工程量增加时工期索赔的计算

某业主与施工单位签订了土方施工合同，合同约定的土方工程量为 8000m³，合同工期为 20 天。合同约定：工程量增加 15% 以内为施工方应承担的工期风险。挖运工程中，因出现了较深的软弱下卧层，致使土方量增加了 10000m³，则施工方可索赔的工期为多少天？

【解题思路】 用比例计算法进行工期索赔的计算。

公式为：工期索赔值＝额外增加的工程量的价格/原合同总价×原合同总工期

【解】

设土方工程单价为 P，合同中约定工程量增加 15% 以内为施工方应承担的工期风险，即 $8000\times15\%=1200m³$ 为施工方承担的工期风险，额外增加的土方量 $=10000-1200=8800m³$，则工期索赔值 $=8800\times P/(8000\times P)\times20=22$ 天。

【题 7-17】 已知部分工程的延期时间时工期索赔的计算

在某个项目的施工过程中，业主由于推迟了某部分设计图纸的批准，使该项工程延期 40 天，该单项工程的合同价为 100 万元，整个工程项目的合同总价为 1000 万元，按比例计算法计算，承包商应该提出的工期索赔是多少？

【解题思路】 采用比例计算法计算工期索赔，需要掌握基本公式。

对于已知部分工程的延期时间：

总工期索赔＝受干扰部分的工程合同价×该部分工程受干扰工期拖延量/整个工程合同总价

对于已知额外工程量增加的价格：

总工期索赔＝附加工程或新增工程量价格×原合同总工期/原合同总价

【解】

总工期索赔＝100×40/1000＝4 天

【题 7-18】 关于物价异常波动导致的损失额确定的计算

某项目由承包商采购材料，投标时的钢筋报价为 3600 元/t，并且合同约定材料价格涨幅在 15% 内时由承包商承担。施工过程中钢筋材料价格上涨，为 4200 元/t，并且知道现在钢筋材料的消耗量为 500t，那么承包商如何确定由于物价异常波动导致的损失额？

【解题思路】 物价波动引起价款调整额的确定：$M = [P_1 - P_0 \times (1 + T)] \times S$，

式中 M——物价波动引起的价款调整差额；

P_1——当期的价格（人工、材料或机械）；

P_0——投标报价中的价格（人工、材料或机械）；

T——合同中约定的承包商承担的物价波动幅度。

【解】

$(4200 - 3600)/3600 = 16.67\% > 15\%$，可知材料价格上涨幅度超过了合同约定。

$M = [P_1 - P_0 \times (1 + T)] \times S = [4200 - 3600 \times (1 + 15\%)] \times 500 = 210000$ 元

所以，物价波动引起的价款调整差额为 210000 元。

【题 7-19】 已知额外工程量增加的价格采用相对单位法计算工期索赔

某工程合同规定，在工程量增减 10% 的范围内，作为承包商的工期风险，不能要求工期补偿。原合同规定两个阶段施工，工期为：土建工程 22 个月、装饰工程 6 个月。现以一定量的劳动力需要量作为相对单位，则合同所规定的土建工程量可折算为 400 个相对单位，装饰工程量折算为 200 个相对单位。在工程施工过程中，土建和装饰工程的工程量都有较大幅度的增加，同时又有许多附加工程，使土建工程量增加到 550 个相对单位，装饰工程量增加到 250 个相对单位。对此，承包商提出工期索赔应该是多少？

【解题思路】 采用相对单位法计算工期索赔，需要掌握基本公式，对于已知部分工程的延期时间：总工期索赔＝受干扰部分的工程合同价×该部分工程受干扰工期拖延量/整个工程合同总价；对于已知额外工程量增加的价格：总工期索赔＝附加工程或新增工程量价格×原合同总工期/原合同总价。

【解】

不在工期调整范围的工程量为：

土建工程量＝400×1.1＝440 相对单位

装饰工程量＝200×1.1＝220 相对单位

由于工程量增加造成工期延长为：

土建工程工期延长＝22×(550/400−1)＝8.25 月

装饰工程工期延长＝6×(250/200−1)＝1.5 月

则，工期索赔＝8.25＋1.5＝9.75 月

【题 7-20】 利用分项法计算工程索赔费用

某业主与施工单位签订了可调价格合同，并且约定：机械台班单价为 900 元/台班，折旧费为 150 元/台班；人工日工资单价为 50 元/工日，窝工费为 30 元/工日。施工机械为施工单位自有。合同履行后第 40 天，因场外停电停工 3 天，造成人员窝工 30 个工日；合同履行后的第六十天，业主指令增加一项新工作，完成此项工作需要 4 天时间，机械为

4台班，人工为30个工日，材料费为5000元。施工单位可获得的直接工程费的补偿额是多少？

【解题思路】 分项法计算，是按每个索赔事件所引起损失的费用项目分别分析计算。本案例中有两个索赔事件，即场外停电和业主指令增加一项新工作。计算费用索赔时，按两个索赔事件分别计算引起的损失费用。另外还要注意窝工和增加配合用工使用不同的单价标准，窝工时只考虑窝工费，而增加配合用工和机械时还应考虑管理费、利润和税金等。

【解】

场外停电导致的直接工程费的费用索赔为：

人工费＝30×30＝900元

机械费＝3×150＝450元

业主指令增加新工作导致的直接工程费的费用索赔为：

人工费＝30×50＝1500元

机械费＝4×900＝3600元

材料费＝5000元

施工单位可获得的直接工程费的费用补偿为：900＋450＋1500＋3600＋5000＝11450元

【题7-21】 结合网络计划图的工程索赔综合案例

某工程项目业主通过工程量清单招标确定某承包商为该项目中标人，并签订了工程合同，工期为16天。该承包商编制的初始网络进度计划（每天按一个工作班安排作业）如图7-2所示，图中箭线上方字母为工作名称，箭线下方括号外数字为持续时间，括号内数字为总用工日数（人工工资标准均为45.00元/工日，窝工补偿标准均为30.00元/工日）。由于施工工艺和组织的要求，工作A、D、H需使用同一台施工机械（该种施工机械运转台班费800元/台班，闲置台班费550元/台班），工作B、E、I需使用同一台施工机械（该种施工机械运转台班费600元/台班，闲置台班费400元/台班），工作C、E需由同一班组工人完成作业，为此该计划需作出相应的调整。

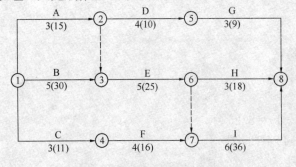

图7-2 初始网络进度计划

问题：

（1）请对图7-2所示的进度计划作出相应的调整，绘制出调整后的施工网络进度计划，并指出关键线路。

（2）试分析工作A、D、H的最早开始时间、最早完成时间。如果该三项工作均以最早开始时间开始作业，该种施工机械需在现场多长时间？闲置多长时间？若尽量使该种施工机械在现场的闲置时间最短，该三项工作的开始作业时间如何安排？

（3）在施工过程中，由于设计变更，致使工作E增加工程量，作业时间延长2天，增加用工10个工日，材料费用2500元，增加相应的措施直接费用600元；因工作E作业时间的延长，致使工作H、I的开始作业时间均相应推迟2天；由于施工机械故

350

障，致使工作 G 作业时间延长 1 天，增加用工 3 个工日，材料费用 800 元。如果该工程管理费按人工、材料、机械费之和的 7% 计取，利润按人工、材料、机械费、管理费之和的 4.5% 计取，规费费率 3.31%，税金 3.477%。试问：承包商应得到的工期和费用索赔是多少？

【解题思路】 掌握工程网络施工进度计划的调整、施工机械时间利用分析与优化和工程量清单计价条件下工程变更和索赔的处理方法等内容。在对双代号工程网络施工进度计划进行调整时，要注意利用虚工作来正确表达各项工作之间的逻辑关系。当发生索赔事件后，除了要合理分析计算该索赔事件直接涉及的工作的时间和费用索赔之外，还要分析该索赔事件对后续工作有无影响。

【解】

（1）根据施工工艺和组织的要求，对初始网络进度计划作出调整后的网络进度计划如图 7-3 所示。关键线路为：B-E-I。

（2）根据图 7-3 所示的施工网络计划，工作 A、D、H 的最早开始时间分别为 0、3、10，工作 A、D、H 的最早完成时间分别为 3、7、13。

如果该三项工作均以最早开始时间开始作业，该种施工机械需在现场时间由工作 A 的最早开始时间和工作 H 的最早完成时间确定为：$13-0=13$ 天。

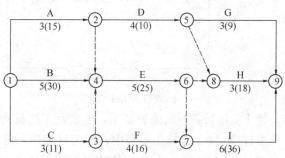

图 7-3 调整后的施工网络进度计划

在现场工作时间为：$3+4+3=10$ 天；在现场闲置时间为：$13-10=3$ 天。

若使该种施工机械在现场的闲置时间最短，则应令工作 A 的开始作业时间为 2 天（即第 3 天开始作业），令工作 D 的开始作业时间为 5 或 6（即工作 A 完成后可紧接着开始工作 D 或间隔 1 天后开始工作 D），令工作 H 按最早开始时间开始作业，这样，该种机械在现场时间为 11 天，在现场工作时间仍为 10 天，在现场闲置时间为：$11-10=1$ 天。

（3）工期索赔 2 天。

因为只有工作 I（该工作为关键工作）的开始作业时间推迟 2 天导致工期延长，且该项拖延是甲方的责任；工作 H（该工作为非关键工作，总时差为 3 天）的开始作业时间推迟 2 天不会导致工期延长；由于施工机械故障致使工作 G 作业时间延长 1 天，其责任不在甲方。

费用索赔 7623.02 元，包括：

①工作 E 费用索赔＝（人工费＋材料费＋机械费＋措施直接费）×（1＋管理费费率）
　　　　　　　×（1＋利润率）×（1＋规费费率）×（1＋税金率）
　　　　　　　＝（10×45.00＋2 500＋2×600＋600）×（1＋7%）×（1＋4.5%）
　　　　　　　×（1＋3.31%）×（1＋3.477%）＝5677.80 元

②工作 H 费用索赔＝（人工费用增加＋机械费用增加）×（1＋规费费率）×（1＋税金率）
　　　　　　　＝（18/3×2×30.00＋2×550）×（1＋3.31%）×（1＋3.477%）
　　　　　　　＝1560.77 元

③工作 I 费用索赔＝(36/6×2×30.00)×(1+3.31%)×(1+3.477%)
    ＝384.85 元

费用索赔合计＝5677.80+1560.77+384.85＝7623.42 元

【题 7-22】 关于工程索赔的综合案例

某施工合同约定如下：合同工期为 110 天，工期奖或罚均为 3000 元/天(已含税金)；当某一分项工程实际量比清单量增减超过 10%时，调整综合单价；规费费率 3.55%，税金率 3.41%；机械闲置补偿费为台班单价的 50%，人员窝工补偿费为 50 元/工日。开工前，承包人编制并经发包人批准的网络计划如图 7-4 所示。

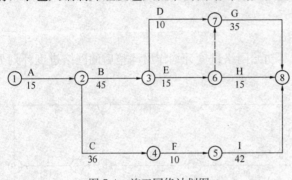

工作 B 和 I 共用一台施工机械，只能顺序施工，不能同时进行，台班单价为 1000 元/台班。施工过程中发生如下事件：

事件 1. 业主要求调整设计方案，使工作 C 的持续时间延长 10 天，人员窝工 50 工日。

事件 2. I 工作施工前，承包方为了获得工期提前奖，经承发包双方商

图 7-4 施工网络计划图

定，使 I 工作持续时间缩短 2 天，增加赶工措施费 3500 元。

事件 3. H 工作施工过程中，因天气炎热，劳动力供应不足，使 H 工作拖延 5 天。

事件 4. 招标文件中 G 工作的清单工程量为 1750m³(综合单价为 300 元/m³)，与施工图纸不符，实际工程量为 1900m³。经承发包双方商定，在 G 工作工程量增加但不影响因事件 1～3 而调整的项目总工期的前提下，每完成 1m³ 增加的赶工工程量按综合单价 60 元计算赶工费(不考虑其他措施费)。

上述事件发生后，承包方均及时向发包方提出了索赔，并得到了相应的处理。

问题：

(1)承包方是否可以分别就事件 1～4 提出工期和费用索赔？说明理由。

(2)事件 1～4 发生后，承包方可得到的合理工期补偿为多少天？该项目的实际工期是多少天？

(3)事件 1～4 发生后，承包方可得到总的费用追加额是多少？

【解题思路】 此题是有网络计划图的工期和费用索赔案例。所以首先要了解掌握的是承包商提出索赔并且索赔要求成立必须同时满足的四个条件：(1) 与合同相比较，已造成了实际的额外费用或工期损失；(2) 造成费用增加或工期损失不是由于承包商的过失引起的；(3) 造成费用增加或工期损失不是应由承包商承担的风险；(4) 承包商在事件发生后的规定时间内提出了索赔的书面意向通知和索赔报告。

其次，对于非承包商原因造成的工期延误，还要看该事件是否发生在关键线路上。若是在关键线路则延误的时间可以进行工期索赔；若不在关键线路上，还要看其是否超过了总时差，若在总时差之内则不可以索赔工期，若超出了总时差，则索赔的工期为超出总时差的时间。对于费用的索赔，属于承包商责任的费用则承包商不可进行索赔，属于业主责任则承包商可根据具体情况进行索赔。

【解】

(1) 事件 1 可以提出工期和费用索赔，因这是业主应承担的责任，施工方该工程的关键线路为 A-B-E-G，事件 1 工作 C 的持续时间延长 10 天，使得关键线路变为 A-C-F-I，并且 C 工作的 $TF=7$ 天，延误 10 天超过了其总时差。

事件 2 不能提出工期和费用索赔，因赶工是为了获得工期提前奖。

事件 3 不能提出工期和费用索赔，因这是承包方应承担的责任。

事件 4 可以提出工期和费用索赔，因这是业主应承担的责任，并且在 C 工作延误 10 天和 I 工作赶工 2 天后，G 工作的 $TF=1$ 天，延误 $(1900-1750)/(1750/35)=3$ 天超过了其总时差。

事件 4 的另一个答案：可以提出费用索赔，因这是业主应承担的责任；不能提出工期索赔，因在 C 工作延误 10 天后，G 工作的 $TF=3$ 天，延误 $(1900-1750)/(1750/35)=3$ 天，未超过其总时差。

(2) 可以索赔的工期：(1) C 工作的 $TF=7$ 天，$10-7=3$ 天；(2) 索赔 0 天；(3) 索赔 0 天；(4) 索赔 0 天。

合计 3 天，工期为 $110+3=113$ 天。

C 工作拖延 10 天，H 工作拖延 5 天，I 工作缩短 2 天，项目的实际关键线路变为 A-C-F-I，实际工期为：$15+(36+10)+10+(42-2)=111$ 天。故施工方可以获得 2 天的提前工期奖。

(3) 事件 1 中人工窝工费用 $=50\times50=2500$ 元；机械窝工费用 $=1000\times50\%\times10=5000$ 元

事件 1 可索赔的工程费用：$(2500+5000)\times(1+3.55\%)\times(1+3.41\%)=8031$ 元

事件 2、3 中可索赔费用为 0。赶工措施费不能获得索赔。

事件 4 中 G 工作的工程量发生了变化，$1900-1750=150$ m³，G 工作有 1 天的总时差，其中 50 m³ 无需赶工。

事件 4 可索赔的工程费用：$(50\times300+100\times360)\times(1+3.55\%)\times(1+3.41\%)=54611$ 元

提前工期奖：3000×2 天 $=6000$ 元

合计：$8031+54611+6000=68642$ 元

【题 7-23】 **不可抗力发生时工程索赔的案例**

某承包商承建一基础设施，根据《建设工程施工合同示范文本》(GF-0201-2013) 签订了施工合同，其施工网络进度计划如图 7-5 所示。

工程实施到第 5 个月末检查时，A_2 工作刚好完成，B_1 工作已进行了 1 个月。在施工过程中发生了如下事件：

事件 1：A_1 工作施工半个月发现业主提供的地质资料不准确，经与业主、设计单位协商确认，将原设计进行变更，设计变更后工程量没有增加，但承包商提出以下索赔：设计变更使 A_1 工作施工时间增加 1 个月，故要求将原合同工期延长 1 个月。

事件 2：工程施工到第 6 个月，遭受飓风袭击，造成了相应的损失，承包商及时向业主提出费用索赔和工期索赔，经业主工程师审核后的内容如下：

(1) 部分已建工程遭受不同程度破坏，费用损失 30 万元。

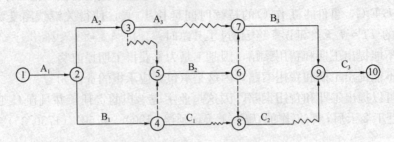

图 7-5 施工网络计划图（月）

（2）在施工现场承包商用于施工的机械受到损坏，造成损失 5 万元；用于工程上待安装设备（承包商供应）损坏，造成损失 1 万元。

（3）由于现场停工造成机械台班损失 3 万元，人工窝工费 2 万元。

（4）施工现场承包商使用的临时设施损坏，造成损失 1.5 万元；业主使用的临时用房破坏，修复费用 1 万元。

（5）因灾害造成施工现场停工 0.5 个月，索赔工期 0.5 个月。

（6）灾后清理施工现场，恢复施工需费用 3 万元。

事件 3：A_3 工作施工过程中由于业主供应的材料没有及时到场，致使该工作延长 1.5 个月，发生人员窝工和机械闲置费用 4 万元（有签证）。

问题：

（1）不考虑施工过程中发生各事件的影响，在施工网络进度计划中标出第 5 个月末的实际进度前锋线，并判断如果后续工作按原进度计划执行，工期将是多少个月？

（2）分别指出事件 1、事件 2 中承包商的索赔是否成立并说明理由。

（3）除事件 1 引起的企业管理费的索赔费用之外，承包商可得到的索赔费用是多少？合同工期可顺延多长时间？

【解题思路】 要掌握时标网络图的绘制，并且要能看懂时标网络图带来的信息。另外，要熟悉掌握施工合同中对于业主和承包商的责任风险承担知识，对于不可抗力引起的索赔应掌握合同双方承担的内容，尤其要注意《建设工程合同示范文本》（GF-0201-2013）与《建设工程工程量清单计价规范》（GB 50500—2013）中对于停工损失的规定不相同。

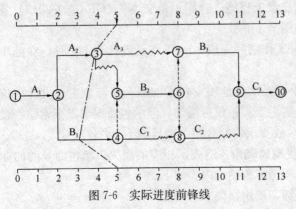

图 7-6 实际进度前锋线

【解】

（1）第 5 个月末的实际进度前锋线如图 7-6 所示。

如果后续工作按原进度计划执行，该项目将推迟两个月完成，工期为 15 个月。

（2）事件 1：工期索赔成立。因地质资料不准确属业主的风险，且 A_1 工作是关键工作。

事件 2：

1）索赔成立。因不可抗力造成的部分已建工程费用损失，应由业主支付。

2）承包商用于施工的机械损坏索赔不成立，因不可抗力造成各方的损失由各方承担。用于工程上待安装设备损坏、索赔成立，虽然用于工程的设备是承包商供应，但将形成业主资产，所以业主应支付相应费用。

3）索赔不成立，根据《施工合同示范文本》通用条款关于不可抗力的规定，停工的窝工费是由发包人来补偿的。因不可抗力给承包商造成的该类机械费用损失则要根据专业条款的约定是否补偿以及补偿的方法或比例。

4）承包商使用的临时设施损坏的损失索赔不成立，业主使用的临时用房修复索赔成立，因不可抗力造成各方损失由各方分别承担。

5）索赔成立，因不可抗力造成工期延误，经业主签证，可顺延合同工期。

6）索赔成立，清理和修复费用应由业主承担。

（3）索赔费用＝30＋1＋1＋3＋4＝39 万元

合同工期可顺延 1.5 个月。

【题 7-24】 用平均值计算法计算工期索赔

某工程有 A、B、C、D 四个单项工程，合同文件规定"甲供材"。在工程进行中，由于业主原因混凝土提供不及时，造成停工待料。由业主提供水泥不及时对工程造成如下影响：

单项工程 A 中需要 $400m^3$ 混凝土，导致延误 14 天；单项工程 B 中需要 $750m^3$ 混凝土，导致延误 6 天；单项工程 C 中需要 $300m^3$ 混凝土，导致延误 12 天；单项工程 D 中需要 $280m^3$ 混凝土，导致延误 12 天。用平均值计算法计算承包商对业主材料供应不及时造成工期索赔为多少？

【解题思路】 按单项工程工期拖延的平均值计算，先计算总延长天数，然后除以单项工程的数量，求出平均延长天数，为了考虑单项工程的不均匀性对工期的影响，可在此基础上加 5 天。

【解】

承包商对业主材料供应不及时造成工期延长提出索赔要求如下：

总延长天数＝14＋6＋12＋12＝44 天

平均延长天数＝44/4＝11 天

工期索赔值＝11＋5＝16 天

所以承包商可以索赔工期为 16 天。

【题 7-25】 费用索赔的计算

某房屋建筑工程项目，建设单位与施工单位按照《建设工程施工合同（示范文本）》签订了施工承包合同。施工合同中规定：

（1）设备由建设单位采购，施工单位安装。

（2）建设单位原因导致的施工单位人员窝工，按 18 元/工日补偿，建设单位原因导致的施工单位设备闲置，按表 7-10 中所列标准补偿。

（3）施工过程中发生的设计变更，其价款按建标〔2013〕44 号文件的规定，企业管理费、利润和规费的计算基数为人材机之和，费率分别为 7%、5% 和 4%，税率为 3.48%。

机械名称	台班单价（元/台班）	补偿标准
大型起重机	1060	台班单价的 60%
自卸汽车（5t）	318	台班单价的 40%
自卸汽车（8t）	458	台班单价的 50%

该工程在施工过程中发生以下事件：

事件 1：施工单位在土方工程填筑时，发现取土区的土壤含水量过大，必须经过晾晒后才能填筑，增加费用 30000 元，工期延误 10 天。

事件 2：基坑开挖深度为 3m，施工组织设计中考虑的放坡系数为 0.3（已经监理工程师批准）。施工单位为避免坑壁塌方，开挖时加大了放坡系数，使土方开挖量增加，导致费用超支 10000 元，工期延误 3 天。

事件 3：施工单位在主体钢结构吊装安装阶段发现钢筋混凝土结构上缺少相应的预埋件，经查实是由于土建施工图纸遗漏该预埋件的错误所致。返工处理后，增加费用 20000 元，工期延误 8 天。

事件 4：建设单位采购的设备没有按计划时间到场，施工受到影响，施工单位一台大型起重机、两台自卸汽车（载重 5t、8t 各一台）闲置 5 天，工人窝工 86 工日，工期延误 5 天。

事件 5：某分项工程由于建设单位提出工程使用功能的调整，须进行设计变更。设计变更后，经确认人材机费用增加 20000 元。

上述事件发生后，施工单位及时向建设单位造价工程师提出索赔要求。

问题：

（1）分析以上各事件中造价工程师是否应该批准施工单位的索赔要求？为什么？

（2）造价工程师应批准的索赔金额是多少元？工程延期是多少天？

【解题思路】 了解施工合同中对于非承包商原因造成的人工、机械窝工、其他费用和工期索赔的约定方法，并在具体事件发生时，首先判断责任的承担方，即能否索赔，然后根据合同约定计算可能的索赔值。

【解】

（1）事件 1 不应该批准。这是施工单位应该预料到的（属施工单位的责任）。

事件 2 不应该批准。施工单位为确保安全，自行调整施工方案（属施工单位的责任）。

事件 3 应该批准。这是由于土建施工图纸中的错误造成的（属建设单位的责任）。

事件 4 应该批准。是由建设单位采购的设备没按计划时间到场造成的（属建设单位的责任）。

事件 5 应该批准。由于建设单位设计变更造成的（属建设单位的责任）。

（2）造价工程师应批准的索赔金额为：

事件 3：返工费用＝20000 元

事件 4：机械台班费＝（1060×60%＋318×40%＋458×50%）×5＝4961 元

人工费＝86×18＝1548 元

事件 5：应给施工单位补偿：企业管理费、利润和规费的计算基数为人材机之和，费率分别为 7%、5% 和 4%，税率为 3.48%。

人材机之和费用＝18000＋2000＝20000 元

企业管理费＝20000×7%＝1400 元

利润＝20000×5%＝1000 元

规费＝20000×4%＝800 元

税金＝（20000＋1400＋1000＋800）×3.48%＝807.36 元

应补偿费用＝20000＋1400＋1000＋800＋807.36＝24007.36 元

造价工程师应批准的工程延期为：

要看事件 3 和事件 4 是否在关键线路上，如果都在关键线路上，则事件 3 补偿 8 天；事件 4 补偿 5 天。

若事件 3 和事件 4 不在关键线路上，要具体分析，工期的延误是否影响了总工期，根据对总工期的影响来具体判断工程批准补偿的天数。

【题 7-26】 关于工程索赔的综合案例

某工程，建设单位与施工单位按《建设工程施工合同（示范文本）》（GF-2013-0201）签订了合同，经总监理工程师批准的总进度计划如图 7-7 所示，各项工作均按最早开始时间安排且匀速施工。

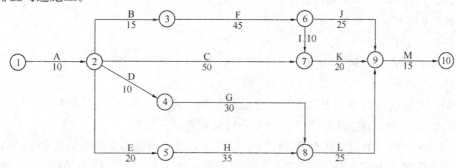

图 7-7 施工总进度计划（天）

施工过程中发生如下事件：

事件 1：合同约定开工日期前 10 天，施工单位向项目监理机构递交了书面申请，请求将开工日期推迟 5 天，理由是：已安装的施工起重机械未通过有资质检验机构的安全验收，需要更换主要支撑部件。

事件 2：由于施工单位人员及材料组织不到位，工程开工第 33 天上班时工作 F 才开始。为确保按合同工期竣工，施工单位决定调整施工总进度计划。经分析，各项未完成工作的赶工费率及可缩短事件见表 7-11 所列。

工作的赶工费率及可缩短事件 表 7-11

工作名称	C	F	G	H	I	J	K	L	M
赶工费率（万元/天）	0.7	1.2	2.2	0.5	1.5	1.8	1.0	1.0	2.0
可缩短时间（天）	8	6	3	5	2	5	10	6	1

事件3：施工总进度计划调整后，工作L按期开工。施工合同约定，工作L需安装的设备由建设单位采购，由于设备到货检验不合格，建设单位进行了退换。由此导致施工单位吊装机械台班费损失8万元，L工作拖延9天。施工单位向项目监理机构提出了费用补偿和工期延期申请。

问题：（1）事件1中，项目监理机构是否应批准工程推迟开工？说明理由。

（2）指出图7-7中施工总进度计划的关键线路和总工期。

（3）事件2中为使赶工费最少，施工单位应如何调整施工总进度计划？赶工费总计多少万元？计划调整后工作L总时差和自由时差为多少天？

（4）事件3中，项目监理机构是否应批准费用补偿和工程延期？分别说明理由。

【解题指导】 熟悉施工合同示范文本中关于开工日期的规定。

【解】

（1）应批准工程推迟开工。理由：根据《建设工程施工合同（示范文本）》的规定，承包人应当按照协议书约定的开工日期开工。承包人不能按时开工，应当不迟于协议书约定的开工日期前7天，以书面形式向工程师提出延期开工的理由和要求。本案例承包人在开工日前10天提出。

（2）施工总进度计划的关键线路：采用穷举法。

A-B-F-J-M：$10+15+45+25+15=110$ 天

A-B-F-I-K-M：$10+15+45+10+20+15=115$ 天

A-C-K-M：$10+50+20+15=95$ 天

A-D-G-L-M：$10+10+30+25+15=90$ 天

A-E-H-L-M：$10+20+35+25+15=105$ 天

可知，关键线路为 A-B-F-I-K-M，总工期为 115 天。

（3）事件2中工期拖延共7天，赶工分析与调整过程如下：

1）第33天后，关键工作为F、I、K、M，优选赶工费率最少的关键工作K为赶工对象；关键工作K可压缩时间为10天，同时要确保工作k赶工后，仍为关键工作，故先压缩关键工作K时间5天，赶工费用为 $5×1.0=5.0$ 万元。

接下来的关键线路为两条分别为 F-J-M 和 F-I-K-M，其余2天的压缩需要对两条关键线路同步赶工，有四种赶工方案，见表7-12所列。

赶工方案表 表7-12

方案	赶工费（万元）	同步可缩短时间（天）
对F工作赶工	1.2	6
对J、I工作同步赶工	1.8＋1.5＝3.3	2
对J、K工作同步赶工	1.8＋1.0＝2.8	5
对M工作赶工	2.0	1

采用赶工费率最少的F工作赶工，压缩2天，仍为关键工作。赶工费用＝$2×1.2=2.4$万元

合计：压缩工作K是5天，压缩工作F是2天，赶工总费用为7.4万元。

2）计划调整后的网络计划的关键线路为 A-B-F-J-M 和 A-B-F-I-K-M，总工期仍为 115 天。工作 L 的最早开始时间是第 65 天，最晚开始是第 75（115－15－25）天，工作 L 的总时差＝75－65＝10 天，工作 L 的自由时差＝工作总时差 10 天减去紧后工作 M 总时差 0 天＝10 天。

（4）项目监理机构应批准 8 万元费用补偿：理由是由建设单位采购的设备质量不合格引起的。项目监理机构不能批准工程延期：理由是工作 L 不是关键工作，其总时差 10 天，L 工作拖延 9 天，没有超出总时差。

注：改编自 2013 年监理师案例分析真题。

【题 7-27】 关于费用偏差、进度偏差的计算

某土方工程，计划工程量为 5000m³，计划单价为 600 元/ m³，计划 7 个月内均衡完成，开工后，实际单价为 620 元/ m³，施工至第 4 个月底，累计实际完成工程量 2500 m³。若采用挣值法分析，则至第 4 个月底的费用偏差、进度偏差、计划完工指数、成本绩效指数分别是多少？并分析。

【解题思路】 解此题首先要掌握偏差的相关公式。

已完工程计划投资（BCWP）＝已完工程量×计划单价

已完工程实际投资（ACWP）＝已完工程量×实际单价

拟完工程计划投资（BCWS）＝拟完工程量×计划单价

投资偏差（CV）＝已完工程实际投资（ACWP）－已完工程计划投资（BCWP）

进度偏差（SV）＝拟完工程计划投资（BCWS）－已完工程计划投资（BCWP）

计划完工指数（SCI）＝已完工程计划投资（BCWP）/拟完工程计划投资（BCWS）

成本绩效指数（CPI）＝已完工程计划投资（BCWP）已完工程实际投资（ACWP）

当 CV 为负数时，表明项目成本处于节支状态，反之是项目成本处于超支状态。

当 SV 为负数时，表明项目实施进度超前，反之是项目进度落后。

当 SCI＞1 时，表明项目实际完成的工作量超过计划工作量，反之项目实际完成的工作量少于计划工作量。

当 CPI＞1 时，表明项目实际成本低于计划成本，反之项目实际成本多于计划成本。

【解】

已完工程计划投资（BCWP）＝已完工程量×计划单价＝2500×600＝150 万元

已完工程实际投资（ACWP）＝已完工程量×实际单价＝2500×620＝155 万元

拟完工程计划投资（BCWS）＝拟完工程量×计划单价＝5000×600＝300 万元

投资偏差（CV）＝已完工程实际投资（ACWP）－已完工程计划投资（BCWP）
　　　　　　　　＝155/150＝5 万元

进度偏差（SV）＝拟完工程计划投资（BCWS）－已完工程计划投资（BCWP）
　　　　　　　　＝300/150＝150 万元

计划完工指数（SCI）＝已完工程计划投资（BCWP）/拟完工程计划投资（BCWS）
　　　　　　　　＝150/300＝0.5

成本绩效指数（CPI）＝已完工程实际投资（ACWP）/已完工程计划投资（BCWP）
　　　　　　　　＝150/155＝0.97

分析：投资偏差（CV）为 5 万元，大于 0，说明项目成本处于超支状态，超支 5 万；

进度偏差（SV）为 150 万元，大于 0，说明项目进度落后；计划完工指数（SCI）为 0.5，小于 1，说明项目实际完成的工作量少于计划工作量；成本绩效指数（CPI）为 0.97，小于 1，说明项目实际成本多于计划成本。

【题 7-28】 进度偏差引起进度款调整的案例

某工程采用工程量清单招标，确定某承包商中标。甲乙双方签订的承包合同包括的分部分项工程量清单工程量和投标综合单价见表 7-13 所列。工程合同工期 12 个月，措施费 84 万元，其他项目费 100 万元，规费费率为分部分项工程费、措施费、其他项目费之和的 4%，税金率为 3.35%。有关工程付款的条款如下：

（1）工程预付款为合同价的 20%，在合同签订后 15 日内一次支付，措施费在前 6 个月的工程进度款中均匀支付。

（2）工程进度款每三个月结算一次。

（3）在各次工程进度付款中按 5% 的比例扣留工程质量保修金。

施工期间第 4～6 月分项工程结算价格综合调整系数为 1.1。

分部分项工程计价数据表　　　　　　　　　　　　　表 7-13

分项工程/数据名称	A	B	C	D	E	F	G
清单工程量（m³）	15000	36000	22500	30000	18000	20000	18000
综合单价（元/m³）	180	200	150	160	140	220	150

经监理工程师批准的进度计划，如图 7-8 所示（各分项工程各月计划进度和实际进度均为匀速进展）。

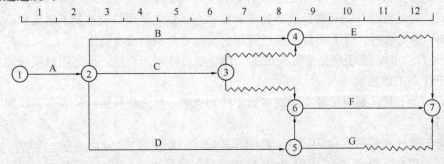

图 7-8　施工进度计划（月）

第 6 个月末检查工程进度时，B 工作完成计划进度的 1/2，C 工作刚好完成，D 工作完成计划进度的 1/3。

问题：

（1）计算各分项工程的分部分项工程费、每月完成的分部分项工程费，并列式计算工程预付款。

（2）根据第 6 个月末检查结果，并绘制前锋线，并分析第 6 个月末 B、C、D 三项工作的进度偏差，如果后 6 个月按原计划进行，分析说明 B、D 工作对工期的影响。

（3）若承包方决定在第 6 个月后调整进度计划以确保实现合同工期，应如何调整（有关分项工程可压缩的工期和相应增加的费用见表 7-14 所列）说明理由。

可压缩的工期和相应增加的费用表 表 7-14

分项工程	B	D	E	F	G
可压缩工期（月）	1	1	1	2	—
压缩1个月增加的费用（万元）	8	12	6.5	5	—

（4）按实际进度情况结算，第4～6月应签发工程款为多少万元（假设期间无其他项目费发生，A工作按批准进度计划完成）？

【解题思路】（1）根据施工进度计划图计算出每个月完成的分部分项工程费＝分部分项工程费/完成月数，工程全部分部分项工程费＝Σ（各分部分项工程量×各自的综合单价），工程总造价＝（分部分项工程费＋措施项目费＋其他项目费）×（1＋规费费率）×（1＋综合税率）。（2）掌握绘制前锋线的方法，根据前锋线分析各项被延误工作的偏差，根据施工计划图首先计算出被延误工作的总时差，若进度偏差小于或等于总时差，则对总工期没有影响，如进度偏差大于总时差，则对总工期的影响＝进度偏差－总时差。（3）为缩短工期而选择的压缩工作应根据该工作是否在关键线路上，且该项工作的费用是否是最低的。（4）计算进度付款时应同时计入价格调整系数的影响。

【解】

（1）分部分项工程费见表7-15所列。

分部分项工程费计算表 表 7-15

工作	分部分项工程费(万元)	每月完成的分部分项工程费（万元）											
		1	2	3	4	5	6	7	8	9	10	11	12
A	270	135	135										
B	720			120	120	120	120	120	120				
C	337.5			84.38	84.38	84.38	84.38						
D	480			80	80	80	80	80	80				
E	252									84	84	84	
F	440									110	110	110	110
G	270									135	135		
小计	2769.5	135	135	284.38	284.38	284.38	284.38	200	200	329	329	194	110

工程合同价＝（分部分项工程费＋措施项目费＋其他项目费）×（1＋规费费率）×（1＋综合税率）＝（2769.5＋84＋100）×（1＋4%）×（1＋3.35%）＝3174.54万元

工程预付款＝3174.54×20%＝634.91万元

（2）前锋线如图7-9所示，分析进度偏差、对工期的影响见表7-16所列。

按计划在第6个月末B工作应完成2/3，C工作应刚好完成，D工作应完成2/3。但实际上B工作应完成1/2，C工作应刚好完成，D工作应完成1/3。分析结果见表7-16所列。

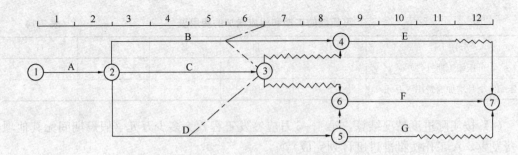

图 7-9 施工进度计划（月）

分析进度偏差、对工期的影响（月）　　　表 7-16

工作	进度偏差（拖后）	总时差 TF	对总工期 T 的影响	合计对总工期的影响
B	1	1	0	
C	0	2	0	2
D	2	0	2	

（3）为确保实现合同工期，应压缩 F 工作 2 个月。因为：由时标网络图可知，关键线路 A—D—F，关键工作 A、D、F，按照网络优化选择赶工费用最低的关键工作进行压缩赶工原则，F 工作的每月赶工费最低，可压缩 F 工作 2 个月，满足合同工期要求。

（4）计算 4～6 月份 B、C、D 三项工作的结算款为：

$[3/4 \times (1/2 \times 720 + 337.5 + 1/3 \times 480) \times 1.1 + 84/6 \times 3] \times (1 + 4\%) \times (1 + 3.35\%) \times (1 - 5\%) = 765.25$ 万元

【题 7-29】 投资偏差计算案例

某工程按最早开始时间安排的横道图计划如图 7-10 所示，其中虚线上方数字为该工作每月的计划投资额。该工程施工合同规定工程于 1 月 1 日开工，按季度综合调价系数调价。在实施过程中，各工作的实际工程量和持续时间均与计划相同。

问题：

（1）在施工过程中，工作 A、C、E 按计划实施（如图 7-10 中的实线横道所示），工作 B 推迟 1 个月开始，导致工作 D、F 的开始时间相应推迟 1 个月。完成 B、D、F 工作的实际进度的横道图。

（2）若前三个季度的综合调价系数分别为 1.00、1.05 和 1.10，计算第 2～7 个月的已完工程实际投资和计划投资各为多少？

（3）列式计算第 7 个月末的投资偏差和以投资额、时间分别表示的进度偏差。

【解题指导】 明确拟完工程计划投资、已完工程实际投资、已完工程计划投资之间的计算关系，并掌握投资偏差和进度偏差的计算。投资偏差＝已完工程实际投资－已完工程计划投资；以投资额表示的进度偏差＝拟完工程计划投资－已完工程计划投资；以时间表示的进度偏差＝已完工程实际时间－已完工程计划时间。

【解】

（1）由于工作 B、D、F 的开始时间均推迟 1 个月，而持续时间不变，故实际进度 B 工作在 3～5 月、D 工作在 6～11 日、F 工作在 12～13 月。用实线横道标在图 7-11 中。

（2）第 1 季度的实际投资与计划投资相同，将第 2 季度 3 个月的计划投资乘以 1.05，

时间(月)　　工作	1	2	3	4	5	6	7	8	9	10	11	12
A	180											
B		200	200	200								
C		300	300	300								
D					160	160	160	160	160	160		
E						140	140	140				
F											120	120

图 7-10　某工程的横道图计划(万元)

时间(月)　　工作	1	2	3	4	5	6	7	8	9	10	11	12	13
A	180												
B		200	200	200									
C		300	300	300	300								
D						160	160	160	160	160	160		
E							140	140	140				
F											120	120	

图 7-11　B、D、F 工作的实际进度的横道图（万元）

将 7 月份的计划投资乘以 1.10，得到 2～7 月各月的实际投资（可标在图 7-11 实线横道上方），然后逐月累计，将计算结果填入表 7-17 中。将各月已完工程实际投资改为计划投资（即不乘调价系数），然后逐月累计，将计算结果填入表 7-17 中。

计划与实际投资计算表（万元）　　　　　　　　　　　表 7-17

投资 ＼ 时间（月）	1	2	3	4	5	6	7
每月拟完工程计划投资	180	500	500	500	460	300	300
累计拟完工程计划投资	180	680	1180	1680	2140	2440	2740
每月已完工程实际投资	180	300	500	525	525	315	330
累计已完工程实际投资	180	480	980	1505	2030	2345	2675
每月已完工程计划投资	180	300	500	500	500	300	300
累计已完工程计划投资	180	480	980	1480	1980	2280	2580

以 4 月份的计算为例：

拟完工程计划投资＝200（B 工作）＋300（C 工作）＝500 万元

已完工程实际投资＝[200（B 工作）＋300（C 工作）]×1.05＝525 万元

已完工程计划投资＝200（B 工作）＋300（C 工作）＝500 万元

再以 7 月份的计算为例：

拟完工程计划投资＝160（D 工作）＋140（E 工作）＝300 万元

已完工程实际投资＝[160（D 工作）＋140（E 工作）]×1.1＝330 万元

已完工程计划投资＝160（D 工作）＋140（E 工作）＝300 万元

（3）第 7 个月末投资和进度偏差：

投资偏差＝已完工程实际投资－已完工程计划投资＝2675－2580＝95 万元，即投资增加 95 万元。

以投资额表示的进度偏差＝拟完工程计划投资－已完工程计划投资＝2740－2580＝160 万元，即进度拖后 160 万元。

以时间表示的进度偏差＝已完工程实际时间－已完工程计划时间＝7－[6＋(2580－2440)/(2740－2440)]＝0.53 月，即进度拖后 0.53 月。

【题 7-30】 投资偏差的计算案例

某建筑工程施工进度计划网络图如图 7-12 所示。

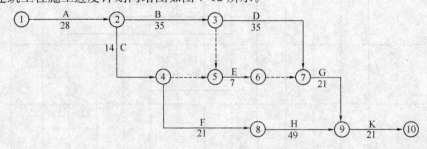

图 7-12 施工进度计划网络图（天）

施工中发生了以下事件：

事件 1：A 工作因设计变更停工 10 天。

事件 2：B 工作因施工质量问题返工，拖延了 7 天。

事件 3：E 工作因建设单位供料延期，推迟 3 天施工。

在施工进展到第 120 天后，施工项目部对第 110 天前的部分工作进行了统计检查。统计数据见表 7-18 所列。

工作成本检查情况表 表 7-18

工作代号	计划工作预算成本 BCWS（万元）	已完成工作量（%）	实际发生成本 ACWP（万元）	已完工程计划成本 BCWP（万元）
1	540	100	580	
2	820	70	600	
3	1620	80	840	
4	490	100	490	
5	240	0	0	
合计				

问题：

（1）本工程计划总工期和实际总工期各为多少天？

（2）施工总承包单位可否就事件 1～3 获得工期索赔？分别说明理由。

（3）计算截止到第 110 天的合计 BCWP 值。

（4）计算第 110 天的成本偏差 CV 值和进度偏差 SV 值，并作结论分析。

解题指导：掌握三个基本公式：已完工程计划成本（BCWP）＝已完工程量×计划单价；已完工程实际成本（ACWP）＝已完工程量×实际单价；拟完工程计划成本（BCWS）＝拟完工程量×计划单价。已完工程计划成本（BCWP）＝拟完工程计划成本（BCWS）×已完成工程量的比例。

【解】

（1）本工程关键线路为：A-B-D-G-K，计划总工期＝28＋35＋35＋21＋21＝140 天，A、B 工作均在关键线路上，它们的延误直接导致了工期的延误，E 工作的总时差为 28 天，延误的 3 天不会影响总工期，实际总工期＝140＋10＋7＝157 天。

（2）施工总承包单位就事件 1～3 获得工期索赔的判定及其理由：

事件 1 可以获得工期索赔。理由：A 工作是因设计变更而停工的，应由建设单位承担责任，且 A 工作属于关键工作。

事件 2 不可以获得工期索赔。理由：B 工作是因施工质量问题返工的，应由施工总承包单位承担责任。

事件 3 不可以获得工期索赔。理由：E 工作虽然是因建设单位供料延期而推迟施工的，但 E 工作不是关键工作，且推迟 3 天未超过其总时差。

（3）计算截止到第 110 天的合计 BCWP 值，见表 7-19 所列。

第 110 天的 BCWP 值计算 表 7-19

工作代号	计划完成工作预算成本 BCWS（万元）	已完成工作量（%）	实际发生成本 ACWP（万元）	已完工程计划成本 BCWP（万元）
1	540	100	580	540×100%＝540
2	820	70	600	820×70%＝574
3	1620	80	840	1620×80%＝1296

工作代号	计划完成工作预算成本 BCWS（万元）	已完成工作量（％）	实际发生成本 ACWP（万元）	已完工程计划成本 BCWP（万元）
4	490	100	490	490×100％＝490
5	240	0	0	240×0％＝0
合计	3710		2510	2900

截止到第 110 天的 BCWP 值为 2900 万元。

（4）第 110 天的成本偏差：$CV＝BCWP－ACWP＝2900－2510＝390$ 万元

CV 值结论分析：由于成本偏差为正，说明成本节约 390 万元。

第 110 天的进度偏差：$SV＝BCWP－BCWS＝2900－3220＝－320$ 万元

SV 值结论分析：由于进度偏差为负，说明进度延误了 320 万元。

【题 7-31】《建设工程施工合同(示范文本)》(GF-2013-0201)合同条款应用

某新建工程，采用公开招标的方式，确定某施工单位中标，双方按《建设工程施工合同（示范文本)》(GF-2013-0201)签订了施工总承包合同。合同约定总造价 14250 万元，预付备料款 2800 万元，每月底按月支付施工进度款。竣工结算时，结算价款按调值公式进行调整。在招标和施工过程中，发生了如下事件：

事件一：建设单位自行组织招标。招标文件规定：合格投标人为本省企业；自招标文件发出之日起 15 天后投标截止；招标人对投标人提出的疑问分别以书面形式回复给相应提出疑问的投标人。建设行政主管部门评审招标文件时，认为个别条款不符合相关规定，要求整改后再进行招标。

事件二：合同约定主要材料按占造价比重 55％计，预付备料款在起扣点之后的五次月度支付中扣回。

事件三：基坑施工时正值雨季，连续降雨导致停工 6 天，造成人员窝工损失 2.2 万元。一周后出现了罕见特大暴雨，造成停工 2 天，人员窝工损失 1.4 万元。针对上述情况，施工单位分别向监理单位上报了这四项索赔申请。

事件四：某分项工程由于设计变更导致该分项工程量变化幅度达 20％，合同专用条款未对变更条款进行约定。施工单位按变更指令施工，在施工结束后的下一个月上报支付申请的同时，还上报了该设计变更的变更价款申请，监理工程师不批准变更价款。

事件五：种植屋面隐蔽工程通过监理工程师验收后开始施工，建设单位对隐蔽工程质量提出异议，要求复验，施工单位不同意。经总监理工程师协调后三方现场复验，经检验质量满足要求。施工单位要求补偿由此增加的费用，建设单位予以拒绝。

事件六：合同中约定，根据人工费、四项主要材料和价格指数对总造价按调值公式进行调整。各调值因素的比重、基准和现行价格指数见表 7-20 所列。

各调值因素的比重、基准和现行价格指数表　　　　　　表 7-20

可调项目	人工费	材料一	材料二	材料三	材料四
因素比重	0.15	0.30	0.12	0.15	0.08
基期价格指数	0.99	1.01	0.99	0.96	0.78
现行价格指数	1.12	1.16	0.85	0.80	1.05

问题：

（1）事件一中，指出招标文件规定的不妥之处，并分别写出理由。

（2）事件二中，列式计算预付备料款的起扣点是多少万元？

（3）事件三中，分别判断四项索赔是否成立？并写出相应的理由。

（4）事件四中，监理工程师不批准变更价款申请是否合理？并说明理由。合同中未约定变更价款的情况下，变更价款应如何处理？

（5）事件五中，施工单位、建设单位的做法是否正确？并分别说明理由。

（6）事件六中，计算经调整后的实际计算价款应为多少万元？

【解题指导】 《建设工程施工合同（示范文本）》（GF-2013-0201）中的变更价款的通用条款应能熟练应用。按照《施工合同示范文本》通用条款中对不可抗力的规定，对于承包方的人工窝工费用可以由发包方支付，这个规定和以前版本的合同示范文本不一致。

【解】

（1）事件一中，招标文件规定的不妥之处及理由：

1）合格投标人为本省企业不妥。理由：限制了其他潜在的投标人，违反了招投标的公平原则。2）自招标文件发出之日起15天后投标截止不妥。理由：自招标文件发出之日至投标截止的时间至少20天。3）招标人对投标人提出的疑问分别以书面形式回复给相应的提出疑问的投标人不妥。理由：对于投标人提出的疑问，招标人应该以书面形式发送给所有购买招标文件的投标人，但不能指明问题的来源。

（2）预付备料款的起扣点＝$14250-2800/55\%=9159.09$ 万元

（3）事件三中，连续降雨导致停工6天，造成人员窝工损失2.2万元，工期和费用索赔不成立。理由：因为施工正值雨季，是一个有经验的承包商应该能够预测到的风险，应该由承包商承担。

罕见特大暴雨，造成停工2天，人员窝工损失1.4万元，工期索赔成立，费用索赔不成立。理由：罕见特大暴雨属于不可抗力，工期可以顺延。按照《施工合同示范文本》通用条款中对不可抗力的规定，人工窝工损失1.4万元可以索赔。因为不可抗力停工期间必须支付的工人工资由发包人承担。其他损失由双方在专用条款中约定。

（4）事件四中，监理工程师不批准变更价款是合理的。理由：工程变更发生追加合同价款的，应该在14天内提出，若没有在规定的时间内提出，视为该变更不涉及合同价款的变动。合同未约定变更价款的情况下，当工程量增加或减少15%以上的，需要进行变更价款。

（5）事件五中，施工单位不同意的做法不正确。理由：建设单位对隐蔽工程有异议的，有权要求复验；建设单位做法不正确。理由：经现场复验后检验质量满足要求，复验增加的费用由建设单位承担。

（6）事件六中，调值后的实际结算价款＝ $14250\times(0.2+0.15\times1.12/0.99+0.30\times1.16/1.01+0.12\times0.85/0.99+0.15\times0.80/0.96+0.08\times1.05/0.78)$

＝14962.13万元

第8章 建设项目的竣工结算与竣工决算

【题 8-1】 新增固定资产价值的计算案例

某工业建设项目及其总装车间的建筑工程费、安装工程费、需安装设备费以及应摊入费用见表 8-1 所列，计算总装车间新增固定资产价值。

分摊费用计算表（万元） 表 8-1

项目名称	建筑工程费用	安装工程费用	需安装设备费	建筑单位管理费	土地征用费	建筑设计费	工艺设计费
建设项目竣工决算	3000	600	900	70	80	40	20
总装车间竣工决算	600	300	450	21	16	8	10

【解题思路】 新增固定资产的其他费，如果是属于整个建设项目或两个以上单项工程的，在计算新增固定资产价值时，应在各单项工程中按比例分摊。分摊时，什么费用应由什么工程负担应按具体规定进行。一般情况下，建设单位管理费按建设工程、安装工程、需安装设备价值总额按比例分摊；而土地征收费、勘察设计费按建设工程造价分摊。

【解】

计算过程如下：

（1）分摊的建设单位管理费 $=\dfrac{600+300+450}{3000+600+900}\times 70=21$ 万元

（2）应分摊的土地征用费 $=\dfrac{600}{3000}\times 80=16$ 万元

（3）应分摊的勘察设计费 $=\dfrac{600}{3000}\times 40=8$ 万元

（4）应分摊的工艺设计费 $=\dfrac{300}{600}\times 20=10$ 万元

总装车间新增固定资产价值 $=(600+300+450)+(21+16+8+10)$
$$=1350+55=1405 \text{ 万元}$$

【题 8-2】 竣工财务决算表的应用案例

某学校综合办公楼项目，基建拨款为 3000 万元，项目资金为 900 万元，项目资本公积金为 150 万元，基建投资借款 1200 万元，企业债券 200 万元，待冲基建支出 200 万元，应收生产单位投资借款 1500 万元，基本建设支出 1400 万元，那么基建结余资金为多少万元？

【解题思路】 本题主要考察竣工决算中项目竣工财务决算表的情况。计算公式：

基建结余资金＝基建拨款＋项目资金＋项目资本公积金＋基建投资借款＋企业债券基金＋待冲基建支出－应收生产单位投资借款－基本建设支出

【解】 计算过程：

$$3000+900+150+1200+200+200-1500-1400=2750\text{ 万元}$$

【题 8-3】 竣工决算的综合案例

某建设单位拟编制某工业生产项目的竣工决算。该建设项目包括 A、B 两个主要生产车间和 C、D、E、F 四个辅助生产车间及若干附属办公、生活建筑物。在建设期内，各单项工程竣工结算数据见表 8-2 所列。工程建设其他投资完成情况如下：支付行政划拨土地的土地征用及迁移费 500 万元，支付土地使用权出让金 700 万元；建设单位管理费 400 万元（其中 300 万元构成固定资产）；地质勘察费 80 万元；建筑工程设计费 260 万元；生产工艺流程系统设计费 120 万元；专利费 70 万元；非专利技术费 30 万元；获得商标权 90 万元；生产职工培训费 50 万元；报废工程损失 20 万元；生产线试运转支出 20 万元，试生产产品销售款 5 万元。

某建设项目竣工决算数据表（万元）　　　　　　　表 8-2

项目名称	建筑工程	安装工程	需安装设备	不需安装设备	生产工器具	
					总　额	达到固定资产标准
A 生产车间	1800	380	1600	300	130	80
B 生产车间	1500	350	1200	240	100	60
辅助生产车间	2000	230	800	160	90	50
附属建筑	700	40		20		
合计	6000	1000	3600	720	320	190

问题：

（1）什么是建设项目竣工决算？竣工决算包括哪些内容？

（2）编制竣工决算的依据有哪些？

（3）如何进行竣工决算的编制？

（4）试确定 A 生产车间的新增固定资产价值。

（5）试确定该建设项目的固定资产、流动资产、无形资产和其他资产价值。

【解题思路】

（1）新增固定资产价值是指：1）建筑、安装工程造价；2）达到固定资产标准的设备和工器具的购置费用；3）增加固定资产价值的其他费用：包括：土地征用及土地补偿费、联合试运转费、勘察设计费、可行性研究费、施工机构迁移费、报废工程损失费和建设单位管理费中达到固定资产标准的办公设备、生活家具用具和交通工具等购置费。其中，联合试运转费是指整个车间有负荷或无负荷联合试运转发生的费用支出大于试运转收入的亏损部分。

新增固定资产价值的其他费用应按单项工程以一定比例分摊。分摊时，建设单位管理费由建筑工程、安装工程、需安装设备价值总额按比例分摊；土地征用及土地补偿费、地质勘察和建筑工程设计费等由建筑工程造价按比例分摊；生产工艺流程系统设计费由安装工程造价按比例分摊。

（2）流动资产价值是指：达不到固定资产标准的设备工器具、现金、存货、应收及应付款项等价值。

（3）无形资产价值是指：专利权、非专利技术、著作权、商标权、土地使用权出让金及商誉等价值。

（4）其他资产价值是指：开办费（建设单位管理费中未计入固定资产的其他费用，生产职工培训费）、以租赁方式租入的固定资产改良工程支出等。

（5）建设项目竣工决算是由建设单位编制的反映建设项目实际造价和投资效果的文件，是竣工验收报告的重要组成部分。决算一般由工程建设单位编制，上报相关主管部门审查。

（6）掌握竣工决算编制内容、编制依据和编制步骤。

【解】

（1）建设项目竣工决算是由建设单位编制的反映建设项目实际造价和投资效果的文件，是竣工验收报告的重要组成部分。建设项目竣工决算应包括从项目筹划到竣工投产全过程的全部实际费用，即建筑工程费用、安装工程费用、设备工器具购置费用和工程建设其他费用以及预备费和投资方向调节税支出费用等。竣工决算的内容包括竣工财务决算说明书、竣工财务决算报表、工程竣工图和工程造价对比分析四个部分。

（2）编制竣工决算的主要依据资料：

1）经批准的可行性研究报告和投资估算书；

2）经批准的初步设计或扩大初步设计及其概算或修正概算书；

3）经批准的施工图设计及其施工图预算书；

4）设计交底或图纸会审会议纪要；

5）标底、承包合同、工程结算资料；

6）施工记录或施工签证单及其他施工发生的费用记录，如索赔报告与记录等停（交）工报告；

7）竣工图及各种竣工验收资料；

8）历年基建资料、财务决算及批复文件；

9）设备、材料调价文件和调价记录；

10）经上级指派或委托社会专业中介机构审核各方认可的施工结算书；

11）有关财务核算制度、办法和其他有关资料、文件等。

（3）竣工决算的编制应按下列步骤进行：

1）搜集、整理、分析原始资料；

2）对照、核实工程及变更情况，核实各单位工程、单项工程造价；

3）审定各有关投资情况；

4）编制竣工财务决算说明书；

5）认真填报竣工财务决算报表；

6）认真做好工程造价对比分析；

7）清理、装订好竣工图；

8）按国家规定上报审批、存档。

（4）A生产车间的新增固定资产价值＝（1800＋380＋1600＋300＋80）＋（500＋80＋260＋20＋20－5）×1800/6000＋120×380/1000＋300×（1800＋380＋1600）/（6000＋1000＋3600）＝4160＋875×0.3＋120×0.38＋300×0.3566＝4575.08万元

（5）1）固定资产价值＝（6000＋1000＋3600＋720＋190）＋（500＋300＋80＋260＋120

$+20+20-5)=11510+1295=12805$ 万元

2）流动资产价值$=320-190=130$ 万元

3）无形资产价值$=700+70+30+90=890$ 万元

4）其他资产价值$=（400-300）+50=150$ 万元

参 考 文 献

[1] 全国招标师职业水平考试辅导教材指导委员会. 招标采购案例分析[M]. 北京：中国计划出版社，2013.

[2] 全国招标师职业水平考试辅导教材指导委员会. 招标采购法律法规与政策[M]. 北京：中国计划出版社，2013.

[3] 全国招标师职业水平考试辅导教材指导委员会. 项目管理与招标采购[M]. 北京：中国计划出版社，2013.

[4] 江正荣，朱国梁. 简明施工计算手册(第三版)[M]. 北京：中国建筑工业出版社，2010.

[5] 田永复. 预算员手册(第三版)[M]. 北京：中国建筑工业出版社，2011.

[6] 中华人民共和国住房和城乡建设部，中华人民共和国国家质量监督检验检疫总局. GB 50500—2013 建设工程工程量清单计价规范[M]. 北京：中国计划出版社，2013.

[7] 中华人民共和国住房和城乡建设部，中华人民共和国国家质量监督检验检疫总局. GB 50854—2013 房屋建筑与装饰工程工程量计算规范[M]. 北京：中国计划出版社，2013.

[8] 规范编制组. 2013 建设工程计价计量规范辅导[M]. 北京：中国计划出版社，2013.

[9] 张正勤. 建设工程造价相关法律条款解读[M]. 北京：中国建筑工业出版社，2010.

[10] 张宝岭，高小升. 建设工程投标实务与投标报价技巧[M]. 北京：机械工业出版社，2007.

[11] 中华人民共和国住房和城乡建设部，中华人民共和国国家质量监督检验检疫总局. GB 50010—2010 混凝土结构设计规范[M]. 北京：中国建筑工业出版社，2010.

[12] 卢谦. 建设工程招标投标与合同管理[M]. 北京：中国水利水电出版社，2008.

[13] 苗曙光，刘智民. 土建工程造价答疑解惑与经验技巧[M]. 北京：中国建筑工业出版社，2007.

[14] 车复周. 土建预算疑难题解[M]. 北京：中国建筑工业出版社，2003.

[15] 成虎. 工程合同管理[M]. 北京：中国建筑工业出版社，2005.

[16] 全国一级建造师执业资格考试用书编写委员会. 建设工程经济[M]. 北京：中国建筑工业出版社，2011.

[17] 全国一级建造师执业资格考试用书编写委员会. 建设工程管理与实务[M]. 北京：中国建筑工业出版社，2011.

[18] 全国注册咨询工程师(投资)资格考试参考教材编写委员会. 项目决策分析与评价(2012 年版)[M]. 北京：中国计划出版社，2013.

[19] 中国建筑标准设计研究院. 混凝土结构施工图平面整体表示方法制图规则和构造详图 11G101-1～3[M]. 北京：中国计划出版社，2011.

[20] 中国建筑标准设计研究院. 混凝土结构施工钢筋排布规则与构造详图 12G901-1～3[M]. 北京：中国计划出版社，2012.

[21] 中国建筑标准设计研究院. 建筑物抗震构造详图 11G329-1～2[M]. 北京：中国计划出版社，2012.

[22] 全国造价工程师职业资格考试培训教材编审组. 工程造价计价. 北京：中国计划出版社，2013.

[23] 全国造价工程师职业资格考试培训教材编审组. 工程造价案例分析[M]. 北京：中国城市出版社，2013.

[24] 全国造价工程师职业资格考试培训教材编审组. 工程造价管理[M]. 北京：中国城市出版社，2013.

[25] 中华人民共和国人力资源和社会保障部，中华人民共和国住房和城乡建设部. LD/T 72. 1～11—2008. 建设工程劳动定额—建筑工程[M]. 北京：中国计划出版社，2009.

[26] 建设工程劳动定额编制组.《建设工程劳动定额》宣贯材料[M]. 北京：中国计划出版社，2009.

[27] 国家发展改革委，建设部. 建设项目经济评价方法与参数(第三版)[M]. 北京：中国计划出版社，2006.

[28] 中国建设监理协会. 建设工程合同管理[M]. 北京：知识产权出版社，2013.

[29] 中国建设监理协会. 建设工程投资控制[M]. 北京：知识产权出版社，2013.

[30] 王艳艳，黄伟典. 工程招投标与合同管理[M]. 北京：中国建筑工业出版社，2011.

[31] 苗曙光，刘智民，王斌. 工程造价禁忌与实例[M]. 北京：中国建筑工业出版社，2010.

[32] 黄伟典. 建筑工程计量与计价(第三版)[M]. 北京：中国电力出版社，2013.

[33] 帅霞. 建筑分包工程的税务处理及会计核算[J]. 中小企业管理与科技，2008，(9)：72-73.

[34] 马志勇. 施工合同中质量保修期、缺陷责任期与缺陷通知期的异同[J]. 现代商贸工业，2011，(24)：397-398.

[35] 张海燕，章丽丽. 从一起造价争议看固定总价合同的特点、风险及防范[J]. 建筑经济，2005，(1)：88-91.

[36] 朱树英，谭敬慧.《2013 版施工合同(示范文本)》宣贯会三十问[J]. 建筑，2013，(13)：21-26.

[37] 刘元方，寇建华. 业主代扣税金的分包工程税务处理及会计核算[J]. 会计之友，2007，(8)：26-27.

[38] 汪金敏. 单价合同不变更亦可调增单价[J]. 施工企业管理，2011，(5)：108-109.

[39] 张映红. 工程转包与违法分包的危害与防范[J]. 建筑经济，2013，(11)：15-17.

[40] 郝宽胜. 国内外工程计价依据体系组成及其对比研究[J]. 铁路工程造价管理，2013，(1)：1-6.

[41] 肖时辉. 对竣工结算现场签证审查的看法[J]. 建设监理，2007，(2)：31-33.

[42] 郭彬，王凯，张磊. 工期延误引起的索赔分析与计算[J]. 建筑经济，2013，(3)：43-45.

[43] 王秀英. 建设工程定额人工单价与市场人工单价的对比分析[J]. 建筑经济，2013，(4)：54-56.